计算机技术
开发与应用丛书

嵌入式C语言实践

微课视频版

孟 皓 ◎ 编著

清华大学出版社
北京

内 容 简 介

本书以嵌入式软件开发中用到的 C 语言为主线,带领读者进入嵌入式技术的世界。本书主要研究从计算机的硬件架构到 C 语言对硬件的操作,从 C 语言的设计思想到硬件对 C 语言的兼容、竞争和妥协设计等问题,这些问题是理解嵌入式技术的关键,本书是一本尝试通过 C 语言讲透嵌入式底层世界的书。

本书分 5 篇共 24 章。其中,扫盲篇(第 1~3 章)和上手篇(第 4~10 章)讲解基础内容和 C 语言的基础知识;提高篇(第 11~17 章)和高级篇(第 18~22 章)专为嵌入式软件从业者打造,具有很强的针对性;实战篇(第 23 章和第 24 章)为职业方向和代码管理等内容,以便读者快速融入团队。本书配有示例代码和视频教程。

本书适合高等院校计算机相关专业的学生学习,也适合初学者入门学习,部分高级内容对于工作多年的开发者也有一定的参考价值。

版权所有,侵权必究。举报: 010-62782989,beiqinquan@tup.tsinghua.edu.cn。

图书在版编目(CIP)数据

嵌入式 C 语言实践: 微课视频版 / 孟皓编著. -- 北京: 清华大学出版社, 2025.5. (计算机技术开发与应用丛书). -- ISBN 978-7-302-69119-8

Ⅰ. TP312.8

中国国家版本馆 CIP 数据核字第 2025223AU2 号

责任编辑: 赵佳霓
封面设计: 吴　刚
责任校对: 时翠兰
责任印制: 刘　菲

出版发行: 清华大学出版社
网　　址: https://www.tup.com.cn, https://www.wqxuetang.com
地　　址: 北京清华大学学研大厦 A 座　　　邮　编: 100084
社 总 机: 010-83470000　　　邮　购: 010-62786544
投稿与读者服务: 010-62776969, c-service@tup.tsinghua.edu.cn
质量反馈: 010-62772015, zhiliang@tup.tsinghua.edu.cn
课件下载: https://www.tup.com.cn,010-83470236

印 装 者: 三河市君旺印务有限公司
经　　销: 全国新华书店
开　　本: 186mm×240mm　　　印　张: 26　　　字　数: 586 千字
版　　次: 2025 年 7 月第 1 版　　　印　次: 2025 年 7 月第 1 次印刷
印　　数: 1~1500
定　　价: 109.00 元

产品编号: 104502-01

前言
PREFACE

嵌入式技术本质上属于"全栈"技术，不仅需要懂得硬件原理，也需要对软件在硬件中的运行过程了如指掌，因为嵌入式工程师很多时候就是在解决软件世界和硬件世界的衔接问题，是人类和机器的协调者。对于两个世界的思维方式、世界观、边界条件的适用性都要非常熟悉，知道如何解决冲突或进行妥协，这也是嵌入式技术的难点和迷人之处，因此，它要求从业者具备较好的计算机软硬件基础。

本书以嵌入式软件开发中用到的 C 语言为主线，构建出一条学习路线。C 语言本身属于较为底层的高级语言，可以认为它是专为底层和系统层设计的，是唯一能被机器世界和人类世界这一对在计算机发展历史上不断斗争的两方阵营都认可的编程语言。C 语言牺牲了一些人类思维所认可的特性，换来了对硬件的完美支持，同样 C 语言也增加了一些对硬件而言属于"人体工程学"的设计，以提升编程体验，并且没有明显地丧失操作效率。

如果说先有计算机硬件，最原始的编程语言机器码就是"道生一"，汇编语言是"一生二"，而 C 语言是"二生三"，在 C 语言之后的编程语言是"三生万物"。笔者在本书的写作过程中也尝试体现出这样的一条演进道路，但愿能对读者有所启迪。

本书主要内容

本书分为扫盲篇、上手篇、提高篇、高级篇和实战篇共 5 篇。

扫盲篇主要介绍计算机硬件的构成和分类，以及计算机硬件原理。除了大众化的计算机基础知识普及，笔者尝试引入一些生活中可见的技术性话题，例如"为何内存不需要驱动程序？""I/O 设备在计算机硬件中的位置"等，尝试让读者理解计算机硬件世界的一些基本世界观和基本架构。在对这些问题的探讨过程中会描述在计算机系统中是如何通过软硬件的配合实现识别 I/O 设备、如何通过内存操作 I/O 设备，以及内存在计算机中的地位。只要这些问题有了答案，读者对硬件世界的恐惧感就会消失，兴趣也会增加。

对以上背景知识有所了解之后，此时虽然还未做具体的编程实践，但已经容易理解从机器码、汇编语言到 C 语言的演进过程，并明白这样的演进是基于哪些现实条件而得到发展的。计算机如何使用驱动程序操作外设、外设如何和内存产生联系、软件为何要分层及操作系统的作用是什么？这些问题的答案都或多或少地隐藏在计算机硬件的设计思想中。

上手篇属于常规C语言知识介绍,但本书相对于一般的知识性介绍有很大不同,主要在于对一些关键知识点进行了重点讲解,例如"优先级和结合性""表达式的隐式规则""位操作"等在嵌入式软件开发中常见,并且对应用开发中不常用的技术点做了详细介绍。除此之外,"二进制、十进制、十六进制之间的转换""计算机中整数的表示"也是很多初学者应该掌握的知识点,这些知识不牢固会导致在软件开发中常犯数值类型的错误。

提高篇的主题——C代码在运行中,言简意赅地表示本部分和C程序的运行态有关。这部分主要阐述了数据在内存中的组织及存放形式,以及使用这些数据所要遵守的一些规则。

提高篇同样提出了很多人类思维与机器实现之间矛盾处理有关的问题,例如编译器是怎样调和空间效率和电子元器件效率之间的矛盾的?指针访问时数据类型意味着什么?数据的作用域和生命周期如何控制数据的访问权限?在C程序代码变成可执行的机器码的过程中,编译器使用了何种机制实现了代码信息中类似人类世界的角色和地位到冰冷机器世界的转换?为了实现C代码的空间概念,链接器是如何对程序信息进行定义的?为了实现代码的时间概念,栈内存和堆内存在程序的运行中又承担了什么样的角色?而整个C语言程序在内存中是如何被加载运行的?程序又是由哪些不同属性的段组成的?这些段在程序运行过程中承担了什么职责?以及这些职责是如何被确定的?以上一系列问题,在提高篇都进行了详细研究,并给出了解释。

高级篇对函数参数、函数的调用策略、指针高级用法及GCC的一些高级属性有较详细的论述,并再次讨论了程序在内存中运行时的一些深层细节问题。这些深层问题产生的原因、为突破这些限制可以打破的规则及这些被打破的规则在C语言世界中存在的边界条件,在此篇都进行了较为深入的讨论。

当这些边界条件不再适用时,硬件世界给出了何种补救方法?这些补救方法又是如何超越了C语言本身的能力限制,发挥出了硬件的性能?经过此篇的论述,相信读者对此会有更直观的理解。

实战篇不再讲述C语言和计算机硬件的知识,转而对职业方向、编译管理方法等职场背景知识做出了较详细的描述。经过此部分的学习,相信读者会对嵌入式工程师的职业风格有一定了解,从而更好地迈入嵌入式世界的大门。

阅读建议

零基础或者基础较差者建议从扫盲篇开始按顺序阅读,具有一定基础者可酌情跳过相关章节。

资源下载提示

素材(源码)等资源:扫描目录上方的二维码下载。

视频等资源：扫描封底的文泉云盘防盗码，再扫描书中相应章节的二维码，可以在线学习。

致谢

感谢我的助手、妻子，在本书成书期间承担了较多的辅助性工作。

由于时间仓促，书中难免存在疏漏之处，请读者见谅，并提出宝贵意见。

孟 皓

2025 年 4 月

目 录
CONTENTS

扫盲篇　计算机底层的世界

第 1 章　计算机体系概述（▶60min） 3
- 1.1　CPU 原理 3
  - 1.1.1　CPU 在计算机中的位置 3
  - 1.1.2　运算器和控制器 4
  - 1.1.3　CPU 架构 4
- 1.2　内存和总线 6
  - 1.2.1　内存和缓存 6
  - 1.2.2　CPU 寄存器和总线 8
- 1.3　指令集分类 9
  - 1.3.1　指令集的意义 9
  - 1.3.2　两种指令集的特点 10
- 1.4　内存和 I/O 设备统一编址 12
  - 1.4.1　非总线型设备的形态 12
  - 1.4.2　I/O 设备和驱动 13

第 2 章　从汇编语言到 C 语言（▶60min） 15
- 2.1　汇编语言和 C 语言简介 15
  - 2.1.1　第 1 代编程语言 16
  - 2.1.2　第 2 代编程语言 17
  - 2.1.3　汇编语言组成 18
- 2.2　汇编操作的寄存器 18
  - 2.2.1　数据寄存器 18
  - 2.2.2　指令寄存器 18
  - 2.2.3　程序计数寄存器 19
  - 2.2.4　地址寄存器 19
  - 2.2.5　累加寄存器 19
  - 2.2.6　程序状态寄存器 19
- 2.3　CPU 的寻址方式 20

	2.3.1	立即寻址 ··	20
	2.3.2	直接寻址 ··	20
	2.3.3	间接寻址 ··	21
2.4	C语言简介 ···	22
	2.4.1	C语言发展历史 ···	22
	2.4.2	C语言的特点 ···	24
	2.4.3	C语言的缺点 ···	25
2.5	C语言构成 ···	25
	2.5.1	基本构成 ··	25
	2.5.2	关键字 ···	26
	2.5.3	程序结构 ··	28
	2.5.4	函数 ··	29
	2.5.5	开发环境 ··	30

第3章 Ubuntu18 x64 GCC 开发环境搭建 ··· 32

3.1	使用虚拟机安装 Ubuntu18 x64 ··	32
	3.1.1	Ubuntu 简介 ···	32
	3.1.2	什么是虚拟机 ···	33
	3.1.3	安装 VMware Workstation 17 ···	33
	3.1.4	安装 Ubuntu 18.4 x64 ···	35
	3.1.5	设置共享目录 ···	40
3.2	Linux 常用命令 ···	45
	3.2.1	文件和目录 ··	45
	3.2.2	用户及用户组管理命令 ··	48
3.3	vim 编辑器使用 ··	49
	3.3.1	使用 vi 新建并编辑文本文件 ···	50
	3.3.2	文本的删除、撤销、复制和查找 ·······································	51
3.4	压缩和查找 ···	52
	3.4.1	tar 压缩解压命令 ··	52
	3.4.2	文件及文件内容查找 ··	53
3.5	使用 GCC 编译一个 C 语言程序 ··	54
	3.5.1	GCC 发展历史 ···	54
	3.5.2	GCC 常用命令 ··	55
	3.5.3	写出第 1 个 C 语言程序 ··	55

上手篇　初学 C 语言

第4章 C语言概览（▶70min）··· 59

4.1	C语言程序结构 ···	59
	4.1.1	顺序结构 ···	59
	4.1.2	分支结构 ···	59

   4.1.3 循环结构 · 60

  4.2 变量、常量和声明 · 61

   4.2.1 变量 · 61

   4.2.2 常量 · 62

   4.2.3 C 语言声明 · 63

  4.3 标准输入/输出 · 65

   4.3.1 标准输入 scanf 函数 · 65

   4.3.2 标准输出 printf 函数 · 66

  4.4 简单函数 · 69

   4.4.1 库函数 · 69

   4.4.2 形参和实参 · 69

   4.4.3 局部变量和全局变量 · 71

第 5 章 运算符和表达式(▶ 37min) · 73

  5.1 优先级和结合性 · 73

   5.1.1 优先级表 · 73

   5.1.2 左结合和右结合 · 75

   5.1.3 表达式的值 · 76

  5.2 表达式中的隐式规则 · 77

   5.2.1 整型提升 · 77

   5.2.2 隐式转换 · 78

第 6 章 数组和字符串(▶ 122min) · 79

  6.1 数据类型和长度 · 79

   6.1.1 数据类型 · 79

   6.1.2 不同平台的类型长度 · 79

  6.2 一维数组 · 80

   6.2.1 初识数组 · 80

   6.2.2 数组的定义和使用 · 80

  6.3 多维数组 · 82

   6.3.1 一维数组作为数组元素 · 82

   6.3.2 多维数组 · 83

  6.4 字符串 · 84

   6.4.1 定义一个字符串 · 84

   6.4.2 把字符串当成数组 · 85

  6.5 strlen、strcmp 和 strcpy 函数 · 87

   6.5.1 strlen 函数 · 87

   6.5.2 strcmp 函数 · 88

   6.5.3 strcpy 函数 · 89

  6.6 sizeof、memset 和 memcpy 函数 · 90

   6.6.1 取长度运算符 sizeof() · 90

6.6.2　memset 函数 ··· 91
　　6.6.3　memcpy 函数 ·· 92

第 7 章　数制转换和位操作（▶ 153min） 94
7.1　二进制、十进制和十六进制之间的转换 94
　　7.1.1　二进制和十六进制 ··· 94
　　7.1.2　各种进制到十进制的转换 ·· 96
7.2　位操作 96
　　7.2.1　左移和右移操作的意义 ·· 96
　　7.2.2　给指定位送 1 或者 0 ··· 98
　　7.2.3　指定位取反 ·· 100
7.3　计算机中整数的表示 101
　　7.3.1　负整数面临的困境 ·· 101
　　7.3.2　用加法表示减法 ·· 102
　　7.3.3　符号位的由来 ·· 103

第 8 章　控制流（▶ 92min） 107
8.1　switch-case、break 和 continue 107
　　8.1.1　switch-case ·· 107
　　8.1.2　break 语句 ··· 108
　　8.1.3　continue 语句 ··· 108
8.2　goto 语句和标号 109
　　8.2.1　标号 ··· 110
　　8.2.2　使用标号进行跳转 ·· 110
8.3　while、do-while 和 for 111
　　8.3.1　while 和 do-while 语句 ·· 111
　　8.3.2　for 循环 ·· 113
8.4　嵌套循环 114
　　8.4.1　多重 for 循环 ··· 114
　　8.4.2　多重 while 循环 ··· 115
8.5　if 和 else if 深入 116
　　8.5.1　if-else 语句的联动 ··· 116
　　8.5.2　上升沿下降沿检测 ·· 117

第 9 章　程序调试（▶ 62min） 119
9.1　给 main 函数传参 119
　　9.1.1　main 函数的参数 ··· 119
　　9.1.2　*argv[] 的本质 ··· 120
9.2　常见的编译报错 120
　　9.2.1　未定义错误 ·· 121
　　9.2.2　头文件错误 ·· 121
　　9.2.3　函数隐式声明警告 ·· 121

		9.2.4 未声明错误 ·········· 122
9.3	打印调试 ·········· 123	
	9.3.1	编译阶段打印 ·········· 123
	9.3.2	使用 goto 处理出错 ·········· 124
9.4	main 函数返回 ·········· 125	
	9.4.1	main 函数是否特殊 ·········· 125
	9.4.2	main 函数为何需要返回 ·········· 127

第 10 章 简单排序算法（▶93min） ·········· 128

10.1	冒泡排序 ·········· 128	
	10.1.1	冒泡排序基本思想 ·········· 128
	10.1.2	冒泡排序实现逻辑 ·········· 128
10.2	选择排序 ·········· 131	
	10.2.1	选择排序基本思想 ·········· 131
	10.2.2	选择排序实现逻辑 ·········· 131
10.3	插入排序 ·········· 133	
	10.3.1	插入排序基本思想 ·········· 133
	10.3.2	插入排序实现逻辑 ·········· 133

提高篇　C 代码在运行中

第 11 章 构造类型和指针（▶109min） ·········· 139

11.1	C 语言结构体 ·········· 139	
11.2	共用体和枚举 ·········· 141	
	11.2.1	共用体 ·········· 141
	11.2.2	枚举 ·········· 144
11.3	指针类型 ·········· 145	
	11.3.1	什么是指针 ·········· 145
	11.3.2	指针的定义和野指针 ·········· 146
	11.3.3	指针的解引用 ·········· 147
	11.3.4	指针类型和数据类型 ·········· 148
11.4	void 空类型 ·········· 148	
	11.4.1	空类型的意义 ·········· 149
	11.4.2	空类型的使用 ·········· 149
11.5	typedef 重定义类型 ·········· 150	
	11.5.1	typedef 重定义基本数据类型 ·········· 150
	11.5.2	typedef 重定义结构体类型 ·········· 151
	11.5.3	typedef 重定义函数指针类型 ·········· 152

第 12 章 C 语言对内存的使用（▶154min） ·········· 153

12.1	强制类型转换和大小端 ·········· 153	
	12.1.1	强制类型转换 ·········· 153

　　　　12.1.2　大端和小端格式 ·············· 154
　12.2　结构体的对齐访问 ··············· 154
　　　　12.2.1　结构体中成员的偏移 ·········· 155
　　　　12.2.2　结构体为何要对齐访问 ········ 155
　　　　12.2.3　在 GCC 中对齐访问的方法 ···· 156
　12.3　变量的作用域和生命周期 ······· 160
　　　　12.3.1　变量的作用域 ··············· 160
　　　　12.3.2　变量的生命周期 ············· 162
　12.4　运算中的临时变量 ··············· 164
　　　　12.4.1　临时变量现象 ··············· 165
　　　　12.4.2　临时变量的内因 ············· 166

第 13 章　指针初探（▶ 102min）············ 168
　13.1　数组和指针 ······················· 168
　　　　13.1.1　数组在内存中的存在 ········· 168
　　　　13.1.2　数组下标本质 ··············· 169
　13.2　指针越界访问 ···················· 170
　　　　13.2.1　指针越界读取 ··············· 171
　　　　13.2.2　指针越界写入 ··············· 171
　13.3　指针类型的作用 ················· 172
　　　　13.3.1　指针类型和解引用 ··········· 172
　　　　13.3.2　指针类型和内存读取 ········· 173
　　　　13.3.3　指针类型和偏移量 ··········· 174
　13.4　函数指针 ························· 175
　　　　13.4.1　函数指针初探 ··············· 175
　　　　13.4.2　使用地址调用函数 ··········· 176

第 14 章　栈和堆（▶ 58min）················ 179
　14.1　变量的内存分配 ················· 179
　　　　14.1.1　变量的地址 ················· 179
　　　　14.1.2　函数参数的地址 ············· 180
　　　　14.1.3　函数返回值的传递 ··········· 180
　14.2　栈内存简介 ······················· 181
　　　　14.2.1　栈内存 ······················ 181
　　　　14.2.2　栈内存的注意事项 ··········· 183
　14.3　堆内存 ···························· 183
　　　　14.3.1　堆内存的申请和释放 ········· 183
　　　　14.3.2　堆内存和栈内存的区别 ······ 184

第 15 章　函数深入（▶ 325min）············ 185
　15.1　函数在内存中的体现 ············ 185
　　　　15.1.1　函数所在的内存 ············· 185

| 15.1.2　函数运行时的问题 …………………………………………………………… 186
　15.2　函数的参数 …………………………………………………………………………… 187
　　　　15.2.1　函数形参在内存中 ……………………………………………………………… 187
　　　　15.2.2　函数形参的编程误区 …………………………………………………………… 188
　15.3　函数的返回和递归 …………………………………………………………………… 190
　　　　15.3.1　函数的运行和返回原理 ………………………………………………………… 190
　　　　15.3.2　函数返回类型和一般规则 ……………………………………………………… 191
　　　　15.3.3　函数的递归调用 ………………………………………………………………… 193
　15.4　递归函数的分析 ……………………………………………………………………… 194
　　　　15.4.1　递归函数的参数 ………………………………………………………………… 194
　　　　15.4.2　单递归函数返回逻辑 …………………………………………………………… 195
　　　　15.4.3　二次递归的分析 ………………………………………………………………… 196
　　　　15.4.4　二次递归函数分析总结 ………………………………………………………… 202
　15.5　递归实例之归并排序 ………………………………………………………………… 204
　　　　15.5.1　归并排序实现逻辑 ……………………………………………………………… 204
　　　　15.5.2　合并算法分析 …………………………………………………………………… 206
　　　　15.5.3　二次递归算法分析 ……………………………………………………………… 207

第 16 章　编译和链接（▶ 127min） ……………………………………………………… 212
　16.1　程序的编译 …………………………………………………………………………… 212
　　　　16.1.1　预处理 …………………………………………………………………………… 212
　　　　16.1.2　编译和链接过程 ………………………………………………………………… 215
　16.2　C 程序在内存中的分布 ……………………………………………………………… 218
　　　　16.2.1　代码段和数据段 ………………………………………………………………… 218
　　　　16.2.2　栈和堆 …………………………………………………………………………… 219
　　　　16.2.3　各个段的内存分布 ……………………………………………………………… 221
　16.3　动态链接和静态链接 ………………………………………………………………… 222
　　　　16.3.1　库文件的意义 …………………………………………………………………… 222
　　　　16.3.2　静态库文件的制作和使用 ……………………………………………………… 223
　　　　16.3.3　程序运行中加载动态库 ………………………………………………………… 224
　　　　16.3.4　静态库和动态库对程序运行的意义 …………………………………………… 226
　16.4　编译调试方法 ………………………………………………………………………… 227
　　　　16.4.1　反汇编 …………………………………………………………………………… 227
　　　　16.4.2　格式转换 ………………………………………………………………………… 228
　　　　16.4.3　手动链接 ………………………………………………………………………… 229

第 17 章　状态机和多线程（▶ 135min） ………………………………………………… 232
　17.1　有限状态 ……………………………………………………………………………… 232
　　　　17.1.1　什么是有限状态机 ……………………………………………………………… 232
　　　　17.1.2　使用 C 语言编写一个简单状态机 ……………………………………………… 233
　　　　17.1.3　状态机解决了什么问题 ………………………………………………………… 234

17.2 多线程简介 235
　　17.2.1 进程和线程 235
　　17.2.2 线程安全 235
　　17.2.3 函数的可重入性 235
17.3 多线程编程入门 236
　　17.3.1 Linux 常用多线程库 236
　　17.3.2 多线程编程实战 237
17.4 线程同步简介 240
　　17.4.1 线程不同步问题 240
　　17.4.2 互斥锁 242
　　17.4.3 自旋锁 245

高级篇　C代码在操作系统层

第18章　C语言指针高级部分（113min）249
18.1 结构体指针 249
　　18.1.1 结构体指针的定义和使用 249
　　18.1.2 使用结构体指针作为函数参数 250
18.2 二重指针 251
　　18.2.1 char ** argv 或 char * argv[] 251
　　18.2.2 定义二重指针并使用 252
18.3 指针数组和数组指针，函数指针和指针函数 253
　　18.3.1 指针数组和数组指针 254
　　18.3.2 函数指针和指针函数 255
18.4 offsetof 和 container_of 宏 257
　　18.4.1 offsetof 宏 257
　　18.4.2 container_of 宏 258

第19章　C语言函数高级部分（152min）261
19.1 函数的输入型参数和输出型参数 261
　　19.1.1 形参中的 const 关键字 261
　　19.1.2 形参的输入/输出接口形式 263
19.2 函数类型和函数指针类型 264
　　19.2.1 函数指针和函数类型匹配 264
　　19.2.2 函数指针和函数类型不匹配 265
19.3 回调函数 266
　　19.3.1 使用回调函数进行方法绑定 266
　　19.3.2 回调函数注册 267
19.4 函数的调用策略 268
　　19.4.1 C语言函数调用的流程 269
　　19.4.2 C语言函数效率 271

- 19.5 再论可重入函数 ·········· 273
  - 19.5.1 设计可重入函数 ·········· 273
  - 19.5.2 可重入函数的设计规范 ·········· 273

第20章 C语言底层特性（▶395min） 275

- 20.1 const 和 volatile 修饰指针 ·········· 275
  - 20.1.1 const *p 和 *const p ·········· 275
  - 20.1.2 volatile 修饰 ·········· 276
- 20.2 指针和作为指针的数据 ·········· 283
  - 20.2.1 再论指针 ·········· 283
  - 20.2.2 设备寄存器的读写 ·········· 284
  - 20.2.3 指定地址跳转 ·········· 284
- 20.3 二重指针在底层 ·········· 285
  - 20.3.1 字符串指针集合 ·········· 286
  - 20.3.2 异常/中断向量表 ·········· 287
- 20.4 函数指针在底层 ·········· 290
  - 20.4.1 函数指针数组在底层 ·········· 290
  - 20.4.2 结构体包含函数指针 ·········· 292
- 20.5 论函数地址 ·········· 295
  - 20.5.1 链接地址和运行地址 ·········· 295
  - 20.5.2 位置有关码和位置无关码 ·········· 297
- 20.6 attribute 关键字 ·········· 298
  - 20.6.1 段声明 ·········· 298
  - 20.6.2 对齐声明 ·········· 300
  - 20.6.3 弱符号声明 ·········· 301
  - 20.6.4 inline 内联声明 ·········· 305

第21章 C语言链表（▶223min） 306

- 21.1 单链表数据结构 ·········· 306
  - 21.1.1 单链表的构成 ·········· 306
  - 21.1.2 单链表节点创建 ·········· 307
- 21.2 单链表的操作 ·········· 309
  - 21.2.1 单链表的尾插 ·········· 309
  - 21.2.2 单链表的头插 ·········· 310
  - 21.2.3 单链表的遍历 ·········· 312
  - 21.2.4 单链表节点的删除 ·········· 313
  - 21.2.5 单链表的逆序 ·········· 315
- 21.3 双链表数据结构 ·········· 317
  - 21.3.1 双链表的构成 ·········· 317
  - 21.3.2 双链表节点创建 ·········· 317
- 21.4 双链表的操作 ·········· 320

21.4.1　双链表的尾插 ··· 320
　　21.4.2　双链表的头插 ··· 321
　　21.4.3　双链表的遍历 ··· 323
　　21.4.4　双链表节点的删除 ··· 325
　　21.4.5　双链表的逆序 ··· 326
21.5　循环链表浅析 ·· 328
　　21.5.1　循环单链表的数据结构 ··· 328
　　21.5.2　循环单链表的建立和遍历 ··· 329
　　21.5.3　循环双链表的数据结构 ··· 332
　　21.5.4　循环双链表的建立和遍历 ··· 333

第22章　二叉树和哈希表（▶ 294min） ·· 337

22.1　二叉树简介 ·· 337
　　22.1.1　树的概念及结构 ··· 337
　　22.1.2　二叉树 ··· 340
22.2　二叉树的实现 ·· 340
　　22.2.1　二叉树节点创建 ··· 341
　　22.2.2　二叉树的创建 ··· 341
22.3　二叉树的遍历 ·· 343
　　22.3.1　先序遍历 ··· 343
　　22.3.2　中序遍历 ··· 348
　　22.3.3　后序遍历 ··· 350
　　22.3.4　层序遍历 ··· 352
22.4　哈希表简介 ·· 355
　　22.4.1　哈希表基本概念 ··· 355
　　22.4.2　哈希冲突的解决 ··· 357
22.5　实现简单的哈希表 ·· 359
　　22.5.1　开放定址法 ··· 359
　　22.5.2　链地址法 ··· 364

实战篇　C语言在职场

第23章　嵌入式软件开发 ··· 371

23.1　单片机和嵌入式软件开发 ·· 371
　　23.1.1　单片机开发岗 ··· 371
　　23.1.2　嵌入式Linux开发岗 ··· 372
23.2　嵌入式操作系统简介 ·· 373
　　23.2.1　单片机操作系统 ··· 373
　　23.2.2　嵌入式操作系统 ··· 373
23.3　职业方向 ·· 374
　　23.3.1　应用层开发 ··· 374

  23.3.2 驱动层开发 ·· 374
  23.3.3 物联网开发简介 ··· 375

第24章 编译管理方法（▶143min） ··· 377
24.1 C代码的头文件 ·· 377
  24.1.1 头文件的意义 ··· 377
  24.1.2 头文件的一般规则 ··· 379
24.2 多个C代码文件编译 ·· 381
  24.2.1 多个C文件编译体系 ·· 381
  24.2.2 多文件编译的管理问题 ··· 381
  24.2.3 使用脚本管理工程 ··· 381
24.3 代码的层次管理 ·· 385
  24.3.1 H文件和C文件的分离 ··· 385
  24.3.2 代码的分层管理脚本 ·· 386
24.4 开始写Makefile ·· 387
  24.4.1 写一个最简单的Makefile ·· 387
  24.4.2 Makefile最小系统 ··· 389
24.5 Makefile进阶 ·· 391
  24.5.1 Makefile的变量和自动推导 ··· 391
  24.5.2 Makefile实践 ··· 393

参考文献 ·· 396

扫盲篇　计算机底层的世界

　　C语言的一大特性就是支持硬件的直接操作,不从事嵌入式底层开发的人员,可能一生也体会不到C语言对硬件的直接操作代表着什么。深刻理解C语言的这一特点,是应用层C语言开发者和嵌入式底层C语言开发者的不同之处,而在成为后者之前,必须对计算机的硬件有所了解。

第 1 章 计算机体系概述
CHAPTER 1

C 语言是较为靠近底层的高级编程语言。和其他高级语言不同，C 语言保留了很多硬件操作的特性，这也是 C 语言之所以是嵌入式世界首选编程语言的主要原因。这些特性使 C 语言具有较高的硬件操作效率，因此在底层程序开发和移植工作中显得尤为重要。为了能较好地理解 C 语言的这些特性，在学习 C 语言之前，读者应对计算机体系有一定的理解。

1.1 CPU 原理

在计算机体系中，软件代码和硬件的关系类似于琴谱和琴的关系，而计算机体系中最为核心的硬件是中央处理器(Central Processing Unit，CPU)。

1.1.1 CPU 在计算机中的位置

开发嵌入式底层软件，往往就是对 CPU 直接进行编程，因此了解它在计算机体系中的位置是非常有必要的，如图 1-1 所示。

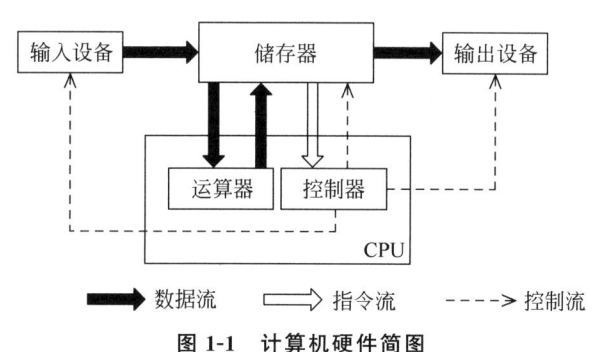

图 1-1 计算机硬件简图

CPU 主要由三大部分组成：运算器、控制器和寄存器(Register，图中未标出)。运算器也称为逻辑单元，控制器也称为控制单元，它们是 CPU 功能的主要实现部分。寄存器是用来存储数据的，直接被以上两大单元调用，对总线型设备的访问也要通过对寄存器的读写直接或间接实现(直接寻址或间接寻址)。存储器在计算机中的意义很宽泛，在这里指的是总线型存储器，一般而言就是内存。

输入/输出(Input/Output，I/O)设备在计算机体系中的位置稍边缘化，因为它们一般不能直接被CPU访问，而是通过一些驱动器和CPU的总线相连，当然这些驱动器和内存在嵌入式系统中多是统一编址的。

1.1.2 运算器和控制器

CPU中比较关键的部件分别为运算器和控制器，以下是对它们的详细介绍。

1. 运算器

运算器又称算术逻辑单元(Arithmetic Logic Unit，ALU)，是计算机中执行各种计算和逻辑操作的元器件。运算器的基本操作包含加、减、乘、除四则运算，与、或、非、与非、或非、异或、同或逻辑运算，以及移位、比较和传送等操作。计算机运行时，ALU的操作和操作种类由控制器决定，运算器处理的数据来自存储器，处理后的数据通常被送回存储器，或者暂存到寄存器中。

ALU的输入包括的要操作的数据，称为操作数；ALU工作时还有来自控制单元的指令代码，用来指示进行哪种运算；ALU的输出即为运算结果。在许多设计中，ALU可以将条件代码发送到寄存器，也可以接收来自寄存器的条件代码，这些代码用来指示一些情况，例如借位、溢出、除数为0等。

除了ALU，常常还有专门用来作浮点数运算的浮点运算单元(Floating Point Unit，FPU)，其支持典型的运算有四则运算和开方，甚至还可以计算指数、三角函数。在多数现代通用的计算机架构中，CPU中会集成一个或多个浮点运算单元，但仍有一些较老的处理器没有在硬件上支持FPU。

2. 控制器

控制器又称控制单元(Control Unit，CU)，主要负责程序的流程管理，正如工厂的物流分配部门。控制器是整个CPU的控制指挥中心，由程序计数器(Program Counter，PC)、指令寄存器(Instruction Register，IR)、指令译码器(Instruction Decoder，ID)、操作寄存器(Operation Register，OR)和操作控制器等多个部件组成，对协调整个CPU有序工作极为重要。

甚至控制器可以作为CPU的一部分，也可以安装于CPU的外部(不太常见)。

1.1.3 CPU架构

CPU依据其数据、指令总线是否复用的特征，分为冯·诺依曼架构和哈佛架构。前者使用灵活，故应用较广，后者因为可靠性和取指令效率高，因而在微控制器领域常见。在一些较为复杂的集成系统中，则往往采用两种架构并存的设计。

1. 冯·诺依曼架构

存储器和控制器、运算器之间只有一路数据总线信号的CPU称为冯·诺依曼架构

CPU,如图 1-2 所示。

所谓冯·诺依曼架构,就是指令和数据统一编址存储,共用一路数据总线的 CPU 架构。因为程序经过编译链接以后,生成的指令和数据都是二进制码,作为二进制码来看并无区别,可以共用总线访问,因此可以大大地简化计算机的硬件设计。至今为止,冯·诺依曼架构在计算机世界中仍占统治地位。

因为指令和数据都是二进制码,所以计算机发明初期自然而然地选择了冯·诺依曼架构,但这种指令和数据共享总线的设计,使信息流的传输、取指令和取数据之间的冲突成为限制计算机性能的瓶颈。

2. 哈佛架构

把指令(程序)和数据分开存放,各自的总线是独立的,分为指令总线和数据总线,此类 CPU 架构称为哈佛架构,如图 1-3 所示。

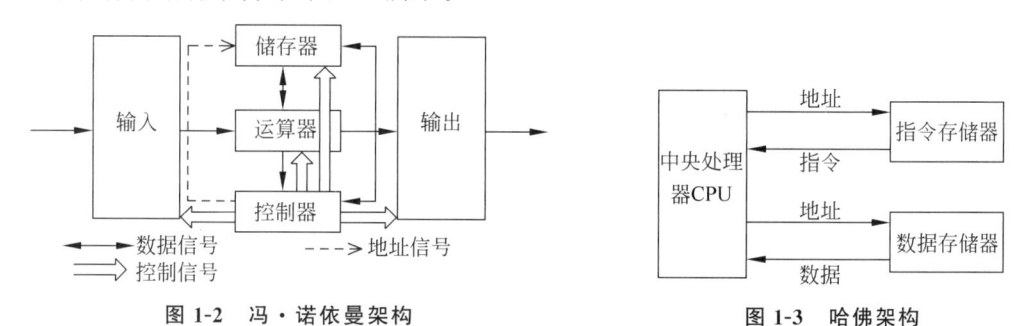

图 1-2　冯·诺依曼架构　　　　图 1-3　哈佛架构

指令和数据分开存储,可以使指令和数据有不同的数据宽度。如 Microchip(微芯)公司的 PIC16 芯片的指令是 14 位宽度,而数据是 8 位宽度。

哈佛架构的 CPU 通常具有较高的执行效率,因其指令和数据是分开组织和存储的,CPU 运行时可以预先读取下一条指令。这种指令和数据空间独立的体系架构,设计的目的是解决冯·诺依曼架构存在的信息流传输瓶颈和取指令、取数据的冲突问题。

当然,哈佛架构 CPU 总线结构更复杂,同样性能下成本往往更高,并且没有冯·诺依曼架构软件配置灵活、内存资源使用效率高的优点。目前多用于对可靠性有较高要求,并且功能相对固定的微控制器单元(Microcontroller Unit,MCU),俗称单片机。

3. 两种架构并存

目前冯·诺依曼架构仍是计算机世界的主流架构,在单片机市场中,哈佛架构则使用更多,因其稳定性好、取指效率更高,但在很多单片系统(System on Chip,SoC)中往往是两种架构并存的,例如三星公司的 Exynos 4412 芯片,它在启动阶段使用的是内置的只读存储器(Read Only Memory,ROM)和静态随机存储器(Static Random Access Memory,SRAM),其中 ROM 固化好了启动代码,SRAM 则作为数据存储元器件,此类结构类似普通的单片机,指令和数据分开存放,是典型的哈佛架构。在启动过程结束后会把指令和数据从嵌入式多媒体卡(Embedded Multi Media Card,EMMC)中复制到动态随机存储器(Dynamic

Random Access Memory,DRAM)中,其中 EMMC 类似硬盘,DRAM 是内存,再被 CPU 统一处理,这又是冯·诺依曼架构了。

笔者在对此类 SoC 的 U-Boot 移植调试过程中,深刻体会到这种混合设计的优点,其具备了启动阶段需要的稳定和快速等性能,又兼具系统软件部署灵活、内存资源使用效率高等优点,正因为如此,双架构设计目前普遍存在于嵌入式计算机系统中。

1.2 内存和总线

CPU 的指令和数据都是从总线上获取的,而能够直接进行总线型访问的存储元器件只有内存,其他的非总线型元器件都需要一定的操作方法才能被访问,这种操作方法被称为驱动程序。在使用计算机时也会发现,除了内存,绝大多数计算机外围设备需要驱动程序。

这是很有意思的话题,绝大多数计算机外围设备需要驱动程序才能使用,但是内存不需要,内存可能是唯一不需要驱动程序就能被 CPU 访问的设备。当然 DRAM 需要初始化才能使用,但初始化和驱动程序不是一个机制,初始化只在硬件启动时运行一次,而驱动程序是使用这个硬件时,时时刻刻都在运行。

1.2.1 内存和缓存

内存和缓存都是计算机体系中重要的硬件,它们是用于存取数据的。因为考虑到成本和性能之间的平衡,在计算机体系中被设计为不同的形式。

1. 内存

CPU 和外界的数据交互都是通过总线进行的,不论是冯·诺依曼架构还是哈佛架构,总线都是 CPU 和外界沟通的唯一直接接口。在计算机中,最重要的总线型设备就是内存,指令和数据都是先存放在内存,然后才可以被 CPU 访问。

实际上内存因为受到自身存取速度和总线寻址速度的限制,读写速度和 CPU 相比有较大的差距,所以现代 CPU 内部一般集成了高速缓存。

2. 高速缓存

内存是一种总线型访问设备,理论上应该有很高的访问速度,但是因为电子学和成本上的限制,现在主要使用 DRAM,与之相对应的是 SRAM。

一个可用于单片机扩展的 16 位 SRAM 模块,如图 1-4 所示。

一个 SRAM 单元由 6 个 MOS 管组成,如图 1-5 所示。

SRAM 的存储单元没有电容,复杂度较高,导致它不容易做到大容量,但是它不需要刷新,所以读写速度很快。DRAM 单元仅需要一个晶体管和一个电容,结构比 SRAM 要简单很多,但是需要不断刷新以便为电容充电,否则数据会丢失,如图 1-6 所示。

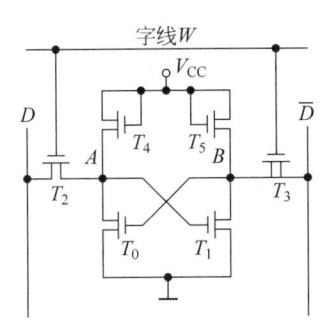

图 1-4　SRAM 模块　　　图 1-5　SRAM 单元电路　　　图 1-6　DRAM 单元

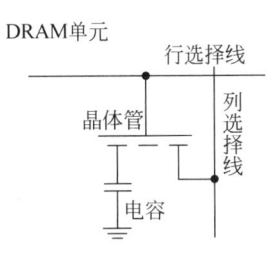

SRAM 和 DRAM 都是掉电丢失数据的随机存储器，但是 DRAM 存储单元的电路结构简单，只包含一个晶体管和电容，可以很轻易地做到大容量和很高的集成度，比较经济，所以现在基本上使用 DRAM，缺点是电容存在漏电效应，需要不断刷新，造成它的存取速度没有 SRAM 快。

在现代计算机系统中，CPU 的运行速度往往大大超出了内存访问速度的极限，这种"大马拉小车"的情况普遍存在，所以人们在 CPU 和内存之间加入了缓存（Cache），也常常被称为高速缓存，以加速系统的存取速度。高速缓存顾名思义，它的存取速度很快，远超出 DRAM，CPU 在访问时基本不会有读写速度的限制。Cache 处于 DRAM 和 CPU 之间，在 CPU 没有存取操作时，会预先把 DRAM 中频繁访问的指令/数据加载到 Cache 中，CPU 在取指令数据时会先检查 Cache 中有无要取的指令/数据，如果有就直接读取，如果没有就访问 DRAM，这样就极大地提高了系统的效率。

当然，Cache 的存取速度之所以远远高出 DRAM，是因为其内部电路类似 SRAM，具有极高的访问速度，自然成本也很高，不可能大规模使用。在 CPU 中集成的 Cache 会依据速度的不同，做出多层级的缓存结构，用以达到最佳的性能和成本平衡点。

高速缓存往往会分为多级（多为 3 级），在 CPU 取指令数据时会分级查找。以下示例为笔者的计算机 CPU 信息，其具有 3 级高速缓存结构，如图 1-7 所示。

图 1-7　笔记本电脑高速缓存结构

CPU 和内存之间存的多级高速缓存，一般分为 3 级，分别是 L1、L2 和 L3。因为代码都是由指令和数据组成的，所以缓存分为指令高速缓存（instruction Cache，iCache）和数据高速缓存(data Cache,dCache)。L1 级别 Cache 比较特殊,每个 CPU 会有两个 L1 级别的 Cache,分别为 iCache 和 dCache,L2 和 L3 级别的 Cache 一般不区分指令和数据,是混合存放的。

CPU 首先会查看 L1 缓存(速度最快),如果有需要的指令/数据就读取,如果没有就会去查找 L2 缓存,以此类推。如果 L3 缓存也没有,则会去查找 DRAM,这就是使用多级缓存加速计算机存取速度的过程。

可以理解,高速缓存并不是因为硬件原理的限制,而是一个性能和成本之间取平衡点的产物。人们当然可以把所有的 DRAM 都替换成高速缓存,CPU 访问速度自然飞快,但使用少量的高速缓存,既能达到设计性能的要求,又能节约大量硬件成本,这才是最现实合理的选择。

注意:高速缓存虽然处于 CPU 和内存之间,访问级别比内存高,但本质上它们都是总线型访问,只是高速缓存会先被 CPU 查找,读写速度也要比 DRAM 快很多,读者可以理解为高速缓存是速度快且优先级高的内存。它和 CPU 寄存器不是一个概念,CPU 寄存器不是总线型访问的。

注意:iCache 是专门用于存储指令的高速缓存,dCache 是用于存储数据的高速缓存。iCache 用于存储指令,在 CPU 运行时将指令从 iCache 中读取,以提高指令执行的速度;dCache 则用于存储数据,如变量、数组等,以避免频繁地从内存中读取数据,提高程序的执行效率。iCache 和 dCache 都是 CPU 内部的缓存,它们的作用都是优化 CPU 对数据和指令的访问效率,提高计算机的性能。

1.2.2 CPU 寄存器和总线

任何程序的执行都是对 CPU 及其内部寄存器的操作,这些操作又会关联对总线的操作,因此对 CPU 寄存器和总线的了解也是很有必要的。

1. CPU 寄存器

CPU 内临时存储数据的单元称为寄存器,寄存器是 CPU 在运行的过程中必不可少的存储器。CPU 寻址时,是通过读写 CPU 内部的寄存器实现的,在汇编语言中有所体现。

在 CPU 内部至少有 6 类寄存器:指令寄存器、程序寄存(计数)器、地址寄存器(Address Register,AR)、数据寄存器(Data Register,DR)、累加寄存器(Accumulator Register,ACC)、程序状态寄存器(Program Status Register,PSR)等,其中程序状态寄存器也称为程序状态字寄存器(Program Status Word Register,PSW)。这些寄存器的作用,在开发调试 Bootloader 时会体会到,这也是嵌入式底层软件开发中为数不多的使用汇编语言的场景。

2. 总线

计算机中的总线有 3 种：数据总线、地址总线、控制总线，如图 1-8 所示。

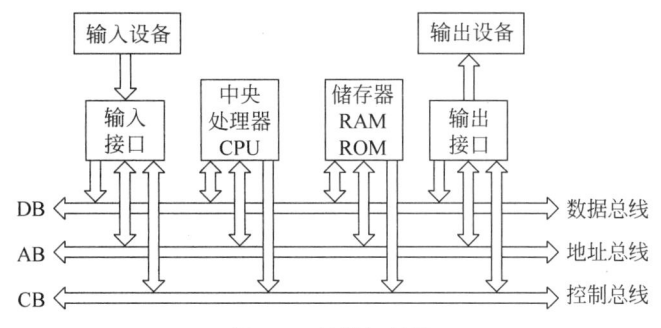

图 1-8 计算机总线

数据总线是 CPU 和内存之间数据传送的通道，其总线宽度决定了 CPU 一次能取多长的数据；地址总线是 CPU 寻址时使用的，地址总线的宽度决定了 CPU 的寻址范围(也就是支持的最大内存容量)；控制总线主要用来传递控制信号和时序信号，例如读写、片选、中断响应等，也有其他元器件反馈给 CPU 的信号，例如中断请求、复位、设备就绪等。控制总线的传送方向由具体的控制信号决定，一般是双向的，其位数则根据系统的实际需要而定。

1.3 指令集分类

计算机可以分为复杂指令集计算机(Complex Instruction Set Computer，CISC)和精简指令集计算机(Reduced Instruction Set Computer，RISC)，这两者之间的区别及优劣对于 C 语言应用层开发者是无关紧要的，因为系统层屏蔽了硬件底层的细节，但对于嵌入式底层开发者而言，对于两者间的区别要非常清楚，如图 1-9 所示。

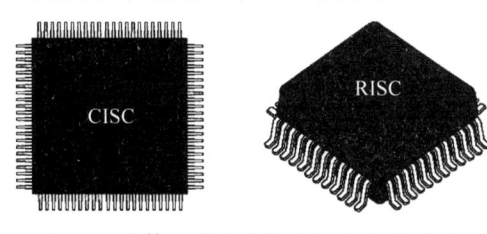

图 1-9 计算机按指令集分为 CISC 和 RISC

CISC 和 RISC 指的都是计算机，不是指令集，指令集是 CPU 的属性。配备了复杂或精简指令集 CPU 的计算机，被称为 CISC 或 RISC。

1.3.1 指令集的意义

指令集是 CPU 能够处理的全部指令的集合，是 CPU 的根本属性。

个人计算机上用到的 CPU 大都是继承于 x86 指令集的,x86 计算机属于 CISC,不论其 CPU 厂家是 Intel 还是 AMD,其 CPU 指令集基本一致,目前个人计算机上的 64 位 CPU 使用的是基于 x86 指令集派生出的 AMD64(也称为 x86-64)指令集。也有不是 x86 体系的 CPU,它们不能直接运行基于 x86 体系的程序,需要用对应的编译器(Compiler)重新编译才可以运行。

指令集是 CPU 硬件和软件的最终接口,计算机工作者最初就是使用指令集对 CPU 进行编程的,因为不论哪一种编程语言写出的程序,最终都需要转换为对应的 CPU 指令集才能被运行。当然 CPU 指令集复杂也意味着 CPU 的硬件电路要更复杂,反常识的是,在计算机历史上最早出现的反倒是 CISC,在移动互联网时代,RISC 才迎来发展高峰。

1.3.2　两种指令集的特点

RISC 相对于 CISC 而言,CPU 指令数目少,CPU 的硬件设计可以更简单,功耗更低,更适用于嵌入式领域,缺点是增加了编译器的设计难度,但对于高昂的硬件开发制造成本来讲,这一缺点是可以接受的。下面是指令集的简单分类,如图 1-10 所示。

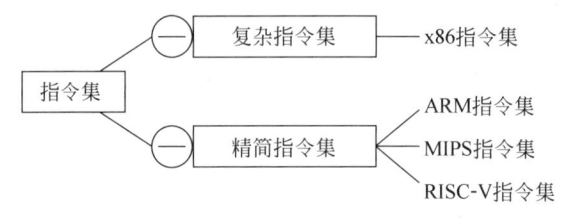

图 1-10　指令集的分类

嵌入式计算机大多数是 RISC,CPU 使用 ARM(Advanced RISC Machine,ARM)指令集,也有少部分 MIPS(Million Instructions Per Second,MIPS)指令集(多用于路由),目前 RISC-V 这种开源指令集处理器正在异军突起。

RISC-V 是一种基于精简指令集的开源指令集架构。开源指令集类似于 Linux 的源代码开放,由于这种指令集的开放特性,使任何人都可以自由设计 RISC-V 芯片和软件(软件主要是编译器)。

以下是 2023 年 6 月份笔者参加国内第一届 Embedded Word 上海展会 RISC-V 专场,众多科技公司对此有所布局,如图 1-11 所示。

1. CISC 的困境

长期以来,计算机性能的提高主要是通过增加硬件复杂性来获得的。随着集成电路技术,特别是超大规模集成电路(Very Large Scale Integration,VLSI)技术的迅速发展,为了软件编程方便和提高程序的运行速度,工程师采用的方式是不断地增加 CPU 中硬件的复杂度,以实现功能复杂的指令,甚至某些指令可支持高级语言语句归类后的复杂操作,致使计算机硬件,特别是 CPU 内部电路越来越复杂,造价也相应提高。一般 CISC 所含的指令数目至少 300 条以上,有的甚至超过 500 条。

图 1-11　2023 上海 Embedded Word 展会 RISC-V 专场

2．RISC 的优势

早期的计算机全是 CISC，CISC 的设计理念是要用最少的程序步骤完成所需要的计算任务，采用的是增加硬件复杂性降低软件复杂性的思路。在 CISC 中的很多指令甚至是高级语言的翻版，这样做产生了许多弊端，例如硬件设计困难、大部分指令的使用效率低下、集成工艺的成本高昂等，继而催生了 RISC 的面世。

RISC 的特点是支持的指令集精简，没有 CISC 那样多的复杂指令，这样可以降低 CPU 的硬件复杂性，允许在同样工艺下生产出能耗比（性能/功耗）较高的 CPU，因此在移动处理、嵌入式计算领域具有很强的竞争力。但是由于其支持的指令集较少，完成同样的功能操作需要的指令代码数量增多，对编译器的开发有较高要求。

3．两者之间不同的思路

CISC 和 RISC 体现出了两种不同的设计理念，一种是堆叠硬件，CPU 的指令集越多，代表硬件功能越多，编译器和软件的设计就相对简便一些；另一种是降低硬件的复杂度，仅保留最基本的指令集，把复杂功能的实现交给编译器和软件去实现。

堆叠硬件复杂度提升 CPU 的处理能力会降低系统灵活性，这条路不可能无限制地走下去。这种方式适合于类似 x86(x86-64/AMD64)体系或中型机和巨型机，因为这类计算机要么指令集是标准的，要么是应用于对成本及功耗不敏感的追求性能的领域。

精简指令集的思路是提升软件（主要是编译器）复杂度，使硬件成本降低。因为硬件复杂度下降，在低功耗性能上会大幅度领先，适合移动计算和对功耗、成本有严格要求的场景，例如嵌入式领域。

为什么一开始没有出现 RISC 而是出现了更复杂的 CISC？这其中有历史原因，早期的计算机因为程序存储元器件价格高昂且使用不便，加上软件人员奇缺，在当时的技术条件下只能设计出 CISC，随着技术的发展，编程成本降低而堆叠 CPU 硬件成本居高不下的局面又使 RISC 大放异彩。从计算机演进的历史过程也能看到历史唯物主义的真理性，是客观实践中的矛盾，引领着计算机技术曲折向前发展。

1.4 内存和I/O设备统一编址

在计算机系统中，CPU对外界的访问都是通过总线来实现的，但并非所有的设备都支持总线访问，因此为了在计算机系统中生存，不支持总线访问的设备，也要使用间接支持的方法，这个间接支持的方法，就是通过I/O设备和内存统一编址的思想实现的。

I/O设备和内存统一编址的思想，指的是CPU访问I/O设备本质上和访问内存没有区别，但CPU访问内存是为了读写数据，而访问I/O设备是为了使用它。如何使用CPU操作内存的机制操作I/O设备，让I/O设备领会CPU的意图，这就有了驱动程序的概念。下面是I/O设备和总线连接示意图，如图1-12所示。

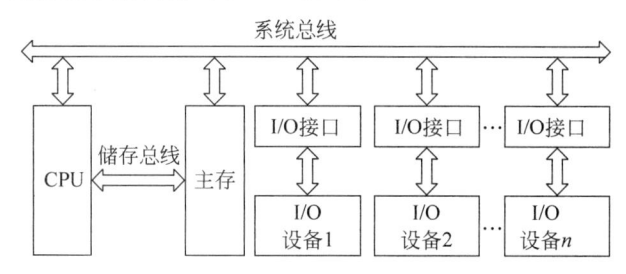

图1-12 I/O设备和总线连接示意图

1.4.1 非总线型设备的形态

硬盘和内存一样都可用于存储，但是硬盘是不是和内存一样，可以通过总线访问呢？

在计算机中，总线型设备都是可以寻址的，而硬盘可以寻址访问么？即使是在32位操作系统(Operating System，OS)的时代，系统调动CPU寻址的空间范围为4GB(2的32次方)，但当时的主流硬盘动辄上百GB，远远超过这个范围，所以硬盘肯定不是通过总线寻址访问的。

和硬盘一样，鼠标、键盘、网卡、USB等设备也都是通过非总线访问的，那么计算机是如何操作这些非总线型设备的呢？这里就牵涉设备驱动器(Device Driver)的概念。

注意：在Windows XP 32位操作系统流行的时代，大约为2003—2013年前后，个人计算机中的CPU已有相当数量支持64位(x86-64/AMD64)指令集，这是CPU厂家为应对操作系统必然升级而做出的技术预判，但在更早的20世纪90年代和21世纪初，CPU多为原生x86(32位)指令集。配置了64位处理能力CPU的计算机，一旦安装了32位操作系统，受操作系统的限制，CPU的64位指令集会被弃用(x86-64/AMD64兼容32位x86指令集，属于x86派生)，导致其只有32位的性能，但随着2009年Windows 7操作系统64位版本的面世，提前上市的64位CPU指令集被充分使用，支持的内存也远超4GB。

在计算机系统中会分配出来一些地址给非总线型设备的驱动器使用，这些驱动器是可以通过总线访问的，是 CPU 访问非总线型设备的硬件接口。

而具体的外部设备（外设）硬件连接在对应的驱动器上，例如 USB 键盘、鼠标连接在 USB 驱动器上，显卡连接在 PCI-E（Peripheral Component Interconnect Express）驱动器上，硬盘往往连接在 SATA（Serial Advanced Technology Attachment）驱动器上。这些驱动器可以通过总线访问，CPU 可以像访问内存一样访问驱动器，进而驱动这些 I/O 设备。

非总线型设备被 CPU 访问的硬件接口是对应的驱动器，软件接口是对应的驱动程序。

1.4.2　I/O 设备和驱动

在计算机中，非总线型设备一般为 I/O 设备。

这些 I/O 设备功能繁杂、接口各异，并且发展很快，它们是计算机和客观世界进行交流的重要窗口。为了建设这些日新月异的硬件和计算机之间沟通的桥梁，各式各样的驱动器被开发出来，各式各样的设备被设计出来，各种各样的驱动程序被整合进来，成就了眼前 IT 世界的基础建设。在这些基础建设上的使用者，并不需要弄清楚它们的来历，只需要会使用，这是应用编程者，而嵌入式开发者往往需要建设这些基础设施，对它们的物理特性、驱动方法、驱动机制都必须精通，这就是底层开发者。底层开发要求更高，并且责任更重，原因就在于此。

1. 设备驱动程序

操作非总线型设备的驱动器，在操作方法上和操作内存没有区别，但操作目的不同。操作驱动器的目的是操作驱动器上的设备，这就需要一定的操作规范，这个规范是由硬件厂商制定的，根据这个规范开发出来的操作程序，就是驱动程序。

很明显计算机在使用内存时是不需要驱动程序的，因为内存是总线型访问设备，是直来直去的，寻址、读写是最基本的访问方法，但是 I/O 设备林林总总，功能差异巨大，不可能使用同一种规范就能操作所有的 I/O 设备，因此在 I/O 设备使用中，总线读写 I/O 设备驱动器的地址单元（也称设备寄存器）时，需要遵循硬件厂家制定的规范。使用 I/O 设备的标准做法是首先将对应的驱动程序加载到内存中，然后使用驱动程序对 I/O 设备进行操作。

2. 驱动程序的特殊性和普遍性

不像内存只有读、写两种功能，I/O 设备的功能大多比较复杂多变。I/O 设备对应 I/O 驱动器的设备寄存器，后者和内存统一连接在总线上，CPU 可以像操作内存一样操作设备寄存器，但为了实现 I/O 设备的正确运转，其驱动程序的功能往往也比较复杂，和 I/O 设备提供的功能复杂程度呈现正相关。驱动程序不同于应用程序，其拥有对物理内存地址的访问权限，操作级别较高，一旦崩溃往往会影响操作系统安全，对开发者要求更高。不但要精通 I/O 设备的物理特性和操作机制，还必须熟悉操作系统（嵌入式设备多为 Linux 内核)和驱动程序之间的接口,以及向应用层提供的操作方法、系统的调度策略、驱动的加载方法、退出方法、驱动数据的传递方法及各个驱动框架中的编程规则、应用层和操作系统内核之间数据的传递等技术细节。驱动程序开发本质上属于操作系统层级的开发,一旦出现问题就会带来严重后果,当然这也是嵌入式底层开发的魅力和挑战所在。

在计算机体系中,除了内存,CPU 要操作其他的外围设备几乎需要驱动程序,也就是说,驱动程序是普遍存在的,也将长期存在,其地位和重要性不言而喻。

第 2 章 从汇编语言到 C 语言

CHAPTER 2

计算机在发明之初并没有严格意义上编程语言的概念,是直接使用指令集编程的(下文将其称为第 1 代编程语言),后来使用助记符来代替晦涩难懂的二进制代码,这才有了汇编语言的概念(下文将其称为第 2 代编程语言)。一种编程语言需要有对应的编译器将语言代码转换为机器码,例如汇编语言对应汇编器,C 语言对应 C 编译器,而从汇编语言进化到 C 语言,是软件技术的一大进步。

2.1 汇编语言和 C 语言简介

汇编语言(Assembly Language)是直接面向硬件的底层程序设计语言,是一种用于电子计算机、微处理器、微控制器或者其他可编程元器件的低级语言,也称为符号语言。在汇编语言中,用助记符代替机器指令的操作码,用地址符号或标号代替指令或者操作数的地址,在不同的设备中,汇编语言对应着不同的指令集,通过汇编过程转换成机器指令。特定的汇编语言和机器指令是一一对应的,不同的平台之间不可以直接移植。

简而言之,汇编语言是把机器指令集换成了助记符的符号语言,是低级语言。

C 语言是为了取代汇编语言进化而来的,所以两者之间还是有一些联系的,C 代码的编译过程就包括了"从 C 代码到汇编代码"这个阶段,它们之间有一定的共生关系。汇编语言是低级语言,基本就是机器码语言助记符的升级版,很多特性带有着浓重的机器思维模式。

汇编语言的函数实现,是通过定义标号地址跳转实现的,一般是不能传参的,只是单纯的程序段跳转执行。跳转前使用 BL 指令会把下一条指令地址(也就是返回时的地址)载入返回地址寄存器(Return Address Register,汇编语言中常用 LR 表示)中,等到函数执行完毕,手动把返回地址寄存器中的地址值传给 PC 寄存器即可实现程序的返回。

C 函数的调用,因为有编译器的处理,加上汇编初始化了 SP 栈指针等先期工作,函数的参数实现就很容易了。函数内还可以定义局部变量(汇编中没有变量的概念),思维更接近人的思维,经过编译器处理后,生成的汇编代码效率也很高(但是没有纯汇编高)。

2.1.1 第 1 代编程语言

数字电路中元器件的输入/输出状态常常被规定为有电或没电,也就是高电平或低电平。为了便于硬件设计,计算机传递的数据最好也是能被处理成用两种电平状态表示的二进制数,由此可见二进制语言是计算机语言的本质。计算机发明之初,人们为了控制计算机完成任务,只能编写"0""1"这样的二进制数字串作为程序,用于控制计算机内部的高低电平或通路开路,这种语言就是机器语言。直观上看,机器语言十分晦涩难懂,其中的含义往往要通过查表或者查看手册才能理解,使用时非常痛苦,尤其是当需要修改已经完成的程序时,这种无序的程序很难让使用者定位到错误,而且由于不同计算机的运行环境、指令集均不相同,所以机器语言只能在特定的计算机上执行,一旦换了机器就需要重新编程,极大地降低了程序的使用和推广效率,但由于机器语言具有特定性,可以完美地适配特定型号的计算机,故而运行效率远远高过其他语言。

这里的机器语言,也就是第 1 代编程语言,完全使用二进制码编程。

早期计算机是使用物理方法编程的,例如使用打孔纸带来输入程序,如图 2-1 所示。

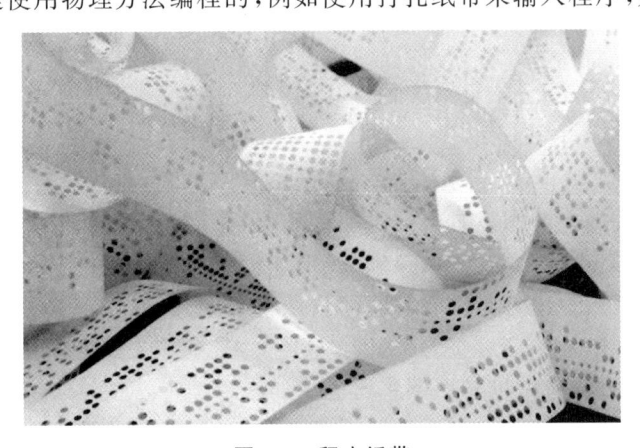

图 2-1 程序纸带

早期的计算机,首先使用光电设备读取打孔纸带上所编制的指令和数据(属于冯·诺依曼架构),然后保存到内存中。在使用计算机时,首先需要将纸带阅读机接入计算机,阅读机会把指令和数据送到内存中,然后计算机才可以运行。

显而易见,这种方式在修改程序时非常不便,每次修改程序都需要重新打孔,然后重新输入,但是在当时,已经算是比较先进的方式了。

更早一些的计算机,通过拨码开关输入程序,如图 2-2 所示。

图 2-2 中的 Altair 8800 计算机,使用 Intel 8080 微处理器,带有 256 字节(Byte)的存储器,输入程序使用面板上的拨码开关完成。虽然后续又出现了更先进的磁性程序输入装置,例如磁带机(最早使用的是钢丝),使修改程序变得容易了一些,但是本质上,还是直接记录的二进制机器码信息。

图 2-2　Altair 8800 计算机

2.1.2　第 2 代编程语言

在机器码编程的时代,计算机工作者直接使用二进制码编程,除去存在人类思维和计算机指令之间极大的阅读理解障碍问题之外,还存在可维护性的问题,限制了计算机的应用。

为了解决这些问题,计算机科学家和工程师做出了以下改良。

1. 使用字符代替指令

不难看出机器语言作为一种编程语言,灵活性和可阅读性都极差,为了降低机器语言带来的不适,人们对机器语言进行了升级和改进,用一些容易理解和记忆的字母、单词来代替一个特定的指令。使用升级改造后的语言,人们阅读已经完成的程序或者理解程序正在执行的操作会更加容易,对现有程序的 Bug 修复及运营维护也更加简单方便,这种语言就是汇编语言,即第 2 代编程语言。

比起机器语言,汇编语言具有更高的可读性,更加便于记忆和书写,但同时又保留了机器语言高速度和高效率的特点。汇编语言仍是面向计算机底层的语言,很难从代码上理解程序的设计意图,设计出来的程序不易被移植,故不像其他大多数高级计算机语言一样被广泛地应用。在高级语言高度发展的今天,汇编语言经常被用在底层,通常被应用在程序效率优化或硬件快速操作的场合。

总体来讲,汇编语言就是为了便于记忆而用助记符取代了机器指令的语言。

2. 编译器开始出现

很明显，汇编语言并不能直接被计算机识别，需要"转换成"二进制机器码才能运行。实际上，只要不是直接使用机器码编写的程序都需要进行转换。

从此计算机软件体系中多了一环，就是编译器，主要承担语言转换任务。

2.1.3　汇编语言组成

汇编语言由以下 3 类指令组成。

(1) 汇编指令：机器码的助记符，有对应的机器码。
(2) 伪指令：没有对应的机器码，由编译器解释，计算机不直接执行。
(3) 其他符号：如"+""-""*""/"等，由编译器识别，没有对应的机器码。

2.2　汇编操作的寄存器

在 CPU 中至少有 6 类寄存器：数据寄存器(DR)、指令寄存器(IR)、程序计数(寄存)器(PC)、地址寄存器(AR)、累加寄存器(ACC)和程序状态(字)寄存器(PSW)。

2.2.1　数据寄存器

数据寄存器又称数据缓冲寄存器，其主要功能是作为 CPU 和内存(包括 Cache)、外设之间信息传输的中转站，用以弥补 CPU 和内存、外设之间操作速度上的差异。

数据寄存器用来暂时存放由主寄存器读出的一条指令或一个数据，反之，在向内存写入一条指令或一个数据时，也会将它们暂时存放在数据寄存器中。

数据寄存器的主要作用如下：
(1) 作为 CPU 和内存、外围设备之间信息传送的中转站。
(2) 弥补 CPU 和内存、外围设备之间在操作速度上的差异。
(3) 在单累加器结构的运算器中，数据寄存器还可作为操作数寄存器使用。

2.2.2　指令寄存器

指令寄存器用来保存当前正在执行的一条指令。当执行一条指令时，首先把该指令从内存读取到数据寄存器中，然后传送至指令寄存器。

指令包括操作码和地址码两个字段，为了执行指令必须对操作码进行测试，识别出所要求的操作，指令译码器就是用于完成这项工作的。指令译码器对指令寄存器的操作码进行译码，以产生指令所要求操作的控制电位，将其送到控制线路上，并在时序部件定时信号的作用下，产生具体的控制信号。

指令寄存器中的操作码字段就是指令译码器的输入。操作码经译码，即可向控制器发出具体操作的特定信号。

2.2.3 程序计数寄存器

程序计数器用来确定下一条指令在内存中的地址,因此在程序执行之前,必须将程序的第 1 条指令所在的内存单元的地址送入程序计数器。

当执行指令时,CPU 自动递增程序计数器的内容,使其保存的值始终为将要执行的下一条指令的内存地址,并为取下一条指令做好准备。若为单字长指令,则地址加 1;若为双字长指令,则地址加 2,以此类推。

当遇到转移指令时,下一条指令的地址将由转移指令的地址码字段来指定,而不是通过顺序递增 PC 的内容来取得,因此,程序计数器通常是具有寄存和计数两种功能的结合体。

2.2.4 地址寄存器

地址寄存器用来保存 CPU 当前所访问的内存单元的地址。

由于内存和 CPU 之间存在操作速度上的差异,所以必须使用地址寄存器来暂时保存 CPU 正在访问的内存地址信息,直到内存的存取操作完成。当 CPU 和内存进行数据交换(CPU 向内存写入指令数据或者从内存读出指令)时都要使用地址寄存器。

在 I/O 设备与内存单元统一编址的计算机中,当 CPU 操作 I/O 设备时,同样要使用地址寄存器。

2.2.5 累加寄存器

累加寄存器又称累加器,它属于通用寄存器。累加器的功能是当 ALU 执行算术或者逻辑运算时,可以为 ALU 暂时保存一个操作数或运算结果。

显然,ALU 中至少要有一个累加寄存器。

2.2.6 程序状态寄存器

程序状态寄存器用来输出当前运算、程序的状态。

程序状态寄存器用来输出算术和逻辑指令的运行、测试结果。程序状态寄存器会输出各种状态标志,如运算结果进/借位标志(C)、运算结果溢出标志(O)、运算结果为 0 标志(Z)、运算结果为负标志(N)、运算结果符号标志(S)等,这些标志位通常用 1 位触发器来保存。

除此以外,程序状态寄存器还用来输出中断和系统工作状态等信息,以便使用者及时了解计算机硬件和程序运行的状态。

综上所述,程序状态寄存器是一个输出各种状态标志的寄存器。

2.3　CPU 的寻址方式

CPU 的寻址方式可以分为立即寻址、直接寻址和间接寻址。立即寻址是指令当中自带数据，CPU 可直接读取，运行速度最快；直接寻址就是指令当中存放数据地址，CPU 解析地址后可得到数据，运行速度稍慢；间接寻址是指令当中存放数据地址所在内存单元的地址，或者存放数据地址的寄存器名，运行速度最慢。

2.3.1　立即寻址

立即寻址操作不需要启动总线对内存进行读写，因此执行速度很快。立即寻址操作需要的数据分为指令自带和在寄存器中两种情况，以下对这两种情况进行详细介绍。

1. 指令带有操作数

立即寻址指令中若带有操作数，则这种操作数称为立即数。立即数可以是 8 位的，也可以是 16 位的。

汇编代码示例，代码如下：

```
MOV r1, 1234H              ;汇编语言单行注释用英文分号
```

以上汇编代码表示向 r1 寄存器中写入 1234H(H 表示十六进制)数据。因为指令中包含数据，所以此汇编指令属于立即寻址方式。

2. 操作数在寄存器中

立即寻址指令中若没有操作数，也可以指定操作数所在的 CPU 的寄存器，指令中需要带有寄存器名。

汇编代码示例，代码如下：

```
mov r1, r2
```

以上汇编代码表示将 r2 寄存器中的数存入 r1 中。指令中没有操作数，只有寄存器名，同样属于立即寻址。

以上两种立即寻址指令，不论其指令带有操作数还是带有操作数所在寄存器名，指令运行时都不需要对内存进行操作，因此访问速度很快。除立即寻址指令外，其他寻址指令需要的数据都保存在内存中，运行时需要对总线进行操作以得到内存数据，因此它们的执行速度都没有立即寻址指令的执行速度快。

2.3.2　直接寻址

直接寻址：指令中直接包含操作数所在的内存地址，CPU 启动总线寻址到对应的内存单元。这种寻址方式类似于 C 语言中指针的解引用，因为有对内存的操作，所以没有立即

寻址速度快。

汇编代码示例,代码如下:

```
mov r1, [2000H]          ;将内存地址 2000H 中的数据存放到 r1 中
mov [2000H], r1          ;将 r1 里面的值存入内存地址 2000H 中
```

以上汇编代码中的方括号表示其中的数据为总线地址。因为直接寻址指令中没有立即数或者数据所在的寄存器名,为了获取数据就必须启动总线,在内存中获取数据,所以直接寻址指令执行速度没有立即寻址指令执行速度快。

2.3.3 间接寻址

寄存器间接寻址操作,其操作数所在的内存地址没有直接给出,而是放在了寄存器中。此类操作与 C 语言中指针的解引用较为类似,都是使用数据所在内存地址来获取数据值的。

1. 寄存器间接寻址

寄存器间接寻址指令和直接寻址指令的区别是没有把操作数的地址直接给出,而是存入了指定的寄存器中。只要读取指定寄存器中存储的内存地址,就可以得到操作数,这同样需要对总线进行操作。

汇编代码示例,代码如下:

```
mov r1, [r2]             ;将 r2 中的数据作为地址,并将此地址上的数据存入 r1
mov [r1], r2             ;把 r2 中的值存入 r1 中数据指向的地址中
mov [r1], 1234H          ;将立即数 1234H 存入 r1 中数据指向的地址中
```

在以上代码的方括号中填入的是寄存器名,表示目标数据的地址存储在对应的寄存器中。寄存器间接寻址指令被 CPU 运行时,要先获取寄存器的数据,并将此数据作为总线地址访问内存,最终在内存中操作目标数据,因此其运行速度没有直接寻址指令的运行速度快。

2. 寄存器相对寻址

在寄存器相对寻址指令中,操作数的地址是一个基地址(存储在寄存器)加相对地址。这种寻址方式和寄存器间接寻址方式是同种性质,只是将地址拆分为寄存器中存储的地址和一个常量地址。

汇编代码示例,代码如下:

```
mov r1, [r2 + 2000H]     ;将 r2 中的地址加上偏移量,其对应的内存单元的数据存放在 r1 中
mov [r1 + 2000H], r2     ;将 r2 中存放的数据放入 r1 中地址加偏移量对应的内存单元
```

在以上汇编代码的方括号中出现了寄存器和数据的和,这表示目标数据所在内存单元的地址等于指定基址寄存器中的数据加上一个偏移值。如果要得到目标数据,就需要先访问指定基址寄存器以得到其数据,并加上这个偏移值来得到内存单元的地址,并在总线上对

相应的内存单元进行访问以获取数据。

3. 基址加变址寻址

基址加变址寻址是将基址寄存器和变址寄存器的地址相加,然后寻址的一种寻址方式,例如有基址寄存器 bx,变址寄存器 si。

汇编代码示例,代码如下:

```
mov ax,[bx+si]           ;将 bx 和 si 中的内容相加,作为内存地址,取值并传给 ax
```

其中,基址寄存器和变址寄存器的顺序不可交换,例如 mov ax,[si+bx]是错误的用法。

基址加变址寻址指令和寄存器相对寻址指令类似,指令中给出的都是寄存器名和偏移量信息,不同的是基址加变址寻址指令中的偏移量数据也存放在寄存器中。基址加变址寻址指令在执行时,需要先获取指定基址寄存器中的数据,再获取偏移量所在变址寄存器的数据,将两者相加便可得到目标数据所在内存单元的地址,启动总线访问此地址的内存以获取目标数据。

4. 相对基址加变址寻址

类似基址加变址寻址方式,再加上指令中自带的偏移量。汇编代码示例,代码如下:

```
mov ax, [bx + si + 2000H]
mov [bx + si + 2000H], ax
```

相对基址加变址寻址指令类似于基址加变址寻址指令,前者在后者的基础上再一次增加了偏移量,这个偏移量数据在指令中自带。相对基址加变址寻址指令在执行时,除了要获取基址寄存器、变址寄存器的数据并将它们相加,还要再加上指令中提供的偏移量数据。以上三者的和才是目标数据所在内存单元的地址,启动总线并对此地址上的内存进行访问,便可以得到目标数据。

2.4 C语言简介

C 语言是一门面向过程的计算机编程语言。与 C++、C♯、Java 等面向对象编程语言有所不同,C 语言的设计目标是提供一种能以简易的方式编译、处理低级存储器、仅产生少量的机器码及不需要任何运行环境支持便能运行的编程语言。C 语言描述问题比汇编语言迅速、工作量小、可读性好、易于调试、修改和移植,而代码质量与汇编语言相当。C 语言一般只比汇编语言代码生成的目标程序效率低 10%~20%,因此 C 语言常用于编写操作系统。

尽管 C 语言提供了许多低级处理的功能,但仍然保持着跨平台的特性。以一个标准规范写出的 C 语言程序可在嵌入式系统、个人计算机、超级计算机等多种计算机上编译运行。

2.4.1 C语言发展历史

C 语言诞生于美国的贝尔实验室,由丹尼斯·里奇(Dennis MacAlistair Ritchie)以肯·汤普森(Kenneth Lane Thompson)设计的 B 语言为基础发展而来的。在它的主体设计完成后,汤普逊和里奇用它完全重写了 UNIX(Uniplexed Information and Computing System),并且随着 UNIX 的发展,C 语言也得到了不断完善。

为了利于 C 语言的全面推广,许多专家学者和硬件厂商联合组成了 C 语言标准委员会,并在之后的 1989 年,制定了第 1 个完备的 C 标准,简称 C89,这是美国国家标准协会(American National Standards Institute,ANSI)发布的 C 语言标准。截至 2023 年,最新的 C 语言标准为 2018 年 11 月发布的 C17 标准。

C 语言之所以命名为 C,是因为 C 语言源自肯·汤普森发明的 B 语言,而 B 语言则源自 BCPL 语言。1967 年,剑桥大学的马丁·理察德(Martin Richards)对 CPL 语言进行了简化,于是产生了 BCPL(Basic Combined Programming Language)。

20 世纪 60 年代,美国 AT&T 公司贝尔实验室(AT&T Bell Laboratories)的研究员肯·汤普森闲来无事手痒难耐,想玩一个他编写的模拟在太阳系航行的电子游戏——Space Travel(太空旅行)。他背着老板,找到了台空闲的小型计算机——PDP-7,但这台计算机没有操作系统,而游戏必须使用操作系统的一些功能,于是他着手为 PDP-7 开发操作系统。后来,这个操作系统被命名为 UNICS(Uniplexed Information and Computing Service),也就是"单一信息和计算服务"的意思。

1969 年,肯·汤普森以 BCPL 为基础,设计出很简单且很接近硬件的 B 语言(取 BCPL 的首字母),并且用 B 语言写了初版 UNIX 操作系统(又称 UNICS)。

1971 年,同样酷爱 Space Travel 的丹尼斯·里奇为了能早点儿玩上游戏,加入了肯·汤普森的开发项目,合作开发 UNIX。他的主要工作是改造 B 语言,使其更成熟。

1972 年,美国贝尔实验室的丹尼斯·里奇在 B 语言的基础上最终设计出了一种新的语言,他取了 BCPL 的第 2 个字母作为这种语言的名字,这就是 C 语言。

1973 年初,C 语言的主体完成。肯·汤普森和丹尼斯·里奇迫不及待地开始用它完全重写了 UNIX,此时编程的乐趣使他们已经忘记了 Space Travel,一门心思地投入了 UNIX 和 C 语言的开发中。随着 UNIX 的发展,C 语言自身也在不断地完善,直到 2023 年,各种版本的 UNIX 内核和周边工具仍然使用 C 语言作为最主要的开发语言,其中还有不少继承肯·汤普森和丹尼斯·里奇之手的代码。

在开发中,他们还考虑把 UNIX 移植到其他类型的计算机上使用,C 语言强大的可移植性在此显现,机器语言和汇编语言都不具有移植性。为 x86 计算机开发的程序,不可能在 Alpha(Alpha AXP 架构,DEC 公司开发)、SPARC(Scalable Processor ARChitecture,可扩展处理器架构,由 SUN 公司提出)和 ARM 等机器上运行,而 C 语言程序可以在任意架构的处理器上使用,只要目标架构的处理器具有对应的 C 语言编译器和库,然后将 C 源代码编译链接成目标二进制文件之后,即可在目标架构的处理器运行。

1982 年,很多有识之士和 ANSI 为了使 C 语言健康地发展下去,决定成立 C 标准委员会,并建立 C 语言的标准。委员会由硬件厂商、编译器及其他软件工具生产商、软件设计师、顾问、学术界人士、C 语言作者和应用程序员组成。

1989年,ANSI发布了第1个完整的C语言标准——ANSI X3.159-1989,简称C89,不过人们习惯称其为 ANSI C。C89 在 1990 年被国际标准化组织(International Standard Organization,ISO)一字不改地采纳,ISO 官方给予的名称为 ISO/IEC 9899,所以 ISO/IEC9899:1990 通常被简称为 C90。1999 年,在做了一些必要的修正和完善后,ISO 发布了新的 C 语言标准,命名为 ISO/IEC 9899:1999,简称 C99。

在嵌入式 C 程序开发中,C89 和 C99 标准应用最为普遍。

2.4.2 C 语言的特点

C 语言是一种结构化语言,它有着清晰的层次,可按照模块的方式对程序进行编写,十分有利于程序的调试,且 C 语言的处理和表现能力都非常强大,依靠非常全面的运算符和多样的数据类型,可以轻易地完成各种数据结构的构建,通过指针类型更可对内存直接寻址及对硬件直接进行操作,因此既能够用于开发系统程序,也可用于开发应用软件。通过对 C 语言进行研究分析,可总结出其具有以下主要特点。

1. 基本特点

C 语言相对于其他编程语言,具有以下基本特点:

(1) C 语言是简洁的语言。C 语言包含的各种控制语句仅有 9 种,关键字只有 32 个,程序的编写要求不严格且以小写字母为主,对许多不必要的部分进行了精简。如果需要实现与硬件相关的输入/输出、文件管理等功能,则需要配合编译系统所支持的各类库进行编程,故 C 语言拥有非常简洁的编译系统。

(2) 具有结构化的控制语句。C 语言是一种结构化的语言,提供的控制语句具有结构化特征,如 for 语句、if-else 语句和 switch 语句等。它们可以用于实现函数的逻辑控制,方便面向过程的程序设计。

(3) 丰富的数据类型。C 语言包含的数据类型广泛,不仅包含传统的字符型、整型、浮点型、数组类型等数据类型,还具有其他编程语言所不具备的数据类型,其中以指针数据类型的使用最为灵活。

(4) 丰富的运算符。C 语言包含 34 个运算符,它将赋值、括号等均视作运算符来操作,使 C 程序的表达式类型和运算符类型都非常丰富。

(5) 可对物理地址直接进行操作。C 语言允许对硬件内存地址直接进行读写,可以实现汇编语言的主要功能,并可直接操作硬件。C 语言不但具备高级语言所具有的良好特性,又包含了许多低级语言的优势,故在系统和底层编程领域有着广泛的应用。

(6) 代码具有较好的可移植性。C 语言是面向过程的编程语言,用户只需关注问题本身,而不需要花费过多的精力去了解相关硬件(如果进行底层开发,则需要了解硬件)。针对不同的硬件环境,用 C 语言实现相同功能时的代码基本一致,不需或仅需进行少量改动便可完成移植工作。这意味着一台计算机编写的 C 程序,不经改动或经少量改动后,便可以在另一台计算机上运行,从而极大地减少了程序移植的工作量。

(7) 可生成高质量、目标代码执行效率高的程序。与其他高级语言相比,C语言可以生成高质量和高效率的目标代码,普遍应用于对代码质量和执行效率要求较高的场合(例如嵌入式领域)。

2. 特有特点

C语言是普适性强的计算机程序编程语言,它不仅具备高级语言的特点,还具有汇编语言的优点,具体体现为以下3个方面:

(1) 运算范围的广泛性。C语言包含了34种运算符,运算范围广泛,此外运算结果的表达形式也十分丰富。C语言包含了字符型、指针型等多种数据结构形式,即使是庞大的数据结构运算,它也可以实现。

(2) 关键字的简洁性。9类控制语句和32个关键字是C语言所具有的基础特性,使C语言在应用程序编写场合具有广泛的适用性。不仅适用底层和系统层编程场合,提高系统效率,同时还支持应用编程,避免了语言切换的不便。

(3) 可实现模块化编程。C语言是一种结构化语言,可以通过组建模块单位的形式实现模块化的程序,在系统描述方面具有显著优势,同时这一特性也使它能够满足多种编程需求,并且执行效率高。

2.4.3 C语言的缺点

C语言的缺点主要表现为数据的封装性弱,这一点使C语言在数据的安全性上有很大缺陷,这也是C和C++语言的主要区别。

C语言语法限制不太严格,对变量的类型约束不严格、对数组下标越界不作检查,这些都会影响程序的安全性。从应用开发角度而言,C语言比其他高级语言更难掌握,这意味着C语言开发者需要对程序设计更熟练、对计算机系统了解更深。

2.5 C语言构成

以下从基本构成、关键字、程序结构、函数和开发环境几个方面对C语言进行描述,以方便读者对C语言整体上有初步了解。

2.5.1 基本构成

以下是C语言基本构成包含的几个方面,其中数据类型、指针和运算是软件开发中较重要的知识,读者先大致了解即可。

1. 数据类型

C语言的数据类型包括整型(short、int、long、long long)、字符型(char)、实型或浮点型(单精度float和双精度double)、枚举类型(enum)、数组类型、结构体类型(struct)、共用体类型(union)、指针类型(*)和空类型(void)。

2. 常量和变量

在 C 语言代码中,常量值不可改变,若使用宏符号定义常量,则宏符号通常用大写。

变量是以某标识符为名字,值可以改变的量。标识符是一串由字母、数字或下画线构成的序列,注意第 1 个字符必须为字母或下画线,否则为不合法的变量名。

3. 数组

如果一个变量名后面跟着一个方括号,则这个声明是数组声明。字符串也是一种数组,以 ASCII(American Standard Code for Information Interchange,ASCII)符号中的 NULL(表示 ASCII 值为 0)字符作为数组的结束。需要注意的是,方括号内的索引值是从 0 算起的。

4. 指针

如果一个变量在定义时前面使用"*"号,则表示这是个指针类型变量,即该变量存储一个内存地址,而"*"(此处特指单目运算符"*",下同,C 语言中另有双目运算符"*"表示乘法)则是解引用内容操作符,意思是操作读/写这个内存地址中的存储内容。

指针不仅可以是变量的地址,还可以是数组、数组元素、函数的地址。指针作为形式参数可以在函数的调用后得到多个数值输出,扩展了函数的数据输出能力。

指针是一把双刃剑,许多操作可以通过指针方便地实现,但是不正确或过分地使用指针又会给程序带来潜在的风险。

5. 字符串

C 语言字符串是以 NULL 字符结尾的 char 类型数组。定义字符串不需要引用库,但操作字符串可能需要使用 C 标准库中和字符串相关的函数。不同于定义字符串,使用这些函数需要引用 string.h 头文件。

6. 文件输入/输出

在 C 语言中,输入和输出是由 C 标准库中的一组函数来实现的。在 ANSI C 中,这些函数被定义在 stdio.h 头文件中。

7. 运算

C 语言的运算非常灵活,功能十分丰富,运算种类远多于其他编程语言,在表达式方面较其他编程语言更为简洁,如自加、自减、逗号和三目运算可以使表达式更简单,但初学者往往会觉得这种表达式难以理解,原因就是对运算符和运算顺序理解不透彻。当多种不同的运算组成一个运算表达式(一个运算式中出现多种运算符)时,运算的优先顺序和结合规则就会显得十分重要。

2.5.2 关键字

C 语言关键字又被称为保留字,是已被 C 语言使用而不能作为其他用途使用的字符。

关键字不能用作变量名、函数名等标识符。

1. 数据类型关键字

C 语言数据类型关键字包含以下几种。

(1) short：修饰 int，短整型数据，可省略被修饰的 int(K&R 时期引入)。

(2) long：修饰 int，长整型数据，可省略被修饰的 int(K&R 时期引入)。

(3) int、float、double 类型等，其长度分别为 4、4、8 字节(32 和 64 位系统)。

(4) long long：修饰 int，超长整型数据，可省略被修饰的 int(C99 标准新增)。

(5) signed：修饰整型数据，有符号数据类型(C89 标准)。

(6) unsigned：修饰整型数据，无符号数据类型(K&R 时期引入)。

(7) restrict：用于限定和约束指针，并表明指针是访问一个数据对象的初始且唯一的方式(C99 标准新增，不太常用)。

2. 复杂类型关键字

C 语言复杂类型关键字包含以下几种。

(1) struct：结构体声明(K&R 时期引入)。

(2) union：联合体声明(K&R 时期引入)。

(3) enum：枚举声明(C89 标准新增)。

(4) typedef：声明类型别名(K&R 时期引入)。

(5) sizeof()：得到特定类型或特定类型变量的大小(K&R 时期引入)。

(6) inline：内联函数，用于取代宏定义，会在任何调用它的地方展开(C99 标准新增)。

3. 存储级别关键字

C 语言存储级别关键字包含以下几种。

(1) auto：指定为自动变量，由编译器自动分配及释放(auto 变量一般为局部变量)，通常在栈上分配。当变量未被指定为 static 时，编译器默认为 auto(K&R 时期引入)。

(2) static：可将 auto 变量指定为静态变量，分配在静态区，函数退出后变量不销毁。当修饰函数和全局变量时，会将函数和全局变量(链接)作用域指定为当前文件，其他文件不可引用(K&R 时期引入)。

(3) register：指定为寄存器变量，建议编译器将变量存储到寄存器中使用。也可以修饰函数形参，建议编译器通过寄存器而不是栈内存传递参数(K&R 时期引入)。

(4) extern：指定为外部变量，表示变量或者函数定义在别的文件中，提示编译器遇到此变量和函数时在其他模块中寻找其定义(K&R 时期引入)。

(5) const：指定变量不可被当前进程改变，但有可能被系统或其他进程改变(C89 标准新增)。

(6) volatile：指定变量的每次读写都是必要的且不可优化的，强制编译器对指定变量所在内存的每次读写都要切实执行，阻止编译器把该变量优化成寄存器变量(C89 标准新增)。

4. 流程控制关键字

C语言程序流程可分为跳转和分支结构,其中跳转结构的关键字如下。

(1) return：用在函数体中,返回特定值(如果是 void 类型,则不返回值,K&R 时期引入)。

(2) continue：结束当前循环,开始下一轮循环(K&R 时期引入)。

(3) break：跳出当前循环或 switch 结构(K&R 时期引入)。

(4) goto：无条件跳转语句(K&R 时期引入)。

分支结构的关键字如下。

(1) if：条件判断语句(K&R 时期引入)。

(2) else：条件语句否定分支(与 if 连用,K&R 时期引入)。

(3) switch：开关语句(多重分支语句,K&R 时期引入)。

(4) case：开关语句中的分支标记,与 switch 连用(K&R 时期引入)。

(5) default：开关语句中的"其他"分支,可选(K&R 时期引入)。

2.5.3 程序结构

C语言程序结构可分为顺序结构、选择结构和循环结构3种基本结构。

1. 顺序结构

顺序结构的程序设计是最简单的,只要按照解决问题的顺序写出相应的语句,它的执行顺序是自上而下依次执行的。

例如 $a=3, b=5$,需要交换 a、b 的值,这个问题就好像交换两个杯子里面的水,要用到第3个杯子。假如第3个杯子是 c,那么正确的程序为 $c=a; a=b; b=c$,执行结果是 $a=5, b=c=3$,如果改变其顺序,写成: $a=b; c=a; b=c$; 则执行结果就变成 $a=b=c=5$,不能达到预期的目的,初学者容易犯这种错误。

顺序结构可以独立使用以构成一个完整的程序,常见的输入、计算、输出三部曲的程序就是顺序结构,例如计算圆的面积,其程序的语句顺序就是输入圆的半径 r,计算 $s=3.14159 \times r \times r$,然后输出圆的面积 s。不过在大多数情况下顺序结构会作为程序的一部分与其他结构一起构成一个复杂的程序,例如分支结构中的复合语句,以及循环结构中的循环体等。

2. 选择结构

顺序结构的程序虽然能解决计算、输出等问题,但不能先做判断不进行选择,对于要先做判断再选择的问题就要使用选择结构。选择结构是依据一定的条件选择执行路径,而不是严格按照语句出现的顺序来执行。

选择结构程序的设计方法,关键在于构造合适的分支条件和分支程序流程,再根据不同的程序流程选择适当的选择语句。选择结构适合于带有逻辑、关系比较等条件判断的计算,设计这类程序时往往要先绘制程序流程图,然后根据程序流程写出源程序。把程序设计分析与语言分开，使问题简单化并易于理解。

3．循环结构

循环结构可以减少源程序重复书写的工作量，用来描述重复执行某段代码的问题，这是程序设计中最能发挥计算机特长的程序结构。

C语言中提供了4种循环，即 goto 循环、while 循环、do-while 循环和 for 循环。4种循环可以用来处理同一问题，一般情况下它们可以互相替换，但一般不提倡用 goto 循环，因为强制改变程序的顺序经常会给程序的运行带来不可预料的错误。

注意在循环体内应包含让循环趋于结束的语句（例如循环控制变量值的改变），否则程序会死循环，这是初学者容易犯的一个错误。

顺序结构、分支结构和循环结构并不彼此孤立，在循环中可以有分支、顺序结构，分支中也可以有循环、顺序结构。不论哪种结构，均可广义地把它们看成一个模块，在实际编程过程中常将这3种结构相互结合，以设计出相应的程序。

如果需要编程解决的问题较大，则编写出的程序就很长且结构重复多，造成可读性差且难以理解，解决这个问题的方法是将C程序设计成模块化结构。

2.5.4　函数

C语言程序多是由若干函数组成的，具体程序功能可细分为各个不同的函数。除了编程者自行开发的函数，C语言环境还提供一些通用的库函数。

1．函数和模块化

C程序是由一组变量、函数组成的，而函数是完成一定相关功能的执行代码段。可以把函数看成一个"黑盒子"，只要将数据送进去就可以得到结果，而函数内部是如何工作的，外部程序是不知道的，外部程序所知道的仅限于函数的输入和输出。函数提供了编制模块化程序的手段，使之容易读、写、理解、排除错误、修改和维护。

C程序中函数的数目是不限的，如果说有什么限制，就是一个C程序中必须至少有一个以 main 为名的函数，这个函数称为主函数，整个程序从这个主函数开始执行。

C语言鼓励人们把一个大问题划分成若干子问题，对应一个子问题编写一个函数，因此C程序一般是由大量的小函数而不是由少量大函数构成的。好处是可以让各部分相互独立并且任务单一，这些独立的小模块也可以作为一种固定规格的小"构件"，用来构成新的大程序，这便是模块化编程的思想。

2．库函数

C语言发展多年，用C语言开发的系统和程序浩如烟海，在发展的同时也积累了很多标准化模块化的能直接使用的库函数。

ANSI C 提供了标准C语言库函数。C语言初学者比较喜欢的 Turbo C 2.0 提供了400多个库函数，每个函数都可以完成特定的功能，用户可随意调用。这些函数总体分为输入/输出函数、数学函数、字符串和内存函数、与 BIOS 和 DOS 有关的函数、字符屏幕和图形功能函数、过程控制函数、目录函数等。

Windows 系统提供的 Windows SDK 中包含了数千个与 Windows 应用程序开发相关的函数,其他操作系统(如 Linux)也提供了大量的函数让程序开发人员调用。

开发者应尽量熟悉目标平台支持的库函数及其功能,这样才能游刃有余地开发出运行于特定平台的程序,例如作为 Windows 应用程序的开发者,应尽量熟悉 Windows SDK;作为 Linux 应用程序开发者,应尽量熟悉 Linux 系统调用和 POSIX(Portable Operating System Interface of UNIX)函数规范。

当然,作为嵌入式底层软件开发者,对开发环境提供的库函数需要充分了解,例如意法半导体出品的 STM32 类型单片机,厂家就提供了 C 程序外设库函数;对于 Linux 驱动开发者而言,需要熟悉内核提供的一些函数接口。

2.5.5　开发环境

使用 C 语言进行软件开发,仅需编译器便可以完成源代码到可执行程序的转换,而在实际开发工作中往往使用集成开发环境(Integrated Development Environment,IDE)。集成开发环境不仅集成了编译器,一般还具有代码编辑、管理、测试等诸多附加功能,应用相对普遍。

作为底层软件开发者,建议读者对 C 语言编译器的使用要更熟悉。因为集成开发环境多用于制式软件开发,对于嵌入式行业中常见的高度定制化程序,使用纯手动编译链接的开发方式更适合。

1. 编译器

C 语言常见的编译器有以下几种。

(1) GCC:GNU 组织开发的开源免费的编译器。

(2) MinGW:Windows 操作系统下的 GCC。

(3) Clang:开源的 BSD(Berkely Software Distribution)协议,基于 LLVM(Lower Level Virtual Machine)的编译器。

在嵌入式软件开发中,经常需要交叉编译(软件运行主机和编译主机不是一个平台),此时一般需要硬件厂家提供对应的编译器,而集成开发环境大都事先已经集成,例如开发单片机常用的 Keil5 MDK 软件就集成了市面上常见单片机支持的编译器(需要下载)。

2. 集成开发环境

整合了编译器和常用开发功能(代码编辑、在线调试、工程管理等)的软件,被称为集成开发环境,C 语言常见的集成开发环境如下。

(1) CodeLite:开源、跨平台的 C/C++ 集成开发环境。

(2) Dev-C++:可移植的 C/C++ IDE。

(3) Light Table。

(4) Visual Studio 系列。

诸如以上，还有很多 C 语言的集成开发环境，限于篇幅不再赘述。在嵌入式 C 语言代码的开发环境中，也分为集成环境和只有编译器的纯手动环境。在实际的嵌入式软件项目中，单片机开发多使用集成开发环境，而载有大型操作系统(多为 Linux 内核)的嵌入式底层开发，多使用 Linux 下的 GCC 编译器并手动配置环境。不论是集成开发环境还是 Linux 下的 GCC 手动开发环境，对于 C 语言本身的学习和实践却没有太大差别，本书都是适用的。

第3章 Ubuntu18 x64 GCC 开发环境搭建

CHAPTER 3

当代嵌入式软件开发者,多数需要接触 Linux 系统,即使是在有集成开发环境(如单片机)下的开发者,也要或多或少地使用 Linux 系统,更不用提在嵌入式领域流行的 ARM 系列 Cortex-A 内核 SoC 基本搭载安卓(Android)或者 Linux 系统。

所以想要在嵌入式领域有所深入,Linux 系统的使用方法务必要熟悉,但是 Linux 系统非常复杂,想要用得熟练并非易事,好在嵌入式软件开发者并不需要完全掌握 Linux 系统的各个细节,只要会一些基本操作就足以应付大部分开发任务。

3.1 使用虚拟机安装 Ubuntu18 x64

使用虚拟机(Virtual Machine,VM)软件可以在个人计算机中模拟出一个全新的硬件环境,将 Linux 操作系统安装至此环境,即可实现在一台计算机中具备 Linux 系统,却并不影响原有系统的开发环境部署,建议初学者采用此类开发环境部署方式。在实际的有组织化的软件开发工作中,一般采用独立的 Linux 服务器作为编译硬件,开发人员远程接入服务器进行代码的组织编译工作,但这两种开发方式对于 Linux 系统的使用基本是一致的。

3.1.1 Ubuntu 简介

Ubuntu 是一个以桌面应用为主的 Linux 操作系统,其名称来自非洲南部祖鲁语或豪萨语的 Ubuntu 一词,意思是"人性""我"的存在是因为大家的存在,是非洲传统的一种价值观。

Ubuntu 基于 Debian 发行版和 Gnome 桌面环境,但从 11.04 版起,Ubuntu 发行版放弃了 Gnome 桌面环境,改为 Unity 环境。自 Ubuntu 18.04 LTS 起,Ubuntu 发行版又重新开始使用 Gnome 3 桌面环境。

从前人们认为 Linux 难以安装且难以使用,在 Ubuntu 出现后这些都成为历史。Ubuntu 拥有庞大的社区力量,用户可以方便地从社区获得帮助。

本书所使用的 Ubuntu 版本为 Ubuntu18.04 的 64 位版本,其镜像可自由下载,如图 3-1 所示。

SHA256SUMS.gpg	833 B	2021-Sep-16 21:58
ubuntu-18.04.6-desktop-amd64.iso	2.3 GiB	2021-Sep-15 20:42
ubuntu-18.04.6-desktop-amd64.iso.torrent	187.7 KiB	2021-Sep-16 21:46
ubuntu-18.04.6-desktop-amd64.iso.zsync	4.7 MiB	2021-Sep-16 21:46
ubuntu-18.04.6-desktop-amd64.list	7.8 KiB	2021-Sep-15 20:42

图 3-1　Ubuntu 镜像列表

本书使用的是 ubuntu-18.04.6-desktop-amd64.iso，下载链接为 https://mirrors.melbourne.co.uk/ubuntu-releases/18.04/。

3.1.2　什么是虚拟机

虚拟机是指通过软件模拟的具有完整硬件系统功能的，运行在一个完全隔离环境中的完整计算机系统，在实体计算机中能完成的工作在虚拟机中大部分也能实现。

在计算机中创建虚拟机时，需要将实体机的部分硬盘和内存资源作为虚拟机的硬盘和内存资源，每个虚拟机都有独立的硬盘（大多使用文件模拟）和操作系统，可以像使用实体机一样对虚拟机进行操作。

常用的虚拟机软件有以下几种。

（1）VMware Workstation：工作站版虚拟化软件，简单、易用，适合搭建学习环境。

（2）KVM/Xen Linux：服务器级虚拟化软件，适合企业虚拟化应用，由于复杂，所以不适合作为学习环境。

（3）Virtual PC：Mac 平台可以用。

（4）VirtualBox：开源的虚拟机软件。

本书使用 VMware® Workstation 17 Pro 软件，版本为 17.0.0 build-20800274，读者可以使用同版本或者稍高版本的 VMware，最好不要使用过低版本，但据笔者实测使用 VMware Workstation 15/16 软件也适合本书演示例程，读者可以自行选择适合自己的版本。

3.1.3　安装 VMware Workstation 17

在计算机浏览器中访问 VMware Workstation 官网，如图 3-2 所示。

桌面 Hypervisor

VMware Workstation Pro

VMware Workstation Pro 是行业标准桌面 Hypervisor，使用它可在 Windows 或 Linux 桌面上运行 Windows、Linux 和 BSD 虚拟机。

在线购买

图 3-2　VMware 公司官网首页

建议付费购买，购买后会得到注册码，也可免费试用，页面下方可下载试用版，如图 3-3 所示。

图 3-3　VMware Workstation 17 Pro 试用版下载入口

下载完成后双击安装程序便可开始安装,如图 3-4 所示。

图 3-4　VMware Workstation 17 Pro 安装界面

单击"下一步"按钮,并勾选许可协议条款,如图 3-5 所示。

图 3-5　勾选许可协议

单击"下一步"按钮,可选择程序安装位置,其他建议保持默认,如图 3-6 所示。

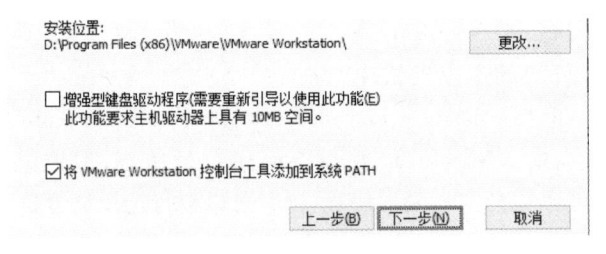

图 3-6　安装位置和其他设置

单击"下一步"按钮,可选择产品更新和客户体验计划,自行选择即可,如图 3-7 所示。

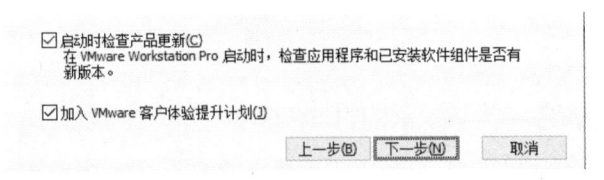

图 3-7　更新和体验计划可选

单击"下一步"按钮,可勾选创建快捷方式的位置,如图 3-8 所示。
单击"下一步"按钮后会出现安装界面,再单击"安装"按钮,便可进行安装,如图 3-9 所示。
经过 2~3min(依计算机配置而定),安装程序便会运行完毕,如图 3-10 所示。
单击"许可证",输入付费购买后得到的注册码即可升级到正式版,也可以单击"完成"按

图 3-8　快捷方式位置可选

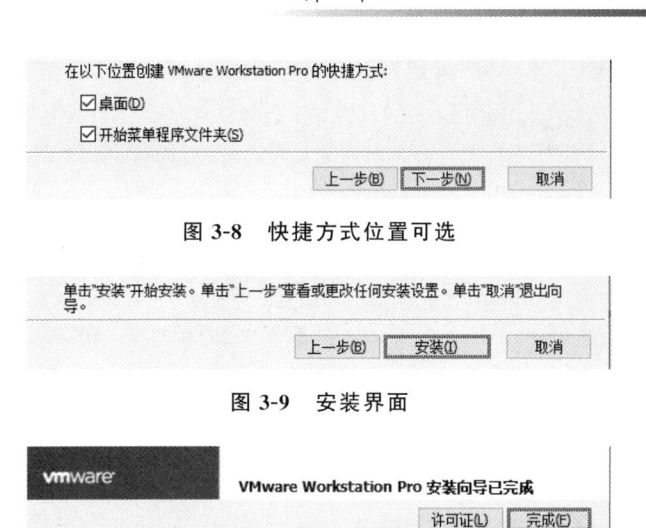

图 3-9　安装界面

图 3-10　安装完成

钮结束安装,开始试用。建议付费购买,试用版本有试用时间的限制,到期后不能再使用,不便于学习。

3.1.4　安装 Ubuntu 18.4 x64

VMware Workstation 17(下文简称 VM)安装完成后,双击图标打开软件,如图 3-11 所示。

图 3-11　VM 软件主界面

单击"创建新的虚拟机",选择"自定义",并单击"下一步"按钮,如图 3-12 所示。

图 3-12　选择自定义

保持默认选择,单击"下一步"按钮,如图 3-13 所示。

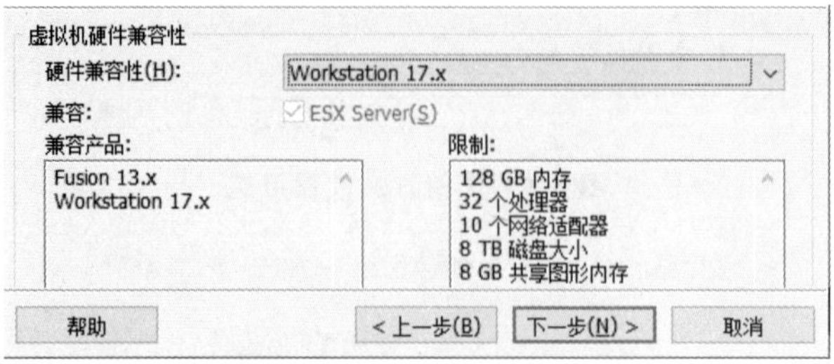

图 3-13　保持默认选择

选择"安装程序光盘映像文件",并单击"浏览"按钮,选择之前下载好的 ubuntu-18.04.6-desktop-amd64.iso 文件,如图 3-14 所示。

图 3-14　选择安装程序映像

单击"下一步"按钮,设置用户名和密码。笔者将用户名设置为 mh0039,将密码设置为 123456,如图 3-15 所示。

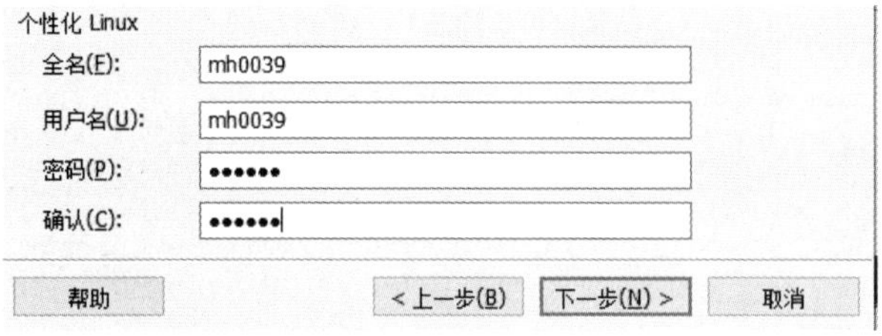

图 3-15　设置用户名和密码

单击"下一步"按钮,可修改虚拟机名称和虚拟机配置文件保存位置。位置可以修改为速度较快的分区或磁盘,名称也可以修改,如图 3-16 所示。

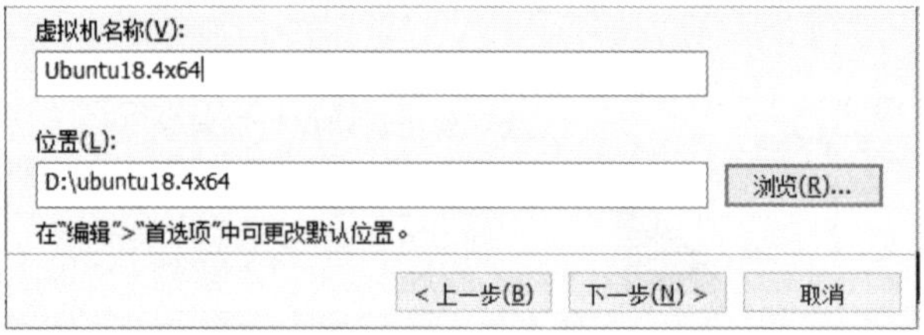

图 3-16　修改虚拟机名称和保存位置

单击"下一步"按钮,选择处理器和内核数量。需要根据自己的计算机的配置进行设置,

CPU 数量一般选 1，每个处理器的内核数量建议选择为 CPU 逻辑内核数量的 0.8 倍，取整数即可，例如笔者的计算机的 CPU 逻辑内核数量为 16，16×0.8＝12.8，选择 12 即可，如图 3-17 所示。

图 3-17　选择处理器数量和内核数量

可通过"任务管理器"的"性能"标签页查看计算机的逻辑内核数量，如图 3-18 所示。

图 3-18　通过任务管理器查看逻辑内核数量

单击"下一步"按钮，设置虚拟机内存。默认设置为 4096MB，如图 3-19 所示。

图 3-19　设置虚拟机内存大小

单击"下一步"按钮，选择网络类型，既可以选择"使用桥接地址"，也可以选择"使用网络地址转换"。因为安装完 Ubuntu 需要联网更新软件，建议选择后者，出问题的概率较小，如图 3-20 所示。

图 3-20　选择虚拟机网络类型

单击"下一步"按钮，选择 I/O 控制器类型。保持默认设置即可，如图 3-21 所示。
单击"下一步"按钮，选择虚拟磁盘类型。保持默认设置即可，如图 3-22 所示。
单击"下一步"按钮，选择"创建新虚拟磁盘"，如图 3-23 所示。
单击"下一步"按钮，将磁盘容量指定为 20GB，其余保持默认设置，如图 3-24 所示。

图 3-21　选择 I/O 控制器类型

图 3-22　选择虚拟磁盘类型

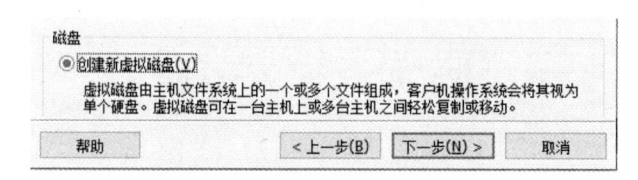

图 3-23　创建新虚拟磁盘

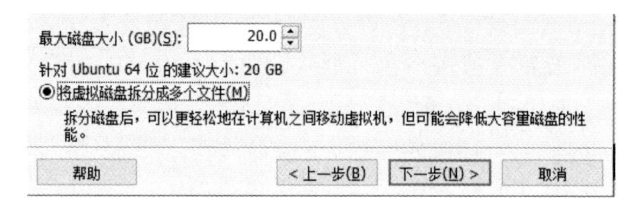

图 3-24　设置磁盘容量

单击"下一步"按钮,再单击"浏览"按钮,选择虚拟机磁盘文件保存位置。建议将磁盘文件和虚拟机配置文件保存在同一个目录下,如图 3-25 所示。

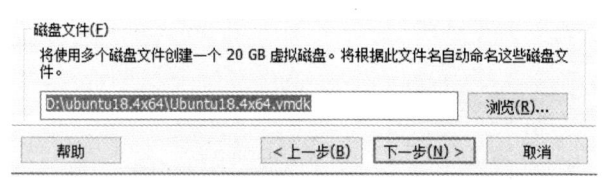

图 3-25　选择虚拟机磁盘文件保存位置

单击"下一步"按钮,然后单击"完成"按钮,如图 3-26 所示。

VM 软件会自动安装 Ubuntu,大约需要 20min(依计算机配置而定),如图 3-27 所示。

重启一次之后会出现登录界面,如图 3-28 所示。

将鼠标指针移动到虚拟机界面后会变成小手,表示鼠标指针属于宿主机,需要单击一下虚拟机窗口才会在虚拟机内部生效(鼠标指针重新变成指针样式),否则鼠标指针仍旧属于

第3章 Ubuntu18 x64 GCC开发环境搭建 39

图 3-26 配置完成

图 3-27 Ubuntu 安装中

图 3-28 登录界面

宿主机。鼠标指针在虚拟机内生效以后，单击用户名，在出现密码界面后输入设置好的密码并按 Enter 键便会进入 Ubuntu 系统，如图 3-29 所示。

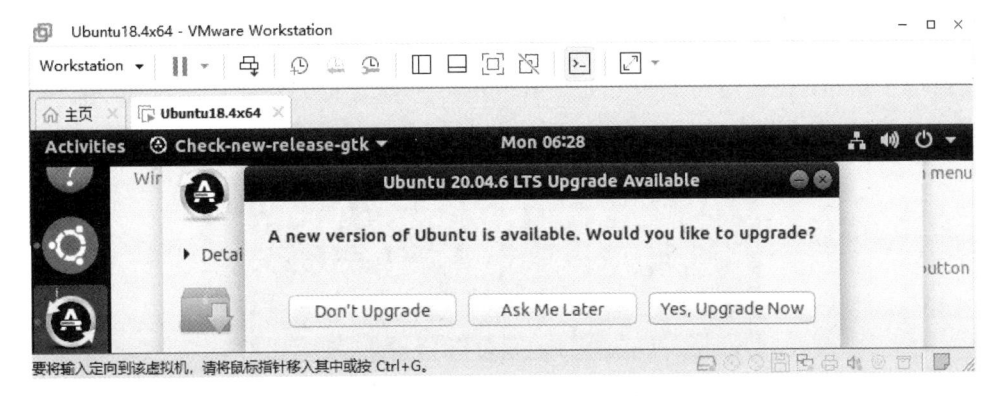

图 3-29 进入 Ubuntu 系统

如果计算机可以上网，很快就会提示系统升级，单击 Don't Upgrade 按钮，随后单击左上角关闭新特性介绍，并依据情况选择是否升级应用软件。清空窗口之后，按快捷键 Ctrl＋Alt＋T 会打开控制台，如图 3-30 所示。

图 3-30　Linux 控制台

本书对 Linux 的操作基本上是在控制台下进行的，后续的示例将主要使用命令行或者代码的方式进行表述，至此 Ubuntu 安装已经完成，欢迎来到 Linux 的世界。

3.1.5　设置共享目录

现在虚拟机 Ubuntu 已经启动起来了，在控制台出现了命令行之后，可以检查一下是否可以上网。输入 ping，在空格后加一个网址并按 Enter 键，命令如下：

```
mh0039@Ubuntu:~ $ ping www.baidu.com
PING www.a.shifen.com (36.155.132.31) 56(84) bytes of data.
64 bytes from 36.155.132.31 (36.155.132.31): icmp_seq=1 ttl=128 time=9.69 ms
64 bytes from 36.155.132.31 (36.155.132.31): icmp_seq=2 ttl=128 time=11.4 ms
64 bytes from 36.155.132.31 (36.155.132.31): icmp_seq=3 ttl=128 time=9.60 ms
...
```

按快捷键 Ctrl＋C 即可中断控制台打印信息。以上示例中使用了百度网址，读者可以使用其他网址，建议使用门户网站，速度较快。因为虚拟机使用了 NAT 网络模式，所以只要主机计算机能上网，虚拟机中的 Ubuntu 也可以上网。

虚拟机 Ubuntu 往往还需要和主机的 Windows 系统进行文件共享，一般使用共享文件夹的方式共享文件。首先关闭虚拟机，使用鼠标按 1 和 2 的顺序单击右上角，如图 3-31 所示。

图 3-31　Ubuntu 关机按键

当出现关机界面后,单击 Power Off 按钮,如图 3-32 所示。

图 3-32　关机/重启选择

虚拟机关机以后,就可以编辑虚拟机的设置了,如图 3-33 所示。

图 3-33　编辑虚拟机设置

按照 1、2、3 的顺序分别进行单击,如图 3-34 所示。

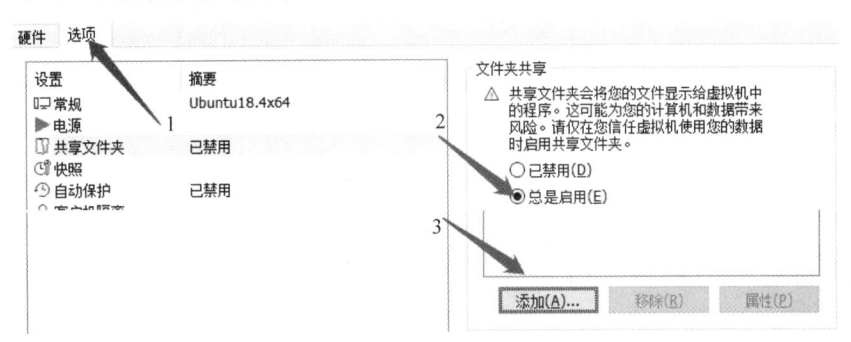

图 3-34　添加共享文件夹页面

当出现共享文件夹向导后单击"下一步"按钮,选择合适的目录(建议新建目录),如图 3-35 所示。

(a) 共享文件夹向导　　　　(b) 共享文件夹目录选择

图 3-35　共享文件夹设置

单击"下一步"按钮,勾选"启用此共享",单击"完成"按钮,并开启虚拟机,如图 3-36 所示。

系统启动后,按快捷键 Ctrl+Alt+T 打开控制台,并输入 sudo passwd,命令如下:

(a) 启动共享　　　　　　　　(b) 开启虚拟机

图 3-36　共享文件夹设置完成启动系统

```
mh0039@Ubuntu:~ $ sudo passwd
[sudo] password for mh0039:
```

要求输入 mh0039 用户的登录密码,这里笔者输入 123456,命令如下:

```
mh0039@Ubuntu:~ $ sudo passwd
[sudo] password for mh0039:
Enter new UNIX password:
Retype new UNIX password:
passwd: password updated successfully
mh0039@Ubuntu:~ $
```

输入后按 Enter 键会要求输入新 UNIX(Linux 是类 UNIX 系统)密码并确认一次。这里的密码是 root(超级管理员)密码,可以和用户密码不同。笔者为了防止忘记(忘记会很麻烦)仍旧输入 123456 并确认一次,最后密码更新成功。这时可以登录 root 用户,输入 su 并按 Enter 键,命令如下:

```
mh0039@Ubuntu:~ $ su
Password:
root@Ubuntu:/home/mh0039 #
```

输入 root 用户的密码并按 Enter 键,如果出现以上显示的内容,则表示登录 root 用户成功。命令行从 mh0039@Ubuntu 变成了 root@Ubuntu,并进入了 /home/mh0039 目录。

注意: root 用户和普通用户的区别,类似 Windows 中的 Administrator 和访客的区别。root 用户拥有最高的系统权限,在嵌入式软件开发中,默认用 root 用户登录系统。在本书中,除非专门说明,默认使用 root 用户进行操作。

继续输入的命令如下,建立 Linux 共享目录并挂载(就是建立连接)到 Windows 系统设置好的共享文件夹中,命令如下:

```
root@Ubuntu:/home/mh0039 # sudo mkdir -p /mnt/hgfs
root@Ubuntu:/home/mh0039 # sudo chmod a+w /mnt/hgfs
root@Ubuntu:/home/mh0039 # vmhgfs-fuse .host:/ /mnt/hgfs/ -o nonempty
```

然后可以看到 Windows 系统中的文件夹。可以在 Linux 系统中共享了,命令如下:

```
root@Ubuntu:/home/mh0039 # ls /mnt/hgfs/ubuntu18X64_share/
abc C_prog_lessons Makefile
```

笔者 Windows 10 系统下共享文件夹路径中的 C_prog_lessons 文件夹已经可以看到了，说明共享文件夹设置成功。但这里存在一个问题，虚拟机重启之后在 Ubuntu 中就看不到共享文件夹了，每次都需要重新输入 vmhgfs-fuse .host://mnt/hgfs/ -o nonempty 命令，非常麻烦。以下这种方法可以让这条命令开机后自行运行，先确定 Ubuntu 能上网，步骤如下：

（1）更新 vim 编辑器。输入 apt-get install vim，根据后续提示输入 Y 并按 Enter 键，或者直接按 Enter 键。

（2）输入 vi /etc/fstab 命令。使用 vi 命令打开/etc/fstab 文件，出现编辑模式，如图 3-37 所示。

```
# / was on /dev/sda1 during installation
UUID=9a09d1d4-f154-496c-b039-db658dde6d48  /              ext4     errors=
/swapfile                                   none           swap     sw
/dev/fd0                /media/floppy0  auto    rw,user,noauto,exec,utf8 0
```

图 3-37　vi 命令编辑/etc/fstab 文件

将鼠标指针定位到虚拟机窗口内，按下 I 键后左下角会出现"-- INSERT --"，表示可以输入。这时使用方向键将光标定位到最末一行的末尾并按 Enter 键，新建一行，手动输入 .host://mnt/hgfs fuse.vmhgfs-fuse allow_other 0 0（句末无标点），完成后按 Esc 键并输入 :wq!（此处英文冒号也要输入），如图 3-38 所示。

```
          0        0
/dev/fd0                /media/floppy0  auto    rw,user,noauto,exec,utf8
.host:/ /mnt/hgfs fuse.vmhgfs-fuse allow_other 0 0
~
~
:wq!
```

图 3-38　编辑完成

按 Enter 键就会保存文件并退出，以后虚拟机重启之后便会自动执行挂载共享文件夹命令。这里还可能会出现一个非常烦人的关机等待问题，这个问题跟更新有关，如图 3-39 所示。

```
[  OK  ] Unmounted /run/user/1000.
[  OK  ] Stopped Permit User Sessions.
[  OK  ] Stopped target Remote File Systems.
A stop job is running for Unattended Upgrades Shutdown (29s / 30min)
```

图 3-39　关机信息

等待重启完成进入控制台命令行后，登录 root 用户（以后都默认使用 root 用户），输入 sudo dpkg-reconfigure unattended-upgrades 并按 Enter 键，此时会显示配置窗口，如图 3-40 所示。

使用方向键选择 No 并按 Enter 键，再次关机就不会有这个关机提示了。至此共享文件夹建立完成，后续本书的 C 语言源代码可以放入共享文件夹中，方便虚拟机 Ubuntu 和宿主机 Windows 双系统同时使用。

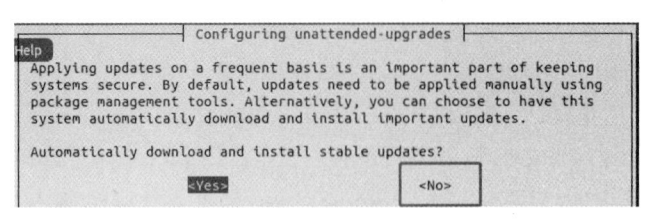

图 3-40 关闭升级配置

可以使用命令 reboot 重启系统,前提是要登录 root 用户,命令如下:

```
root@Ubuntu:~# reboot
```

系统会立即重新启动,并很快出现了登录界面,输入密码登录系统,登录成功后可按快捷键 Ctrl+Alt+T 调出控制台。建议右击后将其加入侧边栏,如图 3-41 所示。

图 3-41 将控制台加入侧边栏

这样以后可以使用鼠标调出控制台。使用 su 命令登录 root 用户之后会发现默认处于/home/mh0039 这个位置(关于 Linux 目录结构在后面会介绍),可以使用 cd /root 命令进入 root 目录,命令如下:

```
root@Ubuntu:/home/mh0039# cd /root
root@Ubuntu:~#
```

如果命令行变成了 root@Ubuntu:~#,则表示已经进入 root 用户目录,可以输入 ls /mnt/hgfs/ubuntu18X64_share/查看共享文件夹中的内容,此时会发现确实已经开机自动挂载共享文件夹了,里面的 C_prog_lessons 文件夹便是本书的源代码目录。读者可以使用 cd 命令(Linux 中常用命令后面会介绍)进入共享文件夹中编译或修改源代码,但这样所处的位置的目录结构会比较烦琐,命令行会很长,例如进入某个源代码目录,命令如下:

```
root@Ubuntu:~# cd /mnt/hgfs/ubuntu18X64_share/C_prog_lessons/lesson_1.2.4/
root@Ubuntu:/mnt/hgfs/ubuntu18X64_share/C_prog_lessons/lesson_1.2.4#
```

最后命令行变成了 root@Ubuntu:/mnt/hgfs/ubuntu18X64_share/C_prog_lessons/lesson_1.2.4#,这是一个非常长的字串,使用起来占据了大半个窗口,很不方便。可以使用 ln -s 命令建立一个软链接(类似 Windows 系统中的快捷方式),命令如下:

```
root@Ubuntu:/mnt/hgfs/ubuntu18X64_share/C_prog_lessons/lesson_1.2.4# cd ~
root@Ubuntu:~# ln - s /mnt/hgfs/ubuntu18X64_share/C_prog_lessons C_prog_lessons
root@Ubuntu:~# cd C_prog_lessons
root@Ubuntu:~/C_prog_lessons# ls
```

先使用 cd ～命令进入/root 目录(和 cd /root 效果相同)，使用 ln -s(后有空格)加上共享文件夹中 C_prog_lessons 文件夹所在的全路径，后面再跟一个软链接的名称，这里笔者依旧使用 C_prog_lessons 这个名称，也可以使用别的名称。按 Enter 键后在当前目录就会创建软链接，可以使用 cd 命令进入软链接所指向的目录，此时会发现和直接进入共享文件夹中 C_prog_lessons 目录的效果是完全一样的，并且命令行也没有那么长了。

本书的代码实践示例都是在软链接目录中进行演示的，建议读者一并建立软链接。

3.2　Linux 常用命令

Linux 系统常用命令包括文件和目录、用户和用户组管理命令。

3.2.1　文件和目录

常用的文件和目录操作命令有 ls、cd、mkdir/rmdir、cp、rm、mv、cat、more、pwd 命令，以下是对它们的详细介绍。

1. ls 命令

ls 命令是用于显示目录文件的命令，常用的参数有 3 个：-a、-l 和-F。

(1) 执行 ls -a 命令可以显示所有的内容，包括隐藏文件。显示结果中的"."和".."分别表示当前目录和上一级目录(Linux 中当前路径和上级路径也被抽象为文件)，命令如下：

```
root@Ubuntu:~/C_prog_lessons#ls -a
.              lesson_2.3.4  lesson_3.1.1    lesson_3.4.4    lesson_3.8.4
..             lesson_2.3.5  lesson_3.1.2    lesson_3.5.1    lesson_3.8.5
```

注意，凡是隐藏文件其文件名前面都有一个"."号。

(2) 执行 ls -l 命令会出现文件的详细信息，命令如下：

```
root@Ubuntu:~/C_prog_lessons#ls -l
total 256
drwxrwxrwx 1 root root    0 Nov 13  2022 lesson_1.2.4
drwxrwxrwx 1 root root 4096 Nov 13  2022 lesson_1.3.2
...
```

以上信息中 rwx 分别表示读、写、执行权限。第 1 个 d 字符表示这是一个目录，以上信息中 rwx 字符分为 3 组，从左到右分别表示用户权限、同组权限、其他组权限，后面的信息表示链接数、用户名、组名、文件大小(单位为 Byte)、日期和文件名信息。

rwx 的权限是否开启可以使用数字来表示，例如 0B111(二进制详见 7.1 节)表示 r、w、x 都生效，读、写、执行权限都被使能。0B111 转换为十进制为数字 7，所以 rwx 权限也可以表示为权限 7。

以上信息中 3 组 rwx 信息为 rwxrwxrwx，可以解读为用户、同组和其他组的读、写、执行权限都被使能。

（3）执行 ls -F 命令可以显示文件的种类,命令如下：

```
root@Ubuntu:~/C_prog_lessons/lesson_1.2.4# ls -F
collect2_test/
```

在 collect2_test/目录下再次执行,命令如下：

```
root@Ubuntu:~/C_prog_lessons/lesson_1.2.4/collect2_test# ls -F
a.out*  collect2.sh*  test.c*
```

如上所示,回显中的文件名带有后缀,"/"后缀表示目录,"*"后缀表示具有可执行权限,"@"后缀表示软链接,普通文件则没有后缀。

2. cd 命令

在使用 cd 命令之前,需要先了解 Linux 中关于目录的相关知识。最顶层目录称为"根目录",使用"/"表示,在 Linux 系统中所有的文件都是在一棵树状根目录下（暂可理解为所有的内容都在一个磁盘分区里面）,不像 Windows 系统那样需要指定盘符。

使用 cd 命令之前要清楚 Linux 中绝对路径和相对路径的概念。

（1）"."和".."路径的区别："."是当前目录的简写（也可省略）,".."是上一级目录的简写。

（2）绝对路径：从根目录算起的路径叫作绝对路径,例如/root/snap/gnome-logs/103/就是绝对路径表示法,snap/gnome-logs/103/是相对路径表示法。

（3）凡是绝对路径都是以"/"开始的,"/"符号表示根目录。

（4）凡是相对路径都是以"非根目录"开始的,但是必须指定好相对当前目录的关系,例如"../common/",就表示从上一级目录开始,指定了起始路径。

cd 后面跟目标路径（绝对路径或相对路径）,这样便可以达到进入指定目录的效果,命令如下：

```
root@Ubuntu:~/C_prog_lessons/lesson_1.2.4/collect2_test# cd ../../
root@Ubuntu:~/C_prog_lessons#
```

cd ../../表示进入上两级目录,可以达到退出两级目录的效果。这里使用的是相对路径,还可以使用绝对路径,命令如下：

```
root@Ubuntu:~/C_prog_lessons# cd /root/C_prog_lessons
root@Ubuntu:~/C_prog_lessons#
```

cd /root/C_prog_lessons 命令表示进入根目录下的/root/C_prog_lessons 目录（也就是当前目录）,执行成功后会显示"~/C_prog_lessons#",表示成功进入目标目录（"~"是指/root 目录）。

注意：在 Linux 命令行中支持"自动补齐"功能,在输入命令或者路径时,只需输入前几个关键字符,按下 Tab 键,命令行会自动补齐或者给出备选字符,非常方便。

3. mkdir 命令和 rmdir 命令

mkdir 命令表示建立目录，rmdir 命令表示删除目录。mkdir 命令的格式为 mkdir 路径/要建立的目录(路径若存在，则需要用"/"和要建立的目录名隔开，下同)，命令如下：

```
root@Ubuntu:~/C_prog_lessons#mkdir test
```

以上命令在当前目录(当前目录可省略路径)下建立了 test 目录。单层目录(目录中不再有目录)可使用 rmdir 命令删除，命令如下：

```
root@Ubuntu:~/C_prog_lessons#rmdir test/
```

可使用 mkdir -p 批量递归地建立多级目录，命令如下：

```
root@Ubuntu:~/C_prog_lessons#mkdir -p test/test1/test2/test3
```

这样就在当前目录下建立了 test/test1/test2/test3 这样的多级目录，这样的目录用 rmdir 命令就无法删除了，要用 rm -r 命令递归地删除。关于 rm 命令的用法稍后会有讲解。

4. cp 命令

cp 命令可以复制文件，在使用命令时可以指定目标路径和目标文件名。使用方法：cp 源文件 路径/文件名(文件名为选填项，目标文件会被其重命名)，命令如下：

```
root@Ubuntu:~/C_prog_lessons#cp a.c /root/b.c
```

以上命令表示把当前目录下的 a.c 文件复制到/root/路径下并改名为 b.c。cp 命令支持以下参数，读者可以自行测试。

(1) -r：如果加入这个参数，就可以递归地复制目录文件。

(2) -f：表示覆盖。

5. rm 命令

rm 命令可以删除文件或目录，使用方法：rm 文件(或目录)。当删除目录(包含多级目录)时需要加-r 参数。

例如删除 a.c 文件，命令如下：

```
root@Ubuntu:~/C_prog_lessons#rm a.c
```

输入命令并按 Enter 键后就删除了 a.c 文件。除此之外，rm 支持以下参数，功能如下。

(1) -r：表示递归删除(可用于删除目录)。

(2) -f：表示强制删除，不需要确认。

(3) -i：提醒用户，输入 y 或者 n，用来确认是否删除。

6. mv 命令

mv 命令可以重命名或者移动文件，用法如下。

(1) 重命名：格式为 mv 源文件 新文件。

(2) 移动：格式为 mv 源文件 目标路径。

简单示例，命令如下：

```
root@Ubuntu:~/C_prog_lessons# mv a.c b.c
root@Ubuntu:~/C_prog_lessons# mv b.c /root/
```

执行结果：把 a.c 改名为 b.c，随后把 b.c 文件移动到/root/目录下。

7. cat 命令

显示 ASCII 编码文件的内容，使用方法如下。

(1) cat text：显示 text 文件的内容。

(2) cat file1 file2：依次显示 file1 和 file2 的内容。

(3) cat file1 file2＞file3：把 file1 和 file2 的内容结合起来写入(重定向)到 file3(若此文件不存在，则创建)文件中。

此命令使用较简单，读者可以自行测试。

8. more 命令

当使用 cat 命令查看文件时，若文件内容较多，显示时常常超过一个屏幕，则可以使用 more 命令分屏显示，使用方法和 cat 命令一致。按 Enter 键后可以显示剩下的文本，按快捷键 Ctrl＋C 可以结束阅读。

9. pwd 命令

pwd 命令用来显示当前用户的工作目录(用绝对路径表示)。

3.2.2 用户及用户组管理命令

usradd、usrdel、passwd 之类的用户管理命令不太常用，建议读者大致了解即可。重点是 chmod 命令，在软件开发中常会遇到权限更改问题，要非常熟悉。

1. usradd 命令

usradd 命令用来创建一个新的用户账号，例如，useradd XXX，系统会创建 XXX 用户，并且该用户的 home 目录为/home/XXX。

2. usrdel

usrdel 命令用于删除一个已经存在的账号，例如，usrdel 用户名，Linux 会把用户在系统中的注册信息删除，但用户目录和文件还在。

3. passwd 命令

passwd 命令用于修改用户的登录密码。用法：passwd 用户名，然后输入密码即可，要输入两次且密码匹配才会生效。

4. su 命令

su 命令可以将当前用户切换为 root 用户，或者给其他用户以超级用户的权限。用法：

su 或 su 用户名,然后输入 root 口令即可。

5. chmod 命令

chmod 命令用于改变文件或者目录的访问权限。可使用"＋""－"配合 w、r、x 字符修改(root 用户会修改所有组)文件或目录的权限,命令如下:

```
root@Ubuntu:~#ls test -l
--w--w--w- 1 root root 8712 Feb 18 18:38 test
root@Ubuntu:~#chmod +x test
root@Ubuntu:~#ls test -l
--wx-wx-wx 1 root root 8712 Feb 18 18:38 test
```

首先使用 ls -l 命令查看 test 文件的权限,结果显示"--w--w--w-",表示 3 组(用户、同组、其他组)权限都是 w(写)权限。之后可以使用 chmod ＋x test 命令,再使用 ls -l 命令查看 test 文件的权限,结果显示"--wx-wx-wx",表示 3 组权限都增加了 x(执行)权限。

此外,可使用数字自定义不同组的权限,例如"-rwxr-x--x"这样的 3 组权限结构,其解读为用户具有 r(读)、w(写)、x(执行)权限;同组具有 r、x 权限;其他组仅具有 x 权限。

以上权限可以使用二进制数字 0B111101001 表示。高三位数字表示用户权限,数字值 111 表示"rwx"权限都具备;中三位表示同组权限,数字值 101 表示具备"r-x"权限;低三位表示其他组权限,数字值 001 表示仅具备"--x"权限。

0B111101001 是一个二进制数字,它的高三位、中三位、低三位数字转换为十进制数字后分别为 7、5、1,所以想要定义出形如"-rwxr-x--x"这样的权限结构,可以使用 chmod 751 命令,命令如下:

```
root@Ubuntu:~#ls test -l
---x--x--x 1 root root 8712 Feb 18 18:38 test
root@Ubuntu:~#chmod 751 test
root@Ubuntu:~#ls test -l
-rwxr-x--x 1 root root 8712 Feb 18 18:38 test
```

先使用 ls -l 命令查看 test 文件的权限结构,命令打印出为"---x--x--x"这样的结构,随后使用 chmod 751 test 命令修改 test 文件的权限结构,并再次使用 ls -l 命令查看,得到"rwxr-x--x"这样的权限结构,表示命令运行成功。

chmod 命令同样可以对目录的权限进行修改,需要加入-R 参数。对目录权限进行修改会导致被修改的目录下所有文件权限都被修改为设定的权限,这是要注意的地方。

3.3 vim 编辑器使用

vim 编辑器在 Linux 世界非常有名,常被简称为 vi 编辑器,是 visual interface 的缩写。vi 编辑器可以进行输出、删除、查找、替换、块操作等众多文本操作,用户也可以根据自己的需要对其进行定制。

在之前对共享文件夹设置的步骤中,已经使用过 vi 编辑器命令,并使过 apt-get install vim 命令对 vim 编辑器进行过更新,没有进行过更新 vim 操作的读者建议先更新再使用。因为虚拟机使用了 NAT 模式进行上网,只要宿主机能上网,虚拟机便可以上网,网络更新成功后,可以使用 vi 命令进行新建文件和编辑等操作。

vi 编辑器不能排版,不能对字体格式、段落等进行编排,只是一个文本编辑程序。vi 编辑器没有菜单只有命令,并且命令繁多,所以本书仅介绍常用的命令。掌握常用的命令就足以应付大多数工作。vi 编辑器有 3 种工作模式:命令行模式、编辑模式和末行模式,进入 vi 编辑器时默认为命令行模式。

3.3.1 使用 vi 新建并编辑文本文件

使用 vi 新建 vim_test.txt 文本文件,命令如下:

```
root@Ubuntu:~# vi vim_test.txt
```

如果目标文件 vim_test.txt 存在就直接打开,否则 vi 编辑器会创建此文件。按 Enter 键后会出现 vi 的编辑界面,如图 3-42 所示。

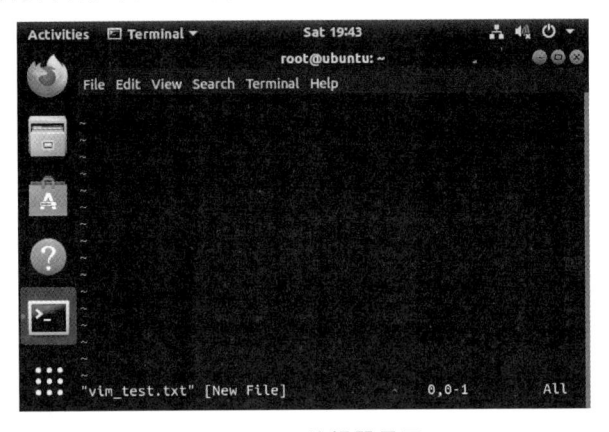

图 3-42 vi 编辑器界面

此时处于命令行模式,直接输入字符往往不会有反应。按 I 键后,可以进入编辑模式(插入模式),左下角会出现"--INSERT--"字样。之前设置共享文件夹开机自动挂载时,使用 vi 编辑器修改/etc/fstab 文件时已经使用过 vi 编辑器的编辑模式。此时可以输入字符,类似 Windows 系统中的记事本软件。

vi 进入文本输入模式的快捷键除了 I,还有其他的快捷键,其功能各有差别,简要说明如下:

(1) 按 I 键进入编辑模式,输入直接定位在光标位置(这个比较常用)。
(2) 按 A 键进入编辑模式,会在光标位置后退一个字符。
(3) 按 O 键进入编辑模式,会到下一行插入。
(4) 按 C 键两次进入编辑模式,会直接把当前行删除,并插入到行首。

（5）按 R 键，不进入编辑模式，输入单字符会直接替换当前光标位置字符（注意只能替换一个字符），可在不进入编辑模式下更改单个字符。

（6）按 S 键，直接删除光标当前位置字符，并进入编辑模式。

文件编辑完成之后，按 Esc 键进入命令模式，输入":"进入末行模式，如图 3-43 所示。

图 3-43 vi 末行模式

这时可以执行退出保存或者仅退出不保存文件的操作。输入"wq"并按 Enter 键，表示保存退出，即使文件没有被修改也要进行数据覆盖并刷新文件的更改时间；输入"wq!"并按 Enter 键，表示强制保存退出，在 root 用户模式下会忽略文件的只读属性强制保存文件并退出；也可以输入"x"再按 Enter 键，当文件被修改时才会进行写入数据更新时间的操作，否则会直接退出。

若文件没有被修改，输入"q"并按 Enter 键可以直接退出。如果修改了文件，则 vi 编辑器会有提示，也可以使用"q!"强制退出而不会出现提示。

以下是对 vi 编辑器退出命令的详细说明，其中冒号表示处于末行模式。

（1）":q"命令：如果用户只是读文件的内容而未对文件进行修改，则可以在命令模式下输入":q"退出 vi 编辑器。

（2）":q!"命令：如果用户对文件的内容进行了修改，又决定放弃对文件的修改，则用":q!"命令。

（3）":w!"命令：强行保存文件，如果该文件已存在，则进行覆盖。

（4）":wq"命令：保存文件并退出 vi 编辑器。

（5）"ZZ"命令：快速保存文件的内容。然后退出 vi 编辑器，功能和":wq"相同。

（6）":w filename"命令：相当于"另存为"，filename 是另存后的文件名。

（7）":set nu"命令：显示行号。

（8）":set nonu"命令：取消显示行号。

3.3.2 文本的删除、撤销、复制和查找

vi 编辑器在命令行模式下，对文本的操作有以下命令。

（1）x 命令：删除光标所在字符，相当于按 del 键。

（2）X 命令：删除光标前一个字符，相当于按 Backspace 键。

（3）dd 命令：删除光标所在行。

（4）D 命令：删除光标后本行所有的内容，包括光标所在字符。

（5）u 命令：撤销上一步。

（6）ctr+r 命令：反撤销。

(7) yy 命令：复制当前行。

(8) p 命令：在光标所在位置向下新开辟一行，粘贴。

在命令模式下输入":/XXX"，其中 XXX 表示要查找的字符段，"/"符号表示向下查找。输入":? XXX"并按 Enter 键表示向上查找，"?"符号是向上的意思。找到后光标会停留在匹配处，此时按 N 键会找下一个匹配点，如果找不到，则会出现提示，如图 3-44 所示。

图 3-44　查找后没有找到匹配字符 pk

3.4　压缩和查找

Linux 系统下的压缩和查找命令在软件开发中时常用到，以下是详细介绍。

3.4.1　tar 压缩解压命令

Linux 主要有以下 3 种压缩方式。

(1) gzip：是公认的压缩速度最快，压缩大文件时与其他的压缩方式相比更加明显，历史最久，应用最广泛的压缩方式。gzip 和 zip 压缩率都垫底，但 zip 压缩后有可编辑性。

(2) bzip：压缩后形成的文件小，但是可用性不如 gzip（其次）。

(3) xz：是最新的压缩方式，可以自动提供最佳的压缩率（压缩率最高）。

笔者实测使用 3 种压缩方式压缩了 vmware-tools-distrib 文件夹。tar.gz 后缀表示是 gzip 压缩，tar.bz2 后缀表示是 bzip 压缩，zip 后缀表示是 zip 方式（需要安装 zip 工具）压缩，tar.xz 后缀表示是 xz 压缩，如图 3-45 所示。

图 3-45　Linux 压缩方式与占用空间

1. tar 压缩命令

tar 压缩命令常用的使用方法如下：

(1) tar jcvf XXX.tar.bz2 被压缩文件路径（创建 bzip 文件，显示压缩信息）。

(2) tar zcvf XXX.tar.gz 被压缩文件路径（创建 gzip 文件，显示压缩信息）。

创建 bzip 压缩文件，也称 bz2 文件，命令如下：

```
root@Ubuntu:~#tar jcvf home.tar.bz2 /home/
…
root@Ubuntu:~#ls
C_prog_lessons home.tar.bz2 snap vim_test.txt
```

执行命令时会出现大量打印信息，完成后就将 home 目录下所有的文件都打包并压缩成了 home.tar.bz2 文件，并出现在当前目录下。创建 gzip 文件需要修改命令参数，命令如下：

```
root@Ubuntu:~#tar zcvf home.tar.gz /home/
…
root@Ubuntu:~#ls
C_prog_lessons home.tar.bz2 home.tar.gz snap vim_test.txt
```

打印信息结束后,在当前目录下便出现了 home.tar.gz 文件。

注意:tar 命令可以只打包不压缩,tar cvf xxx.tar 命令后跟被打包文件路径,此命令不指定压缩包的格式,也就是只打包不压缩。

2. tar 解压命令

解压 tar.xz 文件使用 tar xvf xxx.tar.xz 命令即可,tar 命令会自动识别压缩文件格式,也可以不指定解压格式(指定亦可,但不能指定错,建议不指定格式)。

解压 bzip/gzip 文件,命令如下:

```
root@Ubuntu:~#tar xvf home.tar.bz2 -C ./
```

显示一长串打印信息后,当前目录下会出现被解压的 home 目录。注意命令后面的"-C ./"后缀不是必须加的,-C 后面跟要被解压释放的目录,这里指定为"./",表示当前目录,当然也可以不指定,tar 命令会默认指定当前目录。

3.4.2 文件及文件内容查找

Linux 系统下的文件及文件内容查找命令,在代码文件、代码文本定位时会用到,以下是详细介绍。

1. 文件查找命令 find

find 命令用于查找文件系统中的指定文件,其命令格式为 find 要查找的路径 表达式。命令示例:find / -name "xxx"(xxx 中可使用通配符),以上命令解读为在根目录下,使用-name(表达式,表示使用名称匹配)来查找和 xxx 名称匹配的文件。

例如要找 home.tar.bz2 文件,命令如下:

```
root@Ubuntu:~#find / -name "home.tar.bz2"
find: '/run/user/1000/gvfs': Permission denied
/root/home.tar.bz2
^C
```

以上 find 命令中的"/"表示在整个 Linux 系统根目录下寻找,虽然有的目录没有访问权限,但还是很快打印出来了/root/home.tar.bz2,这就是 find 命令找到的文件路径,但找到之后命令可能并没有停止,可使用快捷键 Ctrl+C 打断。上述用法会搜索整个 Linux 的根目录,从而导致耗时很久,所以不建议在整个根目录下寻找。使用时应尽量先定位到一个大致范围,再使用 find 命令,这样效率会高很多。

2. 文件内容查找命令 grep

grep 命令可用于查找多个文件，以寻找所要匹配的内容。和 find 命令可根据文件名查找的方式不同，grep 命令的查找依据是文件内容，然而 grep 命令的参数繁多，想要用好并不容易，限于篇幅有限，这里只介绍最常用的用法。

可以使用 grep 命令搜索字符串，例如在 C_prog_lessons/文件夹中搜索带有 abc 字符串的文件，并显示行号，命令如下：

```
root@Ubuntu:~#grep abc C_prog_lessons/ -nR
…
C_prog_lessons/lesson_2.1.2/test_1.2.c:10:int abc = 1, Abc = 2;
…
C_prog_lessons/lesson_4.1.3/test_1.1.c:3:char * p[] = {"abc1\n", "abc2\n", "abc3\n"};
```

如以上所示会打印出大量信息，这些信息会显示出含有 abc 字符的文件及其路径、所在行号和匹配到的字符所在行的完整信息，此类内容匹配搜索操作在软件开发中很常用。

3.5 使用 GCC 编译一个 C 语言程序

经过以上内容的学习，现在已经可以开始编写 C 语言程序了，在此之前还有一些关于 C 语言编译器的知识需要了解。

3.5.1 GCC 发展历史

GCC 是以 GPL(GNU General Public License，GPL)许可证所发行的自由软件，也是 GNU 计划的关键部分。GCC 的初衷是为 GNU 操作系统专门编写一款编译器，现已被大多数类 UNIX 操作系统(如 Linux、BSD、macOS 等)采纳为标准的编译器，甚至在微软的 Windows 系统上也可以使用 GCC。GCC 支持多种计算机体系结构芯片，如 x86、ARM、MIPS 等，并已被移植到其他多种硬件平台。

1971 年，理查德·马修·斯托曼(Richard Matthew Stallman，RMS)进入哈佛大学，同年受聘于麻省理工学院人工智能实验室(AI Laboratory)，从此，斯托曼成为黑客文化中重要的一员，毕业后斯托曼留在该实验室继续工作。进入 20 世纪 80 年代，黑客社群在软件工业商业化的强大压力之下日渐式微，连实验室的许多黑客也组建了一个名为 Symbolic 的公司，并通过专利软件来取代实验室中免费可自由流通的软件。斯托曼在与 Symbolic 抗争的过程中发表了著名的 GNU 宣言(GNU Manifesto)，之后他又建立了自由软件基金会来协助该计划的推进。1983 年 9 月 27 日，斯托曼公开发起了一个叫作"GNU 计划"的自由软件集体协作计划，它的目标是创建一套完全自由的操作系统 GNU。斯托曼最早是在 net.unix-wizards 新闻组上公布了该消息，并附带一份《GNU 宣言》解释为何发起该计划，其中一个理由就是要"重现当年软件界合作互助的团结精神"，该宣言以争取其他人加入及支持"GNU 计划"。

GNU 即 GNU's Not UNIX 的缩写，是一种与 UNIX 兼容的开源软件系统，其内容软件完全以 GPL 方式发布。这个操作系统是 GNU 计划的主要目标，因为 GNU 的设计类似 UNIX，但它不包含具有著作权的 UNIX 代码，所以名称是 GNU's Not UNIX 的递归缩写。为表明主旨，斯托曼还强调过 GNU 中后两字母的读音类似于"奴"读音，因此"GNU 计划"也被音译为"革奴计划"。

GNU 内核称为 Hurd，是自由软件基金会发展的重点。截至 1991 年，作为操作系统，GNU 最大的问题是尚未开发完成"具有完备功能的系统内核"，但在 1991 年，22 岁的芬兰大学生 Linus Torvalds 独立于 GNU 项目，编写出了与 UNIX 兼容的 Linux 操作系统内核，并在 GPL 条款下发布了 Linux 操作系统内核。之后 Linux 在网上广泛流传，许多程序员参与了开发与修改。1992 年 Linux 与其他 GNU 软件结合，完全自由的操作系统正式诞生，至此，GNU 计划基本完成。该操作系统往往被称为 GNU／Linux，也就是 Linux，所以 Linux 操作系统实际上包含了 Linux 内核与其他自由软件项目中的 GNU 组件和软件。GNU／Linux 成为世界上绝大多数超级计算机的首选操作系统，也作为嵌入式设备的操作系统被广泛使用，目前最流行、覆盖设备最广的手机操作系统 Android 系统，其最底层内核就是 Linux 内核。

3.5.2　GCC 常用命令

使用 GCC 编译一个程序，最简短的命令是 gcc x.c，其中 x.c 表示 c 代码文件。此命令执行之后（C 程序要被成功编译，没有报错）会在当前目录生成一个 a.out 文件，这个文件就是生成的可执行文件。

GCC 有几个常用参数，用途如下：
（1）-o 后跟生成可执行文件的文件名，否则默认生成 a.out。
（2）-E 只执行预处理。
（3）-S 只生成汇编文件。
（4）-c 只进行编译而不进行链接处理。

以上几个参数除了第 1 个，初学者暂时可以不用深究，在后面的课程中使用时会有详细说明。

3.5.3　写出第 1 个 C 语言程序

使用 vi 新建 C 代码文件，代码如下：

```
//lesson_1.3.4/test_1.0.c
#include <stdio.h>

int main(void)
{
    printf("hello world \n");
    return 0;
}
```

以上代码先不用深究，使用 vi 编辑完成后，使用 GCC 进行编译输出，命令如下：

```
root@Ubuntu:~/C_prog_lessons/lesson_1.3.4# gcc test_1.0.c -o test_1.0

Command 'gcc' not found, but can be installed with:

apt install gcc
```

以上信息表示 Linux 中还没有安装 gcc，可以使用 apt install gcc 命令安装，命令如下：

```
root@Ubuntu:~/C_prog_lessons/lesson_1.3.4# apt install gcc
```

当出现提示时输入 Y 并按 Enter 键，或者直接按 Enter 键，系统会联网下载并安装 GCC 编译器，安装完成后再使用命令 gcc test_1.0.c -o test_1.0 编译，编译成功后会在当前目录下出现 test_1.0 文件，可以执行它，命令如下：

```
root@Ubuntu:~/gcc test_1.0.c -o test_1.0
root@Ubuntu:~/C_prog_lessons/lesson_1.3.4# ./test_1.0
hello world
```

此时控制台输出了 hello world，这就是经典的 hello world 程序，至此完成了第 1 个 C 语言程序的编写、编译和运行。本书之后对 C 语言代码的编译和运行，也都是如此操作。

可以查看 GCC 的版本，命令如下：

```
root@Ubuntu:~/gcc -v
...
gcc version 7.5.0 (Ubuntu 7.5.0-3Ubuntu1~18.04)
```

执行命令后打印出了多行信息，其中最后一行显示 GCC 的版本为 7.5.0。本书中的代码都使用 GCC 7.5.0 编译环境，使用其他版本 GCC（最好不要相差太多）对本书提供的例程代码进行编译，也是可以正常运行的，读者尽量使用相同或相近版本的编译器。

欢迎来到 C 语言的世界！

上手篇　初学C语言

　　这一篇主要讲解 C 语言的基本使用,部分初学者常见的难点和混淆部分会单独列出,熟练 C 语言的读者可能混淆不清的问题也有专门指出。这一部分内容属于基础上手内容,并且在本篇最后的排序算法一章综合使用了本篇的基础知识,对空间想象能力和逻辑能力有一定要求,难度稍有上升,并引出了数字滤波的概念(本书限于篇幅不进行研究)。以上都是在嵌入式底层软件开发中常用到的,建议初学者结合实践,熟练掌握。

第 4 章 C 语言概览

CHAPTER 4

本章内容是 C 语言的整体概览，包含 C 语言程序结构、变量/常量和声明、标准输入/输出和简单函数等部分。

4.1 C 语言程序结构

C 语言程序的执行需要一定的逻辑，这些逻辑设计往往使用一些基本的程序结构来实现，分别是顺序结构、分支结构和循环结构。理解和学习程序的执行过程，对于以后学习其他编程语言，或者对程序的调试工作都十分有益。

在 C 程序代码中，程序的执行默认都是从 main 函数开始的。

4.1.1 顺序结构

所谓顺序结构，就是程序按照从上至下的执行顺序堆砌起来的结构，代码如下：

```c
//2.1.1/test_1.0.c
#include <stdio.h>

int main(void)
{
    int a,b;
    a = 1;
    b = 2;
    printf("sum is %d\r\n", a + b);
    return 0;
}
```

代码的执行顺序就是从上至下，最后输出 a+b 的结果，这就是顺序结构程序。

4.1.2 分支结构

C 语言程序结构分为单分支结构、双分支结构和多分支结构。

1. 单分支结构

单分支程序结构,就是程序中仅有一个条件,用于判断是否执行分支,(伪)代码如下:

```
if(条件表达式)
{
    语句块
}
```

如果条件表达式的逻辑值为真,就执行语句块。

2. 双分支结构

双分支结构提供了条件判断满足时分支,也提供了条件不满足时的分支,(伪)代码如下:

```
if(条件表达式)
{语句块 1}
else
{语句块 2}
```

如果条件表达式的逻辑值为真,则执行语句块 1,否则执行语句块 2。

3. 多分支结构

多分支结构,顾名思义含有多个选择分支,(伪)代码如下:

```
if(表达式 1)
{语句块 1}
else if(表达式 2)
{语句块 2}
else
{语句块 3}
```

若表达式 1 的逻辑值为真,则执行语句块 1,否则检测表达式 2 的逻辑值是否为真;如果为真,则执行语句块 2(以此类推);如果条件表达式中没有一个逻辑值为真,则执行语句块 3。实现同样逻辑功能的还有还有 switch-case 分支选择语句,详见 8.1 节。

4.1.3 循环结构

在 C 语言中,循环结构主要是由 while、do-while 和 for 关键字实现的,这里仅进行简单介绍,在 8.3 节会有详细讲解。

1. while 循环

while 循环是最基本的循环,(伪)代码如下:

```
while(表达式)
{
    //如果表达式的逻辑值为真,则循环执行花括号内的内容,注意每次循环都会检测表达式的逻辑值
}
```

2. do-while 循环

do-while 循环是 while 循环的变种，(伪)代码如下：

```
do{}                    //先执行一遍do后花括号中的内容
while(表达式)           //此处和while循环逻辑相同
{
                        //如果表达式为真,则循环执行代码块,每次循环都会检测表达式的逻辑值
}
```

3. for 循环

for 循环的执行逻辑稍复杂，(伪)代码如下：

```
for(表达式1;表达式2;表达式3)    //先执行表达式1,然后看表达式2的逻辑值是否为真
{
                                //如果表达式2的逻辑值为真,则执行花括号内的内容,否则退出
}                               //执行结束后,执行表达式3
```

表达式 1、表达式 2、表达式 3 可以是空的，其中表达式 1、表达式 3 为空表示没有对应步骤的操作，表达式 2 为空表示 for 循环不检测终止条件，是无限循环。

4.2 变量、常量和声明

在编写 C 语言程序时，常会遇到定义或使用变量/常量的情况，以及会遇到一些声明问题。

4.2.1 变量

除了汇编语言和机器语言，高级语言大都具有变量的概念。所谓变量，就是在程序运行过程中值可以改变的量，不论它是用来存储中间运算结果、输出最终结果，还是作为参数使用，只要其值在运行中发生变化，就应该定义为变量。

1. 变量的定义和使用方法

在 C 语言中，变量遵循先定义后使用的原则，但是在实际编程工作中，经常是在要使用变量时才会想起来定义变量，而不是事先定义好。但不论怎样，在使用变量之前必须先定义它，否则编译器会提示变量没有定义。

在定义变量时，使用数据类型加变量名的方法，代码如下：

```
int a = 0;              //在定义变量时可以初始化
char b;                 //在定义变量时也可以不初始化,值一般会被置0,也可能未定
int c = 0, d, e;        //C语言支持批量定义变量,注意变量之间用逗号,句末用分号
```

2. 变量名的命名规范

C 语言的变量名可以是字母、数字和下画线的组合，一般需要遵守以下规范。

(1) 变量名的开头必须是字母或下画线,不能是数字。在实际编程中常以字母开头,而以下画线开头的变量名一般是系统专用的(非系统开发者不建议使用)。

(2) 变量名中的字母区分大小写。例如 a 和 A 是不同的变量名,num 和 Num 也是不同的变量名。

(3) 变量名绝对不可以是 C 语言的关键字。

(4) 变量名中不能有空格。

以上变量命名规则是 C 语言语法规定的,必须遵守,如果不遵守编译器会报错。除此之外,在实际开发中还形成了一种变量命名习惯,或者称为"工程规范",它们虽然不受 C 语言语法约束,但是遵守这些工程规范会让代码更加专业,管理和阅读效率更高。

4.2.2 常量

C 语言中的常量分为数值常量、字符常量、字符串常量和符号常量。

1. 数值常量

数值常量,顾名思义是由数值构成的常量,分为整型和浮点型。

2. 字符常量

字符常量,即用字符构成的常量,有以下两种表现形式。

(1) 普通字符:26 个英文字母用英文单引号引起来后,如'a'和'b'之类为普通字符。这些字符在计算机中是以 ASCII 码表示的,因此可以把它们看成数值,如'a'可指代 97(十进制)这个数值。

(2) 转义字符:C 语言自己定义的字符,是一种控制字符,以字符\开头。如经常使用的'\n'代表换行,'\t'代表空格。

关于字符和转义字符,以及它们和 ASCII 码的对照关系,在 6.4 节有详细解释。

3. 字符串常量

字符串常量是字符常量的集合版本,将多个字符用(英文)双引号引起来,这就是字符串常量,例如"hello world"就是字符串常量,也常简称字符串。严格来讲,字符串常量是一个常量数组,数组中的元素都是字符常量,关于数组和字符串将在第 6 章详细解释。

4. 符号常量

通过宏定义一个符号表示数值,其符号就是符号常量,代码如下:

```
#define PI 3.14            //#define 为宏定义符号,将 PI 宏定义为 3.14(数值)
```

以上表示 PI 可以指代 3.14(这个数值)。当需要使用这个数值时,就可以直接调用 PI,如果需要修改 PI 的值,则只需修改宏定义,调用 PI 的地方其数值会自动更改,这极大地方便了对程序数据的修改。

严格来讲,符号常量是被宏定义出来的,以上示例 PI 本质上还是数值常量,宏符号只是起到一个简单的替换作用,宏定义的符号在程序被编译时会被编译器中的预处理器替换。

关于更多宏定义的知识将在 16.1 节的预处理部分详细解释,此处仅进行简单介绍。

4.2.3 C 语言声明

在编写 C 语言代码时,声明的实现有以下几种形式。

1. 定义即声明

一般来讲,在 C 语言程序中,定义变量或者函数时就已经声明了(变量或者函数),也就是定义具有和声明同样的作用,但是这里面有一个作用域的问题,代码如下:

```
//2.1.2/test_3.1.c
#include <stdio.h>
int a = 10;
int main(void)
{
    printf("data is %d %d\r\n", a, b);      //这里使用变量 b
    return 0;
}
int b = 11;                                  //变量 b 在此处定义
```

编译时出现问题,命令如下:

```
root@Ubuntu:~/C_prog_lessons/lesson_2.1.2# gcc test_3.1.c -o test_3.1
test_3.1.c: In function 'main':
test_3.1.c:8:40: error: 'b' undeclared (first use in this function)
     printf("data is %d %d\r\n", a, b);
                                    ^
test_3.1.c:8:40: note: each undeclared identifier is reported only once for each function it
appears in
```

以上信息说明变量 b 没有被定义,但是代码中明明定义了 int b = 11,但是其位于 main 函数的底部,如果定义(或声明)的作用域没有包含 main 函数,就会出现未定义错误。

定义变量或函数的作用域范围是自上而下的,而且只限于同文件。

2. extern 声明

很多时候,需要使用在别处定义的变量或者函数,如果要使用的函数或者变量定义的位置是不便修改的,这时就需要使用外部声明 extern 关键字来声明。

extern 声明的作用是让编译器明白,这个变量或者函数已经被定义过了,只是定义的作用域不在此处(或者此文件),编译器(严格来讲是链接器)就会在别处寻找这个被外部声明过的变量或函数而不会报错。例如以上示例代码,只需在 main 函数前面加一句 extern int b 便可编译通过,代码如下:

```
//2.1.2/test_3.1.c
…
extern int b;                                //在此处加入外部声明
```

```
int main(void)
...
```

之后编译便不会报变量 b 未定义错误。

3. 使用头文件声明

在实际的工程当中,通常会把定义和声明分别放在 c 代码(.c)文件和头(.h)文件中。c 代码文件实现变量和函数的定义(实例化),在头文件中放置它们的声明,这样只需在要使用的位置之前包含头文件,而不必每个文件(.c)都声明一次,效率较高。

4. 变量的隐式声明

在定义变量时如果没有使用"数据类型+变量名"这样的定义模式,而是直接给出变量名,则在 GCC 编译时也是可以通过的,代码如下:

```
//2.1.2/test_3.4.c
#include <stdio.h>

int a = 10;
extern int b;                          //这里使用了 extern 外部声明
c;                                     //这里隐式声明变量 c
int main(void)
{
    printf("data is %d %d \n", a, b);
    printf(" c length is %d \n", sizeof(c));
    return 0;                          //sizeof 运算符会输出变量 c 的长度(字节)
}
int b = 11;
```

编译以上代码时会报警告,命令如下:

```
root@Ubuntu:~/C_prog_lessons/lesson_2.1.2# gcc test_3.4.c -o test_3.4
test_3.4.c:5:1: warning: data definition has no type or storage class
 c;
 ^
test_3.4.c:5:1: warning: type defaults to 'int' in declaration of 'c' [-Wimplicit-int]
...
```

以上信息表示变量 c 没有(存储)类型,编译器自动把变量 c 声明为 int 类型了。编译后的运行结果也说明了这一点,命令如下:

```
root@Ubuntu:~/C_prog_lessons/lesson_2.1.2# ./test_3.4
data is 10 11
c length is 4
```

c 的长度是 4,确实被隐式声明为了 int 类型。

4.3　标准输入/输出

在 C 语言中,实现了一些标准的 C 库函数,其中常用的就是标准输入/输出函数,它们的声明在 stdio.h 头文件中。

注意：stdio.h 文件为系统头文件,引用时用方括号括起来,例如♯include＜stdio.h＞,而非系统头文件则使用英文双引号引用。以上为使用惯例,引用不当一般也不会造成错误。

4.3.1　标准输入 scanf 函数

int scanf(const char * format,…)是 scanf 的声明原型。scanf 会将输入的数据根据参数转换格式化,并存储在参数对应的内存地址单元(参数多为变量地址,即指针类型,详见 11.3 节)中。

1. 基本用法

新建示例,代码如下:

```c
//2.1.3/test_1.1.c
#include <stdio.h>                    //在 stdio 里面声明了标准输入/输出函数

int main(void)
{
    int a,b,c;                         //定义 3 个变量
    printf("请输入 3 个数\n");
    scanf("%d%d%d", &a,&b,&c);         //用取地址符&变量的方式,指定保存的变量
    printf("a is %d, b is %d, c is %d. \n", a,b,c);
}                                      //输出保存在变量中的值,也称为打印
```

编译运行,输入 3 个数字,数字之间需要加空格、退格、回车中的任意一种,然后就会分别打印出输入的 3 个数,命令如下:

```
root@Ubuntu:~/C_prog_lessons/lesson_2.1.3#./test_1.1
请输入 3 个数
123 777 789
a is 123, b is 777, c is 789.
```

scanf 函数使用%d 对输入的数据进行格式化,%d 的意义为使用十进制把输入的字符格式化,并存储在对应的 a、b、c 变量中。这里需要注意,获取数据的变量在作为 scanf 参数输入时,是带有取地址符 & 的(参数为指针类型)。

2. 带有控制字的用法

在上面的例子中,scanf("%d%d%d", &a,&b,&c)语句中的"%d%d%d"是连续排列

的,之间并没有字符作为分隔符,这里可以对此进行修改,代码如下:

```
//2.1.3/test_1.1.c
…
scanf("%d,%d,%d",&a,&b,&c);
…
```

因为在%d之间加入了",",这样就多了控制字,所以在输入时,也必须加入","进行分隔,否则scanf会解析错误。类似的用法还有很多,此处就不一一描述了,scanf函数在嵌入式软件开发中用得不多,读者大致了解即可。

4.3.2 标准输出printf函数

printf函数是初学者编程实践的重点,在嵌入式软件调试中经常使用。此函数有很多变种,如serial_printf、printk等,但使用方法大同小异。

1. printf不带参数打印

使用printf输出打印时,如果只是输出一串字符而不需要输出可变的参数,就很简单,例如程序员的经典hello world程序,代码如下:

```
//2.1.3/test_2.1.c
#include<stdio.h>
int main(void)
{
    printf("hello world!\n");               //输出hello world!
    return 0;
}
```

查看运行结果,命令如下:

```
root@Ubuntu:~/C_prog_lessons/lesson_2.1.3#./test_2.1
hello world!
```

其中,"\n"为Linux系统中的结束符,用于输出换行,而Windows系统换行使用"\r\n",和Linux有所不同。

2. printf带参数打印

新建示例,代码如下:

```
//2.1.3/test_2.2.c
#include<stdio.h>

int main(void)
{
    printf("data is %d \n", 123);           //这里带了参数打印
    return 0;
}
```

查看运行结果,命令如下:

```
root@Ubuntu:~/C_prog_lessons/lesson_2.1.3#./test_2.2
data is 123
```

以上代码直接打印出 123,输出的是十进制。%d 是格式化类型,表示按照十进制输出,这样的格式化类型还有很多,见表 4-1。

表 4-1 标准输入输出转换格式字符表

转 换 字 符	转 换 结 果
%d	用于输出十进制有符号整数
%u	用于输出十进制无符号整数
%f	用于输出十进制浮点数字
%e 或 %E	用于输出指数形式的浮点数
%g 或 %G	用于输出浮点数,根据数值大小自动选择使用%f 或 %e
%x 或 %X	用于输出十六进制数
%c	用于输出单个字符
%s	用于输出字符串
%p	用于输出指针地址
%lu	用于输出无符号长整型
%lld	用于输出有符号长长整型
%llu	用于输出无符号长长整型
%lf	用于输出长双精度浮点数
%%	格式控制符:用来输出百分号 %,在输出时需要使用两个百分号连在一起

还有一些其他的控制字,用于控制列数、对齐、前缀等,见表 4-2。

表 4-2 其他控制字

控 制 字	意 义
+	输出结果右对齐,左边填空格(和输出最小宽度搭配使用)
-	输出结果左对齐,右边填空格(和输出最小宽度搭配使用)
#	增加前缀
0	将输出的前面补上 0,直到占满指定列宽为止

printf 函数还提供了宽度指定的功能参数,见表 4-3。

表 4-3 宽度指定的功能参数

宽 度	描 述	示 例
数值	十进制整数	printf("%06d",1000);输出:001000
*	星号,不显式指明输出最小宽度,而是以星号代替,在 printf 的输出参数列表中给出	printf("%0*d",6,1000);输出:001000

对此读者可以自行验证,限于篇幅本书不提供示例。

3. 使用十六进制打印

新建示例,代码如下:

```c
//2.1.3/test_2.3.c
#include <stdio.h>

int main(void)
{
    printf("hex date is %#x \n", 16);        //%x表示十六进制,#表示自动添加前缀
    return 0;
}
```

在以上代码的 printf 函数中使用了%x 格式来打印十六进制数。在完整控制字"%#x"中,#的作用是告诉 printf 函数,不同的进制应自动添加不同的前缀。

查看运行结果,命令如下:

```
root@Ubuntu:~/C_prog_lessons/lesson_2.1.3#./test_2.3
hex date is 0x10
```

将十进制数字 16 转换为十六进制,其数值为 0x10,所以打印结果是正确的。

4. 打印浮点数

新建示例,代码如下:

```c
//2.1.3/test_2.4.c
#include <stdio.h>

int main(void)
{
    printf("float data is %1.10f \n", 3.1415926);          //指定小数位数
    return 0;
}
```

其中%1.10f 的意义是整数部分为 1 位,小数点后保留 10 位,不足会自动补 0。编译后查看运行结果,命令如下:

```
root@Ubuntu:~/C_prog_lessons/lesson_2.1.3#./test_2.4
float data is 3.1415926000
```

输出了 1 位整数和 10 位小数,打印结果和程序中指定的格式是一致的。

5. 左右对齐和补 0

新建示例,代码如下:

```c
//2.1.3/test_2.5.c
#include <stdio.h>

int main(void)
{
    printf("float data is %5d \n", 12);
    return 0;
}
```

查看运行结果,命令如下:

```
root@Ubuntu:~/C_prog_lessons/lesson_2.1.3#./test_2.5
float data is    12
```

读者可以在 5d 前面加上"-",变成-5d 之后再编译运行,输出结果会变成左对齐,这里就不演示了。printf 默认输出是右对齐的,也就是默认为带了"＋"控制字,如果加上"＋"号,则笔者实测在 GCC 环境下 printf 会连同"＋"号一同输出。

控制宽度补 0,只需在 5d 前面加 0,位数不足的会自动补 0,代码如下:

```
//2.1.3/test_2.5.c
    …
        printf("float data is %05d \n", 12);
    …
```

查看运行结果,命令如下:

```
root@Ubuntu:~/C_prog_lessons/lesson_2.1.3#./test_2.5
float data is 00012
```

4.4 简单函数

一个完整的 C 语言程序往往是由很多个"子程序"组成的,这些子程序在代码中大多实现为函数。在程序的功能设计中,是通过对各个函数的编写和组织调用来实现复杂功能的。

4.4.1 库函数

所谓库函数,就是 C 语言环境中自带的一些函数,一般在库函数头文件中有声明,在程序代码中包含头文件后可直接调用这些函数,而无须自行编写。如 stdio.h、string.h、math.h 等就是常用的库函数头文件,其中常用的 printf 函数就是 stdio.h 文件中声明的库函数,string.h 文件中声明了用于字符串处理的库函数,math.h 文件中声明了与数学运算有关的库函数。

4.4.2 形参和实参

C 语言函数具有形参、实参的概念,以下对此进行专门解释。

1. 形式参数

大部分 C 语言函数是有参数的,代码如下:

```
int func(int dat)                        //dat 是 func 的参数
{
    return dat * 3;                      //这里是 func 的返回值
}
```

func 函数接收一个参数 int dat,这里的 int dat 就是形式参数,其意义为这个参数需要为 int 类型(当类型不匹配时编译也可以通过,只是数据解析后可能会出现问题),dat 在这里为形式参数名。

func 函数是一个具有 int 类型返回值的函数,其返回值为 dat×3。这个函数的作用为把参数 dat×3 再返给调用者。可以看出,形式参数是 func 函数的输入接口,返回值是函数的输出接口(并不是唯一的输出),一个函数是对数据进行加工的一个单元模块。

2. 实际参数

以上给出的其实是函数的定义,所以 func 的参数只是一个"形式",并不是真实的运行数据。在调用时,填入的数据才是被运行的真实有效的参数,这个运行时填入的参数才是实际参数,简称实参。

新建示例,代码如下:

```c
//2.1.4/test_2.2.c
#include<stdio.h>

int func(int dat)              //这里的 int dat 是形式参数
{
    return dat * 3;
}

int main(void)
{
    int b;
    //int a = 10               //这里定义 int 型变量 a=10,a 也可以作为实参
    b = func(10);              //这里填入的 10 是实际参数,实参也可是变量
    printf("b data is %d \n", b);
    return 0;
}
```

实参和形参要求类型匹配(实际上不匹配也能运行),建议初学者严格按照形参的类型来加载实参。实参对于函数而言仅具有"输入"功能,不必担心函数在运行的过程中会对实参数值进行修改,所以此类调用也被称为"传值调用",若希望函数在运行时能通过参数接口修改某变量的值,则实参为此变量的地址,此类调用称为"传址调用"。关于函数参数的更多内容详见 15.2 节,关于函数的输入输出型参数详见 19.1 节。

3. 形参实参的常见问题

上面的例子非常简单,只有一个参数,其实再多的参数其用法也是一样的。在这里先不研究函数传参的机制,仅列出一些初学者需注意的问题,大致如下:

(1) 函数的参数不宜过多,最好不要超过 5 个,这是因为函数参数使用了"栈内存"机制,参数过多会导致 C 函数效率变差。在实际编程中,也有给函数传参超过 5 个的情况,这时应使用结构体指针进行传参,详见 18.1 节。

(2) 在函数的内部对传入参数值的更改,并不会影响实参本身,代码如下:

```c
//2.1.4/test_2.3.c
#include <stdio.h>

void func(int dat)                          //这里的 dat 是形式参数
{
    dat = 10;                               //在这里对形参进行重新赋值
}

int main(void)
{
    int b = 1;
    func(b);                                //在这里填入 b,b 为实参
    printf("b data is %d \n", b);           //查看 b 的值是否被更改
    return 0;
}
```

查看运行结果,命令如下:

```
root@Ubuntu:~/C_prog_lessons/lesson_2.1.4#./test_2.3
b data is 1
```

程序运行的结果是 b=1,实参 b 的值并没有被更改,可见函数内部对参数的改写并不会影响实参的值。形参本身是一份实参的复制,在函数内部对形参的操作不会影响实参的值。

4.4.3 局部变量和全局变量

在使用 C 语言函数时,还可能会遇到局部变量和全局变量的概念,以下对此专门进行解释。

1. 局部变量

在函数内部被定义的变量称为局部变量,如果未被定义为 static 存储类型(static 型局部变量被称为局部静态变量,详见 12.3 节),则可称为自动变量,因为其自动生成且自动释放。不论哪种局部变量都只能在函数内部使用,即作用域在函数内部。

新建示例,代码如下:

```c
#include <stdio.h>

void func(void)
{
    int a;                      //这里的 a 是局部变量,只能在 func 函数内使用
    printf("a for func is %d \n", a);
}

int main(void)
```

```c
{
    int a = 0;
    for(; a<10; a++)                    //这里的 a 也是局部变量,但从属 main 函数
    {                                   //这里使用了 for 循环
        func();
        printf("a for main is %d \n", a);
    }
    return 0;
}
```

程序输出结果较长,限于篇幅读者可以自行验证。运行的结果是 a for func 的结果都是 0,a for main 的结果是 0~9。这说明在不同函数内部定义的局部变量都是不冲突的,可以重名,而且其运行值也是独立的。

在 func 函数中定义的变量 a 没有初始化,这是不建议的,因为非局部静态变量使用的内存地址是临时和公用性质的,使用前建议初始化。以上示例中 func 中的 a 没有初始化,其目的是想要演示在 main 函数中操作和 func 中同名的局部变量 a 后会不会对 func 函数中的 a 造成影响。

2. 全局变量

全局变量就是定义在函数之外的变量,如果未被定义为 static 链接属性(static 型全局变量也被称为静态全局变量,作用域仅限于当前 C 文件,详见 16.2 节),则所有的函数都可以使用它。全局变量和局部变量可以重名,但是在函数内部,和全局变量重名的局部变量会被优先使用。

新建示例,代码如下:

```c
//2.1.4/test_3.2.c
#include <stdio.h>

int temp = 20;                  //全局变量 temp = 20
int main(void)
{
    int temp = 30;              //局部变量 temp = 30
    printf("temp is %d \n", temp);
    return 0;
}
```

查看运行结果,命令如下:

```
root@Ubuntu:~/C_prog_lessons/lesson_2.1.4#./test_3.2
temp is 30
```

在全局变量和局部变量重名的情况下,局部变量会被优先使用。

第 5 章 运算符和表达式

CHAPTER 5

运算符的优先级和结合性会决定表达式的运算次序,而表达式的值又是如何按照运算符的性质决定计算顺序的呢?此类问题的解决有什么既定的逻辑规律?

5.1 优先级和结合性

一个表达式中可能包含多个不同的运算符,它们可以连接不同的数据,从而构成表达式。表达式中当各个式子采用不同的运算顺序时,往往会使表达式得出不同的结果,甚至出现运算错误,所以当表达式中含有多种运算时,数据和运算符必须按一定顺序进行结合,这样才能保证运算的合理性和结果的唯一性。

每种运算符都有其相应的优先级,优先级决定哪一种运算先被执行。在 C 语言中运算符的优先级可使用一张表格表示,称为 C 语言运算符优先级表,优先级表中优先级从上到下依次递减。

表达式中的运算结合次序,主要取决于表达式中各种运算符的优先级,优先级高的运算符先结合,优先级低的运算符后结合。在 C 语言运算符优先级表中,由于同一行中的运算符的优先级相同,所以在运算符优先级相同的情况下,数据和运算符的结合顺序由运算符结合性决定。

5.1.1 优先级表

C 语言运算符优先级表,共有 15 个优先级,很多运算符的优先级是一样的,见表 5-1。

表 5-1 C 语言运算符优先级表

优先级	运算符	名称或含义	使用形式	结合方向	说明
1	[]	数组下标	数组名[常量表达式]	左到右	
	()	圆括号	(表达式)/函数名(形参表)		
	.	成员选择(对象)	对象.成员名		
	—>	成员选择(指针)	对象指针—>成员名		

续表

优先级	运算符	名称或含义	使用形式	结合方向	说明
2	-	负号运算符	-表达式	右到左	单目运算符
	~	按位取反运算符	~表达式		
	++	自增运算符	++变量名/变量名++		
	--	自减运算符	--变量名/变量名--		
	*	取值运算符	*指针变量		
	&	取地址运算符	&变量名		
	!	逻辑非运算符	!表达式		
	(类型)	强制类型转换	(数据类型)表达式		
	sizeof	长度运算符	sizeof(表达式)		
3	/	除	表达式/表达式	左到右	双目运算符
	*	乘	表达式*表达式		
	%	余数(取模)	整型表达式%整型表达式		
4	+	加	表达式+表达式	左到右	双目运算符
	-	减	表达式-表达式		
5	<<	左移	变量<<表达式	左到右	双目运算符
	>>	右移	变量>>表达式		
6	>	大于	表达式>表达式	左到右	双目运算符
	>=	大于或等于	表达式>=表达式		
	<	小于	表达式<表达式		
	<=	小于或等于	表达式<=表达式		
7	==	等于	表达式==表达式	左到右	双目运算符
	!=	不等于	表达式!=表达式		
8	&	按位与	表达式&表达式	左到右	双目运算符
9	^	按位异或	表达式^表达式	左到右	双目运算符
10	|	按位或	表达式|表达式	左到右	双目运算符
11	&&	逻辑与	表达式&&表达式	左到右	双目运算符
12	||	逻辑或	表达式||表达式	左到右	双目运算符
13	?:	条件运算符	表达式1?表达式2:表达式3	右到左	三目运算符

续表

优先级	运算符	名称或含义	使用形式	结合方向	说明
14	=	赋值运算符	变量=表达式	右到左	赋值运算符
	/=	除后赋值	变量/=表达式		
	*=	乘后赋值	变量*=表达式		
	%=	取模后赋值	变量%=表达式		
	+=	加后赋值	变量+=表达式		
	-=	减后赋值	变量-=表达式		
	<<=	左移后赋值	变量<<=表达式		
	>>=	右移后赋值	变量>>=表达式		
	&=	按位与后赋值	变量&=表达式		
	^=	按位异或后赋值	变量^=表达式		
	|=	按位或后赋值	变量|=表达式		
15	,	逗号运算符	表达式,表达式,…	左到右	

以上表格就是 C 语言运算符优先级表，其详尽地列出了所有的 C 语言运算符优先级和结合性级别，并附有简要说明。此表非常重要，在实际的编程工作中可能要经常查阅，建议读者对其内容应有一定的熟练度。

5.1.2 左结合和右结合

优先级表描述了 C 语言运算符的优先级等级，还有很多的 C 语言运算符的优先级是相同的，如果它们都出现在同一表达式中，则究竟哪个运算应先被执行呢？为解决此类问题，便引申出了运算符结合性的概念。

有以下示例，代码如下：

```
int a = 0, b = 1, c = 2;
a = b = c;
```

这里"="运算符的优先级相同，究竟是先计算哪一个等式呢？是先 a＝b，还是先 b＝c？如果是前者，则 a 的值为 1，如果是后者，则 a 和 b 的值都为 2。

稍微有点编程经验就很容易看出，a、b、c 的值最后都是 2。这是因为"="运算符的右结合性，最右边的值会向左边传递，最后让 a、b、c 都为 2。具体是 b＝c 先被执行，然后 a＝b 再被执行。

这种从右向左开始计算的运算符，其结合性称为右结合，反之就是左结合。

C 语言中具有右结合性的运算符包括所有单目运算符（～取反、! 取非、－负号、＋正号、＋＋自增、－－自减）、赋值运算符和三目条件运算符(?:)，其他的运算符都是左结合性质。

注意：C 语言中唯一的三目运算符是"?:"，用法为 A? B: C，其逻辑为如果 A 的逻辑值为真，就执行 B，否则就执行 C 并返回所执行表达式的结果。其实用 if-else 结构也可以实现此类逻辑，但由于此运算符很简洁，并且类似的逻辑在代码中很常见，所以 C 语言给出了专用运算符。

5.1.3 表达式的值

综合以上内容，确定一个 C 语言表达式的运算顺序，其步骤如下。
(1) 先根据运算符的优先级，确定哪些运算先被执行。
(2) 在优先级相同的情况下，再根据结合性确定哪些运算先被执行。
有以下表达式示例，代码如下：

```
a = b = !c * f + a - b/(d - g);
```

在上式中，因为"()"的优先级最高，所以先计算(d-g)，然后因为"!"的优先级别比算术运算符的优先级高，所以再计算!c，最后因为乘除的优先级比较高，所以计算!c*f 和 b/(d-g)，最后计算!c*f 加 a 的值，再减去 b/(d-g)的值。至此"="表达式右边已经计算完成(算术运算符的优先级大于赋值运算符)，这个值先传给 b("="运算符右结合)，再传给 a。

以上表达式的运算步骤如下：
(1) 计算(d-g)的值，因为括号运算符的优先级最高。
(2) 计算!c 的值，因为逻辑非运算符的优先级次高。
(3) 分别计算!c*f 和 b/(d-g)的值，先进行乘除运算。
(4) 计算!c*f+a- b/(d-g)的值，后进行加减运算。
(5) 赋值 a=b=!c*f+a-b/(d-g)，运算完成。

在上述分析中，每个阶段的计算完后都已经有了计算结果，这个中间结果在程序中没有体现，是 C 语言编译器自动处理的，本书将其称为"临时变量"，类似小学时学四则运算，运算时要把中间结果记录下来，以便于进行下一步运算。临时变量的长度往往会影响运算结果，但是 C 语言编译器隐藏了这些细节，临时变量详见 12.4 节。如果对这些细节不明白，则编写的 C 程序的计算结果会出错。

把上式代入：c=1,f=10,a=3.14,b=7.9,d=5,g=1.414，使用计算器手工计算的结果如图 5-1 所示。

图 5-1 计算器的计算结果

用程序进行计算，查看计算结果和手工计算是否一致，代码如下：

```
//2.2.1/test_3.0.c
#include <stdio.h>
```

```c
int main(void)
{
    double c = 1,f = 10,a = 3.14,b = 7.9,d = 5,g = 1.414;    //为什么使用 double
    a = b = !c * f + a - b/(d - g);

    printf("a = %0.15f, b = %0.15f,\n", a, b);
    return 0;
}
```

命令如下：

```
root@Ubuntu:~/C_prog_lessons/lesson_2.2.1#./test_3.0
a = 0.936988287785834, b = 0.936988287785834,
```

和使用计算器的计算结果是完全一样的。读者可以把 double 换成 float，查看结果有什么不同。

5.2 表达式中的隐式规则

如何写出一个能按照编程者意图输出的表达式，不仅要深刻理解 C 语言运算符优先级和结合性的概念，以及由此推导出的表达式运算逻辑，也必须明白 C 语言表达式中的一些隐晦的类型转换规则。

5.2.1 整型提升

C 语言的整型算术运算总是默认以整型类型的精度来进行计算的。为了获得这个精度，表达式中的字符(char)和短整型(short)操作数在使用之前要被转换为普通整型，这种转换被称为"整型提升"。

整型提升的意义：表达式的整型运算要在 ALU 中执行，ALU 操作数的字节长度一般默认为 int 类型长度，它往往也是 CPU 通用寄存器的长度。

因此，即使是两个 char 类型的数据相加，在 CPU 中执行时也要先转换为 ALU 默认的整型长度，这也导致通用 CPU 难以实现两个 8 位数的直接相加运算(虽然机器指令中可能有这种字节相加指令)，所以表达式中各种长度小于 int 长度的整型值都必须先转换为 int 或者 unsigned int 类型，然后才能送入 CPU 中执行运算，而这种转换是由编译器自动完成的。

新建示例，代码如下：

```c
//2.2.2/test_1.0.c
#include <stdio.h>

int main(void)
{
```

```
            char a = 1;
            printf("a length is % ld \n", sizeof(a));              //输出 a 的长度
            printf("temp length is % ld \n", sizeof(a * 3));       //输出 a * 3 的长度
            return 0;
}
```

查看运行结果,命令如下:

```
root@Ubuntu:~/C_prog_lessons/lesson_2.2.2#./test_1.0
a length is 1
temp length is 4
```

由运行结果可以得知,a 的长度是 1 字节,但是 a×3 的运算结果的长度却成了 4 字节。由程序的运行结果得出,a×3 运算的(中间)数据和 int 类型长度一致,这就是隐式整型提升。

5.2.2 隐式转换

C 语言编译器在以下 4 种情况会自动进行隐式转换:

(1) 在算术运算中,低长度类型会被转换为高长度类型。

(2) 在赋值表达式中,右边表达式结果值的数据类型会被自动隐式地转换为左边变量的类型,并赋值给它。

(3) 当函数参数传递时会隐式地将实参类型转换为形参的类型,再赋给形参。

(4) 当函数有返回值时会隐式地将返回表达式结果值的数据类型转换为返回值类型。

在算术运算中,有以下类型转换规则:

(1) 字符必须被转换为整数(字符型和整型数据可通用,char 和 int 可直接运算)。

(2) short 型转换为 int 型(同属于整型)。

(3) float 型数据在运算时一律转换为双精度(double)类型,以提高运算精度(同属于实型)。

其次,当不同类型的数据进行运算时,应先将其转换为相同的数据类型再进行操作,转换规则同样是由低长度向高长度转换。

第 6 章 数组和字符串

6.1 数据类型和长度

C 语言是强调类型的语言,数据类型是否匹配往往会关系到程序能否正常运行,而不同的数据类型占有的长度(字节数)是有区别的,以下对此进行详细解释。

6.1.1 数据类型

C 语言支持的数据类型有以下几种,见表 6-1。

表 6-1 C 语言数据类型

说明	字符型	短整型	整型	长整型	超长型	单精度浮点型	双精度浮点型	无类型
数据类型	char	short	int	long	long long	float	double	void

在 C 语言中不同的数据类型使用对应的关键字来定义。

6.1.2 不同平台的类型长度

在 8 位、32 位、64 位环境中,不同数据类型的长度(16 位环境较少使用)见表 6-2。

表 6-2 C 语言数据类型在不同平台的长度

平台/位	char/字节	short/字节	int/字节	long/字节	float/字节	double/字节	long long/字节	指针/字节
8	1	2	2	4	4	4	不支持	1~3
32	1	2	4	4	4	8	8	4
64	1	2	4	8	4	8	8	8

可以看出,char、shot、float 这些类型的长度都是固定的,而其他的类型长度在不同位数的平台编译环境下有区别,其中 32 位、64 位环境的规律可以总结如下:

(1) long long 类型的长度是最长的,等于系统字长。

(2) 在 32 位、64 位系统中,double 和 long long 类型长度相同,都是 8 字节。

(3) 32 位及以下的系统,long 类型长度是 4 字节,而在 64 位系统中,long 类型长度等于系统字长。

(4) 32 位及以上的系统,int 类型都是 4 字节。

(5) char、short 和 float 类型长度不受系统位数影响,分别为 1、2、4 字节。

注意:大部分指针类型的长度等于系统字长,但在 Keil C51 8 位单片机环境下,指针长度为 1~3 字节。因为 C51 单片机具有 xdata 程序存储器,可寻址的容量可增加至超过系统字长,这是哈佛架构才可能有的特征。

6.2 一维数组

C 语言中的数组分为一维数组和多维数组,先介绍一维数组。

6.2.1 初识数组

独立的变量在定义和初始化后,它们在内存中的地址是由编译器自动分配的,往往不是连续的,这对要求连续存储的数据来讲有一些不便,数组的引入解决了此问题。

1. 数组的意义

数组可理解为相同类型且在内存中连续分布的变量集合,多用于存储性质相近的数据,有时可以把较复杂的数学运算(例如三角函数)化为查表,用以提高程序的运行效率。

数组主要具有以下特点:

(1) 数组和离散的变量不同,数组内的元素存储的值可能各不相同,但是共享一个数组名。

(2) 数组可以通过下标来访问,数组内元素的意义往往也和此有关。

2. 数组的定义和初始化

定义一个 int 类型的(一维)数组,长度为 10,代码如下:

```
int array[10];                              //数组名为 array,有 10 个元素,定义时不初始化
int array1[10] = {0,1,2,3,4,5,6,7,8,9};     //可以在定义时进行完全初始化
int array2[10] = {2,3,4};                   //也可以只初始化前几个元素(部分初始化)
```

如果数组在定义后未初始化,则其中的元素的默认值一般为 0,也可能未定,建议在使用数组之前先初始化。

6.2.2 数组的定义和使用

因为数组可以理解为一段在内存中地址连续的变量,并且共用一个数组名,因此 C 语言规定可以使用数组下标的方式来访问数组中的元素。

1. 数组的下标访问

新建示例,代码如下:

```
//2.3.2/test_2.1.c
#include <stdio.h>
                        //定义长度为16的char类型数组
char data[16] = {0, 1, 2, 3, 4, 5, 6, 7, 8, 9, 0xA, 0xB, 0xC, 0xD, 0xE, 0xF};
int main(void)
{                       //这里使用了for循环打印了16次(for的详细用法见8.3.2节)
    for(char i = 0; i < 16; i++)
        printf("data[ % d] = % # x \n", i, data[i]);

    return 0;
}
```

查看运行结果,命令如下:

```
root@Ubuntu:~/C_prog_lessons/lesson_2.3.2#./test_2.1
data[0] = 0
data[1] = 0x1
data[2] = 0x2
data[3] = 0x3
data[4] = 0x4
data[5] = 0x5
data[6] = 0x6
data[7] = 0x7
data[8] = 0x8
data[9] = 0x9
data[10] = 0xa
data[11] = 0xb
data[12] = 0xc
data[13] = 0xd
data[14] = 0xe
data[15] = 0xf
```

数组下标是从0开始而不是从1开始的,定义数组时的[16]表示的是数组的长度,其下标范围为0～15,这个在编写查询处理时要特别注意。

2. 数组越界访问

数组越界访问和13.2节"指针越界访问"类似,因为数组和指针是C语言中相关性较强的知识点,但限于目前只是简单使用,读者暂不必深究它们之间的联系(指针的基础知识详见第13章)。

之前示例中打印的下标的最大值是15,这个已经是数组的边界了,若超出了此边界,便是对数组进行越界访问,得到的值是未确定的。因为这部分内存的意义未知,很可能造成运行错误。

修改test_2.1.c示例中的for循环片段,代码如下:

```
//2.3.2/test_2.1.c
...
{                       //尝试一下将for循环的次数更改为大于16(例如20)
    for(char i = 0; i < 20; i++)
```

```
            printf("data[%d] = %#x\n", i, data[i]);
...
```

查看运行结果,命令如下:

```
...
data[14] = 0xe
data[15] = 0xf
data[16] = 0
data[17] = 0
data[18] = 0
data[19] = 0
```

在循环次数大于 16 之后,for 循环中对数组的访问就越界了。在 C 语言中对这样的错误是不进行检查的,同样会编译通过,并且读取到的一般是不确定的值(本次打印出 0)。在 Linux 应用开发环境(本书默认环境)中,未定义内存的默认值都是 0,但在其他环境中则未必如此。以上示例仅执行读取操作,一旦进行写入操作,可能造成未知的程序运行错误。

数组越界访问是要避免的,除非编程者有能力保证越界内存段的安全。

6.3 多维数组

之前所使用的数组只有一个下标,类似于直线上的点,称为"一维数组"。如果要存储类似于平面的二维坐标,或者空间的三维坐标,一个下标不能满足需求,这里就引出了多维数组的概念。

6.3.1 一维数组作为数组元素

一维数组中的元素类型可以是任意的(但必须是同一类型)。这里尝试把一个一维数组作为单个的数组元素,重新定义一个数组。

新建示例,代码如下:

```
//2.3.3/test_1.0.c
#include <stdio.h>
                                //定义 int 类型二维数组 2*16
int data16_2[2][16] = {{0, 1, 2, 3, 4, 5, 6, 7, 8, 9, 0xA, 0xB, 0xC, 0xD, 0xE, 0xF}, {0xF, 0xE, 0xD, 0xC, 0xB, 0xA, 9, 8, 7, 6, 5, 4, 3, 2, 1, 0}};
int main(void)
{
    for(char i = 0; i < 2; i++)        //这个双重 for 循环可以读取数组元素并打印
        for(char j = 0; j < 16; j++)
            printf("data16_2[%d][%d] = %#x\n", i, j, data16_2[i][j]);
    return 0;
}
```

这个 int 类型数组有两个下标,表示它是一个二维数组,它的第 1 个下标[2],表示它有两个数组元素,第 2 个下标[16],表示这两个数组元素都是元素个数为 16 的一维数组。

上面的例子在定义的同时进行了初始化,一维数组常见这类用法。二维数组一般通过双重 for 循环来对二维数组进行赋值和读取,在 8.4 节中有对双重循环的详细解释,读者若对此理解有困难,则可以先行前往了解这部分知识。在此重点描述二维数组的数据排布和初始化的方法,可以和一维数组的概念互相参考以加深理解。

查看运行结果,代码如下:

```
root@Ubuntu:~/C_prog_lessons/lesson_2.3.3#./test_1.0
data16_2[0][0] = 0
data16_2[0][1] = 0x1
data16_2[0][2] = 0x2
data16_2[0][3] = 0x3
data16_2[0][4] = 0x4
…
data16_2[1][11] = 0x4
data16_2[1][12] = 0x3
data16_2[1][13] = 0x2
data16_2[1][14] = 0x1
data16_2[1][15] = 0
```

因为打印数据过长,以上信息笔者有所省略。以上二维数组内部的两个一维数组,其初始化数值是对称的,所以打印结果也是对称的,读者可自行编译运行,查看完整的结果。

6.3.2　多维数组

如果需要定义一个三维数组,则代码如下:

```
int data[5][6][7]
```

这个数组的意义是,数组中有[5]个元素,其每个元素又包含[6]个元素,而其下级的元素个数是[7]个,这样一层层嵌套出具有多层级(维度)特征的数组,这就是多维数组。以上示例为三维数组,因为其有 3 个下标。

以上数组中元素的个数是 5×6×7=210 个,多维数组中元素的个数是其定义时下标的乘积,编程时可以用 3 重 for 循环对其进行循环遍历。在 3 重 for 循环中可以把每级的循环变量从高到低作为数组不同维度的下标,并把循环变量从高维度到低维度,分别乘以 100、10 和 1(1 可省略)以生成 3 位十进制数字,赋给当前数组元素并打印出来。以上程序可以方便地观察三维数组下标和 3 重 for 循环中的循环变量是否为一一对应的关系。

新建示例,代码如下:

```
//2.3.3/test_2.0.c
#include<stdio.h>

int data[5][6][7];                    //定义三维数组
int main(void)
{
```

```c
            int cnt = 0;

        for(char i = 0; i < 5; i++)              //这里注意 i、j、k 的作用域都是 for 循环内
            for(char j = 0; j < 6; j++)
                for(char k = 0; k < 7; k++)
                    data[i][j][k] = i * 100 + j * 10 + k;


        for(char i = 0; i < 5; i++)              //离开作用域后,i、j、k 可以重复使用
            for(char j = 0; j < 6; j++)
                for(char k = 0; k < 7; k++)
                    printf("data[ %d ][ %d ][ %d ] = %d cnt = %d \n",i,j,k, data[i][j][k], cnt++);
        return 0;
}
```

编译运行,查看运行结果,命令如下:

```
root@Ubuntu:~/C_prog_lessons/lesson_2.3.3#./test_2.0
data[0][0][0] = 0 cnt = 0
data[0][0][1] = 1 cnt = 1
…
data[4][5][5] = 455 cnt = 208
data[4][5][6] = 456 cnt = 209
```

元素个数是 210 个(0~209),三维数组下标的最大值分别为 4、5、6,为定义数组时三维下标 5、6、7 分别减 1 后的值。运行结果中的数组元素的下标值,从高到低依次组合为三位十进制数后,分别对应于每个数组元素的值。这说明三重 for 循环的循环变量按照从高到低的层次,和三维数组维度下标从高到低的排列是一一对应的关系。

6.4 字符串

在 C 语言中没有专用的字符串类型,而在面向对象语言中往往具有专用的 string 类型。在 C 语言看来,字符串和数组是没有区别的,是 char 类型的数组而已,可以把它当作数组处理,但字符串作为数组,也有一些操作上的特殊性。

6.4.1 定义一个字符串

新建示例,代码如下:

```c
//2.3.4/test_1.0.c
#include <stdio.h>

char string[] = "hello Embedded technology !";
int main(void)
{
```

```
        printf("%s \n", string);            //传入数组名,使用%s进行解析
        return 0;
}
```

以上代码定义了一个字符串,其中 string[ ] 表示这是一个数组,但是大小不指定,编译器会自动分配。可以使用 printf 打印这个字符串,查看程序的运行结果,命令如下:

```
root@Ubuntu:~/C_prog_lessons/lesson_2.3.4# ./test_1.0
hello Embedded technology!
```

可见打印字符串这样的数组,并不需要数组下标进行遍历。

6.4.2 把字符串当成数组

在 C 语言中,字符串可看作元素为字符的数组,也称为"字符串数组"。字符串数组和普通数组并无区别,可使用下标访问其元素,但字符串数组中的元素往往具有一些特殊意义,以下是对此的详细介绍。

1. 字符串数组

可以使用下标访问字符串数组,在此先演示 sizeof() 运算符的用法,代码如下:

```
//2.3.4/test_2.1.c
#include <stdio.h>

char string[ ] = "hello Embedded technology!";
int main(void)
{                                                  //sizeof 可以获取数组长度
        for(char i = 0; i < sizeof(string); i++)   //这里遍历数组,直到最大长度
                printf("string[%d] = %c \n", i, string[i]);
                                                   //按照 ASCII 字符格式打印
                                                   //使用%d 打印出十进制数值
        printf("string[26] = %d \n", string[26]);  //获取 26、28 下标 ASCII 码值
        printf("string[28] = %d \n", string[28]);

        return 0;
}
```

查看运行结果,命令如下:

```
root@Ubuntu:~/C_prog_lessons/lesson_2.3.4# ./test_2.1
string[0] = h
…
string[25] = y
string[26] =
string[27] = !
string[28] =
string[26] = 32
string[28] = 0
```

注意在"!"之后继续输出了一个空字符,看上去是普通空格,记下它的下标是28,同时还有下标26,这是一个初始化中的普通空格。在程序的最后使用%d十进制方式输出了下标26、28这两个元素的值,分别为32和0。读者可以查看ASCII码表寻找对应的码值,ASCII码表比较庞大,限于篇幅仅截取示例中的内容,如图6-1所示。

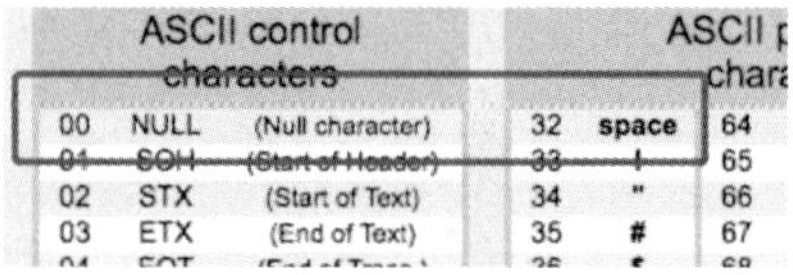

图6-1 ASCII码表(部分)

查到32是空格,0是NULL字符。在以上示例中下标为28的元素处于字符串数组中所有可见字符之后,这就是字符串数组的关键,它是以ASCII值为0的空字符(NULL)作为结尾的。两者虽然显示的都是空格,但是码值完全不同,这是要注意的地方。

2. 转义字符

在ASCII码表中所有的字符(有些是不能显示的,例如回车)都对应一个数值,因为字符和数值一一对应,所以可以使用'\xxx'这样的语句来输出ASCII符号,其中xxx就是ASCII码值。

例如符号"2"对应的ASCII码值为0x32,可以这样让它输出字符2,代码如下:

```
printf(" ascii = %c \n", '\0x32');
```

初学者很容易混淆ASCII字符和ASCII码值的区别。计算机只能处理数字,字符也会被当成数字处理,ASCII码表就是这种对应关系的体现。举例而言,字符"2"是一个给人看的概念,其在计算机中是0x32这个具体的数字,字符是人的书写概念,是显示概念,转换成ASCII码值之后才是计算机能处理的数据。

ASCII码表中的字符都可以用"\"加数字(一般是八进制数字,上面例子使用十六进制)来表示,而C语言中定义了一些字母前加"\"来表示那些不能显示的ASCII字符,如\0、\t、\n等,称为转义字符。转义字符所表示的符号都不是转义之前的符号意义了,在ASCII码表中常用的转义字符见表6-3。

表6-3 ASCII转义字符表

转义字符	意 义	ASCII码值(十进制)
\a	响铃(BEL)	007
\b	退格(BS),将当前位置移到前一列	008
\f	换页(FF),将当前位置移到下页开头	012
\n	换行(LF),将当前位置移到下一行开头	010
\r	回车(CR),将当前位置移到本行开头	013
\t	水平制表(HT)(跳到下一个制表符位置)	009
\v	垂直制表(VT)	011

续表

转义字符	意义	ASCII 码值(十进制)
\\	代表一个反斜线字符"\"	092
\'	代表一个单引号(撇号)字符	039
\"	代表一个双引号字符	034
\0	空字符(NULL)	000
\ddd	1 到 3 位八进制数所代表的任意字符	三位八进制
\xhh	1 到 2 位十六进制所代表的任意字符	二位十六进制

在编程中经常用到\r、\n、\0 等,分别表示回车、换行和 NULL 字符(结束符)。

6.5　strlen、strcmp 和 strcpy 函数

strlen、strcmp、strcpy 函数都是 string.h 头文件中声明的库函数,这 3 个函数专用于操作字符串。类似于常用的 printf 函数,它们都是 C 语言标准库函数。

在使用这几个函数之前,注意到它们的形参都有"*"这样的指针符号。因为暂时没有讲到指针类型,所以读者可暂时认为在 C 语言中数组名指代一个指针类型数据,表示数组首地址(指针类型详见 11.3 节)。

6.5.1　strlen 函数

strlen 函数的完整声明为 unsigned int strlen(char * s),此函数的作用是获取字符串的长度,其接收一个字符数组名(指针类型数据),返回字符串(字符串和字符数组同义)长度。因为字符串也是一个数组,其结尾为 NULL,所以这个长度究竟是包含了 NULL 结束符,还是仅包含有效字符的长度?

新建示例,代码如下:

```c
//2.3.5/test_1.0.c
#include <stdio.h>
#include <string.h>                    //这里要包含 string.h 头文件

char string[] = "hello Embedded technology !";

int main(void)
{
    int len;
    len = strlen(string);              //strlen 会返回长度,只需传入字符数组名
    printf("string length is %d \n", len);
    return 0;
}
```

查看运行结果,命令如下:

```
root@Ubuntu:~/C_prog_lessons/lesson_2.3.5#./test_1.0
string length is 28
```

字符串的长度是 28,很明显不包含结束符。

形如"xxx"的字符串在 C 语言中,指代的是其字符串的首地址,而地址数据可以被指针变量所使用,所以在定义字符串时,也可以写成如下形式:

```
char * string = "hello Embedded technology!";        //用指针变量获取字符串地址
```

在传入 strlen 时,直接传入指针变量 string 就可以了。也就是 main 函数内部不需修改,和以上程序的运行结果是一致的。

6.5.2 strcmp 函数

strcmp 函数的完整声明为 int strcmp(const char * s1,const char * s2),这个函数的作用是比较两个字符串是否相同,如果相同,则返回 0,如果 s1>s2,则返回正数,否则返回负数。字符串大小的比较,是从左到右逐个对 ASCII 码值进行比较,直到出现不同字符或者遇到 NULL 为止。

至于返回的正负数的确切含义,部分 C 环境返回的是 ASCII 码的差值,但不能以此作为依据,C 语言标准只规定了返回值的正负。

新建示例,代码如下:

```
//2.3.5/test_2.0.c
#include <stdio.h>
#include <string.h>

char str1[] = "computer";
char str2[] = "compare";

int main(void)
{
    int cmp;
    cmp = strcmp(str1, str2);              //分别传入两个字符数组(名)
    printf("strcmp is %d \n", cmp);
    return 0;
}
```

编译后查看运行结果,命令如下:

```
root@Ubuntu:~/C_prog_lessons/lesson_2.3.5#./test_2.0
strcmp is 20
```

将 str1 和 str2 对调,查看运行结果,命令如下:

```
root@Ubuntu:~/C_prog_lessons/lesson_2.3.5#./test_2.0
strcmp is -20
```

将两个参数都填上 str1,再次运行,命令如下:

```
root@Ubuntu:~/C_prog_lessons/lesson_2.3.5#./test_2.0
strcmp is 0
```

运行结果和函数的逻辑是一致的。查询 ASCII 码表，u 的码值是 117，a 的码值是 97，其差值为 20。说明 GCC 环境下的 strcmp 函数，返回的是 ASCII 码的差值。

6.5.3 strcpy 函数

strcpy 函数的完整声明为 char * strcpy(char * dest, const char * src)，它用于复制字符串。第 1 个参数 dest 是要复制的目标字符数组（名），第 2 个参数 src 是要复制的源字符数组（名），最后返回的是复制好的目标字符数组（首地址）。

使用这个函数有两个条件，也就是目标字符数组和源字符数组不能有重叠（可以理解为不是同一个数组），而且目标字符数组的长度必须大于或等于源字符数组。

新建示例，代码如下：

```c
//2.3.5/test_3.0.c
#include <stdio.h>
#include <string.h>

char str1[] = "computer";                //源字符数组
char dest[25];                           //目标字符数组
int main(void)
{
    char * pdest;                        //定义指针变量 pdest
    pdest = strcpy(dest, str1);          //把 str1 复制到 dest 数组，并返回 pdest 指针

    printf("dest string is %s \n", dest);
    printf("pdest string is %s \n", pdest);
                                         //其实 pdest 和 dest 是一样的
    return 0;
}
```

查看运行结果，命令如下：

```
root@Ubuntu:~/C_prog_lessons/lesson_2.3.5#./test_3.0
dest string is computer
pdest string is computer
```

dest 字符数组复制了 str1 字符数组的内容，返回的指针变量 pdest 也能打印出同样的内容，因为返回值为复制好的目标数组首地址，所以 pdest 的值和 dest 被编译器解析后的值是相等的。

注意：指针是一种数据类型，表示数据为内存地址。数组名在编译器解析后是一个指针类型数据，值为数组首（第 1 个元素）地址，是一个常量。数组名可以被赋值给指针变量，但指针变量并不能替代数组名，因此它会丢失一些编译信息，称为"数组名退化"。

6.6 sizeof、memset 和 memcpy 函数

C语言库函数中有两个操作数组的函数：memset 和 memcpy，前者常用于整体初始化数组(内存)，后者用于数组(内存)的复制。此外 C 语言还提供了 sizeof()，即求长度运算符，此运算符常和以上两者配合使用。

6.6.1 取长度运算符 sizeof()

sizeof()是一个运算符而不是函数，此运算符在 C 语言优先级列表中的优先级为 2，常被用来输出类型或数据的长度。

新建示例，代码如下：

```
//2.3.6/test_1.0.c
#include <stdio.h>
#include <string.h>

char str[] = "abcdefg";
int data[8];
int main(void)
{
    printf("sizeof(str) is %ld \n", sizeof(str));
                            //使用 sizeof 传递的字符串长度
    printf("strlen(str) is %ld \n", strlen(str));
                            //使用 strlen 获得的值比上面获得的值小 1
    printf("sizeof(char) is %ld \n", sizeof(char));
    printf("sizeof(int) is %ld \n", sizeof(int));
                            //这个传递的是类型名称
    printf("sizeof(data) is %ld \n", sizeof(data));
                            //这个传递的是实体数组名
    printf("sizeof(123) is %ld \n", sizeof(123));
                            //这个传递的是常量

    return 0;
}
```

查看运行结果，命令如下：

```
root@Ubuntu:~/C_prog_lessons/lesson_2.3.6#./test_1.0
sizeof(str) is 8
strlen(str) is 7
sizeof(char) is 1
sizeof(int) is 4
sizeof(data) is 32
sizeof(123) is 4
```

data[]数组的长度是 4×8 字节，可见 sizeof 返回的是数组长度的字节数；sizeof(123)得出

的长度是 4,可见编译器是把整型常量作为 int 类型处理的;sizeof(str)比 strlen(str)多一字节,是因为前者把 str 字符数组的所有元素的个数包含在内,而后者不包含 NULL 结束符。

注意:sizeof 运算符确定数据的长度是在编译阶段(编译部分知识详见第 16 章)而不是在程序运行阶段。sizeof 运算符对数组长度的确定要求必须传入数组名,在 C 代码中数组名不仅具有数组首地址的数据意义,在编译器看来还具有作为数组的特殊属性,sizeof 正是通过其作为数组的特殊属性来判断出其是一个数组,并返回数组长度。一旦数组名被作为数据使用,例如作为参数传递给函数(或者作为右值传给指针变量),其"特殊属性"就会被丢弃,俗称"退化",sizeof 对此类参数是不能求出其作为首地址的数组长度的。编程实例详见 10.1 节(冒泡函数)。

6.6.2 memset 函数

memset 函数的完整声明为 void * memset(void * s, int ch, size_t n),参数 * s 表示目标(内存地址)数组名,ch 表示要填充的数值,n 表示要填充的长度(单位字节),它是一个对(内存)数组进行快速填充的函数。在 6.2 和 6.3 节使用了 for 循环甚至多重 for 循环对数组进行填充,效率较低,在实际编程中用单一值进行快速填充的操作很常见,此时就适合使用 memset 函数对数组进行填充。

新建测试示例,代码如下:

```c
//2.3.6/test_2.0.c
#include <stdio.h>
#include <string.h>

char data1_16[16] = {1};                        //这里定义了 char 类型数组
char data2_16[2][16] = {0XF};
int main(void)
{
    memset(data1_16, 5, sizeof(data1_16));      //一维数组快速填充为 5
    for(int i = 0; i < 16; i++)
        printf("data1_16[ %d] = %d ", i, data1_16[i]);

    printf("\n");
    printf("\n");
    printf("\n");
    printf("\n");

    memset(data2_16, 8, sizeof(data2_16));      //二维数组快速填充为 8
    for(int i = 0; i < 2; i++)
        for(int j = 0; j < 16; j++)
            printf("data2_16[ %d][ %d] = %d ", i, j, data2_16[i][j]);

    printf("\n");
```

```
        return 0;
}
```

查看运行结果,命令如下:

```
root@Ubuntu:~/C_prog_lessons/lesson_2.3.6#./test_2.0
data1_16[0] = 5 data1_16[1] = 5 data1_16[2] = 5 data1_16[3] = 5 data1_16[4] = 5 data1_16
[5] = 5 data1_16[6] = 5 data1_16[7] = 5 data1_16[8] = 5
…
data2_16[1][12] = 8 data2_16[1][13] = 8 data2_16[1][14] = 8 data2_16[1][15] = 8
```

笔者定义的是 char 类型数组,因为 memset 在填充时,是以字节为单位进行填充的,这样每个填充单位刚好对应数组里面的一个元素,输出值就和填充值是一样的。

读者可以试一下将数组类型更改为 int 类型,更改后会发现填充值不再是 memset 传入的参数。这是因为 int 类型占用 4 字节,而 memset 按字节填充时,一个 int 数组元素会被填充 4 次,这样其值就不再是传参的值了。在 7.3 节会讨论计算机中整数表示规则,之后就能知道被分段填充后,它的值是如何确定的。

memset 填充时按照字节填充,而非按照数组元素填充,常用来对连续内存清零。

6.6.3 memcpy 函数

memcpy 函数的完整声明为 void * memcpy(void * destin, void * source, unsigned n),它是复制内存(数组)函数,其形参 destin 表示目标地址,source 表示源地址,n 表示要复制的字节数。

新建测试示例,代码如下:

```c
//2.3.6/test_3.0.c
#include <stdio.h>
#include <string.h>

char string[] = "good day!";              //定义字符串
char data1_16[16];                        //定义一维数组

int main(void)
{
    for(int i = 0; i < 16; i++)           //打印数组内容,十进制方式
        printf("data1_16[ %d ] =  %d ", i, data1_16[i]);

    printf("\n");
    printf("\n");
    printf("\n");                         //将 string 的内容复制到 data1_16
    memcpy(data1_16, string, sizeof(string));

    for(int i = 0; i < 16; i++)           //打印数组内容,十进制方式
        printf("data1_16[ %d ] =  %d ", i, data1_16[i]);
```

```
        printf("\n");
        printf("\n");
        printf("\n");

        for(int i = 0; i < 16; i++)                //打印数组内容,单个字符方式
            printf("data1_16[ %d ] =  %c ", i, data1_16[i]);

        printf("\n");
        printf("\n");
        printf("\n");

        printf(" %s \n", data1_16);                //打印数组内容,字符串方式
        return 0;
}
```

输出内容较多,省略运行过程,读者可自行尝试。

此代码先逐个输出了被清零的数组元素,再逐个输出复制字符串后的数组元素 ASCII 码值,随后把元素作为单个字符输出,最后转换为字符串输出,展示了数组被复制到另一数组的效果。

第 7 章 数制转换和位操作

CHAPTER 7

在计算机中常用的进制为二进制、十进制和十六进制,还有不太常用的八进制。因为数据在不同进制下表示方法不同,所以存在进制转换的问题,此外,对数据的位操作也是嵌入式软件开发中常见的运算,应熟练掌握。在本章的最后,对计算机中整数的表示原理进行了较深入的探讨,其中牵涉的一些设计思想,希望能对读者有所启迪。

7.1 二进制、十进制和十六进制之间的转换

计算机中数据的表示有一定格式,常用的是二进制、十进制和十六进制,还有不太常用的八进制。

7.1.1 二进制和十六进制

十进制和十六进制的对照见表 7-1。

表 7-1 十进制和十六进制的对照

十进制	0	1	2	3	4	5	6	7	8	9	10	11	12	13	14	15
十六进制	0	1	2	3	4	5	6	7	8	9	A	B	C	D	E	F

十进制和二进制的对照见表 7-2。

表 7-2 十进制和二进制的对照

十进制	0	1	2	3	4	5	6	7
二进制	0000	0001	0010	0011	0100	0101	0110	0111
十进制	8	9	10	11	12	13	14	15
二进制	1000	1001	1010	1011	1100	1101	1110	1111

二进制转换为十六进制的方法是,取 4 合一法,每 4 位二进制合成一位十六进制。十六进制和二进制的对照见表 7-3。

表 7-3 十六进制和二进制的对照

十六进制	0	1	2	3	4	5	6	7
二进制	0000	0001	0010	0011	0100	0101	0110	0111
十六进制	8	9	A	B	C	D	E	F
二进制	1000	1001	1010	1011	1100	1101	1110	1111

二进制和十六进制的转换在编程中经常遇到,务必非常熟悉。以下示例将 char 字符转换为字符串,用到了移位操作,程序稍有晦涩,读者酌情阅读,代码如下:

```c
//2.4.1/test_1.0.c
#include <stdio.h>
                                    //把一字节数据转换为二进制样式的字符串
void Byte2Bin_Str(char str[], char dat)
{
    for(char i = 0; i < 8; i++)
    {
        if(dat >> i & 1)            //注意这里的运算符优先级
            str[7 - i] = '1';       //注意字符串数组输出的 bit 高低位顺序
        else
            str[7 - i] = '0';
    }
}
int main(void)
{
    char str[] = "DEADBEEF";        //注意这里的 DEADBEEF 梗,用于填充初始化
    char dat = 0xdc;

    Byte2Bin_Str(str, dat);
    printf("data is %d, bin is %s \n", dat, str);

    return 0;
}
```

在以上代码中为了便于把二进制用字符串的形式显示出来,定义并使用了 Byte2Bin_Str 函数,此函数内部对传入的字节数据进行了位操作(详见 7.2 节),以此来决定填充字符 1 还是 0。初始化字符串数组时使用了 "DEADBEEF" 这个字符串,这是软件工程师中常用的一个梗,用来填充一些不重要的数据,在实际的工程代码中较常见。

查看运行结果,命令如下:

```
root@Ubuntu:~/C_prog_lessons/lesson_2.4.1#./test_1.0
data is -36, bin is 11011100
```

dat 赋值为 0xdc,用十进制显示出来是 -36,因为使用 %d 打印出的是有符号数,7.3 节会讨论计算机中整数的表示,在此读者暂不必深究。0xdc 对应的二进制为 0B11011100 (0B 为二进制前缀),其中高四位和低四位分别对应十六进制中的 d 和 c(十六进制不区分大

小写),与表 7-3 一致。此类转换务必多多练习并熟记于心,在之后的编程实践中会大量应用。

7.1.2 各种进制到十进制的转换

不论是哪一种进制都遵循着这个规律,也就是"逢几进位"的概念。用熟悉的十进制来举例,由于十进制就是"逢十进一",所以每个数字位的数字最大是 9,二进制数字位最大数字就是 1,八进制数字位最大数字就是 7,十六进制数字位的最大数字是 F。

可以用下列公式计算出任意进制数中,任意位转换为十进制的数值。

$$dat * base^{offset}$$

offset 表示当前位数(从零开始),base 表示进制,其中 dat 表示当前位上的数字。例如 123 中的 1 是百位,从零开始百位是第 2 位,因为是十进制,所以可以表示为 1×10^2,然后每位都可以用以上的公式表示,例如以下:

(1) 199 可以表示为 $1\times10^2+9\times10^1+9\times10^0=199$。

(2) 0x56 可以表示为 $5\times16^1+6\times16^0=86$。

(3) 1010 可以表示为 $1\times2^3+0\times2^2+1\times2^1+0\times2^0=10$。

(4) o32(o 为八进制前缀)可以表示为 $3\times8^1+2\times8^0=26$。

依照以上示例方法,不论什么进制数都可以转换为十进制数。部分 C 语言编译环境不支持二进制数字赋值(测试后 GCC 环境支持,加上前缀 0B 即可),十进制、十六进制是较常用的形式。进制转换一般由编译器自动完成,但考虑到编程实践中要求对数值大小的掌握有一定熟练度,因此对进制转换的原理有所了解也是很有必要的。

7.2 位操作

在嵌入式 C 语言编程中,特别是在对硬件的操作中,经常需要对操作数的某一位(bit)进行操作,例如在配置通用输入/输出端口(General Purpose Input/Output,GPIO)时,就需要对 GPIO_CON 寄存器和 GPIO_DAT 寄存器(此处为设备驱动器寄存器,等同内存)的某一位进行置位、置零、取反等操作。虽然在 Linux 内核中有专用的位操作方法,但是在此之前,需要学会使用运算符来达到位操作的目的。

7.2.1 左移和右移操作的意义

在 C 语言中使用的操作数多为十进制或者十六进制(二进制和八进制较少用),但在程序被编译为机器码之后,不论是常量还是变量都是用二进制表示的,因此对一个数进行移位操作之前,可以先把它转换为二进制数来理解移位操作的意义。

1. 移位运算的逻辑

例如对 0B01010110 这样的二进制数来进行移位操作,此数字十六进制为 0x56,也就是十进制的 86。0B01010110 >> 1＝0B00101011，也就是把这个二进制数向右平移 1 位，移出去的就没有了，左边补 0。同样地，0B01010110 << 1 ＝ 0B10101100，是向左平移 1 位右边补 0。

新建示例，代码如下：

```
//2.4.2/test_1.1.c
# include < stdio.h >

void Byte2Bin_Str(char str[], char dat)        //把一字节数据转换为字符串
…
int main(void)
{
    char str_bef[9], str_aft[9];
    char dat = 0x56;
    Byte2Bin_Str(str_bef, dat);                //转换为用字符串表示
    dat = dat << 1;                            //在这里执行左移操作
    Byte2Bin_Str(str_aft, dat);                //右移之后再转换一次
    printf("str_bef is %s \n", str_bef);
    printf("str_aft is %s \n", str_aft);

    return 0;
}
```

查看运行结果，命令如下：

```
root@Ubuntu:~/C_prog_lessons/lesson_2.4.2# ./test_1.1
str_bef is 01010110
str_aft is 10101100
```

很明显，左移操作就是向左平移，右边补 0，右移则与此相反，读者可以自行验证。

2. 移位运算的数学意义

以上示例中移位操作是用二进制表示的，现在用十进制的思路来研究一下移位运算的数学意义，例如 99 这个十进制数字，让它左移一下就变成了 990，同样地，右移一下变成了 9。可以得出：左移等于操作数乘以进制^移位数，右移等于操作数除以进制^移位数。至于 99/10 为何变成了 9 而不是 9.9，因为这里的"除法"是不考虑余数的，C 语言中的"/"和"%"是两种不同的运算，移位运算也是这样。

同样地，可以假设在计算机中，"<<"和">>"对应的是乘以和除以进制^移位数。在二进制中，左移 N 位等于操作数乘以 2^N，右移 N 位等于操作数除以 2^N，C 语言中的移位运算都是将其他制数值转换为二进制数值来运算的。

新建示例，代码如下：

```
//2.4.2/test_1.2.c
# include < stdio.h >
```

```
int main(void)
{
    char dat = 21;
    printf("%d >> 1 = %d \n", dat, dat >> 1);
    printf("%d << 1 = %d \n", dat, dat << 1);

    return 0;
}
```

查看运行结果，命令如下：

```
root@Ubuntu:~/C_prog_lessons/lesson_2.4.2#./test_1.2
21 >> 1 = 10
21 << 1 = 42
```

右移 1 位等于除以 2，左移 1 位等于乘以 2，并且右移的除运算是舍弃余数的。将移位位数修改为 2 并查看运行结果，命令如下：

```
root@Ubuntu:~/C_prog_lessons/lesson_2.4.2#./test_1.2
21 >> 2 = 5
21 << 2 = 84
```

右移 2 位等于除以 4，左移 2 位等于乘以 4。可见">>"和"<<"运算符在 C 语言中的运算意义，是除以或乘以 2^ 移位数，其中右移运算会舍弃余数，这是需要注意的地方。

7.2.2 给指定位送 1 或者 0

移位运算在嵌入式底层软件开发中经常用到。在驱动程序开发时常用来给（设备寄存器）指定位送 1 或者送 0，即使在裸机（无操作系统）环境下的硬件编程，也经常使用这一技巧。

1. 给指定位送 1

例如把 1 送到 bit3 的位置，其他 bit 为 0，使用"1 << 3"即可，读者可以自行验证。这里不考虑其他 bit 的情况，实际上经常需要考虑到操作数的其他 bit 不能被修改的情况，需要叠加使用按位与/或技巧，代码如下：

```
char dat = 0B10010110;          //这里使用了二进制操作数初始化
                                //注意直接使用二进制数据，不是所有 C 环境都支持
dat |= 1 << 3;                  //这里移位叠加使用了按位或，从而不影响其他 bit 数据
```

根据以上示例片段，完整代码如下：

```
//2.4.2/test_2.1.c
#include <stdio.h>

void Byte2Bin_Str(char str[], char dat)      //一字节转换为字符串来输出二进制
...
int main(void)
```

```
{
    char str_bef[9], str_aft[9];              //字符数组,(二进制)字符串的存储
    char dat = 0B10010110;                    //原始二进制数据

    Byte2Bin_Str(str_bef, dat);               //没有位操作之前的数据
    Byte2Bin_Str(str_aft, dat | = 1 << 3);    //把 1 送到 bit3,位操作语句

    printf("str_bef is %s \n", str_bef);
    printf("str_aft is %s \n", str_aft);

    return 0;
}
```

查看运行结果,命令如下:

```
root@Ubuntu:~/C_prog_lessons/lesson_2.4.2#./test_2.1
str_bef is 10010110
str_aft is 10011110
```

str_bef 是没有位操作之前的数据生成的字符串,str_aft 是位操作之后生成的字符串。结果中得知数字 1 已经被送到了 bit3(从左到右 bit7~bit0)的位置,并且没有影响其他 bit 的数据。

2. 给指定位送 0

上面给指定位送 1 的技巧,其实是借助了"|"这个按位或操作,从而达到将指定位置 1 而不影响其他 bit 数据的效果。现在需要将指定位置 0 且不能影响其他位,可以使用如下技巧,代码如下:

```
char dat = 0B10010110;          //初始化数据
dat & = ~(1 << 4);              //移位后整体按位取反,再叠加按位与
```

首先分析一下~(1<<4)表达式的运算结果:1<<4 结果是 0B00010000,按位取反结果为 0B11101111,这样就等于把 0 送到了指定 bit,而其他 bit 成了 1。这时只需把操作数和这个结果按位进行与运算,就等于把指定 bit 写 0,而其他 bit 保持不变。

对之前完整示例代码 2.4.2/test_2.1.c 文件中的位操作的语句进行修改,代码如下:

```
//2.4.2/test_2.1.c
    …
    Byte2Bin_Str(str_aft, dat & = ~(1 << 4));     //把 0 送到 bit4
    …
```

重新编译后执行,命令如下:

```
root@Ubuntu:~/C_prog_lessons/lesson_2.4.2#./test_2.1
str_bef is 10010110
str_aft is 10000110
```

运行结果中 0 被送到了 bit4,而其他 bit 保持不变。如果要一次将多个 1 或者多个 0 送

到指定 bit，则有以下的批量形式，代码如下：

```
dat |= 1<<2 | 1<<4 | 1<<5;              //bit2、bit4、bit5 置 1
dat &= ~(1<<2 | 1<<4 | 1<<5);           //bit2、bit4、bit5 置 0
```

这样就可以实现批量 bit 置 1 或者置 0 的操作。

7.2.3 指定位取反

在实际编程中，不仅需要把指定位置 1 或者置 0，而且常需要把指定位取反，这一类操作常常使用按位异或来实现。

按位异或的运算符是"^"，其运算逻辑是：如果两个按位异或的操作数的对应 bit 值相同，则按位异或后当前 bit 值为 0，否则值为 1。过程分析如下：0^0 结果是 0，0^1 结果是 1，1^1 结果也是 0，那么两个数 0B00101110 和 0B10100010 按位异或后，结果见表 7-4。

表 7-4 按位异或逻辑

bit 位数	bit7	bit6	bit5	bit4	bit3	bit2	bit1	bit0
操作数一	0	0	1	0	1	1	1	0
操作数二	1	0	1	0	0	0	1	0
按位异或结果	1(取反)	0	0(取反)	0	1	1	0(取反)	0

操作数二中凡是 bit 为 1 的 bit，操作数一对应 bit 的运算都取反，操作数二 bit 为 0 的 bit，操作数一对应 bit 运算结果无变化。操作数二就类似一面"bit 镜子"，其中 bit 为 1 的 bit 就是按位取反的关键 bit，令操作数一和运算结果对应 bit 互为镜像，这就达成了按位取反的目的。

假如现在有一个数 dat，要把它的 bit3 取反，使用以下操作即可，代码如下：

```
dat ^= 1<<3;                    //bit3 被取反，^= 表示原左值按位异或后再赋给左值
```

修改 2.4.2/test_2.1.c 文件中位操作语句，代码如下：

```
//2.4.2/test_2.1.c
    …
    Byte2Bin_Str(str_aft, dat ^= 1<<3);          //bit3 位按位异或(取反)
    …
```

编译后，查看运行结果，命令如下：

```
root@Ubuntu:~/C_prog_lessons/lesson_2.4.2#./test_2.1
str_bef is 10010110
str_aft is 10011110
```

结果可知 bit3 位被取反了，其他 bit 位未受影响。批量按位取反示例，代码如下：

```
dat ^= 1<<3 | 1<<4 | 1<<5;
```

因为按位取反是类似"镜像"一般的操作，所以对按位取反后的操作数，再同样按位取反一次可以令操作数还原，这个常用在 LED 或者蜂鸣器等的触发操作中。

新建示例，代码如下：

```c
//2.4.2/test_3.0.c
#include <stdio.h>
#include <unistd.h>                    //由于使用了 sleep 函数,所以需要包含

void Byte2Bin_Str(char str[], char dat)    //转换为字符串
…
int main(void)
{
    char str_aft[9];
    char dat = 0B10010110;
    while(1)
    {
        printf("%s\n", str_aft);
        Byte2Bin_Str(str_aft, dat ^ = 1<<3 | 1<<4 | 1<<5);
                                //批量按位取反 bit3、bit4、bit5
        sleep(1);
    }

    return 0;
}
```

查看运行结果，命令如下：

```
root@Ubuntu:~/C_prog_lessons/lesson_2.4.2#./test_3.0
10101110
10010110
10101110
10010110
…
```

运行结果中 bit3、bit4、bit5 的位置的值都是按位取反的，并且一直在重复。

7.3 计算机中整数的表示

在计算机中数字的表示是有一定的规则的，在学习 C 语言时，对这些规则进行了解也很重要。这些数学上的处理方法，部分地反映了计算机世界中存在的一些客观限制条件，以及计算机工作者为了突破这些限制所付出的努力和体现出的高超创造力。

7.3.1 负整数面临的困境

在计算机中可以用二进制表示整数，但对于实现负数和减法计算有一定的困难。首先是二进制机器码中没有正负符号的概念，还有就是减法在硬件电路中不方便实现。为了解决以上问题，发展出了一些计算机世界特有的数字概念。

1. 真值和原码

真值可理解为生活中使用的数,机器数则是真值在计算机中的表示。因为计算机只存储 0 和 1 而真值有正负,所以用原码表示的机器数,规定将真值中的正号用 0 表示,负号用 1 表示,并且符号位一般为最高位。如十进制真值+3 用 8 位二进制原码表示为 0B00000011,第 1 个 0 是符号位,其余 7 位是真值。

在编程实践中常常会发现以下问题,代码如下:

```
char dat = 181;
printf("dat is %d \n", dat);
```

以上代码的运行结果是−75(限于篇幅不进行演示)。可以修改 dat 的值,发现在没有超过 127 时,打印的数值和赋值是相同的,否则就会显示负数,这是为什么?

以上代码出现的问题就在于符号位。为理解符号位的概念,先说明原码能表示的数据范围,用一字节二进制原码举例如下:

(1) 一字节二进制原码能表示的最大的数 0B01111111,对应的十进制数是+127。

(2) 一字节二进制原码能表示的最小的数 0B11111111,对应的十进制数是−127。

原码是真值在机器中的直观表示。使用它进行减法运算时步骤复杂:两数相加如果同号,则将除符号位外的数相加;如果异号,则要进行相减。减法得到的数可能为正,也可能为负,所以先要比较其绝对值的大小,然后用大数减去小数,最后还要选择恰当的正负符号。以上步骤使用 ALU 实现会比较复杂,所以减法的实现需要另辟蹊径。

2. 反码

反码也是机器数的一种。反码规定正的真值(正数)的反码为其原码,负的真值(负数)的反码是将原码符号位之外的位取反。如+7 的反码就是 0B00000111,−7 的反码就是将符号位之外的位取反,得到 0B11111000。

反码能表示的数据范围和原码相同,而真值 0 用反码表示会有正负 0 的问题,+0 表示为 0B00000000,−0 表示为 0B11111111。

3. 补码

补码同样是机器数的一种。正数的补码等于原码,负数在其反码上加 1 就得到了补码。补码最初来源于模运算,解决了计算机计算减法的问题。

一字节补码能表示的数值范围:−128 到+127,计算机中的数字都是用补码表示的。

7.3.2 用加法表示减法

在计算机中减法运算也使用加法实现,这样就可以复用运算器中的加法电路,降低硬件复杂度,而计算机在使用加法做减法运算时使用了一些特殊技巧。

1. 拨时钟游戏

可使用经典的拨时钟游戏模拟数字的加减法。如果要将时钟从 11 点拨到 8 点,就存在两种拨法,一种是往后拨 3h,另一种是往前拨 9h。

在进位无效的情况下,可以使用前进来表示后退,这是了不起的创意。实际上在计算机中所有的减法运算都是用"前进过头"来实现的,这样计算机就可以使用加法电路实现减法,但引出了新的问题:如何在数学上实现"前进过头"?

2. 计算机中也存在进位的极限

接上面的例子,如果只能顺时针拨,则从 11 点到 8 点的拨法可表示为 $11+(12-3)=11+9=20$,但是时钟是没法表示 20 的,它在等于 12 时就已经进位了,只剩余数 8,而时钟是不保存进位的,效果就是指针停在 8 位置。

以上推导过程可用下列步骤表示:

(1) $11+(12-3)=11+9=20$。
(2) $20\%12=8$。
(3) $11-3$"等于"$11+(12-3)$。

上式(1)中"$+(12-3)$"表示可以把后退 3 演化成前进 9(12-3)。计数溢出值 12 简称"模",9 为 3 的"补数",可得出减法可化为加上它的补数。加上补数后会产生进位,进位被丢弃后剩下的余数为相对后退的部分,变相实现了减法。

注意:在以下描述中,使用"模—数据"得出的数值,称"补数"。

3. 补码和补数

重新思考二进制的进位、模和补数的概念,参考上面的时钟模型。一字节能表示的最大值是 0B11111111,即十进制 255,再加 1 会产生进位,即变成 256,它已无法用一字节表示,类似时钟无法表示 12 以上的数。时钟是从 1 开始到 12 共 12 个数,一字节是从 0 开始到 255 共 256 个数,所以时钟的模为 12,而一字节的模是 256。

可认为模是一个(整数)计数体系从最小值到最大值的数字个数。

对 0B00000001 按位取反为 0B11111110,它们的和为 0B11111111。对任何机器数按位取反和原数相加,刚好达到进位之前的最大值,再加 1 就得到模数。

即 data+data 按位取反=模-1,得出:模-data=data 按位取反+1。右边的"模-data"为 data 的补数,即 data 的补数=data 按位取反+1。

"补数"自然让人想起"补码"。"除符号位外按位取反加 1"是负数的补码求法,正数是用原码表示的。可见求负数的补码才需要"补数",正数无须求"补数"。为何不是所有数都需要求补数?又为何要限定符号位?这涉及计算机中数字的正负区域划分问题。

注意:"按位取反加 1"是求补数的快速算法,认为其是求补码的规定,是倒果为因。

7.3.3 符号位的由来

之前提出过"加上补数后会产生进位",为什么加上补数之后会产生进位?如果不产生进位,则会如何?

1. 钟表模型的缺陷

到这里已经分析明白,使用补数是为了实现"前进过头",进而通过舍弃进位实现减法。计算机这个"钟表"只能往前拨而不能往后拨,那如何用一种方法体现出"向后拨"的数学意义?

回到钟表模型,此模型中"补数=12-要后退的数值"。若补数为1,此时"要后退的数值"为11,前进1个数等于后退11个数,即-11和1是等效的。此时8-11等效为8+1,即-3和9也是等效的(12点往后拨3就是9点)。

基于以上发现,已经领悟一个负数可用一个对应的补数来模拟,但此时加上一个数的补数没有产生进位,实现的是加法。

之前的示例都是用加法实现减法,要实现减法,加法就一定要"越过"模数,重生之后才能变成减法,但是在此次讨论中,仅厘清了负数和补数的对应关系,加上补数却未产生进位。这意味着想利用补数实现"后退"效果,需要对真值进行划分。

在钟表模型中所有的数字都是正值,为给负数提供位置,做出以下修正版钟表模型。

2. 修正版钟表模型

模型中真值和其对应补数可列成表格。因为加上补数可以理解为逆时针旋转,在模型中对应负数,所以把补数和其对应的负数也列出,见表7-5。

表7-5 钟表模型中真值、真值的补数和补数对应负数的对照

真值	1	2	3	4	5	6	7	8	9	10	11	12
真值的补数	11	10	9	8	7	6	5	4	3	2	1	0
补数对应负数	-1	-2	-3	-4	-5	-6	-7	-8	-9	-10	-11	-12

表7-5中真值从1到12,对应的补数是从11到0的。假设表针加11,越过模数12实现进位之后,出现逆时针退1格的效果,即11和-1是等效的,如此类推的负值也都列出。

细心的读者肯定会发现在表格的后半部分,如补数为1负值为-11这样的对应,表示前进1格等于逆时针退11格。虽逻辑正确,但是使用补数本意是用"前进实现后退"的效果,而不是用"后退实现前进"的效果。可见真值超出一定范围,使用补数表示反倒不方便,所以计算机中规定了一个范围,在一定范围数字是补数表示法,范围之外使用真值原码即可。

这样的范围该如何划分呢?最直观的方法就是把区间一分为二,见表7-6。

表7-6 钟表模型中划分正负区间

区间	本区间认为是真值						本区间认为是补数					
钟表真值	1	2	3	4	5	6	7	8	9	10	11	12
对应数值	1	2	3	4	5	-6	-5	-4	-3	-2	-1	0

此计数系统把超过 6 的数都认为是用补数表示的，代表负数，跟"越过模数丢弃进位"实现后退效果的思路相同，越过"计数过半"标志被视为后退（负数区），而所有的负数码值都是过半的，所以加上一个负数的补码值后一定会越过正负区分界线，实现在计数区间上的后退效果，表 7-6 中除 0 外，负数数量比正数多 1（不含 0），这引出分界点数据的正负属性归属问题。

机器码的最高位为 1 是计数过半的标志，可利用此标志划分正负区间，前半部分为正数，后半部分为负数。只要最高位为 1 就一定是补数表示法，指代一个负值，如果最高位为 0，则按照原码解析，因此最高位为符号位是很合理的，此时计数系统中正负数基本各占一半。

为什么说基本各占一半？这里还存在一个负 0 的问题，例如原码表示的负 0，0B10000000 其补码为 0B00000000，这就出现了负 0 补码等于 0 的问题。于是计算机中把最高位为 1 其余位为 0 的有符号数定义为负数的最大值，这样就避免了负 0 的问题。

因此在有符号整型计数系统中，负数总是比正数多一个，负数是高位为 1 的数字，这是"过半"标志。计算机类似钟表模型，过半后进入负数区，过半后再进入正数区，在负数区把机器码当作补数看，在正数区把机器码当作原码看（当然正数的补码是原码），所以在计算机中有符号整型的真值，先看符号位再解析。

最高位为 1 是计数过半的标志，自然让人联想起负数，这是二进制赠予计算机的礼物，用最简单的逻辑，实现了阴阳交汇点的判断。二进制数中所有的位都参与运算，最高位也只有普通的计数功能，并且正好表示"过半"，正好能反映正负数的划分，所以理所当然地被当成了符号位。

再次思考负数的补码求法"符号位外取反加 1"的意义。不限制符号位，对负数对应补码按位取反加 1 会得到负数的绝对值，原码中为了不丢失正负信息，符号位应置 1。原码表示的负数要计算其补数，应对其绝对值"按位取反加 1"，所以符号位置 0 再整体按位取反加 1 会得到补数，但负数的补数位于"计数过半"区域，其最高位本就是 1，等于原码表示的负数在求补码的过程中，最高位始终为 1。

例如 −3 的原码为 0B10000011，其补码为 0B11111101。以上推导过程如下：

（1）补码 0B11111101，对补码按位取反加一得到的补数 0B00000011 的值为 3，即相对后退的长度为 3，其意义为 −3。负数原码为不丢失符号信息，高位置 1 变为 0B10000011。

（2）−3 原码为 0B10000011，绝对值为 0B00000011，对绝对值求补得到 0B11111101。补数表示相对后退的距离（标量），对 −3 的绝对值 3 原码求补数得到的 −3 的补码表示。

（3）对负数的原码求补码，应先将符号位置 0 求得绝对值，再用"按位取反加一"求补数，但负数本就位于"计数过半"区域，其补数的最高位一定为 1，补数运算此时等于负数原码求补码的运算意义。

这就得出了负数补码的计算规则：负数的原码求补码时，最高位不变（始终为 1），其余位按位取反再加 1。

注意：使用原码表示的负数，其补数和补码值是相等的。前者对负数绝对值(符号位置0)按位取反加1，后者除符号位外按位取反加1。前者是"模－绝对值＝补数"思路，后者是前者计算方式的简化，补码是补数求法正规化、合理化的产物。

3. 正负数在计算机中的轮回

笔者总结并引申一下：不论使用几进制都无法实现负数的概念，因为进制仅仅是一种记数法，只能表示绝对数量，而正负是方向、区间概念。

这就是一个根本的概念了，什么是负数？负数实现的是一种减法效果，一种后退的效果，只要实现出"后退的效果"，就可以认为在计算机中实现了负数。但是读者始终要清楚，计算机中的所有机器码都没有负数，计算机工程师并不是使用了什么神通能让机器码变成负值，而是通过一些规则的定义，实现了"负数的感觉""后退的感觉"，通过让数字落入不同的区间实现了正负的概念，从而严格地来讲，在只能表示 0 到 2^{N-1} 的正整数计数系统中，通过世界观的重构定义出了负数。

第 8 章 控 制 流

CHAPTER 8

控制流是对程序流程进行控制的方法。C语言程序控制流分为分支、跳转和循环控制，以下是对它们的详细描述。

8.1 switch-case、break 和 continue

在 C 语言中除了 if-else 分支语句以外，还有其他分支语句能实现同样的功能，其中的代表就是 switch-case 语句。

8.1.1 switch-case

switch 和 case 须成对使用，实现类似 if-else 的分支效果，其优点是比较易读，跳转的逻辑很清晰。新建示例，代码如下：

```c
//2.5.1/test_1.0.c
#include <stdio.h>

int main(void)
{
    int temp = 2;                //将 temp 初始化为 2
    switch(temp)                 //根据 temp 的值选择
    {
        case 1: printf("temp is 1 \n");
        case 2: printf("temp is 2 \n");
        case 3: printf("temp is 3 \n");
        case 4: printf("temp is 4 \n");
        case 5: printf("temp is 5 \n");
    }
    return 0;
}
```

以上代码根据 temp 的值来决定运行哪一个分支，运行结果应该就是打印出对应的值，查看运行结果，命令如下：

```
root@Ubuntu:~/C_prog_lessons/lesson_2.5.1#./test_1.0
temp is 2
temp is 3
temp is 4
temp is 5
```

运行结果是打印出了 case 2 分支及以下的每个分支。很明显存在问题,这就引出 break 语句。

8.1.2　break 语句

对上面代码进行分析,运行结果是从 case 2 开始的,可见分支选择是正常工作的,问题在于选择完成后,还运行了其他分支的代码,没有"刹车"。

对上面的代码进行改进,代码如下:

```c
//2.5.1/test_2.0.c
#include<stdio.h>

int main(void)
{
    int temp = 2;                       //初始化 temp
    switch(temp)                        //依据 temp 的值进行分支选择
    {
        case 1: printf("temp is 1 \n"); break;
        case 2: printf("temp is 2 \n"); break;
        case 3: printf("temp is 3 \n"); break;
        case 4: printf("temp is 4 \n"); break;
        case 5: printf("temp is 5 \n"); break;
    }
    return 0;
}
```

重新编译后执行,命令如下:

```
root@Ubuntu:~/C_prog_lessons/lesson_2.5.1#./test_2.0
temp is 2
```

至此代码运行正常。break 的作用在于运行到这一句时会跳出当前控制流的作用域。从运行结果看,break 语句跳出了 switch 的作用范围,从而不会再运行其他分支。

8.1.3　continue 语句

当运行到 break 语句时会跳出当前控制流语句的作用域,类似"越狱",而 continue 的效果是类似"空转"的磨洋工处理,运行到 continue 时后面的语句将不再执行,但是不跳出当前控制流作用域。

新建示例,代码如下:

```c
//2.5.1/test_3.0.c
#include <stdio.h>
#include <unistd.h>                     //使用 sleep 函数包含此头文件

int main(void)
{
    int i = 10;
    while(i--)
    {
        sleep(1);
        if(i == 5)                      //当 i=5 时,执行 continue
            continue;
        printf("i is %d \n", i);
    }
    return 0;
}
```

查看运行结果,命令如下:

```
root@Ubuntu:~/C_prog_lessons/lesson_2.5.1#./test_3.0
i is 9
i is 8
i is 7
i is 6
i is 4
i is 3
i is 2
i is 1
i is 0
```

当 i 为 5 时,printf 没有打印,但也没有退出,符合预期。这里可以把 continue 修改成 break,再次编译运行,命令如下:

```
root@Ubuntu:~/C_prog_lessons/lesson_2.5.1#./test_3.0
i is 9
i is 8
i is 7
i is 6
```

当运行到 i 为 5 时,退出了 while 循环控制流。综合以上结果可见:continue 和 break 都能让程序运行到它这里时不再执行,前者不退出控制流,而后者会直接退出。

8.2 goto 语句和标号

不论是 if-else 还是 switch-case 分支选择语句都是有条件的。除它们外还有无条件跳转语句 goto,goto 语句用法很简单,本质上是用汇编语言中的程序跳转指令来实现的。

8.2.1 标号

C语言有"标号"的概念,其实C++、C#也有。标号在机器看来是一段代码的首地址,使用goto跳转到标号,就是让CPU跳转到这一地址运行。

标号只能在C语言函数内部进行定义,而且只能在同一个函数内部跳转,不能跳转到其他函数。函数间的切换只能使用调用的方式而不能使用goto跳转,这是有本质不同的。

新建示例,代码如下:

```c
//2.5.2/test_1.0.c
#include <stdio.h>

int main(void)
{
LABEL0:
LABEL1:
LABEL2:
LABEL3:
LABEL4:
        return 0;
}
```

以上代码是可以编译通过的,表示标号的定义没有问题。标号的定义一般用大写符号,符号后面需要接冒号。

8.2.2 使用标号进行跳转

使用标号进行跳转很简单,代码如下:

```c
//2.5.2/test_2.0.c
#include <stdio.h>

int main(void)
{

goto LABEL3;                    //这里使用了goto跳转

LABEL0:                         //下面的return 0 先不要打开
        printf("LABLE0 \n");    //return 0;
LABEL1:
        printf("LABLE1 \n");    //return 0;
LABEL2:
        printf("LABLE2 \n");    //return 0;
LABEL3:
        printf("LABLE3 \n");    //return 0;
LABEL4:
        printf("LABLE4 \n");    //return 0;
}
```

查看运行结果，命令如下：

```
root@Ubuntu:~/C_prog_lessons/lesson_2.5.2#./test_2.0
LABLE3
LABLE4
```

可见程序确实跳转到了 LABEL3 这里，但是因为没有"刹车"，所以顺势地执行了 LABEL4 的内容。这是正确的，因为 goto 标号只是跳转到对应代码段，并不控制代码的分支处理。有的读者可能会想给 printf("LABLE3 \n")后面加一个 break，但是会报错。

修改代码，在 printf("LABLE3 \n");之后增加 break 语句，编译代码，命令如下：

```
root@Ubuntu:~/C_prog_lessons/lesson_2.5.2#gcc test_2.0.c -o test_2.0
test_2.0.c: In function 'main':
test_2.0.c:15:30: error: break statement not within loop or switch
        printf("LABLE3 \n"); break;
```

信息的意义是 break 所在的作用域不是一个循环或者 switch 分支。在这里使用 return 0 即可，读者可以打开在以上代码中被屏蔽的 return 语句，这样运行到 return 时就会自行返回并终止 main 函数运行，以实现类似 break 的效果。

8.3 while、do-while 和 for

while 和 do-while 是常见的循环语句。和 for 语句不同，while 语句一般用于无限循环（也可实现有限循环），for 语句是被作为有限循环语句而设计的。这几种类型的循环在一定条件下可以相互替代、转换，并具有一定的情景意义，这也是 C 语言程序文化的一部分。

8.3.1 while 和 do-while 语句

while 循环语句在 C 语言程序中很常见，而 do-while 循环语句多用于宏替换定义语句。

1. while 循环和状态机初探

while(表达式)的意义是：当表达式为真时，while 作用域内的程序会循环执行。在 4.1 节讨论过 while 循环的使用方法，程序中经常使用类似 while(1)这样的无限循环，这种循环往往是程序的框架，称为主循环。

使用 while 实现一个循环，在一定的时机进行跳转，跳转使用 goto 语句，以实现不同状态的切换，这也是一个简单的状态机。

新建示例，代码如下：

```
//2.5.3/test_1.1.c
#include <stdio.h>
#include <unistd.h>

int main(void)
```

```c
{
    int sta;
STATE1:
    sta = 0;
    while(1)
    {
        sleep(1);
        printf("this is state 1 \n");
        if(sta++ >= 10)                 //变量自加,如果值大于或等于10,则退出循环
            break;
    }
    while(1)
    {
        sleep(1);
        printf("this is state 2 \n");
        if(sta ++ >= 20)                //变量自加,如果值大于或等于20,则跳转
            goto STATE1;
    }
    return 0;
}
```

查看运行结果,命令如下:

```
root@Ubuntu:~/C_prog_lessons/lesson_2.5.3#./test_1.1
…
this is state 1
…
this is state 2
```

运行效果是程序在两个 while 中进行切换。在此前的 main 函数中还未有过多个 while 循环的架构,这种架构也是状态机的一种思路:在程序中可能出现多个代码片段,每个代码片段都是一种状态,对应一种程序处理。这种思路就已经隐约地有了多线程的思想,在第 17 章中会详细讨论这个问题。

2. do-while 所解决的问题

在 while 循环中,进入循环之前要先判断一次 while 表达式中的逻辑值是真还是假,如果为假,就不会执行循环体内的代码而是直接退出。很多时候需要让代码至少执行一次(初始化中常用),再判断循环条件是否成立,do-while 循环就为此应运而生。

新建示例,代码如下:

```c
//2.5.3/test_1.2.c
#include <stdio.h>

int main(void)
{
    do
    {
        printf("do while test ! \n");
```

```
        }
        while(0);
        return 0;
}
```

查看运行结果,命令如下:

```
root@Ubuntu:~/C_prog_lessons/lesson_2.5.3#./test_1.2
do while test !
```

确实是先执行了 do 中的语句,即使后面的 while 循环一次也不运行。结合以上特点,do-while 语句常用于宏替换场合,代码如下:

```
#define func1(X)    {int a = X; while(a--);}                //宏语句 1
#define func2(X)    do{int a = X; while(a--);}while(0)      //宏语句 2
```

在 C 语言宏定义中,常常会遇到宏定义语句将一段代码放入花括号的场景。以宏语句 1 为例,载入参数后的宏语句 func1(123);展开,代码如下:

```
{int a = 123; while(a--);};                 //花括号后有分号
```

可以看出宏语句 func1(123);展开后的花括号后面多了一个分号,从而导致编译报错,而宏语句 func2(123);展开后,代码如下:

```
{int a = 123; while(a--);}while(0);         //while(0)后有分号
```

通过以上的对比可以看出,func2(X)宏语句在使用上更接近"函数调用"的格式,因为 while(0)的存在,宏语句后可以带分号,而 func1(X)在使用时语句末尾不能有分号。

8.3.2 for 循环

在上面的示例中 while 语句中只有一个表达式,对这个表达式进行判断即可得出循环条件,而 for 语句最多支持 3 个表达式,在要求具有步进控制的循环体中常常用到 for 循环。

最常遇到的是以下这种循环,代码如下:

```
for(int i = 0; i < CNT; i++)                //语句 1;语句 2;语句 3
{
                                            //循环代码会步进循环 CNT 次
}
```

for 循环在 6.2 节、6.3 节中使用过,甚至使用了多重 for 嵌套来遍历多维数组。虽然 for 循环对读者而言已不陌生,但是在此还是需要重述一下以加深印象。

for 循环和 while 循环的一大区别就是 for 循环中有 3 个语句,依次分别用分号隔开。如上代码所示,简称为语句 1、语句 2、语句 3,其作用和使用方法如下。

(1) 语句 1:for 运行之前的初始化部分,可以初始化变量或其他,可以为空。

(2) 语句 2:for 循环控制部分,如果逻辑成立,则 for 循环继续,否则退出,可以为空。

(3) 语句 3:for 循环每完成一次,语句 3 就被执行一次,可以为空。

以上 3 条就是 for 语句的运行逻辑。在大部分情况下语句 1、语句 2、语句 3 会被使用，但也有以下变种，代码如下：

```
for( ; ; )              //这里类似 while(1)
{
                //循环语句
}
```

语句 1 和语句 3 都为空，即 for 循环运行前和每次循环完成后都没有操作，语句 2 为空，表示没有结束条件，也就是一直循环，类似于 while(1)。

在不复杂的场合也可以实现用 while 步进，代码如下：

```
int a = 10;
while(a--)
{
                //循环语句,循环 10 次以后终止
}
```

以上用法在单片机中的延时检测环节使用较多，缺点是步进检测变量只能定义在 while 作用域外。使用 for 循环写法会优美很多，代码如下：

```
for(int a = 10; a > 0; a--)
{
                //循环语句,循环 10 次以后终止
}
```

具有步进变量控制的循环代码，建议使用 for 循环形式，可读性和可移植性较高。

8.4 嵌套循环

嵌套循环在 6.3 节使用过，使用了双重 for 循环对二维数组进行了遍历。因为嵌套循环在 C 语言中有比较多的实现形式，本节对此进行深入讨论。

8.4.1 多重 for 循环

之前在二维数组的遍历中，使用了双重 for 循环，代码如下：

```
//2.5.4/test_1.0.c
#include <stdio.h>

int main(void)
{
    for(int i = 0; i < 5; i++)
        for(int j = 0; j < 3; j++)
            printf("i = %d, j = %d\n", i, j);

    return 0;
}
```

查看运行结果,命令如下：

```
root@Ubuntu:~/C_prog_lessons/lesson_2.5.4#./test_1.0
i = 0, j = 0
i = 0, j = 1
i = 0, j = 2
i = 1, j = 0
i = 1, j = 1
i = 1, j = 2
i = 2, j = 0
i = 2, j = 1
i = 2, j = 2
i = 3, j = 0
i = 3, j = 1
i = 3, j = 2
i = 4, j = 0
i = 4, j = 1
i = 4, j = 2
```

从以上结果可以看出,j 从 0~2 每次都是一个小循环,i 每增加一次,j 就要循环一次,所以 i 可以作为二维数组的第一维下标,j 可以作为二维数组的第二维下标。除此之外,还有三维数组的遍历方式,同样可以使用三重 for 循环实现,每级的 for 步进变量从外到内依次对应数组的下标从左到右,从而实现每个数组元素的遍历。

在硬件驱动中,二维数组常用于显示像素的遍历(显示像素也常实现为二维数组),所以对图像刷新显示也常使用双重 for 循环实现。

8.4.2　多重 while 循环

有多重 for 循环自然就有多重 while 循环,多重 while 循环一般用在纯硬件编程中,熟悉单片机的读者应该对此比较了解。在本文之前使用的阻塞函数是 sleep,在 unistd.h 文件中声明,如果想要自己实现一个类似功能的函数,就可以使用多重 while 循环。

新建示例,代码如下：

```
//2.5.4/test_2.0.c
#include <stdio.h>

void my_sleep(int s)
{
    unsigned int temp = 0XFFFFFFFF;        //初始化变量 temp
    while(s--)                             //若 s 大于 0,则进入循环(一重)
    {
        while(temp--);                     //若 temp 大于 0,则空循环等待(二重)
    }
}
int main(void)
{
    int cnt = 0;
```

```
        while(1)
        {
                printf("cnt is %d \n", cnt++);
                my_sleep(1);            //调用阻塞函数(使用二重while循环实现)
        }
        return 0;
}
```

查看运行结果,命令如下:

```
root@Ubuntu:~/C_prog_lessons/lesson_2.5.4#./test_2.0
cnt is 0
cnt is 1
cnt is 2
…
```

运行结果和 sleep 函数是一样的,也就是延时时间比较长(笔者计算机测试为 7~8s),读者可以修改 my_sleep 函数中 temp 的初始化数值,这样便可调整延时时间。

8.5 if 和 else if 深入

在 4.1 节中粗略地演示过单分支和多分支程序结构,本节要研究利用此类结构实现一些编程技巧。

8.5.1 if-else 语句的联动

新建示例,代码如下:

```
//2.5.5/test_1.0.c
#include <stdio.h>
#include <unistd.h>

int main(void)
{
        int a = 0;
        while(1)                        //主循环(无限循环)
        {
                if(a == 3)              //如果a等于3,则进入分支
                {
                        a = 0;
                        printf("bad ! \n");     //进入分支后让a = 0
                                                //打印bad!
                }
                else
                {
                        a++;            //否则a自加
                        printf("good ! \n");    //打印good!
```

```c
            }
            sleep(1);                    //阻塞1s
    }
    return 0;
}
```

查看运行结果，命令如下：

```
root@Ubuntu:~/C_prog_lessons/lesson_2.5.5#./test_1.0
good !
good !
good !
bad !
…
```

以上代码实现了每打印 3 次 good 出现一次 bad 的效果。在 if-else 中使用 a 这个变量进行联动，联动变量是 if-else 实现复杂逻辑的关键，类似的变量还有标志（位）变量。

8.5.2　上升沿下降沿检测

在程序中，特别是单片机程序中常常需要检测变量（信号）逻辑值的跳变，例如将 0→1 的跳变称为上升沿，将 1→0 的跳变称为下降沿，类似的检测实现需要用到 if-else if 语句。

新建示例，代码如下：

```c
//2.5.5/test_2.0.c
#include <stdio.h>
#include <unistd.h>

int main(void)
{
    _Bool str_flag = 0, temp = 0;                //定义布尔型变量
    while(1)                                     //主循环
    {
        if(str_flag && !temp)                    //信号为 0 检测到 str_flag 为 1
        {                                        //即为 0→1 跳变,检测到上升沿
            temp = 1;                            //temp 保存信号
            printf("str_flag rise up! \n");
        }
        else if(temp && !str_flag)               //信号为 1 而 str_flag 为 0
        {                                        //即为 1→0 跳变,检测到下降沿
            temp = 0;                            //temp 保存信号
            printf("str_flag goes down \n");
        }
                                                 //打印信号值
        printf("str_flag is %d \n", str_flag);
        str_flag = !str_flag;                    //让信号不断跳变
        printf("str_flag is %d \n", str_flag);
        sleep(1);
```

```
        }
        return 0;
}
```

查看运行结果,命令如下:

```
root@Ubuntu:~/C_prog_lessons/lesson_2.5.5#./test_2.0
str_flag is 0
str_flag is 1
str_flag rise up!
str_flag is 1
str_flag is 0
str_flag goes down
…
```

以上代码的逻辑稍有些复杂,简要分析如下:str_flag 和 temp 变量开始都是 0,str_flag 从 0 向 1 跳变时会进入 if 分支,同时 temp 这个控制变量也被置位(保存当前信号),以保证只进入一次;str_flag 从 1 向 0 跳变时会进入 else if 分支,同时 temp 这个控制变量也被清零(保存当前信号),以保证只进入一次。所以出现了 str_flag 每次从 0 到 1 跳变时,打印"str_flag rise up!"字符串,每次 str_flag 从 1 到 0 跳变时,打印出"str_flag goes down"字符串。

在上面的这个示例代码中,str_flag 在取反时,笔者曾经尝试使用了按位取反"~",导致程序运行失败,读者可以思考这是为什么。

注意:对布尔值按位取反后,它的值永远都是 1。例如布尔值为 0,按位取反后为 0B11111111(仅为举例,编译器会做整型提升),还原为布尔变量后值是 1;布尔值为 1 按位取反后为 0B11111110,还原为布尔值还是 1。因为布尔值在按位取反时,编译器会按照隐式长度(参考 12.4 节)进行取反,导致它怎么取都是一个不为 0 的数,在按位取反结束后,编译器要将它还原为布尔类型,只要是不为 0 的数,还原为布尔数都是 1。在对布尔值取反时,应使用逻辑取反"!"符号。

第 9 章 程 序 调 试

CHAPTER 9

本章讲述常用的程序调试和除错(Debug)方法,内容包含给程序传参、编译报错信息解读和在程序中添加打印信息等方法,这些调试和除错方法非常常用,应熟练掌握。

9.1 给 main 函数传参

之前的 C 程序都是直接使用 int main(void)这种 main 函数形式,其参数是 void 类型,其实 main 函数是可以传参的,其完整形式为 int main(int argc, char ** argv),可以传入两个参数。

9.1.1 main 函数的参数

在 C 语言中,main 函数的完整形式为 int main(int argc, char ** argv)。完整的 main 函数包含 argc 和 argv 两个参数,以下是对它们的详细解释。

1. argc 和 argv 的意义

可以写一个完整的 main 函数并打印出传入的参数,以此来了解参数的意义,代码如下:

```
//2.6.1/test_1.1.c
#include <stdio.h>

int main(int argc, char ** argv)
{
    printf("argc is %d, argv[0] is %s \n", argc, argv[0]);
    return 0;
}
```

查看运行结果,命令如下:

```
root@Ubuntu:~/C_prog_lessons/lesson_2.6.1#./test_1.1
argc is 1, argv[0] is ./test_1.1
```

argc 的意义是传给 main 函数参数的个数,其中"./test_1.1"这个运行程序的命令字符串也是参数,所以 argc 是大于或等于 1 的。argv 是一个 char 类型二重指针,之前讨论过类似 char * str 这样的指针是一个字符串指针,二重 char ** 可指向一个以字符串指针为元素的数组,称为指针数组,二重指针和指针数组在 18.2 节和 18.3 节有详细描述。

其中,char ** argv 可以写成 char * argv[]。前者 argv 表示一个地址单元,此地址单元存储的仍旧是指针类型数据;后者 char * argv[]表示数组内部元素是指针类型数据,argv 指代首元素地址,此地址存储的仍旧是指针类型数据。所以 char * argv[]和 char ** argv 作为函数参数是可以替换的,类似 char * dat 和 char dat[]作形参可互相替换一样。读者暂时不理解也可不必深究,在 18.2 节会有详细探讨。

2. main 函数参数的使用

对以上代码进行修改,代码如下:

```
//2.6.1/test_1.2.c
# include <stdio.h>

int main(int argc, char ** argv)
{
    for(int i = 0; i < argc; i++)
        printf("argv[ % d] is % s \n", i, argv[i]);
    return 0;
}
```

这样就可以打印出所有的 main 函数参数,其意义一目了然。可以在执行语句后面增加字符串,作为参数传给 main 函数即可。查看运行结果,命令如下:

```
root@Ubuntu:~/C_prog_lessons/lesson_2.6.1# ./test_1.2 123 456
argv[0] is ./test_1.2
argv[1] is 123
argv[2] is 456
```

这样就打印出来了所有的传参。参数 0 是执行程序的命令,参数 1 和 2 分别是传入的字符串,首先传给了 main 函数,再被 main 函数中的 printf 函数打印出来。

9.1.2 * argv[]的本质

以上的示例中 argv 是一个二重指针,指向的是数组(首元素),其所指向的数组内部的元素又是指针类型,所以参数用二重指针是很合理的。传给 main 函数的参数字符串都存放在 argv 这个二重数组里面,其中每个元素都是一个字符串数组的首地址。

9.2 常见的编译报错

这一节研究 C 语言中常见的错误和处理方法,这也是初学者常常会遇到的。

9.2.1 未定义错误

形如"undefined reference to '***'"的报错是"未定义"错误，即引用的实例未定义。新建示例，代码如下：

```c
//2.6.2/test_1.0.c
#include <stdio.h>

void func(void);                          //在这里声明了func,但是没有实例
int main(int argc, char **argv)
{
    func();
    return 0;
}
```

编译后报错，命令如下：

```
root@Ubuntu:~/C_prog_lessons/lesson_2.6.2#gcc test_1.0.c -o test_1.0
/tmp/cctJ8BlL.o: In function 'main':
test_1.0.c:(.text+0x10): undefined reference to 'func'
collect2: error: ld returned 1 exit status
```

此错误是因为没有定义func函数原型，定义之后即可解决此问题。

9.2.2 头文件错误

形如"fatal error：*.h：No such file or directory"的报错是因为包含了错误的头文件名称。新建示例，代码如下：

```c
//2.6.2/test_2.0.c
#include <stdio.h>                        //这里是一个错误的头文件名

int main(int argc, char **argv)
{
    return 0;
}
```

编译出错，命令如下：

```
root@Ubuntu:~/C_prog_lessons/lesson_2.6.2#gcc test_2.0.c -o test_2.0
test_2.0.c:1:10: fatal error: stdio.h: No such file or directory
#include <stdio.h>
         ^~~~~~~~~~~
compilation terminated.
```

这是由头文件不存在或者名称错误导致的。

9.2.3 函数隐式声明警告

形如"warning：implicit declaration of function '***'"的警告比较常见，也比较隐晦，

其意义是隐式声明了函数"***"。可以复现此类错误,新建示例,代码如下:

```c
//2.6.2/test_3.0.c
#include <stdio.h>

int main(int argc, char ** argv)
{
    func();
    return 0;
}
```

编译后出现警告,命令如下:

```
root@Ubuntu:~/C_prog_lessons/lesson_2.6.2# gcc test_3.0.c -o test_3.0
test_3.0.c: In function 'main':
test_3.0.c:5:2: warning: implicit declaration of function 'func'; did you mean 'putc'?
[-Wimplicit-function-declaration]
  func();
  ^~~~
  putc
/tmp/ccfLLcW9.o: In function 'main':
test_3.0.c:(.text+0x15): undefined reference to 'func'
collect2: error: ld returned 1 exit status
```

以上信息表示 func 函数被隐式声明了,这存在一定的风险:如果 func 函数有实体,则在这里被识别为隐式声明,整个程序是可以正常运行的;如果 func 是误输入,根本没有实体,则在编译阶段仅仅给出警告,最后是链接器因找不到 func 的实体才给出错误。

如果代码的编译和链接是分开进行的(实际工程常见,详见 24.2 节),则编译时的隐式声明警告就可能集中在链接阶段报错,导致编译管理的效率过低。编译和链接的知识在第 16 章有详细讲解,读者可以暂时不必深究。

9.2.4 未声明错误

形如"'***' undeclared"的报错,一般是未定义或未声明。新建示例,代码如下:

```c
//2.6.2/test_4.0.c
#include <stdio.h>

int main(int argc, char ** argv)
{
    temp = 10;                    //此变量没有定义
    return 0;
}
```

编译后报错,命令如下:

```
root@Ubuntu:~/C_prog_lessons/lesson_2.6.2# gcc test_4.0.c -o test_4.0
test_4.0.c: In function 'main':
```

```
test_4.0.c:5:9: error: 'temp' undeclared (first use in this function)
     temp = 10;
     ^~~~
test_4.0.c:5:9: note: each undeclared identifier is reported only once for each function it
appears in
```

对报错的变量进行定义或声明即可消除此错误。

9.3 打印调试

C语言程序的打印调试分为预编译阶段打印和运行中打印,后者是使用printf函数将程序中待调试参数输出的操作,以下重点讲解预编译阶段的打印调试。

9.3.1 编译阶段打印

预编译(详见16.1节)打印可以用来打印调试信息,此打印在预编译阶段就可以实现。C代码往往有很多条件编译分支,这样的条件编译多了就会对调试代码造成一定的困扰,开发时一般希望不要到代码运行阶段才能定位程序语句的位置,此时就可以使用预编译打印,以此来进行代码块的定位。

使用"#pragma message"进行预编译阶段的打印,代码如下:

```
//2.6.3/test_1.0.c
#include <stdio.h>

#define OK                                       //这里宏定义符号OK
#ifdef OK                                        //如果有OK宏符号
#pragma message("OK is defined \n")              //预编译阶段输出信息
#else
#pragma message("OK is not defined \n")          //否则也输出信息
#endif
int main(int argc, char ** argv)
{
    return 0;
}
```

编译后会有输出,命令如下:

```
root@Ubuntu:~/C_prog_lessons/lesson_2.6.3# gcc test_1.0.c -o test_1.0
test_1.0.c:5:9: note: #pragma message: OK is defined

#pragma message("OK is defined \n")
```

预编译阶段提示:#pragma message语句位于test_1.0.c文件的第5行,并输出了语句中的"OK is defined"字符串。此类信息在预编译阶段就可以实现条件编译区块代码的跟踪,而不必等到程序运行时。

9.3.2 使用 goto 处理出错

goto 语句一般不建议使用在顺序程序系统中,因为其会破坏程序的流程严谨性,但是在一种情况下例外,就是在程序的报错处理程序中使用。

新建示例,代码如下:

```c
//2.6.3/test_2.0.c
#include <stdio.h>
#include <unistd.h>

int func(char cnt)
{
    if(cnt < 10)                        //不同分支处理,返回值不同
    {
        printf("state is OK !\n");
        return 0;
    }
    else
    {
        printf("state is wrong !\n");
        return -1;
    }
}
int main(int argc, char ** argv)
{
    char a = 0;
    while(1)
    {
        sleep(1);
        if(func(a++) == 0)              //如果返回值为 0,则打印信息
            printf("while(1) is running !\n");
        else                            //否则就 goto ERR 处理
            goto ERR;                   //这里也可以使用 break,用 goto 更清晰
                                        //但出错程序一般在末尾
                                        //break 在大部分情况下不能直达
    }
ERR:                                    //这里是 ERR 报错处理程序段
    printf("prag is wrong ! \n");
    return 0;
}
```

查看运行结果,命令如下:

```
root@Ubuntu:~/C_prog_lessons/lesson_2.6.3#./test_2.0
…
state is OK !
while(1) is running !
state is wrong !
prag is wrong !
```

程序打印输出较长,此处仅给出最后部分打印信息。运行结果显示在 func 返回 −1 后被 goto 语句定位到了 ERR 处理部分。

9.4 main 函数返回

在 C 语言中 main 函数是程序的入口,所有的函数都直接或间接地被 main 函数所调用,否则就没有运行的机会,而 main 函数也是有返回的,它返给了谁? 有何意义?

9.4.1 main 函数是否特殊

main 函数是程序的入口,这是由 C 标准规定的。这便产生了疑问:main 函数是特殊的函数吗? 和其他函数有什么异同? 它有无上级调用?

1. 无操作系统下的 main 函数

目前的代码都是在 Linux 系统下的(应用层)C 程序,是存在于操作系统运行环境下的 C 语言程序。如果脱离操作系统环境就会发现,C 程序中的 main 函数往往不是必需的。

以下是 STM32F4 单片机工程中的 startup_stm32f405xx.s 文件片段,代码如下:

```
//2.6.4/startup_stm32f405xx.s
;*******************************************************************************
; * File Name          : startup_stm32f405xx.s
; * Author             : MCD Application Team
; * Description        : STM32F405xx devices vector table for MDK-ARM toolchain.
; *                      This module performs:
; *                      - Set the initial SP
; *                      - Set the initial PC == Reset_Handler
; *                      - Set the vector table entries with the exceptions ISR address
; *                      - Branches to __main in the C library (which eventually
; *                        calls main()).
; *                      After Reset the CortexM4 processor is in Thread mode,
; *                      priority is Privileged, and the Stack is set to Main.
;*******************************************************************************
```

以上文件片段阐述了此汇编程序段的工作:设置了 SP 指针和复位后的 handle,最关键的是它最终让程序定位到了 __main。这个"__main"是一个标号,定义在 C 语言库中,最终导致 C 代码中的 main 函数被调用。

定位到 __main 标号的实现部分,代码如下:

```
; Reset handler
Reset_Handler    PROC
                 EXPORT  Reset_Handler          [WEAK]
         IMPORT  SystemInit
```

```
        IMPORT    __main
        LDR    R0, = SystemInit    //R0 寄存器存储函数地址
        BLX    R0                  //执行函数并返回(切换 thumb 态)
        LDR    R0, = __main        //R0 寄存器存储__main 标号地址
        BX     R0                  //调转__main 标号地址(不再返回)
        ENDP
```

以上代码需要对汇编比较熟悉才能了解其含义。在简单的分析之后,就会发现在 STM32F4 这样的单片机程序中,是通过汇编语言先到__main 标号再到 C 语言库最后到 main 函数这样的层层调用,最终使用户编写的 C 程序是以 main 函数作为所有 C 函数的入口。

到这里揭示出 main 函数是被设计出来的,甚至也不是最先被运行的,最先被运行的是汇编程序,main 函数是在汇编结束时被定位到的入口。也就是说甚至可以修改 C 语言库,把 C 程序的入口改成其他名称(由于 STM32F4 的 C 语言库不开源,所以不能修改,但理论如此)。

部分读者可能涉足过嵌入式 ARM 裸机编程工作,例如 U-Boot 中同样可以发现 main 的存在是被设计出来的,完全就是一个很普通的函数入口,只是习惯使用 main 这个名称而已。

以下是 U-Boot 启动文件 start.S 最后定位到 main 的部分,代码如下:

```
    bl    cpu_init_crit
#endif
#endif

    bl    __main                  //最后到这里进入主函数
```

在以上代码中__main 标号最终调用了 main 函数。main 可以修改为其他函数名,并不会影响 Uboot 的启动运行。

2. main 函数的特殊性和普遍性

CPU 刚上电时能运行的只有机器语言,也就是仅支持汇编语言环境,而 C 语言的运行需要一定的条件,这个条件由汇编语言进行初始化,最后调用 C 语言库或者直接加载一个标号(例如_main),这样才可以进入 C 语言的环境中。在操作系统环境下 C 程序一般是符合 ANSI C 标准的。

汇编语言有比较大的随意性,只要让硬件能够运行起来,汇编器并不在乎编程者使用哪个函数作为 C 程序的入口,但现在的 C 语言库调用都很规范,一旦进入正规环境中,还是应该按 C 标准编程。

在 Linux 系统下编写的 C 程序脱离了硬件环境,此时 main 函数是被系统指定的唯一的 C 程序入口。应该清楚 main 也是普通的函数,因其是被系统所调用的,所以它有返回。

9.4.2 main 函数为何需要返回

在裸机环境下 main 是被汇编程序定位的普通标号，汇编程序调用标号后就结束了，所以不论在 STM32F4 代码还是在 U-Boot 代码中，main 函数都不需要返回。

由于在操作系统中 main 是被系统调用的，所以它需要返给操作系统信息，操作系统据此判断 main 的退出状态。具体来讲，main 类似一个进程，当进程退出时需要上报退出是否正常（进程和线程详见 17.2 节）。

第 10 章 简单排序算法

CHAPTER 10

排序算法用于将一组无序数据按照大小顺序排列,以便后续进行处理和分析,常见的排序算法有冒泡、选择、插入、快速、归并排序等。

在嵌入式系统中,排序算法常用于对传感器数据进行滤波,以减小系统的噪声和误差。

10.1 冒泡排序

冒泡排序算法比较简单常用,以下是对它的详细介绍。

10.1.1 冒泡排序基本思想

冒泡排序是一种交换排序,主要思想是重复遍历要排序的数列,对还未排好序的范围内的数两两进行比较,如果顺序错误,则交换位置。最终较大的数沉到数列底部,较小的数浮到数列顶部。

10.1.2 冒泡排序实现逻辑

冒泡排序的实现主要包含以下几个步骤:

(1) 从第 1 个元素开始,直到最后一个元素结束,比较相邻的两个元素。如果前一个元素比后一个元素大,则交换这两个元素的位置,最终最大的元素被交换到最后一个元素的位置。

(2) 重复步骤(1),最终第二大的元素被交换到倒数第 2 个元素的位置。

(3) 对越来越少的元素重复以上步骤,直到没有任何一对数字需要比较。

以上步骤可以用图例表示,如图 10-1 所示。

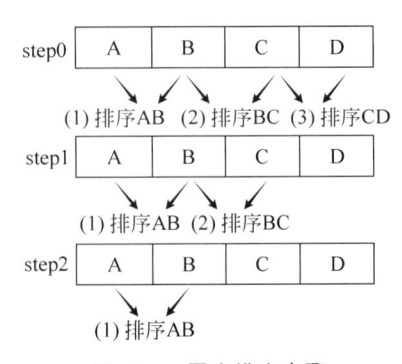

图 10-1 冒泡排序步骤

第10章 简单排序算法

如图 10-1 所示,数组中有 4 个数据,杂乱存放在 A、B、C、D 位置处,现要对其进行冒泡排序。暂不考虑具体排序过程,从大的维度来讲需要进行 3 次冒泡,也就是图中的 step 0 到 step 2。step 0 步骤将数组中的最大值送到了 D 位置,step 1 步骤将数组中的次大值送到了 C 位置,step 2 步骤将数组中的次次大值送到了 B 位置,至此排序结束。此过程需要 step$[i]$($i=0,1,2,\cdots$)中的前 $N-1$ 个步骤,N 为数组长度。

在 step 0 步骤中要完成的任务是将数组中的最大值送到 D 位置处,这需要 3 次比较排序:先比较 A 和 B 中的较大者,将较大者放到 B 位置;再比较 B 和 C 中的较大者,将较大者放入 C 位置;最后比较 C 和 D 之间的较大者,将较大者放入 D 位置。至此 step 0 步骤完成,step 0 步骤需要操作 $N-1$ 次,N 为数组长度。

可以类推,step 1 步骤需要比较 $N-1-1$ 次,step 2 步骤需要操作 $N-1-2$ 次。这里可以将数组的长度定义为 N,则大的维度需要 $N-1$ 个 step$[i]$ 步骤,每个 step$[i]$ 内部要比较的次数为 $N-1-i$ 次,这样就可以使用二重 for 循环实现以上过程,(伪)代码如下:

```
for(int i = 0; i < N-1; i++)                //step 总次数为 N-1
    for(int j = 0; j < N-1-i; j++)          //step 内部为 N-1-i 次
    {
                                            //这里实现比较和排序过程
    }
```

向以上双重 for 循环内添加数据比较和排布代码后,就成为冒泡排序函数,代码如下:

```
//2.7.1/test_2.0.c
…
void maopao(int data[], int length)                 //这里的形参是数组
{
    for(int i = 0; i < length-1; i++)               //冒泡排序的双重 for 循环
    {
        for(int j = 0; j < length-1-i; j++)
        {
            if (data[j] > data[j+1])                //以下是比较和排序代码
            {                                       //如果相邻左侧数据大于右侧
                int temp = data[j];                 //先保存左侧数据
                data[j] = data[j+1];                //左侧数据交换为右侧数据
                data[j+1] = temp;                   //右侧数据交换为左侧数据
            }                                       //以上完成了较大值在右侧的交换
        }
    }
}
…
```

以上代码实现了 void maopao(int data[], int length)函数。注意函数的第 1 个形参 int data[]指代数组,也可以替换成 int * data,它的意义是这里应该传入一个 int 类型的数组地址,在函数内部可以通过数组名+下标的方式对传入的数组进行修改访问。在 4.4 节中讲述过函数不能通过形参接口修改实参,而这里却通过 int data[]这个形参修改了 data 数组的内容,因为这里传入的是 int data[]参数,指代数组首地址,甚至可以简化为 int * data 作

为函数参数。虽然函数不能通过形参修改实参,但如果传入的是地址,则可以通过地址修改对应数组的内容,此类实例在15.2节有较详细描述。

第2个参数int length表示数组的长度。读者可能会疑问,既然已经传入了数组data[],为何不在函数内部使用sizeof(data)获取数组长度呢? 这是一个很有意思的问题,使用sizeof(data)来确定data数组的长度是编译器内部实现的机制,编译器会识别到data符号是一个数组的"特殊身份"标识。若将data作为数组名传入函数,在函数内部获取的仅仅是data作为数组首地址的值,此时data因为仅作为值传递,其属性在函数内部发生了退化,对于编译器而言不再具有数组名的特殊身份,所以在函数内部使用sizeof对数组类型形参求长度,只能求得其作为指针类型的长度,而不能求得其作为数组首地址所指代的数组长度,因为其"身份"已经发生了退化。

所以在函数内部若要获得一个数组的完整信息,则除了需要传入数组首地址(一般为数组名)外,还需要单独传入数组长度。

使用以上实现好的函数进行冒泡排序,代码如下:

```
//2.7.1/test_2.0.c
#include<stdio.h>

#define DATSIZE 10
…
int main(int argc, char ** argv)
{
    int data[DATSIZE];                        //定义data数组
    printf("冒泡排序法\n");
    printf("请输入数据:\n");
    int i, j, temp;
    for(i = 0; i < 10; i++)
        scanf("%d", &data[i]);                //获取输入数组,并写入data数组
    maopao(data, sizeof(data)/sizeof(int));
    printf("排序好的数组为:\n");               //使用冒泡排序函数,并打印出排序后的结果
    for(i = 0; i < 10; i++)
        printf("%d", data[i]);
}
```

以上代码在main函数中使用了maopao(data,sizeof(data)/sizeof(int))语句调用了冒泡排序函数,其中sizeof(data)/sizeof(int)是获取数组长度的常见用法。sizeof(data)获取了data数组的长度,注意使用sizeof得到的是字节数,其除以int类型的长度就是data数组的成员数量,这个成员数量才是maopao函数所需要的。

编译后查看运行结果,并输入测试数据,命令如下:

```
root@Ubuntu:~/C_prog_lessons/lesson_2.7.1#./test_2.0
冒泡排序法
请输入数据:
99 88 77 66 55 44 33 22 11 00
排序好的数组为:
0 11 22 33 44 55 66 77 88 99
```

在"请输入数据:"字样出现后,输入如上数据并按 Enter 键,程序会输出排好序的结果。读者可以自行输入其他数据进行测试,程序会输出所输入数据从小到大的排序结果。

10.2 选择排序

和冒泡排序类似,选择排序算法也是常用的比较简单的排序算法。

10.2.1 选择排序基本思想

选择排序的思想简单直观。在待排序序列中找到最小的数,再和排序序列起始位置上的数字进行交换,在剩余的数字中找到最小的数和排序序列第 2 个位置上的数字进行交换。反复循环,直到所有数字有序排列。

10.2.2 选择排序实现逻辑

选择排序的实现主要包含以下几个步骤:

(1) 首先从原始数组中选择最小的数据,将其和位于第 1 个位置的数据交换。

(2) 接着从剩下的数据中选择次小的元素,将其和第 2 个位置的数据交换。

(3) 不断重复,直到最后两个数据完成交换,完成了对原始数组的从小到大的排序。

以上步骤可使用图例表示,如图 10-2 所示。

如图 10-2 所示,数组中有 4 个数据,杂乱存放在 A、B、C、D 位置处,现在要对其进行选择排序。和冒泡排序类似,从大的维度来讲需要进行 3 次排序,也就是图中的 step 0 到 step 2,但和冒泡排序通过两两比较将待排区最大值输送到数组最右端的过程相反,比较后的排序操作在每个 step 中都将数组待排区中的最小值向左端输

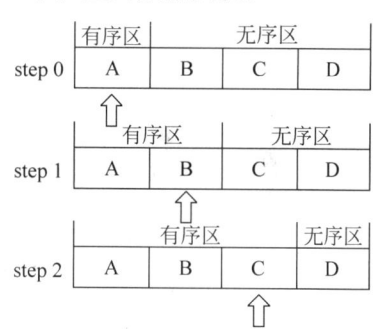

图 10-2 选择排序步骤

送。在 step 0 中将数组的最小值输送到位置 A 处,在 step 1 中将数组的次小值输送到位置 B 处,在 step 2 中将次次小值输送到位置 C 处,至此排序完成,共需要 step[i]($i=0,1,2,\cdots$)中的前 $N-1$ 个步骤,N 为数组长度。

在 step 0 步骤中先使用 A 位置作为分割下标,将数组分割为有序区和无序区,然后将 A 位置的数字和无序区的数字逐个进行比对,如果发现无序区存在有比 A 位置更小的数字,就将此数字和位置 A 处的数字进行交换,这时 A 位置处存放的便是数组的最小值。step 0 内部需要进行 $N-1$ 次比对,N 为数组长度。

在 step 1 步骤中使用 B 位置作为分割下标,然后将 B 位置处的数字和无序区数字逐个比对,若发现无序区存在更小数字就将其和位置 B 处的数字进行交换,此时 B 位置处存放的是数组中的次小值。step 1 内部需要进行 $N-1-1$ 次比对,N 为数组长度。

在 step 2 步骤中使用 C 位置作为分割下标,将 C 位置和无序区(此时无序区只剩下 D 位置)进行比较,将比较后的最小值和 C 位置进行交换,此时 C 位置存放的是数组中的次次小值。step 2 内部需要进行 $N-1-2$ 次比对,N 为数组长度。

通过以上过程就可以实现将数组从左到右,对应从小到大的顺序进行排序。对应大的维度需要 $N-1$ 个 step[i] 步骤,每个 step[i] 内部需要 $N-1-i$ 个小步骤的思路,可以使用双重 for 循环来实现选择排序,(伪)代码如下:

```
for(int i = 0; i < N - 1; i++)          //需要 N-1 个 step 实现选择排序,i 为分割位置
{
    for(int j = 1 + i; j < N; j++)       //每个 step 进行 N-1-i(N-(1+i))次比对
                                         //比对结束后,将比对结果和 i 位置交换
}
```

对以上伪代码注释中的对应部位添加 step 内部的比对操作和每个 step 结束后的交换操作语句,即可实现选择排序函数,代码如下:

```
//2.7.2/test_2.0.c
…
void xuanze(int data[], int length)
{
    for(int i = 0; i < length - 1; i++)        //这里是 step 的次数,等于 length-1 次
    {
        int min_i = i;                         //暂存分割位置下标
        for(int j = i + 1; j < length; j++)    //每个 step 内部比对 length-i-1 次
        {
            if(data[min_i] > data[j])          //获取比对结果最小值的位置下标
            {
                min_i = j;
            }
        }
        if(min_i != i)                         //如果分割位置不等于比对结果最小值位置
        {                                      //将最小值交换到当前分割位置
            int temp = data[i];
            data[i] = data[min_i];
            data[min_i] = temp;
        }
    }                                          //注意,每个 step 完成后,分割位置自加
}
…
```

使用以上实现好的函数进行选择排序,代码如下:

```
//2.7.2/test_2.0.c
#include <stdio.h>
…
int main(int argc, char ** argv)
{
    int data[10];
```

```
        printf("选择排序\n");
        printf("请输入数据:\n");

        for(int i = 0; i < 10; i++)
                scanf(" % d", &data[i]);
        xuanze(data, sizeof(data)/sizeof(int));              //这里调用了选择排序函数

        printf("排序好的数组:\n");
        for(int i = 0; i < 10; i++)
                printf(" % d ", data[i]);

        return 0;
}
```

编译文件,并输入测试数据,命令如下:

```
root@Ubuntu:~/C_prog_lessons/lesson_2.7.2#./test_2.0
选择排序
请输入数据:
99 88 77 66 55 44 33 22 11 00
排序好的数组:
0 11 22 33 44 55 66 77 88 99
```

在"请输入数据:"字样出现后,输入如上数据并按 Enter 键,选择排序程序会输出排好序的结果。可以输入其他数据进行测试,程序会输出所输入数据从小到大的排序结果。

10.3 插入排序

相对于冒泡和选择排序算法,插入排序算法复杂一些,以下是对它的详细介绍。

10.3.1 插入排序基本思想

插入排序的思想是通过将数据插入合适的位置来构建有序序列,将未排序的数字,在已排好序的序列中从后向前扫描,找到对应位置并插入。如此反复循环,直到所有数字有序排列。

10.3.2 插入排序实现逻辑

插入排序的实现主要包含以下几个步骤:

(1) 先将数组的第 1 个元素看成有序区域,将其余元素看成无序区域。对有序区域之后的第 1 个元素(其位于无序区域)和数组的第 1 个元素进行比较,若比其小就插入它之前的位置,否则无动作。以上流程完毕后,有序区域标志向后增加一个位置。

(2) 将有序区域之后的第 1 个元素(其位于无序区域)和有序区域的元素逐个比对(此时有序区域多于一个元素)。若存在大于前一个元素且小于当前元素或者比所有元素都小

的情况,就将此位置临时保存,并将此位置之后的元素依次后移一个位置,然后在此位置插入元素,否则说明要插入的元素大于有序区域的所有元素,不进行插入,保持现状即可。此流程结束后,有序区域标志向后增加一个位置。

(3) 重复步骤(2),直到无序区域被清空,至此插入排序流程结束。

以上步骤可用图例表示,如图 10-3 所示。

如图 10-3 所示,数组中有 4 个数据,杂乱存放在 A、B、C、D 位置处,现在要对其进行插入排序。暂不考虑具体排序过程,从大的维度来讲需要进行 3 次排序,也就是图中的 step 0 到 step 2。step 0 步骤处理了 B 位置数据,将其插入了有序区域,有序区域标志随之右移;step 1 步骤将数组中 C 位置数据插入了有序区域,有序区域标志随之右移;step 2 步骤将数组中 D 位置数据插入了有序区域,这时无序区域被清空,排序至此结束。共需要 $\text{step}[i](i=0,1,2,\cdots)$ 中的前 $N-1$ 个步骤,N 为数组长度。

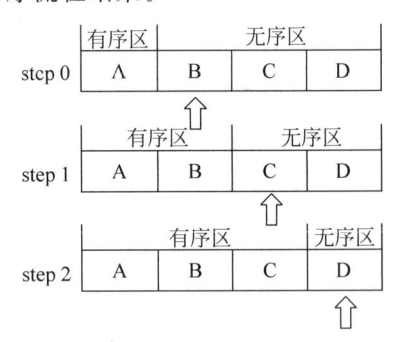

图 10-3 插入排序步骤

在 step 0 步骤中,要插入的 B 位置数据需要和有序区唯一的 A 位置数据进行比对,并依据比对结果确定是否执行插入动作,或保持现状。比对完成后,有序区域标志右移,有序区元素的个数增加,此步骤需要比对 1 次。

在 step 1 步骤中,要插入的 C 位置数据需要和有序区数据进行比对,这里最多仅需要比对 2 次(若判断出比 B 大,则可以结束比对)。

在 step 2 步骤中,要插入的 D 位置数据和有序区数据最多比对 3 次(若判断出比 C 大,则可以结束比对)。

总结以上步骤,需要 $N-1$ 个大的 $\text{step}[i]$ 步骤,每个 step 内部需要最多 $i+1$ 个步骤,就可以实现插入排序。和之前冒泡排序和选择排序稍有不同的是,每个 $\text{step}[i]$ 内部只能确定需要的最大比对次数为 $i+1$,也存在只比对一次就结束判断的情况,所以这里不宜写成双重 for 循环,并且第 2 个 for 循环为固定循环次数的逻辑,而应该设计为内层循环有"退出机制"的逻辑。这样的内层循环可使用 while 语句实现,(伪)代码如下:

```
for(int i=1; i<N; i++)                      //共需要 N-1 个 step 实现排序
{   int temp = i; int key = data[i];        //取得无序区待比对元素及其下标 i,i 自加
    while(data[temp-1]>key && temp>0)       //如果待比对元素小于有序区最后一个元素
    { data[temp] = data[temp-1];temp--; }   //比对位置前移,最大比对次数为 temp
}                                           //否则退出比对
```

在以上代码中一些循环变量和控制变量与之前推导出的变量貌似不符。注意第 1 个 for 循环是从下标 1 开始计算到 N 结束,共循环 $N-1$ 次,与之前推导出需要的 $\text{step}[i](i=0,1,2,\cdots,N-1)$ 个大的步骤的次数是相同的。不同的是 $\text{step}[i]$ 中的 i 步骤默认从 0 开始,而代码中从 1 开始。

在次循环 while 循环中,仅从 temp>0 和 temp 自减两个控制语句可以得出,while 循

环最多循环 temp 次,而 temp 值等于上层 for 循环提供的变量 i 值,而这个 i 变量值等于 step[i] 中的 $i+1$(for 中的 i 从 1 开始),也就是 while 循环内部最多循环 step[i] 中的 $i+1$ 次,所以推导结果和代码的逻辑是吻合的。

在次循环 while 循环中,还有 data[temp−1]>key 这个控制逻辑,其中 temp 表示无序区待比对元素位置,其值为 key,则 temp−1 表示有序区末尾元素位置。若有序区末尾元素值大于待比对元素,则说明需要循环比对,比对下标 temp 前移(代码中自减),while 循环继续,直到比对下标指向的元素小于(这里未考虑等于的情况,待排序数组默认没有重复数据)待比对元素,while 循环退出,比对完成,temp 指向的就是可以插入的位置。

在此 while 循环中还实现了元素后移操作,代码如下:

```c
//2.7.3/test_2.0.c

    ...
    while(data[temp-1]> key && temp> 0)
    {
        data[temp] = data[temp-1];              //元素依次后移
        temp--;                                  //比对位置前移
    }
    data[temp] = key;                            //插入数据
    ...
```

在 while 循环内部实现了元素依次后移操作,其中 data[temp]=data[temp−1] 这一句表示将 temp 比对下标指向的元素更新为它之前的元素值,这样一来原本的 data[temp] 值就丢失了,同时也实现了 temp 指向的数据和它之前的数据相等,反过来讲,temp−1 指向的数据等于向后"瞬移"。temp 原本指向无序区待比对的数据,若进入 while 循环,则每循环一次有序区数据向后"瞬移"一个位置(被覆盖的待比对数据提前被保存在 key 中),这样有序区的数据就进入了无序区,同时有序区边界也后移了一个位置。随后 temp 在有序区不断地前进比对并向后"瞬移"大于待比对数据的元素,直到 data[temp−1]>key 这一条件不再成立。此时 key 大于有序区的某数据,并且小于其相邻之后的数据,而此时 temp 的位置是"瞬移"数据之后前进到的位置,此位置数据因为已经被向后搬运备份过,等于是"瞬移"后留下的原数据的位置,是数据的"尸体"位置,修改此处数据不会破坏数组,可以将 key 值插入 temp 位置处。

如果 data[temp−1]>key 这一条件一直有效,也就是 key 比有序区所有数据都小,这时唯一能失效的就是 temp>0 这一条件,在 temp 等于 0 时触发并退出 while 循环。此时 temp 已经在有序区指向首元素(此位置也成为"尸体位置"),而此时有序区所有元素都被向后搬运了一个位置,将提前保存的待比对的数据 key 直接插入 temp 的位置即可。

如果不进入 while 循环,则说明 data[temp−1]>key 这一条件一开始就不成立,此时待比对数据大于有序区的最后一个数据,也就是它就是要进行比对的所有数据中的最大值。此时不进行搬运工作,直接将此地址的数据插入此地址(无意义操作,仅仅是流程合理),同样将 key 值插入 temp 位置处即可。

以上的过程都执行完毕后,即运行到 while 循环语句外。外层 for 循环的循环变量 i 自加,表示有序区边界向无序区扩展,直到 $i = N$ 位置。这时无序区已经不存在,for 循环退出,插入排序完成。

将以上代码完善并实现为函数,代码如下:

```c
//2.7.3/test_2.0.c
…
void charu(int data[], int length)
{
    for(int i = 1; i < length; i++)            //执行 length-1 个 step[i],i 自加
    {                                          //i 就是有序区边界,大于 length 后退出
        int temp = i;                          //获取无序区待比对元素下标
        int key = data[i];                     //获得无序区待比对元素值
        while(data[temp-1] > key && temp > 0)
        {                                      //此循环内是数据后移,比对下标前移的操作
            data[temp] = data[temp-1];
            temp--;
        }
        data[temp] = key;                      //退出循环表示比对结束,进行插入
    }
}
…
```

使用以上实现好的代码进行插入排序,代码如下:

```c
//2.7.3/test_2.0.c
#include <stdio.h>
…
int main(int argc, char **argv)
{
    int data[10];                              //定义数组 data
    printf("插入排序\n");
    printf("请输入数据:\n");
    for(int i = 0; i < 10; i++)                //获取输入数据并存入数组 data
        scanf("%d", &data[i]);
    charu(data, sizeof(data)/sizeof(int));     //使用插入排序函数
    printf("排序好的数组:\n");
    for(int i = 0; i < 10; i++)                //打印排好序的结果
        printf("%d ", data[i]);

    return 0;
}
```

编译之后输入待排序数组,并输出排序结果,命令如下:

```
root@Ubuntu:~/C_prog_lessons/lesson_2.7.3#./test_2.0
插入排序
请输入数据:
99 88 77 66 55 44 33 22 11 00
排序好的数组:
0 11 22 33 44 55 66 77 88 99
```

排序功能是正常的,读者可以自行输入其他数据验证。

提高篇　C代码在运行中

　　C语言中的很多技术细节或明显或隐晦地表现在程序运行时，编译器和硬件是如何对内存数据进行处理的，也是本篇要强调的重点。掌握C程序运行中的细节对嵌入式底层开发者极为重要，这也是人类思维和机器实现之间矛盾博弈的结果，这些博弈后的妥协设计给C语言带来了很多优势，也造成了一些无奈。正确地把握这些矛盾和冲突是区分新手和老手的标志，也是帮助读者理解C语言构建起的世界所能触及的边界。

第 11 章 构造类型和指针

CHAPTER 11

C 语言构造类型包含数组、结构体和共用体。数组之前已经讲解过,结构体和共用体类型是本章新增的知识点,指针类型是 C 语言的重点,本章对其进行简要介绍,除此之外还将介绍如何使用 typedef 关键字重定义数据类型。

11.1 C 语言结构体

21min

结构体是 C 语言中的一个重要知识点,也是一个难点,在嵌入式 C 语言编程中结构体的使用随处可见,因此必须掌握。

结构体是把不同的数据类型(例如 int、char 等)打包在一起,成为一个自定的数据类型。在编程中常会遇到几种不同数据类型互相关联的情况,这时就需要使用结构体类型。

例如,一名学生的年龄(可定义为 unsigned int 类型)、身高(可定义为 float 类型)、性别(可定义为 bool 类型)、成绩(可定义为 unsigned int 类型)等可以被定义成一个结构体数据类型。

1. 定义和初始化

接上面学生的例子,定义结构体,代码如下:

```
//3.1.1/test_1.1.c
…
struct student{                      //定义结构体数据类型,其中 student 是结构体名称
    unsigned int age;                //年龄
    float height;                    //身高
    _Bool gender;                    //性别
    unsigned int achievement;        //成绩
};
struct student student_arg;          //定义了结构体变量 student_arg,又称实例化
…
```

上面使用了 struct student 结构体类型名称来定义新的结构体变量 student_arg,还有一种方法是匿名定义结构体变量,代码如下:

```c
//3.1.1/test_1.1.c
…
struct{                              //定义匿名结构体数据类型
    unsigned int age;
    float height;
    _Bool gender;
    unsigned int achievement;
} student_arg;                       //在这里直接定义了结构体变量 student_arg
…
```

这种定义结构体变量的方法虽然简便,但是因为没有结构体类型名称,所以只能一次性定义好,不方便在其他地方(例如函数内部)定义新的结构体变量。

结构体变量的初始化,代码如下:

```c
//3.1.1/test_1.1.c
…
struct student student_arg = {16, 175.2, 1, 87};
                                     //16 岁,身高为 175.2cm,1 表示男性,成绩为 87 分
…
```

以上按照结构体内部数据的顺序依次放进花括号中,可以保证数据不会放错。下面是在结构体变量定义(又称实例化)时乱序赋值的方法(常见于 Linux 内核),代码如下:

```c
//3.1.1/test_1.1.c
…
struct student student_arg = {
    .age = 16,                       //.符号表示成员选择,赋值末尾用","不用";"
    .gender = 1,
    .achievement = 87,
    .height = 175.2
};
…
```

也可以在定义后再初始化,代码如下:

```c
//3.1.1/test_1.1.c
…
    student_arg.age = 16;            //.表示成员选择
    student_arg.height = 175.2;
    student_arg.gender = 1;
    student_arg.Achievement = 87;
…
```

定义了结构体变量后,可使用"."符号取出结构体成员对其进行操作,类似普通变量。

2. 结构体的使用

结构体的使用比较简单,可使用"."符号来取出结构体内的成员,当成普通变量来使用。接上面的例子,如果要使用 student 的 age 成员,就可以直接使用语句 student_age,这个 student_age 就是一个普通的 unsigned int 型变量。

新建示例,代码如下:

```c
//3.1.1/test_1.2.c
#include <stdio.h>

struct student{                          //定义结构体数据类型,其中 student 是结构体名称
    unsigned int age;                    //年龄
    float height;                        //身高
    _Bool gender;                        //性别
    unsigned int achievement;            //成绩
};                                       //结构体整体赋值
struct student student_arg = {16, 175.2, 1, 87};
int main(int argc, char ** argv)
{                                        //打印结构体成员内容,使用"."取成员
    printf("student_arg.age is %d \n", student_arg.age);
    printf("student_arg.height is %3.1f \n", student_arg.height);
    printf("student_arg.gender is %d \n", student_arg.gender);
    printf("student_arg.achievement is %d \n", student_arg.achievement);
    return 0;
}
```

查看运行结果,命令如下:

```
root@Ubuntu:~/C_prog_lessons/lesson_3.1.1#./test_1.2
student_arg.age is 16
student_arg.height is 175.2
student_arg.gender is 1
student_arg.achievement is 87
```

使用"."取出结构体(对象)成员适合在结构体已经实例化的情况下使用。若只有结构体地址而无实体,则可以使用"->"取出结构体(指针)成员,此类用法后面再讲。

11.2 共用体和枚举

共用体和枚举类型相对不太常用,以下是对它们的简要介绍。

11.2.1 共用体

在早期资源紧张的 51 单片机中时常能见到共用体数据类型,但随着技术的进步和嵌入式系统硬件配置的提升,共用体使用得越来越少,但也应对此有所了解。

共用体和结构体是一对很好的学习参照。结构体内部的各个成员在计算机中占用不同的内存地址,修改其中的一个成员不会影响另一个成员,但是共用体内部的各个成员在计算机中占用相同的内存地址,修改其中的一个成员必然会影响另一个成员。

为何会有这种数据结构,它解决了什么问题? 共用体能做的事情结构体都可以做,但是共用体能够节省内存,这一点在资源紧张的系统中非常重要。

1. 共用体的意义

共用体相当于一块共享内存区域，可以分时存放定义好的共用体成员。在数据类型比较接近且不会同时使用的数据结构中，可使用共用体类型，例如体育课的数据，男生是年龄、性别、跳高成绩；女生是年龄、性别、是否合格。

按照上面的思路，想要描述学生的体育课成绩，需要定义两个结构体类型，分别对应男生、女生，但是稍加观察就能发现，这两个数据结构只有最后一个不同，并且不会同时处理这两个不同的数据。

新建示例，代码如下：

```c
//3.1.2/test_1.1.c
#include <stdio.h>

struct student{
    unsigned int age;
    _Bool gender;
    union{                                  //注意在这里使用了共用体作为结构体的成员
        unsigned int Achievement;           //跳高成绩
        _Bool qualified;                    //是否合格
    } res;                                  //共用体成员名为 res
};
…
```

这样只需定义一个结构体就可以通用了。共用体适合用在成员不会同时使用的场合（看男生的跳高成绩时不会关心女生的情况，反之亦然），这样仅使用一个共用体，就可以简化数据结构并节省内存。

2. 共用体的定义和初始化

共用体的定义方法和结构体一样，但是共用体一次只能初始化一个成员，否则后初始化的成员会覆盖原先的成员（因为本就是同一内存地址）。接上面的例子，代码如下：

```c
//3.1.2/test_1.2.c
…
struct student student_arg = {              //男生的成绩
    .age = 16,                              //年龄
    .gender = 1,                            //表示男性
    .res.Achievement = 152                  //共用体表示跳高成绩
};
…
```

同样女生成绩也可使用这种数据类型进行初始化，只需初始化 .res.qualified 就可以了。

3. 共用体的使用

共用体的使用也很简单，使用符号"."选择成员即可，和结构体选择成员方法一致。切记共用体内部的成员一旦更改会影响其他成员，所以不能同时使用。

简单示例，代码如下：

```c
struct student student_arg = {
    .age = 16,
    .gender = 0,                                //表示女性
    .res.qualified = 1                          //表示合格
};
```
                                                //女生的成绩

之前使用乱序赋值.res.Achievement = 152 对 res 这个共用体成员进行了初始化，如果 res.qualified 随后也被赋值，res.Achievement 这个数值就会被修改。新建示例，代码如下：

```c
//3.1.2/test_1.3.c
#include <stdio.h>

struct student{
    unsigned int age;
    _Bool gender;
    union{                                      //注意这里使用了共用体作为结构体的成员
        unsigned int Achievement;               //跳高成绩
        _Bool qualified;                        //是否合格
    } res;
};

struct student student_arg = {                  //男生的成绩
    .age = 16,
    .gender = 1,                                //表示男性
    .res.Achievement = 152                      //跳高成绩
};

int main(int argc, char ** argv)
{
    printf("student_arg.res.Achievement = %d\n", student_arg.res.Achievement);
    //打印跳高成绩
    student_arg.res.qualified = 1;              //注意，这里修改了共用体其他成员
    printf("student_arg.res.Achievement = %d\n", student_arg.res.Achievement);
    //打印跳高成绩

    return 0;
}
```

查看运行结果，命令如下：

```
root@Ubuntu:~/C_prog_lessons/lesson_3.1.2#./test_1.3
student_arg.res.Achievement = 152
student_arg.res.Achievement = 1
```

将共用体 res.qualified 成员值修改为 1，导致另一成员 res.Achievement 值被 1 覆盖。这就是共用体和结构体的不同之处，这是需要特别注意的地方。

11.2.2 枚举

枚举类型用于指定一些常量集合。

1. 枚举的意义

枚举相对比较简单，指的是逻辑上密不可分的一些数的集合（例如星期一、星期二、星期三、……）。如果使用变量或者宏定义来指定这些数据，则会导致数据结构自由度较大且无约束，这类数据经常使用枚举类型定义。

2. 枚举的定义和使用

枚举类型的定义类似于结构体或者共用体类型，代码如下：

```
enum DAYS{MON = 1, TUE, WED, THU, FRI, SAT, SUN};
```

枚举成员中的数值都是常量，编译器默认为 int 或者 unsigned int 类型。枚举成员如果未初始化，则会自动变为前一个成员的数值加 1，例如上述的 MON 到 SUN 取值分别为 1～7，如果第 1 个成员不初始化，则默认值为 0。

和结构体、共用体不同的是，枚举成员名称可以直接作为右值（赋值运算符右边的值称为右值，即 Rvalue，左值同理，即 Lvalue）使用，而不需要使用类似"变量名.成员"的选取操作，所以枚举类型成员是公开的，并且不同枚举类型的内部成员不允许重名，而结构体、共用体允许重名。枚举类型成员可以当成常量使用，编译器将其默认为 int 或者 unsigned int 类型。

可以使用定义好的枚举类型定义枚举变量，例如 enum DAYS day，这种方法和结构体、共用体的变量定义相同，然后可以给枚举变量赋值 day = FRI，这里等号右值应该是枚举成员。

也可以进行匿名定义，这种方法和结构体、共用体匿名定义的用法一致。

注意：在 C 语言之父丹尼斯·里奇的《C 程序设计语言》中对枚举类型的定义和使用一笔带过，可见枚举并不是 C 语言的重点内容。笔者查阅了很多资料，大部分资料显示枚举变量的取值只能是定义时枚举成员的值，但笔者使用 MDK V5.34 环境 ARM Clang V6.16 编译器，还有本书所使用的 Ubuntu 18 x64 GCC 环境编译时发现，枚举变量的取值也可以不是定义时枚举类型的成员值。当枚举变量取定义时枚举类型成员值之外的值时，编译器未给出警告处理，并且运行无异常。

新建示例，代码如下：

```
//3.1.2/test_2.2.c
#include <stdio.h>

enum DAYS{MON = 1, TUE, WED, THU, FRI, SAT, SUN};        //枚举类型定义,值为1～7
```

```
    enum DAYS day = 10;                    //定义枚举变量 day
                                           //这里给 day 变量赋予了其他值
    int main(int argc, char ** argv)
    {
        printf("MON = %d \n", MON);        //打印出枚举成员值,成员是公开的,可直接使用
        printf("TUE = %d \n", TUE);
        printf("WED = %d \n", WED);
        printf("THU = %d \n", THU);
        printf("FRI = %d \n", FRI);
        printf("SAT = %d \n", SAT);

        printf("day = %d \n", day);        //打印枚举变量值
        return 0;
    }
```

查看运行结果,命令如下:

```
root@Ubuntu:~/C_prog_lessons/lesson_3.1.2#./test_2.2
MON = 1
TUE = 2
WED = 3
THU = 4
FRI = 5
SAT = 6
day = 10
```

枚举变量 day 被初始化为 10,但在其类型中,枚举成员不存在这个值,即使这样在 GCC 中也能够正常编译运行。

11.3 指针类型

指针类型是嵌入式 C 语言编程中非常常用的类型,虽然在应用编程中指针的寻址功能被弱化,但是在嵌入式底层编程中,复杂的指针使用是非常常见的,这个知识点必须掌握。

11.3.1 什么是指针

指针是一种数据类型,其值为内存地址,所以任意指针类型数据的长度和内存地址的长度大都是一样的。因为内存中存储的不论是什么类型的数据,其地址长度都是固定的,等于系统位数(寻址长度)。

新建示例,代码如下:

```
//3.1.3/test_1.0.c
#include <stdio.h>
```

```c
int main(int argc, char ** argv)
{
    int * p;                            //定义 int 类型指针变量
    char * p1;                          //定义 char 类型指针变量
    _Bool * p2;                         //定义布尔类型指针变量
    printf("%d %d %d \n", sizeof(p), sizeof(p1), sizeof(p2));
                                        //打印以上 3 种指针变量的长度
    return 0;
}
```

编译后查看运行结果,命令如下:

```
root@Ubuntu:~/C_prog_lessons/lesson_3.1.3# ./test_1.0
8 8 8
```

三种不同类型的指针,长度都是 8 字节,和系统位数(64 位系统是 8 字节)是相等的。

注意:sizeof()是 C 语言中的运算符,不是函数,优先级为 2。括号中可以填入变量或者类型名,得出其占内存长度字节数。

在以上代码中可以看出,定义指针变量需要"*"字符,定义一个 char 类型指针变量,只需 char * p 就可以了。char 表示指向的数据是 char 类型,* 表示它是一个指针变量,p 是变量名。除了指针变量外还有指针常量,例如函数名、数组名和形如 &a 之类的语句,在 C 语言中分别指代函数地址、数组地址和变量 a 的地址,并且它们都是常量。

注意:指针类型的数据可能是常量或变量。在本书中指针类型的常量数据,称其"指代"内存地址,指针类型的变量数据,称其"指向"内存地址,未定情况下则称为"指向"。

11.3.2 指针的定义和野指针

指针数据指向的内存地址存放的可以是 char、int、float 等类型的数据,也可以是未知类型(如 void 类型)的数据。指针数据甚至可以指向未知的内存地址(不建议指向这样的地址,否则会导致野指针问题),因为不建议操作未知地址,所以未初始化的指针变量要指向 NULL(0 地址)。

新建示例,代码如下:

```c
//3.1.3/test_2.0.c
#include <stdio.h>

char * char_p = NULL;               //不建议指针变量初始化时没有值,可指向 NULL
int * int_p = NULL;
short * short_p = NULL;
long * long_p = NULL;
```

```
float *float_p = NULL;

int main(int argc, char **argv)
{
    printf("char_p size is %d\n", sizeof(char_p));
    printf("int_p size is %d\n", sizeof(int_p));
    printf("short_p size is %d\n", sizeof(short_p));
    printf("long_p size is %d\n", sizeof(long_p));
    printf("float_p size is %d\n", sizeof(float_p));

    return 0;
}
```

命令如下：

```
root@Ubuntu:~/C_prog_lessons/lesson_3.1.3#./test_2.0
char_p size is 8
int_p size is 8
short_p size is 8
long_p size is 8
float_p size is 8
```

可见无论指针变量指向的数据类型是什么，变量本身的长度是固定的（为系统位数）。

11.3.3 指针的解引用

得到某数据的内存地址后，通过内存地址获取数据值的操作，叫作指针（数据）的解引用，解引用同样使用"*"符号实现。

新建示例，代码如下：

```
//3.1.3/test_3.0.c
#include <stdio.h>

int a = 120;
int main(int argc, char **argv)
{
    int *p = &a;                    //在这里把a的地址赋给p指针变量
    printf("a data is %d \n", *p);  //*p在这里解引用,取这个地址的数据
    return 0;
}
```

命令如下：

```
root@Ubuntu:~/C_prog_lessons/lesson_3.1.3#./test_3.0
a data is 120
```

指针变量解引用后的值和变量a的值是一样的，这就是用指针类型数据取出了变量的值。除了指针变量，指针常量也可以解引用，解引用后会得到其指代内存地址处存放的数据值，而指针常量的解引用一般先要进行强制类型转换（详见12.1节）。

11.3.4 指针类型和数据类型

以上内容演示了指针变量的定义和解引用。指针变量的定义和使用还需要注意一个重要的问题，也就是指针变量的类型和其指向的数据类型要匹配。

新建示例，代码如下：

```c
//3.1.3/test_4.0.c
#include<stdio.h>

int a = 120;
char b = 5;
float c = 3.14;

int main(int argc, char ** argv)
{
    int * p = &a;              //在这里把 a 的地址赋给 p
    p = &b;                    //把 b 的地址赋给 p
    p = &c;                    //把 c 的地址赋给 p
    return 0;
}
```

编译以上代码，命令如下：

```
root@Ubuntu:~/C_prog_lessons/lesson_3.1.3# gcc test_4.0.c -o test_4.0
test_4.0.c: In function 'main':
test_4.0.c:10:4: warning: assignment from incompatible pointer type [-Wincompatible-pointer-types]
  p = &b;
    ^
test_4.0.c:11:4: warning: assignment from incompatible pointer type [-Wincompatible-pointer-types]
  p = &c;
    ^
```

出现警告，提示不兼容的指针类型。在以上代码中变量 b、c 都不是 int 类型，而在 main 函数中的指针变量 p 却是 int * 类型。int * 类型的指针变量获取 int 类型数据的地址是没问题的，获取其他类型数据的地址就会出现警告，说明编译器会进行类型检查，但仅是警告而不是报错，说明编译器也容忍指针类型和数据类型不一致的情况，编程者需要自行注意。

在 C 语言开发中有时确实做不到事先获知某个内存地址所存储的数据类型，或者要先获取某个内存地址上的数据再使用强制类型转换操作时，就需要用到 void 空类型。

11.4 void 空类型

void 空类型也是一种常用的类型，此类型是 C 语言中的未定类型，常常配合指针一起使用。这部分内容不多，但因为有一定的特殊性，有必要单独讨论。

11.4.1 空类型的意义

因为 C 语言是强类型语言,所以定义指针变量时,指针变量类型必须和指向的数据类型一致,但是也有一种情况,就是指针指向的内存地址的数据类型是未知的,这时就需要空类型,其实空类型也就是一种万能匹配类型。

新建示例,代码如下:

```c
//3.1.4/test_1.0.c
#include <stdio.h>

void *p;
void a;
int main(int argc, char **argv)
{
    return 0;
}
```

编译代码,命令如下:

```
root@Ubuntu:~/C_prog_lessons/lesson_3.1.4# gcc test_1.0.c -o test_1.0
test_1.0.c:4:6: error: storage size of 'a' isn't known
 void a;
      ^
```

这说明 void 类型不能用于定义普通变量,而定义指针变量是没问题的。void 类型的指针变量可以指向任何类型数据的内存地址。

11.4.2 空类型的使用

空类型是 C 语言中特殊的类型,用于一些数据类型未指定的场合。

1. 空类型的指针

void 空类型指针的定义和使用示例,代码如下:

```c
//3.1.4/test_2.1.c
#include <stdio.h>

void *p = NULL;          //定义空类型指针,并指向 NULL(防止野指针)
int data_read;           //读取要使用的变量
char a;                  //定义了 3 个不同类型的变量
float b;
int c;
int main(int argc, char **argv)
{
```

```
            p = &a; p = &b; p = &c;      //当使用 void 指针获取不同类型变量地址时不会报错
            p = (void *)0X30008000;      //假设这个地址存放了数据
            data_read = *(int *)p;       //把 0X30008000 地址的值赋给 data_read
                                         //void 类型不能直接解引用,需强制类型转换
                                         //必须指定类型(强转),才能解引用

            return 0;
        }
```

编译以上代码,编译器并未报警告,说明 void * 类型类似一种"通用"的指针类型,其中 (void *)0X30008000 表示把 0X30008000(常量)强制类型转换(详见 12.1 节)为 void 指针类型,并赋给 void 指针类型的变量 p。

*(int *)p 这个表达式分析如下:* 运算符和(类型)运算符都是优先级为 2 的运算符,其结合性为右结合,故先运算(int *)p,表示把 p 强制类型转换为 int * 类型的指针。*(int *)p 表示对 p 进行解引用,最后 data_read 会得到 0X30008000 这个内存地址上数据的值(p 是 int * 类型指针,解引用的值视为 int 类型)。

查看运行结果,命令如下:

```
root@Ubuntu:~/C_prog_lessons/lesson_3.1.4# ./test_2.1
Segmentation fault (core dumped)
```

以上(段)错误表示访问了非法地址,由于 0X30008000 这个地址是笔者随意编造的地址,所以操作系统阻止了这个地址的访问。虽然使用空类型的指针变量成功地获取了这个地址,但是解引用却是非法的,当然这个非法是由操作系统判定的,不是由编译器判定的。也就是说 C 语言中的 void 类型实现了指针(数据)匹配的灵活性,也带来一些风险,此类问题是要编程者自行注意的。

2. 空类型形参和返回

void 空类型除了用于指针类型的定义外,还常用于函数形参和函数返回值的定义。形参为 void 类型表示无形参,返回值为 void 类型表示函数无返回值。

11.5　typedef 重定义类型

由于 C 语言允许自定义类型,所以提供了 typedef 重定义方法。typedef 的用法主要有两种,一种是对基本数据类型起别名,另一种是对自定义数据类型重定义类型名称。通过 typedef 重定义类型名称,较好地解决了 C 代码在不同平台之间移植时,遇到的类型名称不匹配问题。

11.5.1　typedef 重定义基本数据类型

新建示例,代码如下:

```
//3.1.5/test_1.0.c
#include <stdio.h>
```

```
typedef unsigned char u8;                  //使用typedef对基本数据类型进行了重定义
typedef unsigned short u16;
typedef unsigned int u32;
typedef unsigned long u64;
int main(int argc, char **argv)
{
    printf("%ld %ld %ld %ld\n",            //打印重定义之后的类型长度
    sizeof(u8), sizeof(u16), sizeof(u32), sizeof(u64));
    return 0;
}
```

查看运行结果,命令如下:

```
root@Ubuntu:~/C_prog_lessons/lesson_3.1.5#./test_1.0
1 2 4 8
```

可见经过 typedef 重定义之后的数据类型和原始数据类型的长度是完全一样的。typedef 对基本数据类型起别名的功能,在跨平台移植 C 代码时,可以很好地解决各个不同平台之间数据类型名称不匹配的问题。

11.5.2　typedef 重定义结构体类型

在定义结构体时,定义语句往往比较长,这时可以使用 typedef 重定义,以简化结构体的定义语句。新建示例,代码如下:

```
//3.1.5/test_2.0.c
#include <stdio.h>

typedef struct {                           //使用typedef对结构体类型重定义
    int a;
    char b;
    float c;
} my_struct_t;

my_struct_t stu_a;                         //使用重定义后的类型定义结构体变量
int main(int argc, char **argv)
{
    stu_a.a = 10;
    stu_a.b = 127;
    stu_a.c = 3.14;
    printf("%d %d %f \n", stu_a.a, stu_a.b, stu_a.c);
    return 0;
}
```

编译后查看运行结果,命令如下:

```
root@Ubuntu:~/C_prog_lessons/lesson_3.1.5#./test_2.0
10 127 3.140000
```

程序运行正常。使用 typedef 对结构体类型重定义之后,可以用重定义的 my_struct_t

类型定义结构体变量并使用,和使用 struct 加结构体名定义结构体变量的效果是完全一致的,并且定义语句简洁了很多。

11.5.3 typedef 重定义函数指针类型

在 C 语言中 typedef 还常常用于重定义函数指针类型,函数指针的使用详见 13.4 节。这里使用 typedef 重定义函数指针类型,并用此类型定义函数指针变量。

新建示例,代码如下:

```c
//3.1.5/test_3.0.c
#include <stdio.h>

typedef void (*func_t)(char *);              //重定义函数指针类型
void func(char *str)                         //重定义函数实体
{
    printf("%s", str);
}

func_t func_my;                              //实例化函数指针变量
int main(int argc, char **argv)
{
    func_my = func;                          //函数指针变量获取函数地址
    func_my("this is a pointer call \n");
    func("this is a pointer call \n");
    return 0;                                //使用指针调用函数和传统方式调用
}
```

其中 typedef void (*func_t)(char *) 语句是重点,这里大致阐述此表达式的解析逻辑。此表达式包含两个括号,而括号运算符有两种意义:

(1) 如果括号中是表达式,则表示表达式被优先执行。

(2) 如果括号中是形参,则表示函数。

在这两种表示法中,括号运算符的优先级都是 2,并且括号的结合性为左到右。也就是在 (*func_t)(char *) 这个表达式中,(*func_t) 先被解析,表示这是一个指针类型;完整表达式为 void (*func_t)(char *),表示这是一个指向函数的指针类型,指向的函数无返回值,并且带有一个 char * 类型参数。最后此表达式被 typedef 重定义为 func_t 类型,可用于定义函数指针变量。

查看运行结果,命令如下:

```
root@Ubuntu:~/C_prog_lessons/lesson_3.1.5#./test_3.0
this is a pointer call
this is a pointer call
```

使用 func_my 函数指针调用函数和直接使用 func 的效果是完全一样的,其中原理在 13.4 和 15.1 节有详细描述。本部分的目的是学会使用 typedef 重定义函数指针类型,并使用重定义好的类型定义函数指针变量,以便于之后学习函数指针相关内容。

第 12 章　C 语言对内存的使用

CHAPTER 12

本章主要讲解大小端格式、对齐访问、变量的作用域和生命周期等内容。

12.1　强制类型转换和大小端

C 语言是强类型语言,即使在定义指针变量时也要指明指向的目标数据类型。这样做的好处是程序中数据类型明确,编译器解析效率较高,这也是 C 语言能成为底层语言的原因之一。缺点是不同类型的数据在交流时往往需要转换,而转换方式有两种,一种是自动类型转换,在 5.2 节中已经讲解过;另一种为强制类型转换。

12.1.1　强制类型转换

无论哪一种数据类型都是存放在内存中的二进制数,当存放的数据格式和要使用的数据格式不匹配时,就需要进行类型转换。

新建示例,代码如下:

```
//3.2.1/test_1.0.c
#include <stdio.h>

char a = 128;                              //有符号数 128,C 语言规定 byte 用 char 类型
int main(int argc, char ** argv)
{
    printf("a is %d a as u8 is %d \n", a, (unsigned char)a);    //以下:将 a 强制类型转换为一字节无符号数
    return 0;
}
```

查看运行结果,命令如下:

```
root@Ubuntu:~/C_prog_lessons/lesson_3.2.1#./test_1.0
a is -128 a as u8 is 128
```

经过强制类型转换以后,有符号数变成了无符号数。因为 128 在一字节有符号数中为 −128,所以经过强制类型转换后,编译器会改变对原有数据的解析方式。

12.1.2 大端和小端格式

端(Endian)模式这个词出自 Jonathan Swift 书写的《格列佛游记》。这本书根据把鸡蛋敲开的方法将所有的人分为两类，从圆头开始把鸡蛋敲开的人被归为大端(Big Endian)，从尖头开始把鸡蛋敲开的人被归为小端(Little Endian)。小人国的内战就源于吃鸡蛋时究竟从大端还是从小端敲开鸡蛋，在计算机业大端和小端格式也几乎引起一场战争。

内存中的数据是以字节为单位进行存储的，每个地址单元对应一字节，但是很多时候数据除了 8 位的 char 类型，还有 16 位的 short 类型、32 位的 long 类型(每种类型占多少字节要视具体的编译器而定)，必然存在多字节安排的问题。不同的 CPU 存放多字节的顺序不同，有些在起始地址存放低位字节(低位先存)，即小端格式；有的 CPU 在起始地址存放高位字节(高位先存)，即大端格式。例如 Intel 的 CPU，采用的是小端格式，而 51 单片机则为大端格式，大端小端对应数据在计算机中的存放顺序。

假设书写顺序从左到右对应的内存地址从高到低，则大端格式的 0x12345678 存储顺序为 0x78、0x56、0x34、0x12，小端格式的 0x12345678 存储顺序为 0x12、0x34、0x56、0x78。

可以编写程序测试所使用的机器是大端格式还是小端格式，代码如下：

```
//3.2.1/test_2.0.c
#include <stdio.h>

int main(int argc, char ** argv)
{
    int a = 1;                              //a 为 1
    char *p = &a;                           //取到 a 的起始(低)地址

    if( *p == 1)                            //低字节存放数据
        printf("little endian \n");
    else if( *p == 0)                       //低字节没有存放数据
        printf("big endian\n");
    else
        printf("error! \n");
    return 0;
}
```

查看运行结果，命令如下：

```
root@Ubuntu:~/C_prog_lessons/lesson_3.2.1#./test_2.0
little endian
```

目前市面上常见的硬件多数采用的是小端格式。

12.2 结构体的对齐访问

结构体是 C 语言的一大难点，特别是在嵌入式 C 语言编程中，使用结构体往往要考虑数据在内存中的排布问题，而在应用编程中无须考虑。对于底层开发者而言，需要明白计算机硬件的一些特性,以及软件对这些硬件特性做的一些取舍设计。

12.2.1 结构体中成员的偏移

访问结构体成员,本质上是使用结构体首地址加成员的地址偏移量来进行访问。要确定结构体成员的地址偏移量比较复杂,因为结构体要考虑对齐访问,所以每个成员占用字节数和所属类型占用字节数不一定一致。

当用"."的方式来访问结构体元素时,不用考虑结构体元素的对齐问题,编译器会处理这个细节。C语言本身是很底层的语言,做嵌入式软件开发经常需要从内存角度,以指针方式来处理结构体成员,因此需要掌握结构体对齐规则。

offsetof(struct_type, memberName)是一个宏定义,其作用是获取结构体成员偏移量。参数 struct_type 是结构体类型,参数 memberName 是成员名。使用这个宏需要包含 <stddef.h>头文件,返回值是成员地址相对于结构体首地址的偏移量。

新建示例,代码如下:

```
//3.2.2/test_1.0.c
# include <stdio.h>
# include <stddef.h>                    //注意要包含此头文件

struct test{
    char a;
    int b;
    float c;
};

int main(int argc, char ** argv)
{                                       //输出成员 b 相对于 test 结构体的地址
    printf("offset is % d\n", offsetof(struct test, b));
    return 0;
}
```

查看运行结果,命令如下:

```
root@Ubuntu:~/C_prog_lessons/lesson_3.2.2# ./test_1.0
offset is 4
```

输出的 offset 值是 4,也就是 int b 这个数据,相对结构体首地址竟然有 4 字节的偏移量,在它前面只有一个 char a,难道一个 char 类型能占用 4 字节吗? 这就引出结构体对齐访问的问题。

12.2.2 结构体为何要对齐访问

结构体中成员对齐访问主要是为了配合硬件,硬件本身有物理限制,对齐排布和访问会提高数据访问效率,否则数据访问效率会大大降低。在 64 位系统中,CPU 每次按照 8 字节对齐访问内存,效率是最高的,不对齐访问效率要降低一半。原因在于总线一次寻址长度取决于机器位数,64 位系统总线一次寻址长度为 64 位。如果内存不按照 8 字节对齐,数据跨界存放,就需要寻址内存两次,导致效率降低。

当然还有别的因素和原因,导致硬件需要对齐访问,例如 iCache 的一些缓存特性,还有其他硬件的一些内存依赖特性,例如内存管理单元(Memory Management Unit,MMU)、液晶显示器(Liquid Crystal Display,LCD),也要求内存对齐访问。

对齐访问和不对齐访问的区别在于,对齐访问牺牲了内存空间,换取了访问速度,提升了访问性能,而非对齐访问牺牲了访问速度和性能,换取了内存空间的完全利用。

编译器本身可以设置内存对齐的规则。一般 32 位编译器默认的对齐方式是 4 字节对齐,64 位编译器默认的对齐方式是 8 字节对齐,不论哪一种都是和 CPU 寻址长度一致的对齐访问方式效率最高。

实际测试,在 Ubuntu 18 64 位系统中,GCC 默认的对齐方式是 8 字节对齐。

12.2.3 在 GCC 中对齐访问的方法

1. GCC 支持但不推荐的对齐指令

GCC 支持但不推荐的对齐指令为#pragma pack()和#pragma pack(n)(n = 1 / 2 / 4 / 8)。

#pragma 的作用是设置编译器的对齐方式。在 64 位系统中,编译器默认的对齐方式是 8 字节对齐,但是有时需要修改编译器的对齐方式。常用的设置编译器对齐方式的指令有两种:第 1 种是#pragma pack(n),n 表示设置为多少字节对齐;第 2 种是#pragma pack(),表示取消编译器自定义对齐。

以#pragma pack(n)开头,以#pragma pack()结尾定义一个区间,这个区间内的对齐数是 n。#pragma pack 在很多 C 语言环境中都是支持的,在 GCC 中也支持,不过不建议使用。

新建示例,代码如下:

```
//3.2.2/test_3.1.c
# include < stdio.h >

struct test1{
     char a;
     int b;
     float c;
} str_test1;

# pragma pack(1)                //这里分别设置 1 和 2,比对一下
struct test2{
     char a;
```

```
        int b;
        float c;
} str_test2;
#pragma pack()

int main(int argc, char **argv)
{
        printf("str_test1 size is %d \n", sizeof(str_test1));
        printf("str_test2 size is %d \n", sizeof(str_test2));

        return 0;
}
```

命令如下:

```
root@Ubuntu:~/C_prog_lessons/lesson_3.2.2#./test_3.1
str_test1 size is 12
str_test2 size is 9
```

1字节对齐时 str_test2 的长度是 9,2 字节对齐时 str_test2 的长度是 10,str_test1 取默认 8 字节对齐,长度为 12。可见同一个结构体当取不同的对齐方式时,占用的内存长度是不一样的。#pragma pack(n)当 n=4 或 8 时,结构体变量的大小不再变化,后面会解释。

2. 结构体对齐访问的内存排布

可以想象编译器在结构体占用的内存中,划分了许多格子,1 个格子代表 1 字节。n 字节对齐,就是 n 字节一层(n=1/2/4/8)。

右边是 8 字节对齐,左边是 4 字节对齐,如图 12-1 所示。

其 4 字节和 8 字节对齐时内存分布如图 12-2 所示。

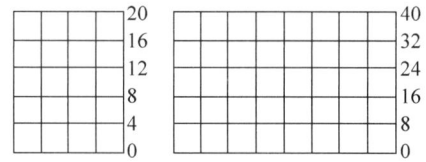

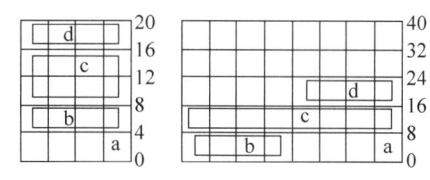

图 12-1 不同对齐数的结构体内存划分   图 12-2 不同对齐数时结构体内数据的排布

一个数据的终止地址,不是由自己决定的,而是由后面的数据决定的。数据放入内存中后,如果后面的数据和当前数据挤在"一层楼"会溢出,编译器就会安排后面的数据去"高一层楼",当前楼层的空"房间"被所在数据占位即可。

在 8 字节对齐时,虽然 a 和 b 在"一层楼"挤得下,但是不可以挨着放,其中有一个自身对齐数和指定对齐数的优先级判断逻辑,大致如下:

(1) 结构体成员对齐数=编译器指定对齐数和当前成员长度的最小值。

(2) 结构体的长度是整体对齐数(默认为成员对齐数中的最大值,也可以指定)的整数倍。

如果 b 的长度是 4 字节,小于编译器默认的 8 字节对齐,则 b 按照 4 字节对齐,起始地址必须是 4 的整数倍,所以不能挨着 a 存放。当将编译器指定为 4 字节对齐时,结构体整体对齐数取指定对齐数 4 和最大成员长度 8 中的最小值,因此整体对齐数为 4,结构体长度为 20 字节。当指定 8 字节对齐时,最大成员长度是 8,等于编译器对齐数 8,所以整体对齐数为 8,长度为 24 字节。结构体长度必须是整体对齐数的整数倍,空出的占位也要计入长度。

新建示例,代码如下:

```
//3.2.2/test_3.2.c
#include<stdio.h>

#pragma pack(8)                              //对齐数是 8
struct test{
    char a;                                  //1 字节
    int b;                                   //4 字节
    long int c;                              //8 字节
    float d;                                 //4 字节
};
#pragma pack()

int main(int argc, char **argv)
{
    printf("size is %d\n", sizeof(struct test));
    return 0;
}
```

命令如下:

```
root@Ubuntu:~/C_prog_lessons/lesson_3.2.2#./test_3.2
size is 24
```

把 test_3.2.c 文件中的 #pragma pack(8) 修改为 #pragma pack(4),编译执行后可以看到结构体的长度变成了 20,因为结构体整体对齐数发生了改变。在 test_3.1.c 文件中修改 pragma pack(n),当 n=4 或 8 时,结构体的长度不再变化,这是因为结构体成员的最大长度为 4 字节,指定对齐数为 4 或 8,最大成员对齐数都是 4,而结构体整体对齐数默认等于最大成员对齐数。

小比喻——结构体对齐和大学宿舍。

有一个奇怪的大学宿舍,需要给大一新生买床,为了便于采购,宿管老师购买的所有的床铺都一样。

宿管老师购买床铺标准如下:床按照学生中身高最高的买,长度必须统一,个子小可以拼床。少部分同学长得高,需要 8m 的床,导致宿管老师买的床都是 8m 长。

最高个子的学生,一个人睡长 8m 的床没问题,个子小的学生只能多个人拼床睡,如果空余空间不够后面的人睡,就只好去下一张床挤一挤。学生拼床拼出了经验,按每个人先来后到,从床头到自己身高的整倍数划分自己的睡觉空间,这样虽然浪费了一些空间,但是井井有条,很规整。

宿管老师很满意,他可以按照学生身高×n 这种方法,很快定位到可能是这个身高学生

3. GCC 推荐的对齐指令

__attribute__((aligned(n)))和__attribute__((packed))是 GCC 推荐的对齐指令。

__attribute__((packed))指令的作用是取消对齐访问,使用时直接将其放在要取消内存对齐的类型定义之后,作用范围为增加了该指令的类型。

__attribute__((aligned(n)))指令的作用是将结构体整体对齐数指定为 n,各结构体成员对齐数仍旧取编译器对齐数和当前成员长度的最小值,最大成员对齐数不再默认为整体对齐数,而是指定为 n。使用时直接将指令放在要进行内存对齐的类型定义之后,作用范围为增加了该指令的类型。

新建示例,代码如下:

```
//3.2.2/test_3.3.c
#include <stdio.h>

struct test1{
    char a;
    int b;
    float c;
}__attribute__((aligned(8)));
                        //将结构体整体对齐数指定为 8
struct test1 str_test1;

struct test2{           //GCC 的默认对齐数为 8,成员对齐数等于成员长度和 8 的最小值
    char a;             //最大成员长度为 4,最大成员对齐数为 4,
    int b;              //整体对齐数默认为最大成员对齐数为 4
    float c;
};
struct test2 str_test2;

int main(int argc, char ** argv)
{
    printf("str_test1 size is %d \n", sizeof(str_test1));
    printf("str_test2 size is %d \n", sizeof(str_test2));

    return 0;
}
```

查看运行结果,命令如下:

```
root@Ubuntu:~/C_prog_lessons/lesson_3.2.2#./test_3.3
str_test1 size is 16
str_test2 size is 12
```

str_test1 因为强制指定整体对齐数为 8,结构体长度为 16。str_test2 编译器默认 8 字节对齐,最大成员对齐数为 4,导数结构体整体对齐数为 4,长度为 12。

12.3 变量的作用域和生命周期

作用域是一个空间概念,变量的作用域表示变量在代码中起作用的空间范围;生命周期是一个时间概念,表示变量在代码中持续的时间范围。掌握这两者的相关知识,对于 C 语言编程者来讲至关重要。

12.3.1 变量的作用域

作用域是一个空间概念,表示变量起作用的空间范围。

1. 全局变量的作用域

全局变量的作用域通常是整个 C 代码工程中的代码文件,但在没有外部声明的情况下,全局变量的作用域仅存在于当前 C 文件,并且生效于定义该全局变量的语句之后。

> **注意**:C 代码工程不是一个 C 语言标准概念。在实际的工程中,不太可能将所有的程序都写在一个 C 文件中,而是分开写在多个 C 文件中,形成耦合调用关系,并由编译器统一编译链接成可执行的目标文件,这样的一个工程体系称为 C 代码工程。

只要在一个 C 代码工程的任意一个文件中定义了全局变量,其他的代码便可以使用,只需加上 extern 外部声明,所以全局变量的作用域是整个 C 代码工程中的程序代码。

2. 局部变量的作用域

局部变量的作用域仅存在于定义它的函数内部,并且局部变量和全局变量可以重名,当局部变量和全局变量重名时,遵循就近原则,局部变量会优先被使用。

新建示例,代码如下:

```c
//3.2.3/test_1.2.c
#include <stdio.h>
#include <unistd.h>

int a = 10;                          //全局变量a
void test(void)
{
    int c;                           //以下:打印局部变量c和全局变量a自加后的值
    printf("c is %d global_a is %d \n", c++, a++);
}

int main(int argc, char ** argv)
{
    int a = 20;                      //局部变量a
    printf(" a is %d \n", a);
```

```
    while(1)
    {
        sleep(1);
        test();                              //运行函数,观察打印出的值
    }
    return 0;
}
```

查看运行结果,命令如下:

```
root@Ubuntu:~/C_prog_lessons/lesson_3.2.3#./test_1.2
a is 20
c is 0 global_a is 10
c is 0 global_a is 11
…
```

a is 20 是 main 函数打印出来的值,可见局部变量和全局变量同名时会优先使用局部变量。test 函数的局部变量 c 的值一直是 0 而全局变量 a 一直在自加,说明函数每次调用时,局部变量的值是被重置的(其实是消失之后再重新生成,严格来讲已经不是之前的局部变量了),全局变量的初值不受函数调用的影响。

3. 在代码块中的局部变量

代码块就是用花括号括起来的代码。在 C 语言(C99 标准)中常见在代码块中定义的变量,此类变量算是一类特殊的局部变量,只能定义在函数内部,也只能在代码块内部起作用。

新建示例,代码如下:

```
//3.2.3/test_1.3.c
#include <stdio.h>

int main(int argc, char **argv)
{
    int a = 10;                              //局部变量 a
    {
        int a = 0;                           //{}中再定义局部变量 a
        printf("a = %d \n", a);              //打印 a 的值
    }
    printf("a = %d \n", a);                  //打印 a 的值
    return 0;
}
```

查看运行结果,命令如下:

```
root@Ubuntu:~/C_prog_lessons/lesson_3.2.3#./test_1.3
a = 0
a = 10
```

因为代码块中已经定义了变量 a 且被初始化为 0,其作用域仅在被定义的代码块内部,因此代码块中打印出的变量 a 的值为 0。而第 1 个局部变量 a 的作用域是整个 main 函数

内部,和代码块中的变量 a 不是一个变量,也互不影响,所以其值最终打印出来是 10。

12.3.2 变量的生命周期

生命周期是一个时间概念,表示变量生效的时间范围。

1. 全局变量的生命周期

全局变量的生命周期存在于整个程序运行期间,直到程序结束全局变量才会消失。

2. 局部变量的生命周期

局部变量存储于栈内存中(详见 14.2 节),栈内存在函数退出之后便会被回收,因此局部变量的生命周期和其所属函数的生命周期是一致的。

新建示例,代码如下:

```c
//3.2.3/test_2.2.c
#include <stdio.h>

void func(void)
{
    int a = 123;                        //函数中的局部变量 a
    printf("&a = %p \n", &a);           //打印 a 所在内存的地址
}
int main(int argc, char ** argv)
{
    int * p = NULL;                     //定义指针变量 p
    func();                             //运行 func
    scanf("%p", &p);                    //获取输入的地址,赋值给指针变量 p
    printf("*p = %d \n", *p);           //解引用,查看是否被销毁
    return 0;
}
```

以上代码首先在 main 函数中调用了 func 函数,func 会打印出内部局部变量 a 的内存地址。func 函数退出之后,将 a 的内存地址(手动)作为 scanf 的输入,scanf 函数会将该输入赋值给指针变量 p,接着打印出 p 解引用的值,其目的是查看局部变量的值是否还存在。

程序执行后将输出的地址值手动输入,随后查看运行结果,命令如下:

```
root@Ubuntu:~/C_prog_lessons/lesson_3.2.3#./test_2.2
&a = 0x7ffff3897094
0x7ffff3897094
*p = 123
```

指针 p 解引用之后,复原了 func 函数中局部变量 a 的值。这说明即使函数已经退出,栈内存已经被回收,但是其所存储的值往往并没有立即消失,这是需要注意的地方。

其实可以再引申一下,代码块中的局部变量的值是否可以延续到函数退出之后?

新建示例,代码如下:

```c
//3.2.3/test_2.2.1.c
#include <stdio.h>

int main(int argc, char ** argv)
{
    int * p = NULL;                       //定义指针变量
    int a = 10;                           //定义局部变量a
    {
        int temp = 123;                   //{}中再定义局部变量temp
        printf("&temp = %p\n", &temp);    //打印temp的地址
    }
    scanf("%p", &p);                      //获取输入地址并存储在指针变量p
    printf("*p = %d\n", *p);              //解引用指针p
    printf("a = %d\n", a);                //打印局部变量a的值
    return 0;
}
```

以上代码和之前代码的逻辑类似,都是先打印出(代码块中)局部变量的地址,然后等程序运行到局部变量作用域(也意味着生命周期结束),再通过 scanf 获取(代码块中)局部变量的地址并存储到指针变量 p 中,解引用查看其值是否还存在。

程序执行后将输出的地址值手动输入,随后查看运行结果,命令如下:

```
root@Ubuntu:~/C_prog_lessons/lesson_3.2.3#./test_2.2.1
&temp = 0x7fff2b7a9018
0x7fff2b7a9018
*p = 123
a = 10
```

以上结果说明,程序执行到代码块作用域之后,代码块中定义的局部变量,其地址上存储的值依旧存在(但该局部变量生命周期已经结束)。同时,对比 main 函数中定义的局部变量 a 可以正常打印,说明了局部变量生命周期的结束也分先后,在代码块中的局部变量生命周期会先结束,在函数"根目录"的局部变量生命周期最长。即使局部变量的生命周期结束,其地址上存储的值往往并没有立即消失。

3. 局部静态变量的生命周期

局部静态变量的生命周期从其所在的函数被调用开始体现,一直持续到程序结束,这一点部分类似全局变量。

新建示例,代码如下:

```c
//3.2.3/test_2.3.c
#include <stdio.h>
#include <unistd.h>

void func(void)
{
    int a = 0;                            //局部变量
    //static int a = 0;                   //局部静态变量(暂不打开屏蔽)
```

```
        printf("a is %d \n", a++);
}
int main(int argc, char ** argv)
{
        while(1)
        {
                func();
                sleep(1);
        }
        return 0;
}
```

查看运行结果,命令如下:

```
root@Ubuntu:~/C_prog_lessons/lesson_3.2.3#./test_2.3
a is 0
a is 0
…
```

运行 func 函数打印出其中局部变量 a 的值,每次都是 0,并没有显示出自加效果。因为函数每次运行,局部变量都要在栈内存上生成并初始化,虽然也完成了自加操作,但随着函数退出其生命周期也就结束了,所以局部变量每次生成(严格来讲每次变量都和之前不同)都会被初始化为 0。

打开 func 函数中被注释的 static int a = 0 语句,并屏蔽 int a = 0 语句。static 关键字可以将普通局部变量指定为局部静态变量,其生命周期会发生变化。重新编译运行,命令如下:

```
root@Ubuntu:~/C_prog_lessons/lesson_3.2.3#./test_2.3
a is 0
a is 1
a is 2
…
```

上述结果显示出了自加效果,因为增加 static 关键字之后,局部变量 a 就成为局部静态变量。在编译器看来,此类变量和全局变量相同,其内存地址也不位于栈内存区域,而是和全局变量一样位于 Data 段(段的知识详见 16.2 节),其作用域依旧位于函数内部,但是生命周期却体现于自函数调用开始后的整个程序运行期间。

12.4 运算中的临时变量

临时变量不是一个标准 C 语言概念,而是实践中得出的概念。C 语言在运行中对变量会有一些隐晦的处理,经验不足的新手一不小心就可能犯下错误,使程序不能正常运行,这些错误往往和临时变量有关,所以对这样的一个非标准概念也需要了解和熟悉。

12.4.1 临时变量现象

在 C 语言的数值缩放运算中,运算式本身可视为"临时变量",它会引起一些现象。

1. 扩大运算的天花板

在 C 语言中,扩大运算常常会有一些难以名状的错误,这些错误和 C 语言中的临时变量导致的现象有关。

新建示例,代码如下:

```c
//3.2.4/test_1.1.c
#include <stdio.h>

int main(int argc, char ** argv)
{
    unsigned int temp = 4294967290;        //这里定义了一个接近 u32 最大值的数
    printf("%u \n", temp * 10);            //打印出增大 10 倍的值
    return 0;
}
```

查看运行结果,命令如下:

```
root@Ubuntu:~/C_prog_lessons/lesson_3.2.4#./test_1.1
4294967236
```

运行结果是不对的,出来了一个始料未及的值。尝试把 temp 的值改小一点,去掉末尾的 2 位数,再编译运行一下。

查看运行结果,命令如下:

```
root@Ubuntu:~/C_prog_lessons/lesson_3.2.4#./test_1.1
429496720
```

此结果是正常的。通过以上实验结果,初步假设,在一个数据类型本身值接近满值时,再进行扩大计算会导致计算错误。于是修改程序,代码如下:

```c
//3.2.4/test_1.1.c
    ...
    unsigned char temp = 249;              //这里定义了一个接近 u8 最大值的数
    printf("%lu \n", temp * 10);
    ...
```

查看运行结果,命令如下:

```
root@Ubuntu:~/C_prog_lessons/lesson_3.2.4#./test_1.1
2490
```

定义了 u8 类型的数,初始化接近满值,进行扩大 10 倍的计算,结果却是正确的,很明显之前的结论不完全正确。

这里分析一下算术表达式 temp×10 是如何运行的:当 temp 是 u32 类型且接近满值

时，对其进行扩大 10 倍计算，得到的值是错的，而当 temp 是 u8 类型且接近满值时，对其进行扩大 10 倍计算，得到的值是正确的。可见有一个天花板在限制扩大计算的范围，而这个"天花板"就是要讨论的"临时变量"。

2. 扩大运算的运行逻辑

仔细思考类似 temp×10 的表达式是如何运行的。经过大量测试，发现一旦 temp×10 的值超过一个 u32 所能表示的范围，运行结果就是错的，这里可以给出假设。

假设形如 temp×10 的运算，有一个 u32 类型的隐形变量保存了其计算结果，最终得到的结果就是这个隐形变量的值。如果以上假设成立，则不可以进行超出 u32 最大值的运算，但是很快又出现如下问题。

新建示例，代码如下：

```
//3.2.4/test_1.2.c
#include<stdio.h>

int main(int argc, char **argv)
{
    unsigned int temp = 4294967290;        //这里定义了一个接近u32最大值的数
    printf("%lu \n", (long)temp * 10);     //这里强制类型转换为64位数
    return 0;
}
```

命令如下：

```
root@Ubuntu:~/C_prog_lessons/lesson_3.2.4#./test_1.2
42949672900
```

这一次运行结果正常。只需把 temp 转换为 64 位数，结果就是正常的，说明以下问题：

（1）运算结果一直都是正确的，是一个 32 位数，只是被隐式保存了起来。在 5.2 节中已经讲过，这个现象称为"整型提升"。

（2）如果把一个参与运算的数通过强制类型转换提升了长度，则会导致临时变量容量增加而不易出错。

以上都是 C 语言隐式转换的实际编程，可以看出参与运算的数据本身也会影响临时变量的容量。为了精度考虑，C 语言编译器隐晦地进行了整型提升，或者可以通过强制类型转换让 C 语言编译器主动提升参与运算变量的长度以增加临时变量的容量。在上述示例中，也可以通过强制类型转换常数 (long)10 而不是 (long)temp，同样可以得到正确结果。

12.4.2　临时变量的内因

算术表达式中的临时变量究竟存不存在，它又解决了什么问题？

答案是临时变量既存在也不存在，认为它存在，是因为在整型提升过程中，参与运算的变量的数据长度都被提升到了 int 类型，严格来讲整型提升之后的变量已经不是初始定义

的变量了，有一个 int 类型的数据存储了运算结果；认为它不存在，因为存储结果的"临时变量"在运算完成后就无处可寻，类似从没存在过。

使用一个 char 类型变量，临时变量可以输出 int 类型的数据，是因为整型提升的结果。如果一个 int 类型变量还不够存储表达式的数据，则可以把表达式中参与运算的数/变量强制类型转换为更高长度，编译器会进行隐式转换，让其"临时变量"能够输出更高的位数，不会计数异常。

第 13 章　指针初探

CHAPTER 13

指针是 C 语言中非常重要的数据类型，之前的内容中也使用过了指针类型，在本章中则对指针类型进行正式探讨。

13.1　数组和指针

指针是 C 语言的精髓，C 语言很大一部分内容是围绕指针进行的。之前的内容已经或多或少地使用过指针类型的数据，下面将正式研究指针和内存的关系。

13.1.1　数组在内存中的存在

指针作为一种数据类型，如何被赋值、解引用，以及其和 void 类型配合对被指向的地址中的数据进行类型转换都是指针的常用用法，下面介绍如何使用指针操作数组。

新建示例，代码如下：

```c
//3.3.1/test_1.0.c
#include <stdio.h>

typedef unsigned char u8;
u8 data[] = {0, 1, 2, 3, 4, 5, 6, 7, 8, 9};

int main(int argc, char **argv)
{
    u8 *p = data;                          //这里定义了指针并获取数组首地址
    for(int i = 0; i < 10; i++)            //使用指针+下标的方式获取数组元素
        printf("p[%d] = %d\n", i, p[i]);
    return 0;
}
```

查看运行结果，命令如下：

```
root@Ubuntu:~/C_prog_lessons/lesson_3.3.1#./test_1.0
p[0] = 0
```

```
…
p[9] = 9
```

以上输出结果有省略,输出元素值和数组名加下标获得的元素数值是完全一样的。通过以上代码证实两个现象,一个现象是数组名在 C 语言中指代的是数组首地址,可以被赋值给指针变量。另一个现象是数组名加下标访问的方式,也可被指针变量加下标访问的方式替代,之前访问数组的方式本质上也是通过访问地址实现的。

13.1.2 数组下标本质

之前内容中对数组元素的访问使用的都是数组下标,如何不使用下标访问数组元素呢?

1. 不用下标打印数组元素

新建示例,代码如下:

```c
//3.3.1/test_2.1.c
#include <stdio.h>

typedef unsigned char u8;
u8 data[] = {0,1,2,3,4,5,6,7,8,9};
u8 *pdata = data;                    //定义指针变量并获取数组首地址

int main(int argc, char **argv)
{
    for(int i = 0; i < 10; i++)      //指针解引用出指向的值,随后指针变量自加
        printf("data[%d] is %d \n", i, *pdata++);

    return 0;
}
```

查看运行结果,命令如下:

```
root@Ubuntu:~/C_prog_lessons/lesson_3.3.1#./test_2.1
data[0] is 0
…
data[9] is 9
```

可见数组下标,本质上就是地址的偏移量,这个偏移量对应不同的数组元素,这里每次偏移的地址是一字节,那是不是所有的数组都是如此呢?

2. 指针偏移量是什么

新建示例,代码如下:

```c
//3.3.1/test_2.2.c
#include <stdio.h>

typedef unsigned char u8;
typedef unsigned short u16;
```

```c
u16 data[] = {0x12, 0x34, 0x56, 0x78, 0x9a, 0xbc, 0xde, 0x0f};
u8 * pdata = data;                      //这里使用了 u8 类型的指针指向 u16 类型的数组

int main(int argc, char ** argv)
{
    for(int i = 0; i < 8; i++)
        printf("data[%d] = %#x \n", i, *pdata++);

    return 0;
}
```

注意,数组的类型从 u8 被改成了 u16 类型,但是仍然使用 u8 类型的指针进行自增和打印。编译后查看运行结果,命令如下:

```
root@Ubuntu:~/C_prog_lessons/lesson_3.3.1#./test_2.2
data[0] = 0x12
data[1] = 0
data[2] = 0x34
data[3] = 0
data[4] = 0x56
data[5] = 0
data[6] = 0x78
data[7] = 0
```

很明显 u8 类型的指针自增时,每次都自增 1 字节,输出结果是把 u16 类型数组的一个元素分成了两次打印,因为是小端格式,低地址存放低字节,高字节为 0。可以把 u8 类型的指针变量更改为 u16 类型的指针变量后,再编译运行一次,命令如下:

```
data[0] = 0x12
data[1] = 0x34
data[2] = 0x56
data[3] = 0x78
data[4] = 0x9a
data[5] = 0xbc
data[6] = 0xde
data[7] = 0xf
```

这一次能够正常打印,可见指针的偏移量长度就是定义指针类型的字长。

13.2 指针越界访问

指针越界访问,其实在 11.3.2 节中的"野指针"部分已经有过简单讲解。野指针主要因为指针在初始化时没有赋初值,导致其指向的地址未知,从而可能出现错误。指针操作数组也可能会犯下类似的错误,就是数组访问越界。

13.2.1 指针越界读取

新建示例，代码如下：

```c
//3.3.2/test_1.0.c
#include <stdio.h>

typedef unsigned char u8;
u8 data[5] = {0,1,2,3,4};
u8 *pdata = data;

int main(int argc, char **argv)
{
    for(int i = 0; i < 10; i++)
        printf("pdata[%d] = %d\n", i, *pdata++);

    return 0;
}
```

查看运行结果，命令如下：

```
root@Ubuntu:~/C_prog_lessons/lesson_3.3.2#./test_1.0
pdata[0] = 0
pdata[1] = 1
pdata[2] = 2
pdata[3] = 3
pdata[4] = 4
pdata[5] = 0
pdata[6] = 0
pdata[7] = 0
pdata[8] = 25
pdata[9] = 240
```

可以看到程序是正常运行的，但是 pdata[4] 之后的结果，也就是越界访问的结果，就难以预料了。在 C 语言中指针越界访问一般不做限制，需要编程者自行注意有没有越界。

13.2.2 指针越界写入

以上只是指针对数组进行越界读取的示例，这次测试可否越界写入。

新建示例，代码如下：

```c
//3.3.2/test_2.0.c
#include <stdio.h>

typedef unsigned char u8;
u8 data[5] = {0,1,2,3,4};                    //只定义了5个元素
u8 *pdata = data;
```

```c
int main(int argc, char **argv)
{
    for(int i = 0; i < 10; i++)                    //测试写10个元素,越界写入
    {
        *pdata = i;
        printf("pdata[%d] = %d \n", i, *pdata++);
    }

    return 0;
}
```

这里代码和之前多了越界写数据的操作,故意让指针访问数组越界,测试在数组的界限之外,还能否写入数据。查看运行结果,命令如下:

```
root@Ubuntu:~/C_prog_lessons/lesson_3.3.2#./test_2.0
pdata[0] = 0
pdata[1] = 1
pdata[2] = 2
pdata[3] = 3
pdata[4] = 4
pdata[5] = 5
pdata[6] = 6
pdata[7] = 7
pdata[8] = 8
pdata[9] = 9
```

可以看出,即使越界访问了,结果依然正确,这就是指针的吊诡之处。指针越界访问时出错与否并不确定,当越界访问的内存未被使用时,即使越界写入也不会有什么问题,但由于内存数据排布的不确定性,越界访问的结果往往难以预料。

值得注意的是,C语言提供了相对开放的内存访问机制,指针越界访问,编译器往往并不警告,这也是C语言比较灵活也难以掌握的原因。除非编程者非常了解内存中的数据排布,否则越界访问是被严格禁止的。

13.3 指针类型的作用

11.3节大致讲解了指针的类型,以及指针类型和指向的数据类型要匹配的问题,本节继续讨论指针类型和其在解引用时所起的作用。

13.3.1 指针类型和解引用

在11.3节大致讲解了指针数据(变量或常量)的类型,一般而言,指针数据类型和指向的数据类型应是同一类型,但也有例外。

新建示例,代码如下:

```c
//3.3.3/test_1.0.c
#include <stdio.h>

float *p_float = NULL;                          //定义不同类型的指针变量
char *p_char = NULL;
unsigned char *p_uchar = NULL;
int *p_int = NULL;
unsigned int *p_uint = NULL;

int main(int argc, char **argv)
{
    char a = 128;                               //定义变量并初始化
    p_float = (float *)&a;                      //用不同类型的指针获取变量 a 的地址
    p_char = &a;                                //如果指针和变量类型不同,则需要转换
    p_uchar = &a;
    p_int = (int *)&a;
    p_uint = (unsigned int *)&a;                //以下打印出指针解引用的值
    printf("p_float is %f. p_char is %d p_uchar is %d p_int is %d p_uint is %d\n",
        *p_float, *p_char, *p_uchar, *p_int, *p_uint);
    return 0;
}
```

查看运行结果,命令如下:

```
root@Ubuntu:~/C_prog_lessons/lesson_3.3.3#./test_1.0
p_float is 0.000000. p_char is -128 p_uchar is 128 p_int is 395575424 p_uint is 395575424
```

以上运行结果,除了 p_uchar is 128 指针解引用的输出结果是正确的,其他指针解引用的结果都是错误的。可见即使使用强制类型转换,把指针常量(变量的地址)和指针变量的数据类型更改为一致,解引用之后的值也是错误的,只有两者的类型匹配,解引用的值才是正确的。

经过仔细观察,以上打印结果中有 p_char is -128 这个比较接近正确结果的数值。在 main 函数中,变量 a = 128 是个无符号数,而在一字节的有符号计数系统中,128 正好是-128,可见 p_char 是正确地获取了 128 这个真值,只是把它作为有符号数解析了。

而 p_float、p_int、p_uint 这些和 char 长度不一致的指针解引用之后的值,则风马牛不相及,这里涉及一个指针类型和偏移量,还有解引用时的格式问题。

13.3.2 指针类型和内存读取

新建示例,代码如下:

```c
//3.3.3/test_2.0.c
#include <stdio.h>

unsigned char buf[4] = {0x01, 0x02, 0x03, 0x04};
int main(int argc, char **argv)
{                                               //定义不同的指针变量指向 buf 数组
```

```
        unsigned char * p_uchar = buf;
        unsigned int * p_uint = (unsigned int *)buf;
        float * p_float = (float *)buf;
        printf("p_uchar = %d, p_uint = %d, p_float = %f\n",
                   * p_uchar, * p_uint, * p_float);
        return 0;
}
```

查看运行结果,命令如下:

```
root@Ubuntu:~/C_prog_lessons/lesson_3.3.3# ./test_2.0
p_uchar = 1, p_uint = 67305985, p_float = 0.000000
```

buf 是一个 char 类型的数组,共 4 字节,把这个数组的首地址分别赋给 unsigned char、unsigned int、float 三种类型的指针变量 p_uchar、p_uint 和 p_float。p_uchar 解引用出来的是数组的第 1 个元素 0x01,可见指针解引用时会按照指针类型的字节长度在地址单元上读取相应长度的数据,当指针类型是一字节时,就读取一字节。同理可知 p_uint 解引用时会读取 4 字节,其值为 67305985,十六进制数为 0x4030201 也就是 buf 数组内元素组成的数(小端格式书写会倒序)。p_float 的值为 0.000000,可判断出其解引用时也读取了 4 字节,但浮点型解析方法和整型不同,解析出来的值也是不同的。

也就是指针在解引用时,不但会按照指针对应的类型长度截取相应内存长度读取数据,还会按照指针对应的类型对数据进行解析,这也就解释了 p_uchar 和 p_char 这种类型长度相同的指针有时可以通用的现象。因为其类型都是 char 类型的指针,截取的内存长度都是 1 字节,区别仅在于前者将截取到的内存作为无符号数进行解析,而后者使用有符号数的方法进行解析,所以在不大于 128 时,p_uchar 和 p_char 对同一内存单元的解引用结果是一致的,读者可以自行编码进行验证。

13.3.3 指针类型和偏移量

新建示例,代码如下:

```
//3.3.3/test_3.0.c
#include <stdio.h>

char * p_char = NULL;                    //定义 4 种不同类型的指针并都指向 NULL
short * p_short = NULL;
int * p_int = NULL;
long * p_long = NULL;

int main(int argc, char ** argv)
{                                         //打印出指针步进 1 之后的地址
    printf("p_char + 1 is %p \n", p_char + 1);
    printf("p_short + 1 is %p \n", p_short + 1);
    printf("p_int + 1 is %p \n", p_int + 1);
```

```
        printf("p_long + 1 is %p \n", p_long + 1);

        return 0;
}
```

查看运行结果,命令如下:

```
root@Ubuntu:~/C_prog_lessons/lesson_3.3.3#./test_3.0
p_char + 1 is 0x1
p_short + 1 is 0x2
p_int + 1 is 0x4
p_long + 1 is 0x8
```

运行结果说明,不同类型的指针数据,步进的长度等于其类型长度。之前已经讨论了不同指针类型数据解引用时截取的内存长度和其指针类型的长度是一致的。这让人很容易想到其步进长度也应等于类型长度,因为需要跨过其已经截取过的内存才有意义。

13.4 函数指针

前面讲过指针和数组的关系,还没有研究过指针和函数的关系。指针和函数的关系不像和数组那样直观,虽然也有相似之处,但不同之处更多。

13.4.1 函数指针初探

函数指针类型表示其修饰的数据值,指向或指代函数的首地址。

1. 函数指针使用示例

函数是一个程序的子集,是程序的片段。既然其在程序中是一个片段,是否可以用类似指针指向数组首地址的方式指向一个函数呢?

新建示例,代码如下:

```
//3.3.4/test_1.1.c
#include <stdio.h>

typedef void (*Func_t)(char *);              //定义函数指针类型

void print_test(char *str)
{
    printf("%s", str);
}

Func_t func_p = print_test;                  //定义函数指针变量,并获取函数地址

int main(int argc, char **argv)
```

```
{
    return 0;
}
```

在以上代码中,先是定义了 Func_t 这个函数指针类型,类似的用法在 11.5 节中已经讲解过了,区别在于本次在定义函数指针变量时直接初始化了指针,让它指向 print_test 函数。

和数组类似,可以把函数也看成一个数组,即函数名就是数组的首地址。不同的是可以定义一个指针变量,指针类型为数组内的元素类型,并指向数组首地址。函数作为程序的一个片段存在于代码段,不像可读写的数组那样存在于数据段(C 程序段的概念在 15.1 节有详细介绍),其内部没有元素,数据结构也不像数组那样存在成员。当然只读的数组也是存在的,此类数组和函数的存放段是一致的。

可以用函数指针获取函数名的方式来指向函数,这一点如指向数组是类似的。

2. 重定义函数指针类型

以上使用了 typedef void (*Func_t)(char *) 这个语句对函数指针类型进行了重定义,这里分析一下此类定义的含义。

形如 typedef void * Func_t(char *) 的表达式,并不是重定义函数指针类型,而是函数类型,其函数返回值是一个 void 类型的指针。因为在 C 语言中"()"运算符的优先级大于"*"运算符,所以()会先和 Func_t 结合,表示这是一个函数,然后 void * 才会紧随其后,表示这个函数的返回值是 void 类型的指针,char * 表示这个函数的参数是 char 类型的指针。

而 typedef void (*Func_t)(char *) 的含义完全不一样。首先(*Func_t)带有"()",和后面"()"函数标识符的优先级是相同的,而()的结合性是左结合,所以编译器会先识别出(*Func_t),表示这是一个指针,然后它又会和后面的()结合,表示这是一个指向函数的指针,被指向的函数带有一个 char * 参数,并且无返回值。

使用 typedef 的作用是重定义函数指针类型,类型名为 Func_t 以方便使用。也可以匿名定义函数指针类型,去掉 typedef 和类型名,直接使用 void (*变量名)(char *)便可定义函数指针变量。

13.4.2 使用地址调用函数

新建示例,代码如下:

```
//3.3.4/test_2.0.c
#include <stdio.h>

void Func(char *str)
{
    printf("%s", str);
}

int main(int argc, char **argv)
```

```
{
    printf("Func addr is %p \n", Func);
    //((void (*)(char *))0x55755c15364a)("hello \n");
        //以上屏蔽的代码先不要打开
    return 0;
}
```

查看运行结果,命令如下:

```
root@Ubuntu:~/C_prog_lessons/lesson_3.3.4#./test_2.0
Func addr is 0x55c82dda164a
```

以上打印出了 Func 的函数地址,可以把这个数据复制下来,然后编辑代码并将数据填入((void (*)(char *))0x55755c15364a)("hello \n")语句中的对应处,再编译运行。

void (*)(char *)是一个匿名定义的函数指针类型,(void (*)(char *))表示把数据强制类型转换为函数指针类型。因为强制类型转换运算符"()"的优先级为 2,函数运算符"()"的优先级为 1,而强制类型转换需要先进行,所以需要写成((void (*)(char *))0x55c82dda164a)的形式,这样就会先把数据强制类型转换为函数指针类型的数据,然后加入函数"()"运算符并加入参数,最终将语句写成((void (*)(char *))0x55755c15364a)("hello \n")才是正确的。

对代码进行修改,修改部分的代码如下:

```
//3.3.4/test_2.0.c
    …
    ((void (*)(char *))0x55c82dda164a)("hello \n");
        //以上:粘贴好打印出的函数地址
    …
```

查看运行结果,命令如下:

```
root@Ubuntu:~/C_prog_lessons/lesson_3.3.4#./test_2.0
Func addr is 0x55df8c8db64a
Segmentation fault (core dumped)
```

Segmentation fault 表示段错误,这是因为访问了不该访问的内存,程序执行失败。细心的读者肯定会发现,这一次打印出来的 Func 地址 0x55df8c8db64a 和之前填入的地址 0x55c82dda164a 不同,实际上不同的机器,地址数据都不同,每次运行后结果也都不同,从而导致不能使用上一次的 Func 地址调用当前程序中的 Func 函数。

在 Linux 系统中,每运行一次程序会发现 Func 的地址都不一样,这是因为目前的测试 C 代码都是用户空间的程序,而用户空间是由操作系统分配的,具有一定的随机性,其实在操作系统上运行的所有程序的空间都是各自隔离的,虽然实际的物理内存地址是连续的,但在应用程序空间做了虚拟地址转换,每个应用程序都享用操作系统分配的独有空间,这主要为了安全,否则每个用户/应用程序(Application,App)都可以访问整个内存,十分不安全。每运行一次 App,操作系统分配的空间都是随机的,运行退出后由操作系统回收,这就导致每次运行 Func 的地址都不一样。Linux 地址空间随机化也是可以关闭的,一般用于调试程序时,在 20.5 节中有关闭的示例。

但还是可以通过打印函数地址,直接使用地址调用函数,只需在程序结束之前,让函数地址数据能被函数指针获取并运行,详见 15.1 节。

第 14 章　栈　和　堆

CHAPTER 14

栈内存和堆内存是 C 语言程序中常用的两种内存组织管理形式，前者在函数调用时由编译器自动分配管理，后者由编程者手动分配管理，两种方式各有其优劣。

14.1　变量的内存分配

在 C 语言中，作用不同的变量在内存中有不同的处理方式，这里引申出栈内存和堆内存的概念。在讨论它们之前，有必要先研究一下不同变量在内存中的分配方式。

14.1.1　变量的地址

新建示例，代码如下：

```
//3.4.1/test_1.0.c
#include <stdio.h>

int func(char dat)
{
    int func_temp;                          //这里定义局部变量
    short func_temp1;
    long func_temp2;
    dat = 0;
                                            //打印局部变量的地址
    printf("&func_temp is %p &func_temp1 is %p &func_temp2 is %p \n",
            &func_temp, &func_temp1, &func_temp2);

    return dat;
}

int global_temp;                            //这里定义全局变量
int global_temp1;
int main(int argc, char ** argv)
{
    int temp_main;                          //这里定义 main 中的局部变量
```

```
        int temp_main1;
                                    //运行 func,打印出其局部变量的地址
        func(0);
                                    //打印全局变量地址
        printf("&global_temp is %p &global_temp1 is %p \n",
            &global_temp, &global_temp1);
                                    //打印 main 中局部变量的地址
        printf("&temp_main is %p &temp_main1 is %p \n",
            &temp_main, &temp_main1);
        return 0;
    }
```

查看运行结果,命令如下:

```
root@Ubuntu:~/C_prog_lessons/lesson_3.4.1#./test_1.0
&func_temp is 0x7ffcc5dd23ac &func_temp1 is 0x7ffcc5dd23aa &func_temp2 is 0x7ffcc5dd23b0
&global_temp is 0x555b22557018 &global_temp1 is 0x555b22557014
&temp_main is 0x7ffcc5dd23e0 &temp_main1 is 0x7ffcc5dd23e4
```

经过笔者测试,每次运行结果都不尽相同,但是有一点是相同的,就是 func 中的局部变量和 main 中的局部变量的地址段比较接近,几乎是连续地址,但是 global_temp 这种全局变量的地址和局部变量的地址段则相差很远。

14.1.2 函数参数的地址

在以上代码的 func 函数中增加以下语句,代码如下:

```
//3.4.1/test_2.0.c
    …
    printf("&func_dat is %p \n", &dat);
    …
```

打印出 func 中 dat 参数的地址,查看运行结果,命令如下:

```
root@Ubuntu:~/C_prog_lessons/lesson_3.4.1#./test_2.0
&func_temp is 0x7fffa8b9ff5c &func_temp1 is 0x7fffa8b9ff5a &func_temp2 is 0x7fffa8b9ff60
&func_dat is 0x7fffa8b9ff4c
&global_temp is 0x55a3f9130018 &global_temp1 is 0x55a3f9130014
&temp_main is 0x7fffa8b9ff90 &temp_main1 is 0x7fffa8b9ff94
```

可以看出 dat 的地址和其他局部变量的地址都是一个区间的,也就是说函数的形参地址和局部变量地址貌似是同一种管理机制。

14.1.3 函数返回值的传递

函数返回值是存储在 CPU 寄存器中的。带有返回值的函数,在被调用时可以把它看成一个变量来处理,但是不能取其地址。

可以在 main 函数中增加一行,代码如下:

```
//3.4.1/test_3.0.c
    …
    printf("func(0) is %d &func(0) is %p\n", func(0), &func(0));
    …
```

编译时出现问题,命令如下:

```
root@Ubuntu:~/C_prog_lessons/lesson_3.4.1# gcc test_3.0.c -o test_3.0
test_3.0.c: In function 'main':
test_3.0.c:21:52: error: lvalue required as unary '&' operand
  printf("func(0) is %d &func(0) is %p\n", func(0), &func(0));
```

报错信息指出,左值要的是一元"&"操作数,也就是对有返回值的函数进行调用并取地址是不合法的。函数返回值存储在 CPU 寄存器中,类似于寄存器变量,没有总线地址的概念。寄存器变量不能使用 & 符号取地址,同样对有返回值的函数进行调用并取地址也是不允许的。

注意:在本书 2.5 节(2.5.2 存储级别关键字)简单地介绍过寄存器变量。寄存器变量不像普通变量存储于内存中,它存储于 CPU 的寄存器,因此具有高速访问、数量有限、不可直接寻址和生命周期短暂等特点。寄存器变量能显著地提升程序运行的效率,但寄存器资源有限,是否将一个变量放入寄存器,编译器对此问题有一定的优化策略。也可使用 register 关键字建议编译器将变量优化为寄存器变量,但只是建议,编译器可能会忽略。

14.2 栈内存简介

栈内存在函数调用时由编译器自动分配,函数运行结束后释放,无须人工参与。

14.2.1 栈内存

栈内存是由编译器管理的,用于存放函数的参数值、局部变量等。在 14.1 节已经发现局部变量和函数参数貌似是同一种管理机制,实际上这种管理机制就是栈内存机制。栈内存在程序编译时由编译器管理,使用时配合 CPU 硬件上的专用设计,以完成函数调用时所需的临时环境搭建及调用之后的还原等。在 CPU 中一般有一个专用寄存器(SP 寄存器)来表示当前栈指针的位置,通常在内存中分配一块区域,这块内存的上界和下界之间是可用的栈内存区域。

栈指针是一个指向栈区域内部的指针,它的值是一个地址,这个地址位于栈区域的下界和上界之间。栈指针把这个栈区域分为两部分,一部分是已经使用的区域,另一部分是没有使用的区域。栈内存在使用过程中有一个重要的特性,即先入后出,也就是后入栈的内容将先出栈,而先入栈的内容后出栈,栈内存的排布如图 14-1 所示。

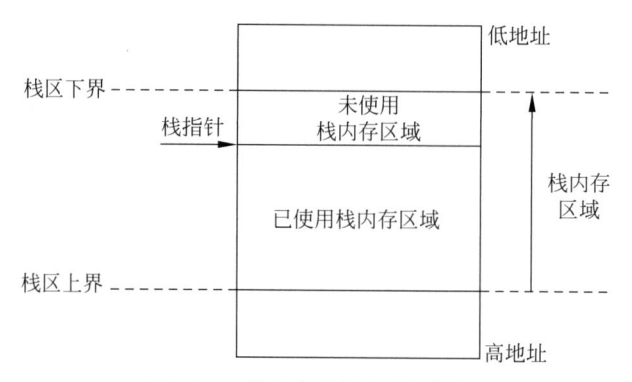

图 14-1 栈内存的排布（满减栈）

随着栈内存被使用，栈指针逐渐向高地址移动，此类栈被称为"增栈"，否则被称为"减栈"。入栈和出栈的过程如图 14-2 所示。

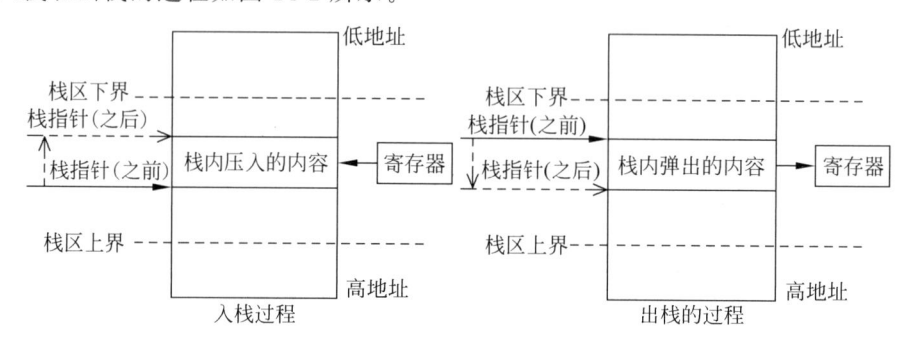

图 14-2 出栈入栈的过程（减栈）

新建示例，代码如下：

```c
//3.4.2/test_1.0.c
#include <stdio.h>

void func(void)                      //定义递归函数,递归时局部变量会依次入栈
{
    int a;
    printf("&a is %p \n", &a);
    func();                          //这里进行了递归
}

int main(int argc, char ** argv)
{
    func();                          //调用递归函数(无限递归,最终栈会溢出)
    return 0;
}
```

查看运行结果，命令如下：

```
root@ubuntu:~/C_prog_lessons/lesson_3.4.2# ./test_1.0
…
&a is 0x7ffc4dad0784
&a is 0x7ffc4dad0764
&a is 0x7ffc4dad0744
…
```

可以看出,后入栈的变量地址是减少的,也就是说在当前的环境下,栈内存是减栈机制,而常见的嵌入式 ARM 处理器,其支持的是满减栈机制,当数据入栈后,栈指针也是向地址减少的方向增长的。

注意:"满增栈"和"满减栈"是嵌入式工程师常常提起的两种栈,这两种栈的栈指针始终指向最后入栈的数据,此位置是栈顶,故称"满栈"。在数据入栈后,栈顶向地址减少的方向移动,故称"满减栈",满增栈则表示栈顶向地址增加的方向移动。除此之外还有"空栈",空栈中的栈指针并不指向最后入栈的数据,而是指向下一个入栈数据的空位,同样空栈也分为空增栈和空减栈,而空栈在嵌入式处理器中不太常见。

14.2.2 栈内存的注意事项

栈内存的使用主要有以下注意事项:

(1) 局部变量、函数的参数都存放在栈中,而栈内存的大小一般是有限的,所以在 C 语言中,不建议定义过多的局部变量和函数参数。

(2) 一般的函数中局部变量需要尽可能少,否则应该拆分成多个函数实现。单个函数的传参不应超过 5 个,否则应该使用结构体指针进行传参,详见 18.1 节。

(3) 在递归函数中,要特别注意栈内存不要溢出。关于递归函数的递归次数的测试,详见 15.3 节。

14.3 堆内存

和栈内存不同,堆内存由开发人员分配和释放,若开发人员不释放,则在程序结束时由操作系统回收。

14.3.1 堆内存的申请和释放

新建示例,代码如下:

```c
//3.4.3/test_1.0.c
#include <stdio.h>
#include <stdlib.h>                    //使用 malloc 函数要包含此头文件

int main(int argc, char **argv)
```

```c
{
    char * p= malloc(16);           //传入要申请的字节个数,返回堆内存首地址
    if(p == NULL)                   //如果返回的是NULL,则表示申请失败,退出
        return 0;
    for(int i = 0; i < 16; i++)
        *(p + i) = i;
    for(int i = 0; i < 16; i++)
        printf("p[ % d] = % d \n", i, p[i]);
    free(p);                        //使用完要释放,传入堆内存首地址即可
    return 0;
}
```

以上代码注释中已经包含了堆内存的使用方法,主要使用malloc函数申请堆内存,成功后会返回一个void *类型的数据,这个指针数据应该被保存在一个指针变量中,以便对堆内存进行操作。操作完成后,应该使用free函数释放堆内存,防止堆内存溢出。

查看运行结果,命令如下:

```
root@Ubuntu:~/C_prog_lessons/lesson_3.4.3#./test_1.0
p[0] = 0
…
p[15] = 15
```

可见使用指针变量获取申请到的堆内存地址后,可以像数组一样使用堆内存,因为堆内存是连续的。如果不使用malloc函数申请堆内存,而直接用指针给未知内存赋值就会出错,读者可以自行尝试,不再赘述。

14.3.2 堆内存和栈内存的区别

堆内存和栈内存是内存空间的两种管理方式,主要有以下几种区别。

(1) 管理方式不同:栈内存具体由编译器分配释放,堆内存的申请和释放由编程者控制。

(2) 空间大小不同:每个进程拥有的栈内存大小远远小于堆内存大小,理论上进程可以申请的堆内存大小为虚拟内存的大小,而进程栈内存的大小,在64位的Windows系统中默认为1MB,在64位的Linux系统中默认为10MB。

(3) 分配效率不同:栈内存由操作系统和编译器自动分配,并且会在硬件层级对栈内存提供支持,即分配专门寄存器存放栈指针,压栈出栈都由专门的指令执行,这就决定了栈内存的效率比较高。堆内存是由C/C++提供的库函数或者运算符完成申请与管理,实现机制较为复杂,频繁地申请内存容易产生内存碎片,所以堆内存的效率比栈内存的效率要低很多。

(4) 存放内容不同:栈内存存放的内容包括函数的返回地址、相关参数、局部变量和寄存器内容等。当主函数调用另外一个函数时,要对当前函数执行断点保存,需要使用栈内存来实现,堆内存主要用来存放程序运行期间动态分配的数据。

第 15 章　函 数 深 入
CHAPTER 15

本章讨论一些和函数的运行态有关的话题，包括函数在内存中的体现、函数的参数、函数的返回和递归、递归函数的分析方法等内容。

15.1　函数在内存中的体现

之前章节编写并测试了很多或简单或复杂的函数，本节将进一步研究这些函数在整个程序使用的内存中如何体现。

15.1.1　函数所在的内存

新建示例，代码如下：

```c
//3.5.1/test_1.0.c
#include <stdio.h>

void func(char * str)
{
    printf("%s", str);
}

void * p = func;                      //获取函数地址
int main(int argc, char ** argv)
{
    *(int *)p = 123;                  //尝试往函数地址写入数据
    return 0;
}
```

查看运行结果，命令如下：

```
root@Ubuntu:~/C_prog_lessons/lesson_3.5.1#./test_1.0
Segmentation fault (core dumped)
```

出现了熟悉的段错误，表示函数地址是不允许被写入的。这种段在 C 程序内存地址中属于只读的部分，在 16.2 节中会详细探讨。其实在 C 程序中，函数地址是一段程序的起始地址,是受编译器保护的不可更改的部分,因为其存储的是 CPU 指令,至于变量数据部分,被放在可读写的区域。

如果有方法可以求得函数的字节长度,就可以把整段函数的字节数据打印出来,类似打印数组一样。在 C 语言中可以使用 sizeof(数组名)的方式求出数组长度,但是函数和数组完全不同,不可以使用 sizeof 运算符求出函数的长度。

15.1.2 函数运行时的问题

只要知道了函数的地址,就可以运行这个函数,前提是需要知道函数的类型和参数。
新建示例,代码如下:

```c
//3.5.1/test_2.0.c
#include<stdio.h>

void func(char * str)                     //函数示例,打印传入的字符串
{
    printf("%s\n", str);
}

void * p = NULL;                          //定义了空指针
int main(int argc, char ** argv)          //argv 参数,二重指针
{
    printf("func addr is %p \n", func);   //打印函数地址
    scanf("%p", &p);                      //把输入作为地址传给指针变量
    ((void (*)(char *))p)(argv[1]);       //利用指针调用函数,带参数

    return 0;
}
```

查看运行结果,命令如下:

```
root@Ubuntu:~/C_prog_lessons/lesson_3.5.1#./test_2.0 hello_embedded_tech
func addr is 0x55f53ffce6fa
```

在上述程序 int main(int argc, char ** argv)中,argc 表示程序运行时发送给 main 函数的命令行参数(包含可执行程序及传参)的个数。** argv 是一个二重指针,它指向函数运行参数的地址,其中 argv[0]指向可执行程序,argv[1]指向可执行程序后的第 1 个参数,argv[2]指向可执行程序后的第 2 个参数,以此类推。因此在上述示例中,argv[0]指向程序执行命令./test_2.0,argv[1]指向参数 hello_embedded_tech,读者也可自行更改示例中的参数,但需要注意,如果参数中带有空格,则空格之后的内容就会成为下一个参数。

运行后输出了 func 的地址,但程序并未退出,在等待输入,可以把 0x55f53ffce6fa 这个地址数据粘贴在等待输入的光标处,按 Enter 键,命令如下:

```
func addr is 0x55f53ffce6fa
0x55f53ffce6fa
hello_embedded_tech
```

func 成功运行。思路是使用函数指针的方式,把输入的地址数据转换为函数指针,并调用 func。使其运行,打印出 argv[1],实现了在 13.4 节中没有完成的设想。

函数在运行时会打印出 func 的运行地址,但正如 13.4 节中所演示的内容,每次运行,func 的地址都不一样,所以要在程序结束之前输入这个地址,保证通过指针变量 p 能正确地调用 func 函数。

其实可以把打印出的函数地址稍微改动一下,往往也能正确执行,命令如下:

```
root@Ubuntu:~/C_prog_lessons/lesson_3.5.1#./test_2.0 hello_embedded_tech
func addr is 0x5572904c46fa
```

这里的地址是 0x5572904c46fa,可以尝试前进一字节,改成 0x5572904c46fb 输入,命令如下:

```
func addr is 0x5572904c46fa
0x5572904c46fb
hello_embedded_tech
Segmentation fault (core dumped)
```

函数还是被正确地执行了,但是显示段错误,虽然越界访问侥幸运行成功,但是能被操作系统识别出来,所以说 C 语言是有自由度的,当然造成的 Bug 也需要自己承受。

测试几次,修改打印出的地址加 1 是可以运行成功的,但是显示段错误;尝试将地址减 1 或者再加 2 等其他越界地址,p 指针都不能正确调用 func 函数,而是直接显示段错误,当然更大的越界更不太可能成功运行 func 了。

这说明函数指针越界后还能正常运行也是有一定限度的,这在 13.2 节中访问数组的示例有说明。函数指针越界访问的结果更严重,读者可以自行进行实验。

15.2 函数的参数

本节探讨函数的参数在内存中的存在形式,以及一些常见的编程误区。

15.2.1 函数形参在内存中

新建示例,代码如下:

```
//3.5.2/test_1.0.c
#include <stdio.h>

void func(char dat)
{
    int func_temp;                          //定义局部变量
    printf("dat addr is %p func_temp addr is %p \n", &dat, &func_temp);
}                                           //打印出形参和局部变量的地址
```

```c
int gobal_temp;                              //定义全局变量
char gobal_temp1;
int gobal_dat = 0;                           //这个全局变量用于传参

int main(int argc, char ** argv)
{                                            //打印全局变量地址
    printf("gobal_dat addr is %p \n", &gobal_dat);
    func(gobal_dat);                         //全局变量作为参数传递
    printf("gobal_temp addr is %p gobal_temp1 addr is %p \n",
            &gobal_temp, &gobal_temp1);
    return 0;                                //打印全局变量的地址
}
```

查看运行结果,命令如下:

```
root@Ubuntu:~/C_prog_lessons/lesson_3.5.2#./test_1.0
gobal_dat addr is 0x55d647db9014
dat addr is 0x7ffc16aefe6c func_temp addr is 0x7ffc16aefe74
gobal_temp addr is 0x55d647db901c gobal_temp1 addr is 0x55d647db9018
```

这里可以看出,所有的全局变量都位于 0x55d647db901X 这样的地址段,而 func 的局部变量 func_temp 和形参 dat 都位于 0x7ffc16aefeXX 这样的地址段,即使把全局变量实参 gobal_dat 传给 func 的 dat 参数,也没有改变这一点,可见实参和形参在内存中是独立存在的。

在 14.2 节中讨论过函数的参数和局部变量。由于它们都是在栈内存中存在的,所以 func 的形参和 func 的局部变量地址上是一个内存段的,通过以上示例验证了这一点。

15.2.2 函数形参的编程误区

这一节讨论关于函数形参的一些编程误区,主要有以下两个问题:
(1) 函数是否可以通过形参修改实参?
(2) 想要通过形参接口进行数据输出该怎么做?

1. 形参和实参

函数能通过形参修改实参吗? 答案是不能,代码如下:

```c
//3.5.2/test_2.1.c
#include <stdio.h>

int func(char dat)
{
    dat += 2;                    //对形参进行+2操作
    return dat;
}

int main(int argc, char ** argv)
```

```c
{
    char temp = 1;
    printf("func is %d \n", func(temp));
    printf("temp is %d \n", temp);

    return 0;
}
```

查看运行结果,命令如下:

```
root@Ubuntu:~/C_prog_lessons/lesson_3.5.2#./test_2.1
func is 3
temp is 1
```

可见函数内部确实对传入的实参 temp 进行了加 2 操作,但是并没有影响 temp 本身的值,15.2.1 节也证实了形参和实参在内存中地址是完全独立的,是互不影响的。在给形参传值时,是把实参的值复制到形参的地址,后续操作就和实参无关了,所以函数对形参的操作完全不会也不应该影响实参。

2. 通过形参进行数据输出

如果需要对形参进行数据输出,则该如何操作? 答案是应该传入指针。

新建示例,代码如下:

```c
//3.5.2/test_2.2.c
#include <stdio.h>

int func(char *dat)
{
    *dat += 2;
    return *dat;
}

int main(int argc, char **argv)
{
    char temp = 1;

    //printf("func is %d temp is %d\n", func(&temp), temp);
    printf("func is %d\n", func(&temp));
    printf("temp is %d\n", temp);

    return 0;
}
```

查看运行结果,命令如下:

```
root@Ubuntu:~/C_prog_lessons/lesson_3.5.2#./test_2.2
func is 3
temp is 3
```

可见 temp 的值被修改成了 3,因为传入的形参是 temp 的地址而不是 temp 的值。虽然没有办法通过形参修改实参的值,因为形参只是复制了实参的值,它们本质上来讲是两个独立的变量,但是如果传入的是实参的指针,在函数内部就可以通过指针更改实参的值,达到了通过参数输出值的目的。

> **注意**:函数实参的值对函数内部来讲是单向传递的,函数内部可以获取实参的值,但是无法修改实参;函数内部若要修改实参,则需要传入参数的地址,在函数内部解引用。前者常被称为"传值调用",后者被称为"传址调用"。

这种用法很常用,甚至可以替代 return。实际上 return 一般只给出函数运行是否正常的信息,函数数据输出往往是通过形参接口输出的,甚至通过结构体指针作为参数可以批量输出数据。

这里还有一个问题,也就是代码中注释的第 1 行 print 打印函数,可以把它打开,编译后运行,命令如下:

```
root@Ubuntu:~/C_prog_lessons/lesson_3.5.2#./test_2.2
func is 3 temp is 1
func is 5
temp is 5
```

出现了一个很奇怪的结果,就是第一句中 func 和 temp 的值不一致,这里涉及函数多个参数传递的时效问题。在运行 printf 时,传入的参数 temp 和 func"同时"(C 语言函数参数入栈顺序多为从右到左,宏观上可视为同时)被复制到栈内存,但是 func 的返回值需要被运行之后才能确定,但此时 temp 作为实参已经被复制到 printf 的形参中,打印结果就不受 func 运行与否的影响。func 运行之后,temp 的值才会加 2,就出现了如上所示的结果。

> **注意**:C 语言函数参数的入栈顺序,通常是从右到左,这样可以保证出栈数据的顺序是从左到右,以方便可变参数的传递。C 语言中的可变参数多会指明后续有几个参数,因此要求和变参有关的信息先被出栈,而此类参数在 C 语言函数中是位于最左侧的。可变参数在嵌入式开发中使用不多,限于篇幅本书不再进行描述。

类似以上的情况,一定要让 func 先运行,再载入 temp 打印。至于后面的 func is 5 的结果,是因为 func 调用在 printf 中作为形参,再被运行了一次的结果。

15.3 函数的返回和递归

本节讨论函数的返回和递归的实现原理,以及编程中的常见问题。

15.3.1 函数的运行和返回原理

新建示例,代码如下:

```c
//3.5.3/test_1.0.c
#include<stdio.h>

int func(a1, b1)
{
    int max1;
    if(a1 > b1)
        max1 = a1;
    else
        max1 = b1;
    return max1;
}

int main(int argc, char ** argv)
{
    int a = 2;
    int b = 3;
    int max = func(a, b);
    printf("max is %d\n", max);
    return 0;
}
```

这段代码没有运行的必要,只是借此简述函数运行的过程:首先 main 中的局部变量 a、b 是在 main 函数栈内存中的,这两个值被复制到 func 函数栈内存中的 a1、b1 中,func 函数中的 a1 和 b1 经过比较得出较大值,存储到 max1 局部变量中。

return max1 使 max1 中的值复制到返回值寄存器中,然后 max = func(a, b)把返回值寄存器中的值赋值给 main 函数的局部变量 max,这一调用过程结束。

15.3.2 函数返回类型和一般规则

函数返回值有一些使用规则,这些规则不是强制的,只是通用的一些惯例,尊重这些规则有利于编程者和其他人进行分工合作。

1. 函数无返回值

void 类型函数就是无返回值函数,其实这类函数也可以返回,代码如下:

```c
void func(char * dat)
{
    return;                      //在这里返回,之后代码不会再被运行
    * dat += 3;
}
```

以上代码比较简单,任何 void 函数都可以使用 return 语句在函数中返回,return 之后的操作都不会再进行。当然也可以在有返回值的函数中加入 return 语句,但会导致函数的返回值无法再被使用,代码如下:

```c
//3.5.3/test_2.1.c
#include<stdio.h>
```

```
int func(void)
{
    int temp = 3;
    temp += 3;
    return;              //在这里执行 return,不带返回值
    temp += 2;
}
int main(int argc, char ** argv)
{
    printf("func() is %d \n", func());
    return 0;
}
```

编译时出现警告,命令如下:

```
root@Ubuntu:~/C_prog_lessons/lesson_3.5.3# gcc test_2.1.c -o test_2.1
test_2.1.c: In function 'func':
test_2.1.c:7:2: warning: 'return' with no value, in function returning non-void
    return;
...
```

上述警告的含义是 return 返回没有带值,但是这个函数不是 void 类型。生成目标文件后可以直接运行,命令如下:

```
root@Ubuntu:~/C_prog_lessons/lesson_3.5.3# ./test_2.1
func() is -1501477284
root@Ubuntu:~/C_prog_lessons/lesson_3.5.3# ./test_2.1
func() is 149202524
root@Ubuntu:~/C_prog_lessons/lesson_3.5.3# ./test_2.1
func() is -628083108
```

运行了 3 次,每次都是不一致的乱码,说明在要求返回值的函数中,return 也可以单独使用,但是返回值不确定。

2. 返回值使用的一般规则

在 15.2 节中讨论过,可以通过函数参数输出函数的运行数据,其实返回值也可以输出函数的运行数据,两者之间似乎有一定的功能重合,但函数的返回值一般作为判断函数运行正确与否的依据,函数参数输出一般作为数据接口,这样做主要有以下两点理由:

(1) 返回值只有一个数,函数的参数可以有多个,明显参数输出能力强。

(2) 函数返回一般是程序运行告一段落的产物,这时方便对函数运行状态进行返回。返回值更合适作为函数的状态列表,参数输出更合适作为函数的工作成果输出接口。

一般而言,函数的返回值为 0 表示函数运行正常,非 0 表示不正常,但也有少数情况例外,例如返回为 bool 类型的函数,大多返回值为 1 表示运行成功,返回值为 0 表示失败,这是要注意的地方。

15.3.3 函数的递归调用

在函数运行期间可以调用函数自身,这称为函数的递归调用。

1. 递归深度

在递归时要注意递归的深度,代码如下:

```c
//3.5.3/test_3.1.c
#include <stdio.h>

char cnt = 0;
void func(void)
{
    //char cnt = 0;
    printf("func() cnt is %d \n", cnt++);
    if(cnt < 10)                    //对递归深度进行了控制
        func();                     //这里进行了递归
}

int main(int argc, char ** argv)
{
    func();
    return 0;
}
```

查看运行结果,命令如下:

```
root@Ubuntu:~/C_prog_lessons/lesson_3.5.3#./test_3.1
func() cnt is 0
…
func() cnt is 9
```

可见 func 被递归调用了 10 次。注意递归调用不是循环,是有递归深度限制的,10 个递归深度已经算很深了。每递归一次都要开辟新的栈内存,而之前的函数栈内存还不能释放,如果持续递归下去,则系统一定会崩溃。

可以把上面代码中的 char cnt = 0 注释去掉,把 cnt 定义成局部变量,运行后查看会怎样,命令如下:

```
root@Ubuntu:~/C_prog_lessons/lesson_3.5.3#./test_3.1
…
func() cnt is 0
Segmentation fault (core dumped)
```

在运行多次之后显示段错误,被强制结束退出。这是因为变量在同名的情况下,局部变量在函数内部被优先使用,func 每递归一次都要开辟新的栈内存,局部变量也被重置为 0,从而导致其失去计数功能,函数不可避免地无限递归下去,最后崩溃,被系统强制退出。

2. 测试递归深度

修改以上代码中的 func 函数和 cnt 全局变量,代码如下:

```c
//3.5.3/test_3.2.c
int cnt = 0;
void func(void)
{
    printf("func() cnt is %d \n", cnt++);
    func();
}
…
```

重新编译运行,命令如下:

```
root@Ubuntu:~/C_prog_lessons/lesson_3.5.3#./test_3.2
…
func() cnt is 523515
Segmentation fault (core dumped)
```

此函数能递归 52 万次之多,因为这个函数比较简单,可以使用类似的方法测试要递归的函数的最大递归次数,当然必须保证安全。在以上示例中递归 10 次远小于 52 万次的极限,所以是非常安全的。

15.4 递归函数的分析

递归函数在嵌入式底层软件开发中时有用到,虽然多是一些固定写法,但是这些递归函数的调用及返回的逻辑对于理解 C 语言函数实现机制是大有裨益的。这一节对递归函数的调用和释放在不同递归阶段的逻辑及这些逻辑在二次递归中的嵌套实现进行简要探讨。

15.4.1 递归函数的参数

之前使用的递归函数没有参数,而实际上的递归函数大多使用参数进行递归。递归函数的参数和局部变量在递归时会被依次保存在栈内存中,在递归返回后,依次从栈内存中弹出,其保存的顺序和弹出的顺序是相反的,这是要注意的地方。

新建示例,代码如下:

```c
//3.5.4/test_1.0.c
#include <stdio.h>

void Func(int data)
{
    if(data == 0)                        //递归结束条件
        return;
    data -= 1;                           //参数减 1 后再次传参并递归
```

```
        Func(data);                    //此处为递归函数
        printf("data is %d \n", data);
}

int main(int argc, char **argv)
{
        Func(10);                      //给 Func 传参,传入 10 并调用
        return 0;
}
```

编译文件后查看运行结果,命令如下:

```
root@Ubuntu:~/C_prog_lessons/lesson_3.5.4#./test_1.0
data is 0
data is 1
…
data is 8
data is 9
```

可以看到打印出了 0~9,这里读者可能会感到奇怪,传参时传入的是 10,为何先打印出来的是 0 这个值?这里和递归函数的返回逻辑有关。

15.4.2 单递归函数返回逻辑

首先要明确一件事,递归函数不能无限制地递归,所以在递归函数中都有一个返回判断条件,一旦触发了这个条件就会返回,而递归函数一旦返回,之前所有被积压在栈内存中的函数参数和局部变量就会被依次释放并回收,这意味着这种"叠罗汉"的游戏到了尽头。

以上过程可使用图例表示,如图 15-1 所示。

```
CALL:
Func(10) ⇄ Func(9) ⇄ … ⇄ Func(0)
         R        R      R      R
RETURN:

                              调用: ──→
                              返回: ←──
                                    R
```

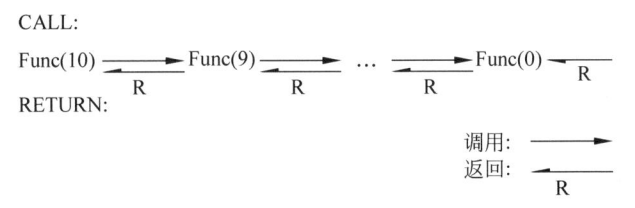

图 15-1 递归函数的调用和退出

如图 15-1 所示,函数 Func 的递归调用过程类似图中上半部分 CALL 的过程:先由 Func(10)递归调用了 Func(9)再一直递归调用到 Func(0),而参数 0 触发了退出机制,从这里开始返回。注意 Func(0)的返回位置,并思考 Func(0)是由谁调用的?

Func(0)因为参数为 0,所以退出,因为 Func(0)是由 Func(data)且 data=0 这个参数点调用的,其调用之后触发返回机制,所以返回触发在 Func(0)执行之后,而函数的返回是从调用点开始返回的,此时认为 Func(0)已经执行完毕,执行 printf 函数打印出参数 0 的值,Func 函数第 1 次完全运行并退出。

而这一次的 Func 返回又返回哪里了?首先要确定上一次递归 Func(0)的递归上一级,

Func(0)的递归调用是由 Func(1)造成的,此时认为 Func(1)已经执行完毕并返回,执行 printf 函数后退出,接着返回 Func(2)调用点处,以此类推,不断地向上级递归调用并返回。

在每次递归函数返回后都返回上级调用点,而此时的函数参数值是上级调用点调用时的参数值,用 Func(0)举例:Func(0)执行后递归结束并返回,其返回时是 data=0 的那个参数点,此时 data=0,所以 printf 打印出的是 0;等到 printf 运行完之后函数再次退出,此时的返回点是 Func(1),所以 printf 打印出的是 1。以此类推,层层返回,所以就打印出了 0~9 的值。

根据以上分析,单递归函数主要有以下特点:
(1) 在没有触发返回条件之前,递归是集中且持续的。
(2) 一旦触发返回条件,递归函数的退出动作同样一直持续,直到退出所有调用。
(3) 递归时建立的参数顺序和返回时得到的参数内容一致,但顺序相反。

15.4.3 二次递归的分析

相对于单递归函数,二次递归函数的退出逻辑要复杂很多。

1. 二次递归简要分析

对之前的递归函数稍做修改,在递归调用语句之后再增加一次递归调用,代码如下:

```c
//3.5.4/test_3.0.c
#include <stdio.h>
void Func(int data)
{
    static int temp = 0;                    //局部静态变量,用于计数
    if(data == 0)
        return;
    data -= 1;
    Func(data);                             //递归调用点 1(一次递归)
    Func(data);                             //递归调用点 2(二次递归)
    printf("data is %d cnt is %d \n", data, ++temp);
}
…
```

仅仅在 Func(data)递归调用点之下又增加了一个同样的递归调用,这就成为二次递归调用,稍加思考之后就会发现,二次递归调用比单递归调用要复杂很多,主要体现在递归调用点 1 的退出,又会触发新的递归,而在新的递归轮回中又会触发更多的递归进入和退出逻辑。递归调用点 1 的每次退出都会触发其下的递归调用点 2,并再次在递归调用点 1 处递归,这构成了一个递归子系统;这个递归子系统的每次退出,又会触发其下的递归调用点 2,并创建出新的递归子子系统。因为传入的参数是递减的,故而每层递归子系统的递归深度都是降低的,最终最深层子系统会退出,并传给每个调用它的子系统,最终实现二次递归系统的完全退出。

为了方便对每个递归点进行传参调试,可以使用 main 函数的 argv 参数进行传参调用

Func 二次递归函数,代码如下:

```
//3.5.4/test_3.0.c
…
int main(int argc, char ** argv)
{
    Func((argv[1])[0] - 0x30);                    //注意这里的传参调用方式
    return 0;
}
```

这里使用了 ** argv 二重指针对参数进行传递,其中 argv[1]表示在运行程序时输入的参数,其为一个字符串;(argv[1])[0]表示输入参数字符串的第 1 个字符,(argv[1])[0]－0x30 表示将输入字符串的第 1 个字符的 ASCII 值转换为其表示的数字量(例如字符 1 的 ASCII 值为 0x31,其数字值需要减去 0x30),最后将这个数字量传给 Func 使用即可。

对以上代码进行深入分析就会发现:递归函数 Func 在递归调用点 1(一次递归)处递归调用之后,在没有触发退出的情况下会一直递归下去而不会运行到递归调用点 2(二次递归)处;一旦运行到二次递归处,函数就会再次递归(创建了子递归系统),并在子递归中重复以上逻辑。可见二次递归的复杂之处在于一次递归结束触发返回机制后会嵌套创建出多个子递归系统,在子递归系统中会重复母递归的逻辑并层层嵌套以创建出多个子递归。随着子递归的返回,其上的母递归也会退出,并层层向上传递,最终实现二次递归函数的完全退出。

先分析以上代码一次递归调用过程,一次递归的逻辑相对简单,如图 15-2 所示。

──► Func(3) ──► Func(2) ──► Func(1) ──► Func(0) ──
                                                    R

图 15-2　二次递归函数的一次递归逻辑

本书为节省篇幅,仅讨论 Func(3)之后的递归逻辑。如图 15-2 所示,Func(3)在一次递归处调用 Func(2)之后,Func(2)又在一次递归处调用了 Func(1),如此层层递归下去直到 Func(0),再往更深层递归时触发了返回机制。

值得注意的是,Func(1)递归调用 Func(0)时并不触发返回机制,而是 Func(0)往更深层递归时才会触发返回机制。返回机制一旦触发后,便会调用二次递归,二次递归完成之后,Func 这个二次递归函数运行完毕,函数会返回上一级调用。如此层层返回,类似单递归函数的返回机制。

如上所述,虽然二次递归函数的递归逻辑复杂,但总体也符合"从浅入深"再"从深到浅"的类似单递归函数的递归进入和返回逻辑。以上逻辑为二次递归函数的主线,以下称为"主线递归"。

2. Func(0)二次递归分析

Func(0)在一次递归点往更深层次递归时会退出,因为退出后会返回上一级调用,此时 Func 的参数为 0,这时会触发 Func(0)在二次递归点的调用。等到二次递归点的调用也退出后,Func 这个二次递归函数在主线递归会返回 Func(1)这个调用点,在主线递归逻辑中

```
            C              A
       ←─R──┌──────┐──R──→
            │Func(0)│
            │  ⇓   │
            │Func(0)│
            └──────┘
              ↑ R    调用返回 ←──R───
              │      二次递归 ⇐═════
              B      一次递归 ←─────
       图 15-3  Func(0)的二次递归返回逻辑
```

向上返回了更高一层。

以上过程可使用图例表示,如图 15-3 所示。

读者需要区别图例 15-3 中的一次递归和二次递归调用的符号,这里对图中的逻辑进行简要分析,其逻辑步骤如下:

(1) 从 C 到 A 这条线为主线递归,Func(0) 在主线递归上是一次递归,当 Func(0) 在主线递归上继续递归时,触发了返回,也就是 A 点的返回。

(2) 主线递归上的返回会触发二次递归,于是 B 点的 Func(0) 是二次递归调用,其向更深层调用时同样触发返回,也就是 B 点的返回。

(3) 当 B 点触发返回后,二次递归完成,Func(0) 在主线递归上已经运行完毕,向主线递归上更高一级递归返回,也就是 C 点的返回。

可以使用程序验证以上分析结果,编译代码并输入参数 1,查看运行结果,命令如下:

```
root@Ubuntu:~/C_prog_lessons/lesson_3.5.4# gcc test_3.0.c -o test_3.0
root@Ubuntu:~/C_prog_lessons/lesson_3.5.4# ./test_3.0 1
data is 0 cnt is 1
```

这里存在一个小问题,若需要得到 Func(0) 的二次递归返回的结果,则需要传入的是参数 1,也就是要在 main 函数中运行 Func(1)。阅读代码可以发现,在 Func 中运行到一次、二次递归点之前,对参数有减 1 操作,所以传参需要加 1。

得到了 data is 0 cnt is 1 这个打印结果。因为 printf 函数调用位于二次递归点之后,其打印出的值是二次递归结束后的参数值,随后此主线递归节点运行结束,向上一层主线递归节点返回,也就是运行到 C 点的位置。因为 C 点是 Func(0) 二次递归返回点,此时参数为 0,所以会得到 data is 0 cnt is 1 的结果,表示此返回点参数为 0,返回次数为 1。

此时返回上一级,到达 Func(1) 在主线递归上的位置,即 Func(1) 得到在主线递归逻辑线上代码中一次递归点的返回。

3. Func(1)二次递归分析

Func(1) 得到一次递归点的返回之后会触发在二次递归点的调用。等到二次递归点的调用也退出后,Func 这个二次递归函数在主线递归会返回 Func(2) 这个调用点,在主线递归逻辑中向上返回了更高一层。

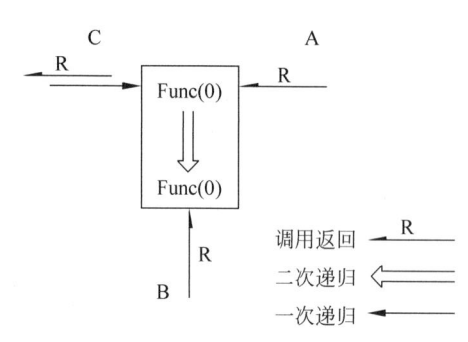

以上过程可使用图例表示,如图 15-4 所示。

如之前所述,在得到 C 点的返回后,Func(1) 在一次递归点得到返回,此时触发了 Func(1) 的二次递归,而 Func(1) 的二次递归创建了图 15-4

```
                    E                        C
              ←──R──┌──────┐──R───────────→
                    │Func(1)│
              Fa1   │  ⇓   │
                    │Func(1)│
                    └──────┘
                       │R
                       ↓
                       D
                                              F
              Fa1Ch1 ┌──────────────┐
                     │Func(0) ⇒ Func(0)│←─R──
                     └──────────────┘
                       │R  G
```

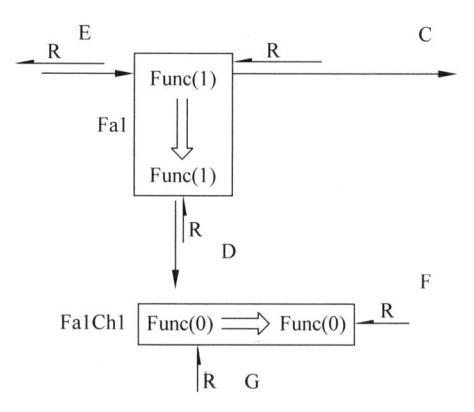

图 15-4 Func(1)的二次递归返回逻辑

中唯一一个子递归系统,也就是 Fa1 主线递归点的下级,图中为 Fa1Ch1 子递归。在 Fa1Ch1 子递归中,D 到 G 这条线成为子递归系统中的主线递归,在 Fa1Ch1 主线递归中,Func(0)会继续执行主线递归逻辑,但此时触发退出机制,也就是 G 点的返回;Func(0)在 Fa1Ch1 主线递归中得到返回会接着触发 Fa1Ch1 子递归中的二次递归 Func(0),并得到 F 点的返回。此时 Fa1Ch1 子递归因为相继得到一次、二次递归点的返回,所以 Fa1Ch1 子递归退出并会向上级调用返回,也就是 Fa1Ch1 主线上级,Fa1 递归的二次递归点 Func(1)返回,图中为 D 处的返回。此时主线递归点 Fa1 也相继得到 C、D 处的一次、二次递归点的返回并会向上级返回,也就是 E 点的返回。

以上过程可归纳如下:

(1) C 点的返回,让处于主线递归 Func(1)一次递归退出,运行了 Func(1)二次递归点,此时完善了 Fa1 这个主线递归系统,并创造了下级 Fa1Ch1 子递归系统。

(2) 子递归 Fa1Ch1 的主线递归继续调用 Func(0)并得到 G 点的返回,随后调用了 Fa1Ch1 中的二次递归 Func(0),此时 Fa1Ch1 子递归完全成型,并且 Fa1Ch1 的二次递归得到了 F 点的返回,Fa1Ch1 子递归系统运行完毕并退出,向上一级递归返回,即 D 点的返回。

(3) 在 Fa1 的二次递归点得到返回之后(C、D 点的返回分别为一次、二次递归点返回),Fa1 运行完毕向上返回,即 E 点的返回。

以上过程可使用程序验证,传入参数 2 并运行程序,命令如下:

```
root@Ubuntu:~/C_prog_lessons/lesson_3.5.4#./test_3.0 2
data is 0 cnt is 1
data is 0 cnt is 2
data is 1 cnt is 3
```

参数 2 触发的是 Func(1)的递归和返回,因为在程序中 Func(1)会在主线递归上递归到 Func(0)参数点,所以返回打印也包含了 Func(0)二次递归返回的信息,即以上 printf 打印信息中的第一句。真正的 Func(1)二次递归返回打印信息是后两句,data 返回的数据先后是 0、1,对应 D、E 返回点下级子递归的参数。

4. Func(2)二次递归分析

Func(2)得到一次递归点的返回之后会触发在二次递归点的调用。等到二次递归点的调用也退出后,Func 这个二次递归函数在主线递归会返回 Func(3)这个调用点,在主线递归逻辑中向上返回了更高一层。

以上过程可使用图例表示,如图 15-5 所示。

和之前的 Func(1)二次递归返回仅创建了 Fa1Ch1 一个子递归不同,Func(2)二次递归返回创建了 Fa2Ch1、Fa2Ch2 和 Fa2Ch1_1(Fa2Ch1_1 为子子递归)3 个子递归。在掌握了 Func(0)、Func(1)的二次递归返回逻辑之后,对 Func(2)的分析可以复用逻辑,其整体流程如下:

(1) 从 E 点获得返回之后,Func(2)一次递归退出,此时二次递归点被调用,在主线递归上生成了 Fa2 递归点,并因为二次递归点递归调用的关系,创建了点 H 到 K 到 L 的子递归

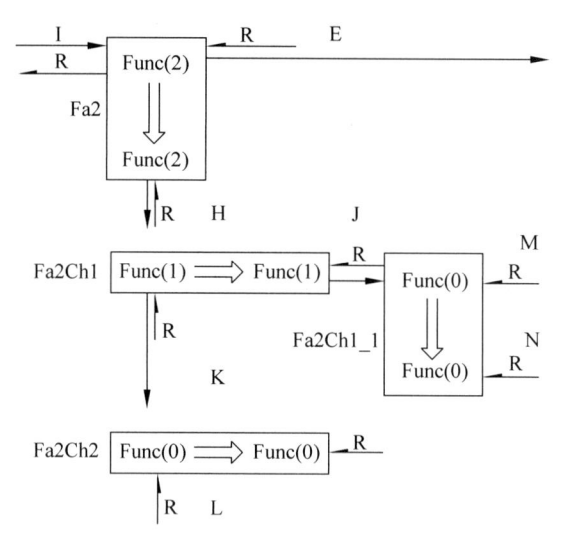

图 15-5 Func(2)的二次递归返回逻辑

中的主线递归,此主线递归一直持续到 L 处获得返回。

(2) 复用 Func(0)二次递归返回逻辑,在 K 点向上级返回了 Fa2Ch1 中的 Func(1)一次递归点,此时 Fa2Ch1 子递归在子递归主线上获得返回,其调用二次递归并生成了 Fa2Ch1_1 子子递归点。

(3) 复用 Func(1)二次递归返回逻辑,M、N 处相继获得返回并传递到 J 处,Fa2Ch1 子递归点向子递归主线上一级 H 点返回,主线递归上的 Fa2 递归点接收到此返回后,其二次递归点获得退出,向主线递归更高一级 I 点处返回。

根据以上流程,各个子递归二次递归返回的先后顺序为 K、J、H,直到 I 点向主线递归返回才结束。根据以上顺序,返回点的数据依次应为 0、0、1、2(为 K、J、H、I 返回点下级子递归的参数),可以使用程序验证,传入参数 3 并查看运行结果,命令如下:

```
root@Ubuntu:~/C_prog_lessons/lesson_3.5.4#./test_3.0 3
data is 0 cnt is 1
data is 0 cnt is 2
data is 1 cnt is 3
data is 0 cnt is 4
data is 0 cnt is 5
data is 1 cnt is 6
data is 2 cnt is 7
```

根据之前的演示可知 cnt 从 1 到 3 是 Func(0)到 Func(1)的二次递归返回打印信息,cnt 从 4 到 7 才是 Func(2)的二次递归返回打印信息,其返回点的参数值分别为 0、0、1、2,这个结果和本节的分析结果是一致的。

5. Func(3)二次递归分析

Func(3)得到一次递归点的返回之后会触发在二次递归点的调用,等到二次递归点的调用也退出后，Func 这个二次递归函数在主线递归会返回 Func(4)这个调用点，而 Func(3) 以上的二次递归返回本书就不分析了，其逻辑更复杂，但基本思路是一致的。

以上过程可使用图例表示，如图 15-6 所示。

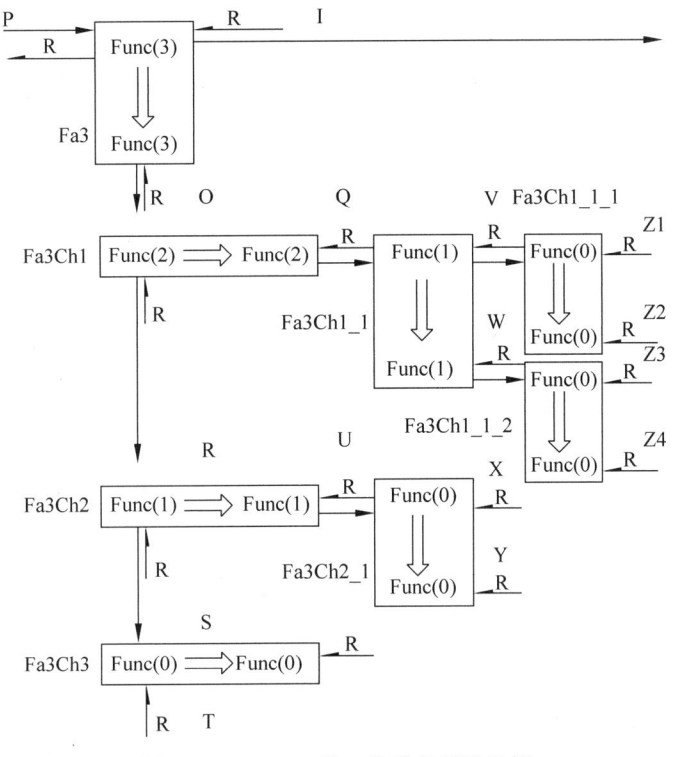

图 15-6　Func(3)的二次递归返回逻辑

如图 15-6 所示，Func(3)二次递归返回逻辑要更复杂，创建了更多子递归、子子递归甚至子子子递归，但在掌握了 Func(0)、Func(1)和 Func(2)的二次递归返回逻辑之后，也可以较为明晰地得出 Func(3)二次递归返回逻辑，其流程如下：

(1) 在获得 I 点返回之后，Func(3)一次递归退出，随后二次递归点被调用，在主线递归上生成了 Fa3 递归点，随后 Func(3)在二次递归点又创建了从 O 到 R 到 S 这样一条子递归主线，并在此递归主线上一直递归到 Fa3Ch3 子递归点。

(2) Fa3Ch3 子递归点的返回逻辑参见 Func(0)二次递归返回逻辑，最终在 S 点向上一级子递归主线递归点 Fa3Ch2 输出返回信号。

(3) Fa3Ch2 在子递归主线上接收到返回后，其返回逻辑参见 Func(1)二次递归返回逻辑，最终在 R 点向上一级子递归主线递归点 Fa3Ch1 输出返回信号。

(4) Fa3Ch1 在子递归主线上接收到返回后，其返回逻辑参见 Func(2)二次递归返回逻辑，最终在 O 点向上一级子递归主线递归点 Fa3 输出返回信号。

(5) Fa3 在递归主线上接收到二次递归返回信号后，因为其 I、O 点分别获得了一次、二次递归返回，所以 Fa3 递归点获得返回，向主线递归的上一级输出返回信号，如图 15-6 中的

P点。

根据以上流程,可以得知各个子递归二次递归返回点被运行的先后顺序为 S(参见 Func(0)逻辑)、U、R(参见 Func(1)逻辑)、V、W、Q、O(参见 Func(2)逻辑),直到向主线递归更高一级 P 点返回,其返回点的数据顺序依次为 0(S 点)→0、1(U、R 点)→0、0、1、2(V、W、Q、O 点)→3(P 点)。

可使用程序验证以上推导结果,传入参数 4 并运行程序,命令如下:

```
root@Ubuntu:~/C_prog_lessons/lesson_3.5.4#./test_3.0 4
data is 0 cnt is 1
data is 0 cnt is 2
data is 1 cnt is 3
data is 0 cnt is 4
data is 0 cnt is 5
data is 1 cnt is 6
data is 2 cnt is 7
data is 0 cnt is 8
data is 0 cnt is 9
data is 1 cnt is 10
data is 0 cnt is 11
data is 0 cnt is 12
data is 1 cnt is 13
data is 2 cnt is 14
data is 3 cnt is 15
```

结合之前的演示结果可知,cnt 从 1 到 7 是 Func(0)到 Func(2)的二次递归返回打印信息,cnt 从 8 到 15 才是 Func(3)的二次递归返回打印信息,其参数值的先后顺序为 0、0、1、0、0、1、2、3,和推导结果是一致的。

15.4.4 二次递归函数分析总结

分析了二次递归函数的特性之后,可以看出二次递归在主线递归逻辑线上递归时和单递归函数并无区别。递归到触发退出机制时,和单递归函数直来直去的单线逻辑不同,二次递归函数在主线递归上触发退出时会进入二次递归流程并创建出子递归,子递归还可能创建出子子递归等,要等到所有的子递归退出后,在主线递归上的递归点才能完全退出。退出后会导致更上一层主线递归点触发退出时的二次递归逻辑,层层进入并层层退出,直到所有主线递归点完成退出,二次递归函数才能完全退出。

以上步骤可使用图例表示,如图 15-7 所示。

如图 15-7 所示,标识出了 Func(3)二次递归返回的所有逻辑。图中的每个方框表示一个子递归节点,而 H、D、B、A 节点所在逻辑线为主线递归,在 A 节点主线递归遭遇 0 点处的返回信号,生成二次递归调用并遭遇 1 点处的返回信号,A 节点生成成功并退出,返回 B 节点,并让 B 节点生成子递归 C 节点,并如此类推。

根据以上逻辑过程和图例所示,可以总结出二次递归函数的主要特点如下:

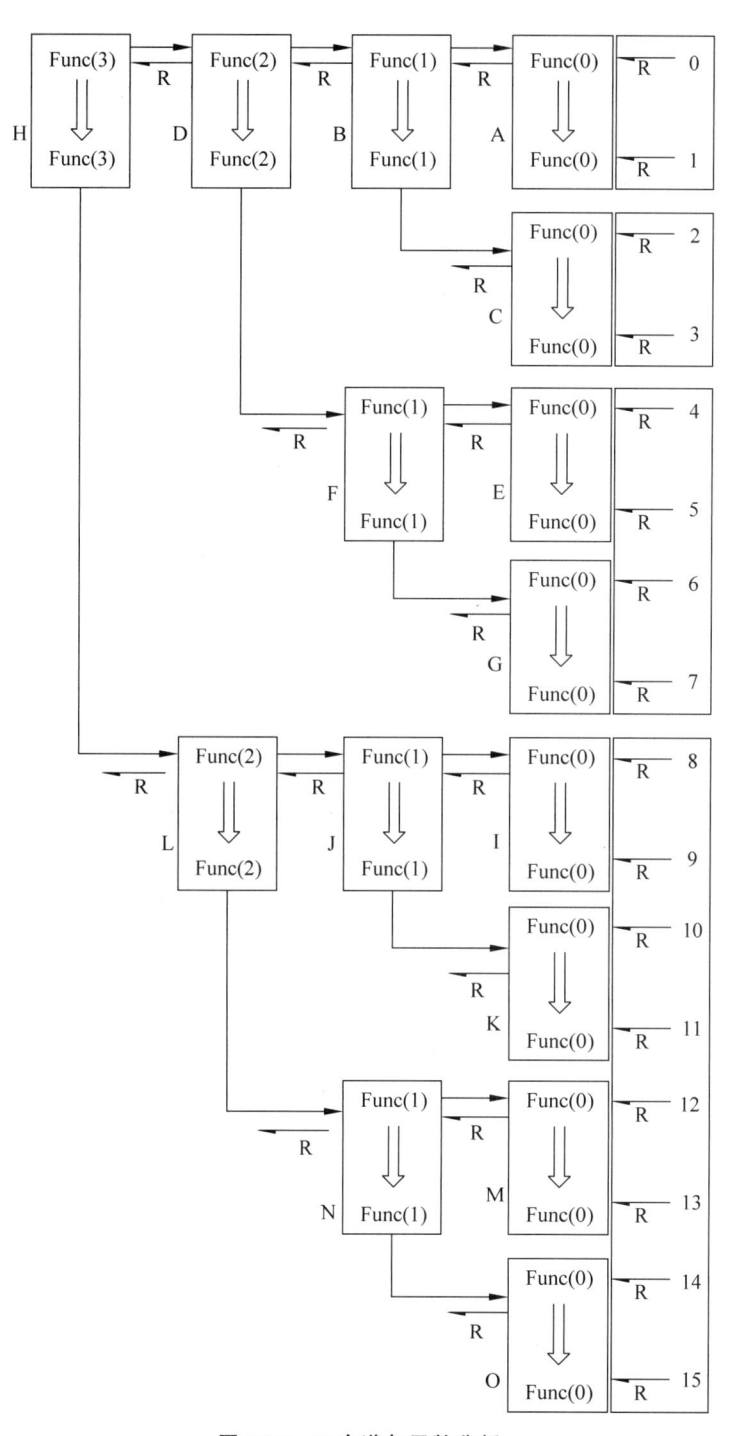

图 15-7 二次递归函数分析

(1) 二次递归函数在退出时会层层生成子递归节点,并呈现树状逻辑结构。

(2) 假设某一次、二次递归节点在主线递归上退出,其生成的树状节点结构在结构上是它之前所有节点退出时生成的结构的复用。

(3) 此复用的树状结构,其节点的生成顺序也和复用前的节点生成顺序相同。

因为二次递归生成的节点逻辑为树状,所以很适合树状逻辑类型的编程使用,例如本书 22 章的二叉树遍历就用到了二次递归逻辑,且(3)所指出的节点生成顺序,指明二次递归节点创建子递归时不仅复用了之前的子树结构,连节点的生成顺序也和复用的子树结构是相同的,这在参数构造或者二叉树的遍历算法中至关重要。

在 A、B、C 三个节点中,生成的先后顺序为 A、B、C,在 Func(2) 退出时创建的子递归就复用了 Func(1) 和 Func(0) 节点及其创造的子递归节点,形成了 E、F、G 三个节点,其生成的顺序为 E、F、G,这和 A、B、C 节点的生成顺序是一样的。

以上分析过程表明,二次递归函数在节点退出时创建的子递归系统为树状逻辑,高一级节点退出后创建的子树逻辑不仅在结构上完全复用了之前的所有树状节点,每次主线递归节点退出创建出的子树架构时都会重建之前生成的子树架构,并在创建顺序上也是完全相同的。这显示出二次递归逻辑具有"重建"的能力,这种特点在树形逻辑的批量生成中经常用到,并且能保证逻辑的一致性。

15.5　递归实例之归并排序

归并排序的思想是"分而治之",将待排序序列分成若干有序子序列,将有序子序列合并成整体有序序列,在合并的过程中用到了二次递归拆解合并参数,简化了合并算法。之前的内容介绍了函数的递归调用方法,特别是二次递归函数在排序和树形遍历算法中都有用到,也适用于本节介绍的归并排序算法

值得一提的是,归并排序的发明者是冯·诺依曼,他于 1945 年发明了归并排序算法。

15.5.1　归并排序实现逻辑

归并排序实现主要包含以下几个步骤:

(1) 将整个待排序序列划分成多个不可再分的子序列,每个子序列中仅有一个元素。

(2) 对以上子序列进行两两合并,合并过程中完成排序操作,此为有序子序列(2)。

(3) 在有序子序列(2)之后,进行两两合并排序动作,得到和(2)相邻的有序子序列(3)。

(4) 对相邻的步骤(2)和步骤(3)子序列进行合并排序,得到更大的有序子序列,并如此递归下去,直到有序子序列达到待排序数组的一半长度。

(5) 对待排序数组的另一半数据重复步骤(1)~(4),直到其变为有序子序列。

(6) 此时以数组中线为界,其左右两侧都是有序子序列,对这两个子序列进行合并排序便可得到排序完成后的数组。

根据以上流程,可以得出每次合并排序需要的条件如下:

(1) 合并排序前需要两个相邻子序列,并且必须为有序序列(单元素序列亦可)。

(2) 设数组长度为 M,合并阶数为 N 次,则需要 N 是满足 $M/2^N$ 大于 0 且小于且等于 1 条件的最小值。

(3) 每向低阶合并回归一次得到一个 $N-i$ 阶数的子序列(i 为回归次数),此后需要一个和其相邻且阶数相同的子序列才能进行再次合并,这对合并的顺序有一定要求。

在以上描述中(1)中的要求较好理解,对于(2)中的要求,可以使用 0～9 这 10 个元素的数列举例:对 10 个元素每次取二分之一进行子序列划分,取到 2^N($N=3$)划分时,$10/2^N$ 依然是大于 1 的,表示不能保证最小序列是单元素;当 $N=4$ 时 $10/2^N$ 才是一个小数,此时满足 N 的取值是令 $M/2^N$(M 为数组长度)大于 0 且等于 1 的最小值,这样才能确保最小序列元素的个数值小于或等于 1。

但是如上逻辑,序列内元素的个数会是一个小数值,这显然是不合理的。解决办法是对部分单元素序列阶数进行降低,这样可以舍弃一部分高阶数划分序列数,保证用 N 阶数划分后每个元素都是单元素序列。

以上描述可使用图例表示,如图 15-8 所示。

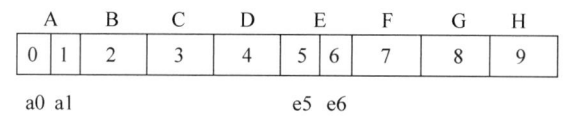

图 15-8 归并排序子序列划分逻辑

如图 15-8 所示,对 0～9 这 10 个元素进行了 2^N 且 $N=4$ 的阶数划分,则划分最小单位为 1/16。如果对 10 个元素进行 16 整除,则会是一个小数值,此时为 $N=4$ 时的阶数划分,如图 15-8 所示 a0、a1(A)和 e5、e6(E)处都是 $N=4$ 阶数划分,B、C、D 和 F、G、H 处则是 $N=3$ 的阶数(1/8)划分。除了 A、E 处之外,其他位置都舍弃了 $N=4$ 的阶数划分,这样保证了每个最小序列都是单元素,通过舍弃了部分最小划分单位的方式。

因为以上序列存在部分 $N=4$ 阶数划分的序列,所以合并时应从最小划分阶数开始。对于图 15-7 所示序列而言,其合并回归顺序如下。

(1) a0 和 a1(阶数上升至 $N=3$)。

(2) A 和 B(两个 $N=3$ 阶数序列合并为 $N=2$ 阶数序列),C 和 D 同理。

(3) AB 和 CD 合并(两个 $N=2$ 阶数序列合并为 $N=1$ 阶数序列),EF 和 GH 同理。

(4) ABCD 和 EFGD 合并(两个 $N=1$ 阶数序列合并为 $N=0$ 阶数序列),排序完成。

以上步骤是按照阶数逐渐合并回归为 0 的逻辑归纳的,实际上因为每次合并都需要两个同阶数的子序列,所以在合并一个从高向低阶数的子序列之后,还需要构建出一个和它相邻且同阶数的子序列出来。具体的步骤并不是阶数一直趋向于 0 的逻辑,而是会有构建同阶数子序列的步骤,这使合并过程比以上步骤多了一倍,大体如下:

(1) a0 和 a1(阶数上升至 $N=3$)。

(2) A 和 B(两个 $N=3$ 阶数序列合并为 $N=2$ 阶数序列)。

(3) C 和 D(两个 $N=3$ 阶数序列合并为 $N=2$ 阶数序列)。
(4) AB 和 CD 合并(两个 $N=2$ 阶数序列合并为 $N=1$ 阶数序列)。
(5) e5 和 e6(阶数上升至 $N=3$)。
(6) E 和 F(两个 $N=3$ 阶数序列合并为 $N=2$ 阶数序列)。
(7) G 和 H(两个 $N=3$ 阶数序列合并为 $N=2$ 阶数序列)。
(8) EF 和 GH 合并(两个 $N=2$ 阶数序列合并为 $N=1$ 阶数序列)。
(9) ABCD 和 EFGD 合并(两个 $N=1$ 阶数序列合并为 $N=0$ 阶数序列),排序完成。

以上步骤可用图例表示,如图 15-9 所示。

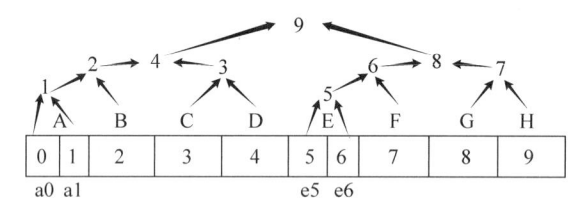

图 15-9 归并排序子序列排序逻辑

15.5.2 合并算法分析

C 语言实现的归并排序中的合并算法,代码如下:

```
//3.5.5/vi test_2.0.c
#include <stdio.h>
void merge(int arr[], int start, int mid, int end)
{                              //arr 表示输出至数组,属于输出型参数,见 19.1 节
        int result[10];        //临时排序结果数组
        int k = 0;             //临时数组下标计数
        int i = start;         //比对起始下标
        int j = mid + 1;       //比对子序列分割下标
        while(i <= mid && j <= end) //1:从这里开始排序,若子序列下标都未越界
        {
                if (arr[i]< arr[j])  //如果左侧子序列元素小于右侧,则取左侧值,其下标自加
                        result[k++] = arr[i++];
                else                 //反之取左侧值,其下标自加
                        result[k++] = arr[j++];
        }
        if(i == mid + 1)       //2:这里是子序列越界的处理
                while(j <= end)
                        result[k++] = arr[j++];
        if(j == end + 1)
                while(i <= mid)
                        result[k++] = arr[i++];
                                //3:这里是排序后写回源数组操作
        for(j = 0, i = start; j < k; j++, i++)
                arr[i] = result[j];
}
...
```

以上代码可能晦涩难懂，读者可先阅读代码注释，注意结合之前的排序步骤理解。笔者将以上函数代码在注释中用1、2、3数字分成了3段，这里先研究第1段，如图15-10所示。

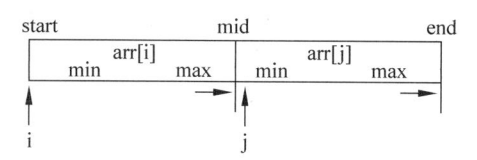

图15-10 归并排序子序列排序过程

如图15-10所示，传入的arr数组被参数mid分割为两段，左侧子序列为arr[i]，右侧子序列为arr[j]，并且它们都是默认分别排好序，从小到大的子序列，这个条件是合并排序的前提。

i和j下标的默认值为start和mid+1，它们的终点分别为mid和end。首先比对arr[i]和arr[j]，取比较结果的最小值，若是arr[i]比较结果较小，说明其头部数据排名靠前，应重点考虑，所以其下标自加后继续参与比较，arr[j]的逻辑同理。这样两队数据先取出头部数据参与竞赛最小值，赢者值被result数组采用，前进再出价而败者不动；如果进一步出价比对失败，则停止，而对方值被result数组采用，胜者继续前进。因为两队数据都是默认排好序的，所以可以保证它们的值都是从低到高的。以上步步为营的比较，导致被采用的值是参与竞赛双方综合数据的从低到高的排列，result数组也就是合并排序后的结果。

以上代码注释中的数字2分段处，是比较一方触发边界时的判断，这个逻辑相对容易理解：例如i触发mid边界，表示arr[i]一方已经比对完毕，若此时arr[j]还没有触发边界，则没有触发边界的部分（也就是未参赛）数据肯定大于所有参赛数据，此部分数据可以被result数组追加至末尾；同样若是j触发了end边界而arr[i]还有未参与竞赛的数据，则说明arr[i]中的未参赛数据大于所有参赛数据，此部分数据应被追加至result数组末尾。

以上代码注释中的数字3分段处，是将result数组中合并后排好序的数组覆盖回源数组。注意源数组arr传入的参数是以start下标作为开始的，k为排好序的元素个数，所以arr数组从i下标开始（i=start），result数组从0下标开始，传值后双方同时自加，自加k次将源数据覆盖之后，函数退出。

通过以上分析，arr[i]和arr[j]两个子序列是通过参数mid来划分的，并且它们默认都是排好序的数组，这样一来带来了新问题：怎样保证分段后的子序列都是排好序的呢？这需要传入的参数具有一定的规划性，事先构建好排好序的子序列，而这个任务由二次递归函数来保证。

15.5.3 二次递归算法分析

归并排序算法中使用了二次递归函数，以下是对它的详细分析。

1. 手动构建子序列

在图15-9中已经给出了10个元素的数组合并排序的详细步骤，可以使用此步骤手动

规划出实现 10 个元素数组排序的程序,代码如下:

```
//3.5.5/test_3.1.c
…
int main(int argc, char ** argv)
{
    int data[10];
    printf("选择排序\n");
    printf("请输入数据:\n");
    int i, j, temp, min_i;
    for(i = 0; i < 10; i++)
        scanf("%d", &data[i]);           //获取输入数据,存入 data 数组

    merge(data, 0, 0, 1);                //a0 和 a1 合并
    merge(data, 0, 1, 2);                //A 和 B 合并
    merge(data, 3, 3, 4);                //C 和 D 合并
    merge(data, 0, 2, 4);                //AB 和 CD 合并
    merge(data, 5, 5, 6);                //e5 和 e6 合并
    merge(data, 5, 6, 7);                //E 和 F 合并
    merge(data, 8, 8, 9);                //G 和 H 合并
    merge(data, 5, 7, 9);                //EF 和 GH 合并
    merge(data, 0, 4, 9);                //ABCD 和 EFGH 合并,排序结束

    printf("排序好的数组:\n");
    for(i = 0; i < 10; i++)
        printf("%d ", data[i]);
    return 0;
}
```

为节省篇幅,以上代码没有复述 merge 函数的实现。merge 函数接受 4 个参数,除了数组名之外,在 start、mid 和 end 这 3 个参数中,start 和 mid 是可以相等的,例如 merge(data,0,0,1)中,data 传入的区间是 data[0]—data[1],在 merge 里面会被分割为单元素子序列进行排序。因为单元素子序列默认为有序序列,这也是所有有序子序列能"从无到有"的基础,在 merge 函数中分割时,start 和 mid 相等也是可以触发一次排序的,而 mid 等于 start 和 end 之和的一半(不含小数)。

一旦有序子序列成长起来,就可以合并出更大的子序列,通过以上步骤的构建,可以实现 10 个元素数组的排序。编译以上代码,输入数据验证,命令如下:

```
root@Ubuntu:~/C_prog_lessons/lesson_3.5.5# ./test_3.1
请输入数据:
88 99 77 66 44 55 33 22 11 0
排序好的数组:
0 11 22 33 44 55 66 77 88 99
```

可见使用图 15-9 中分析的步骤构建的排序顺序是正确的,读者可以输入其他数据自行验证。

2. 使用二次递归自动构建子序列

在图 15-9 中可以发现，其排序逻辑为树状逻辑，而二次递归函数可用于生成树状逻辑，这样可以简化代码，并实现任意长度的数组排序逻辑的构建，因此应该考虑使用二次递归函数生成有序子序列。

这里直接给出实现代码，在后面会推导二次递归的树状逻辑，代码如下：

```
//3.5.5/test_3.2.c
…
void mergeSort(int arr[], int start, int end)              //归并排序函数
{
        if(start >= end)
                return;
        int mid = (start + end)/2;                          //计算 mid 参数
        mergeSort(arr, start, mid);                         //一次递归
        mergeSort(arr, mid + 1, end);                       //二次递归
        merge(arr, start, mid, end);                        //生成有序子序列
}
…
```

和之前二次递归函数稍有区别，在以上代码中一次递归和二次递归载入的参数是不同的，可以先绘制出在 start＝0 和 end＝9 这个参数区间进行二次递归的逻辑图例，如图 15-11 所示。

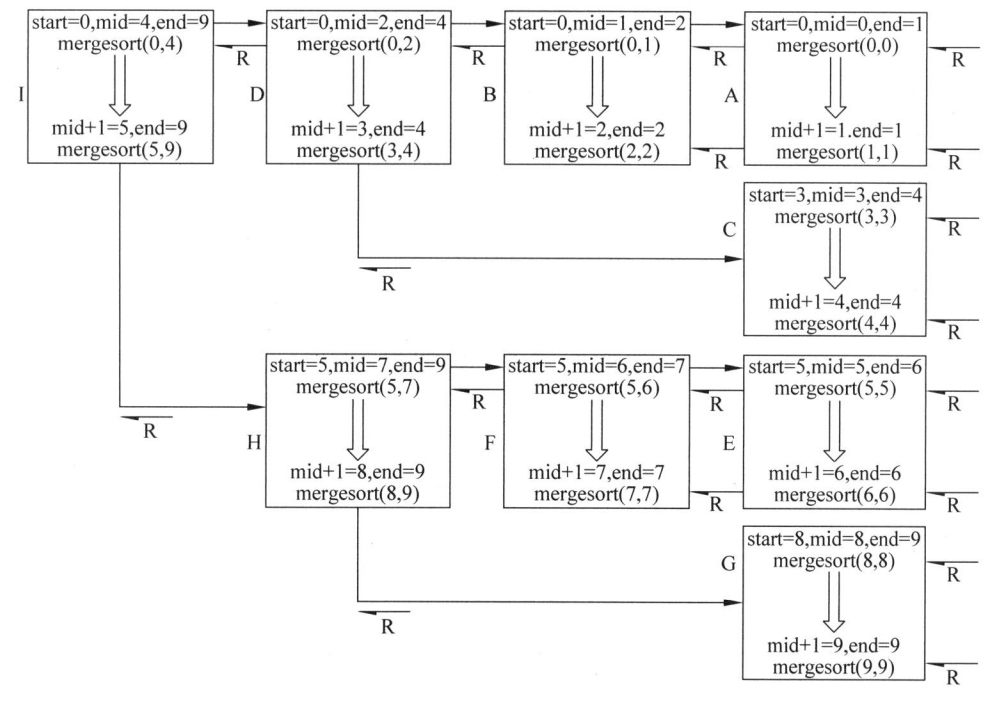

图 15-11 归并排序二次递归逻辑

图 15-11 中 I 到 D 到 B 到 A 这一条逻辑线为主线递归。载入 start＝0 和 end＝9 之后，得到 mid＝4，并在一次递归点进行主线递归，从 I 到 A 点，并在 A 点得到一次递归点的返回信号(start＝end)。

得到返回信号之后，A 点的二次递归载入的参数为 mid＋1＝1，end＝1，同样得到返回信号，至此二次递归节点 A 生成完毕并随即返回，来到 B 节点。同理 B 节点二次递归点也得到返回，仅生成 B 节点并未生成子节点，向 D 点返回。

D 点得到一次递归的返回信号之后，进行二次递归，参数为 mid＋1＝3，end＝4，此参数继续递归生成子递归节点 C。C 节点生成并退出之后，D 节点二次递归节点生成并运行完毕，向 I 点返回。

以上推导得出 A、B、C、D 节点生成的顺序为 ABCD。

I 点得到一次递归的返回信号之后，根据二次递归函数的特点，可以推知 I 节点生成中派生出的子递归数量是 A、B、C、D 的和，不但结构相同，其生成顺序也符合 ABCD 结构的生成顺序，可推知子递归节点 E、F、G、D 的生成顺序为 EFGH。

所以节点生成的总顺序为 ABCDEFGHI，可以使用此顺序，并将节点的参数载入 merge 函数调用依次列出如下。

(1) A 点：merge(arr, 0, 0, 1);
(2) B 点：merge(arr, 0, 1, 2);
(3) C 点：merge(arr, 3, 3, 4);
(4) D 点：merge(arr, 0, 2, 4);
(5) E 点：merge(arr, 5, 5, 6);
(6) F 点：merge(arr, 5, 6, 7);
(7) G 点：merge(arr, 8, 8, 9);
(8) H 点：merge(arr, 5, 7, 9);
(9) I 点：merge(arr, 0, 4, 9);

可以看出，和之前使用手动创建子序列并进行排序的流程是一致的。使用二次递归函数可以简化树形逻辑的创建，并保证每层创建的子递归树形逻辑顺序和前级之和子树逻辑是一致的，此类逻辑在嵌入式编程中也较为常见，分析起来较为复杂，但掌握一些基本的规则之后，也能很快厘清脉络。

增加输出打印语句之后，代码如下：

```
//3.5.5/test_3.2.c
#include <stdio.h>
…
int main(int argc, char **argv)
{
    int data[10];
    printf("请输入数据:\n");
    int i, j, temp, min_i;
    for(i = 0; i < 10; i++)
```

```
            scanf(" % d", &data[i]);                    //输入数据

    mergeSort(data, 0, 9);                              //归并排序函数,使用二次递归实现

    printf("排序好的数组:\n");
    for(i = 0; i < 10; i++)
        printf(" % d ", data[i]);
    return 0;
}
```

编译代码并运行,输入数据后得出排序结果,命令如下:

请输入数据:
89 13 24 67 58 42 11 29 3 6
排序好的数组:
3 6 11 13 24 29 42 58 67 89

可见二次递归实现的子序列排序是正常的,并极大地简化了代码。

第 16 章 编译和链接

CHAPTER 16

掌握 C 语言程序的编译和链接过程,对于调试底层代码,优化程序性能等工作很有裨益。本章的内容不牵涉编程,属于编译原理部分内容。

16.1 程序的编译

C 语言代码在被 CPU 运行之前,要经过预处理、编译和链接的过程。编译和链接虽然不是 C 语言学习的主要内容,但是在嵌入式软件开发调试中,对编译链接过程加深了解还是很有必要的。

16.1.1 预处理

预处理是 C 语言程序编译过程中第 1 步要做的事情。主要作用是把和程序无关的注释部分去除,添加行号用于打印出错信息,处理预编译指令等。

C 语言预处理指令都是以"♯"开头的,预处理主要包含以下 3 个步骤。

1. 头文件包含

头文件包含使用♯include 表示,后面跟要包含的头文件全名。头文件有两种,一种是系统头文件,例如 include < stdio. h >,其中< stdio. h >就是系统头文件,使用"< >"引用;另一种使用双引号引用,表示是用户头文件,例如 include "standard. h"。

新建示例,代码如下:

```c
//3.6.1/test_1.1/src/main.c
#include <stdio.h>                    //系统头文件
#include "standard.h"                 //自己编写的头文件(用户头文件)

int main(int argc, char ** argv)
{
    printf("add is %d\n",add_func(3,5));
    printf("sub is %d\n",sub_func(3,5));
    printf("mul is %d\n",mul_func(3,5));
```

```
        printf("div is %f\n",div_func(10,5));
        return 0;
}
```

使用 gcc main.c -o main.i -E 这条指令进行预处理,其中-E 表示仅执行预处理,输出为 main.i 文件。

查看运行结果,命令如下:

```
root@Ubuntu:~/C_prog_lessons/lesson_3.6.1/test_1.1/src# gcc main.c -o main.i -E
main.c:2:10: fatal error: standard.h: No such file or directory
 # include "standard.h"                    //自己编写的头文件
          ^~~~~~~~~~~~
compilation terminated.
```

出现编译错误,原因是没有指定头文件路径,使用 gcc main.c -o main.i -E -I../inc 指令编译成功,其中-I../inc 表示指定头文件路径。这里需要注意,非系统头文件,一般需要指定路径,编译器会在当前目录搜索头文件,如果搜索不到,则会报错。

使用 vim 编辑器打开 main.i 文件,可见头文件展开使用了 800 多行,限于篇幅读者可自行操作,这是被预处理器展开后的效果。

2. 宏定义

宏定义使用 #define 表示,代码如下:

```
#define uint    unsigned int                    //表示把 uint 宏定义为 unsigned int
```

在预处理阶段会把 uint 简单地替换为 unsigned int,这就是宏替换的作用。可以把程序中需要设置的一些变参定义成宏,后续修改参数时只需修改宏定义就可以了。除了简单替换,宏定义还可以带参数。

代码如下:

```
#define sub(a, b)       (a-b)
```

使用上述 sub 宏定义时会直接把 sub(a,b)替换成(a-b),但是需要注意,宏定义只是简单替换并不是函数调用,例如以下例子,代码如下:

```
#define test(a, b)      (a*a + b)
```

当使用上述 test(a,b)这个带参数的宏时,如果使用 test(a++,b)这样的方式调用,则预处理之后的结果是(a++ * a++ + b),如果 a=3,则运算展开为 4×5+b,因为 a++执行了两次,而不同编译器编译策略可能有差异,本书使用的 GCC 环境会执行两次自加,对此读者应该有所了解,代码如下:

```
//3.6.1/test_1.2.c
#include <stdio.h>
```

```c
#define test(a, b) (a*a+b)                    //a++ * a++ + b = 4*5+1 = 21
int add(int a, int b)
{
    return a*a+b;                             //3*3+1 = 10
}
int main(int argc, char **argv)
{
    int a = 3;                                //分别打印出带参宏和函数的计算值
    printf("test is %d, add is %d\n", test(a++, 1), add(a++, 1));
    return 0;
}
```

查看运行结果,命令如下:

```
root@Ubuntu:~/C_prog_lessons/lesson_3.6.1#./test_1.2
test is 21, add is 10
```

可见带参数宏的计算逻辑是 $4\times5+1$,得到 21,而函数调用得到的是 $3\times3+1$ 的结果。因为函数传参取值时 a 还没有自加,而带参宏取参数后使用的是 a 自加后的值来计算的。以上代码可以更换编译器编译并查看运行结果,笔者这里使用了 Windows 10 操作系统下的 MinGW 环境中的较低版本 GCC,可以查看版本,命令如下:

```
PS D:\C_test> gcc -v
Using built-in specs.
COLLECT_GCC=C:\MinGW\bin\gcc.exe
COLLECT_LTO_WRAPPER=c:/mingw/bin/../libexec/gcc/mingw32/4.6.2/lto-wrapper.exe
Target: mingw32
Configured with: ../gcc-4.6.2/configure --enable-languages=c,c++,ada,fortran,objc,obj-c++ --disable-sjlj-exceptions --with-dwarf2 --enable-shared --enable-libgomp --disable-win32-registry --enable-libstdcxx-debug --enable-version-specific-runtime-libs --build=mingw32 --prefix=/mingw
Thread model: win32
gcc version 4.6.2 (GCC)
```

此 GCC 版本为 4.6.2,低于本书使用的 GCC 7.5.0 版本。使用 GCC 4.6.2 版本的编译环境编译 test_1.2.c,并查看运行结果,命令如下:

```
PS D:\C_test> gcc .\test_1.2.c -o .\test_1.2.exe
PS D:\C_test> .\test_1.2.exe
test is 17, add is 10
```

add 函数计算的结果和之前是一致的,但此环境下 test 带参宏计算出的结果为 17,其计算逻辑为 $4\times4+1$,和之前的 $4\times5+1$ 相比,参数 a 并没有自加两次。可见不同编译器对此类带参宏中有自加/自减参数的处理逻辑是不同的,这是读者需要注意的地方。

3. 条件编译

条件编译可以控制哪些代码被编译。常见的条件编译指令有 #ifdef、#ifndef 指令,这两个指令需要和 #endif 成对使用,以决定指令对之间的代码块的展开与否。此外还有 #if、

#if-#elif 指令,这两个指令也需要和 #endif 成对使用,可实现以宏参数逻辑值或者宏符号定义与否来决定是否展开对应的代码块。

(1) 使用 #ifdef 和 #endif 指令对,代码如下:

```
#ifdef      XXX                //如果宏定义了 XXX
                               //如果有定义,则此处代码展开
#endif                         //注意要和 #endif 成对使用
```

#ifndef 和 #endif 指令对的用法同上,只是 #ifndef 和 #ifdef 的逻辑意义相反。后者表示如果宏定义了 XXX,和 #endif 之间的代码块,则会被展开;前者表示如果没有宏定义 XXX,和 #endif 之间的代码块,则会被展开。

(2) #if 后可以跟表达式,如果表达式的逻辑值为真,则相应代码段展开。#if 指令可以和 #elif 指令连用,以实现类似 if-else 的分支选择逻辑,代码如下:

```
#define A 3                    //定义宏符号 A,指代 3
#define B 0                    //定义宏符号 B,指代 0
#if A                          //A 的逻辑值是否为真(不等于 0 为真)
                               //若为真,则此处代码展开
#elif B                        //如果上面不成立,则检查 B 的逻辑值
                               //若为真,则此处代码展开
#endif
```

如果需要检查宏名,则需要加 defined,代码如下:

```
#if defined A                  //检查是否有 A 的宏定义
                               //若有定义,则此处代码展开
#endif
```

16.1.2 编译和链接过程

编译分为两个阶段,即编译阶段和汇编阶段。编译阶段将 C 代码转换为汇编代码,汇编阶段将汇编代码转换为机器码,即二进制文件,以上两个阶段经常合称为编译。编译器在编译过程中,仅仅对代码进行翻译、优化,并不涉及程序地址和空间分配、函数的重定向、符号决议等问题,链接阶段才对以上进行处理。

1. 编译阶段

新建示例,代码如下:

```
//3.6.1/test_2.1.c
#include <stdio.h>

int main(int argc, char ** argv)
{
    printf("hello world \n");
    return 0;
}
```

使用-S 选项,编译出汇编代码,命令如下:

```
gcc test_2.1.c -o test_2.1.S -S
```

汇编语言不是本书的重点,有兴趣的读者可以使用 vim 编辑器打开 test_2.1.S 文件查看汇编代码。也可以使用-c 指令直接生成二进制文件,命令如下:

```
gcc test_2.1.c -c
```

生成了 test_2.1.o 二进制文件,此文件无法使用 vim 编辑器查看,强行打开会发现都是乱码,但也有一些符号存在,它就是符号表(Symbol Table),链接时会用到。如果使用 strip 命令强行删除符号表,则链接时会报错,命令如下:

```
root@Ubuntu:~/C_prog_lessons/lesson_3.6.1#strip test_2.1.o
root@Ubuntu:~/C_prog_lessons/lesson_3.6.1#gcc test_2.1.o -o test_2.1
/usr/bin/ld: error in test_2.1.o(.eh_frame); no .eh_frame_hdr table will be created.
/usr/lib/gcc/x86_64-linux-gnu/7/../../../x86_64-linux-gnu/Scrt1.o: In function '_start
':
(.text+0x20): undefined reference to 'main'
collect2: error: ld returned 1 exit status
```

使用 strip 命令删掉 test_2.1.o 中的符号表,当 gcc 输出可执行文件时,链接步骤显示 main 这个索引(符号)没有定义。

链接器通过符号表找到各个函数之间的调用关系,从而把不同的代码模块整合为一个可执行文件。在编译阶段,程序的运行(包括函数的重定位)地址都没有确定,在链接时才被链接器确定下来,以确保在运行时在相应的地址能找到对应的代码段。

注意:符号表是一个非常重要的数据结构,在编译过程中,它将代码中的符号(变量名、函数名等)与其声明或使用信息绑定在一起,这些信息包含数据类型、作用域及内存地址等。在链接过程中,符号表帮助链接器正确地使用这些信息,以解析目标文件中的符号引用,确定每个符号在最终生成的可执行文件中的实际地址,并最终生成可执行文件。

2. 链接阶段

在早期,计算机编程使用纸带打孔,假设穿孔为 0,未穿孔为 1,并且 0010 代表 jmp(在汇编里面表示跳转),如图 16-1 所示。

如果在第 5 条指令前加入指令,就得重新计算 jmp 指令的目标地址(重定位),然后重新打孔,操作很烦琐。后来汇编语言出现,程序员用助记符表示操作码,用符号表示位置,如图 16-2 所示。

如果 jmp L0 和 sub C 之间加入了新的指令,则只需重新确定 sub C 指令的地址,再填入 L0,这个重定位的工作就是在链接的过程中完成的。

链接阶段的工作使程序开发具有以下优势。

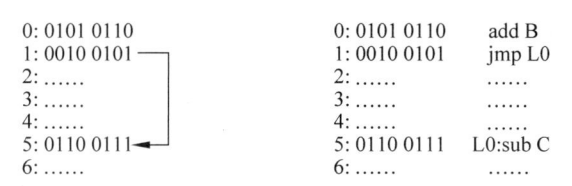

```
0: 0101 0110              0: 0101 0110    add B
1: 0010 0101 ─┐           1: 0010 0101    jmp L0
2: ......     │           2: ......       ......
3: ......     │           3: ......       ......
4: ......     │           4: ......       ......
5: 0110 0111 ←┘           5: 0110 0111    L0:sub C
6: ......                 6: ......
```

　　图 16-1　0010 跳转指令　　图 16-2　用 jmp 替代 0010 跳转

（1）提高开发效率：一个程序可拆分为多个模块，分散在不同源文件中，不同源文件在同一时间可以分开编译并构建公共函数库，例如数学库、标准 C 库，以便代码重用。如果源码被修改，则只需编译被修改的源文件，然后重新链接，极大地节省了时间。

（2）方便代码复用：在空间上，源文件无须包含共享函数库的源码，只需直接调用（例如调动 printf 函数，无须包含其源代码）。另外，可执行文件中只需包含所调用函数的指令码，而不需包含整个共享库。

假设有 main.c、swap.c 文件，其编译链接的过程如图 16-3 所示。

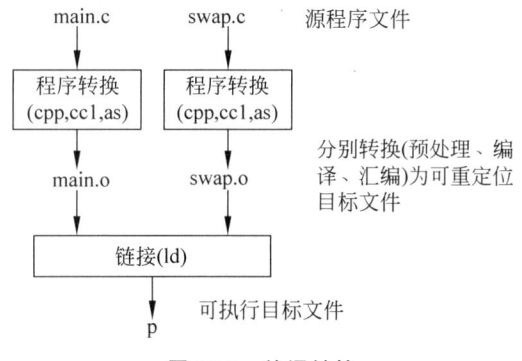

图 16-3　编译链接

图 16-3 中 cpp 是 (C++) 预处理器（C 语言可视为 C++ 语言的子集，预处理器通用），cc1 是编译器，as 是汇编器。经过它们的依次处理之后，生成了相应的 .o 文件，然后来到链接阶段。

假设有 P0.o 和 P1.o 两个仅编译未链接的文件，要将其链接为一个可执行文件，其链接过程分为符号解析、重定位阶段，如图 16-4 所示。

符号解析时，链接器会将编译阶段建立的符号表和目标文件中的符号引用建立关联，随后就到了关键的重定位阶段。重定位阶段会将多个代码段与数据段合并为一个单独的代码段和数据段，然后计算每个符号的绝对地址（如果是应用程序，则是虚拟空间中的地址），并将可执行文件中的符号引用处的地址修改为重定位后的地址信息。

通过链接器，两个目标文件通过符号表的引用被整合成了一个文件，这个文件就是可执行文件，未运行时它的状态是存储态。这是 C 语言二进制文件，被载入内存后的分布状态是运行态，程序的组织也分成了代码段、数据段等区块。

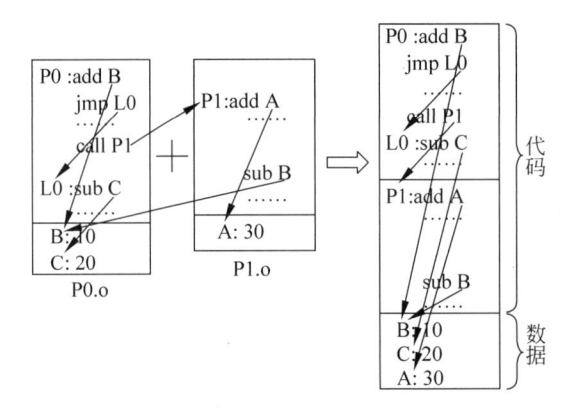

图 16-4　符号解析和重定位过程

16.2　C 程序在内存中的分布

C 语言代码在被编译链接后会生成可执行文件,可执行文件在运行时会被载入内存,并在内存中呈现出一定的数据结构,这些数据结构根据功能的不同被划分为不同的段(Section)。本节将讨论这些不同的 C 程序段在内存中的排布,以及它们的功能和特点。

16.2.1　代码段和数据段

C 语言程序被加载到内存中后,主要分布在代码段和数据段中。

1. 代码段

代码段又称为只读段或 Text 段。C 程序被加载到内存时,所有的可执行代码(程序代码指令、常量、字符串等)都被加载到代码段,这段内存在程序运行期间不会被更改。代码段储存的是指令和只读类型数据,所有的函数都被放进了代码段,包括 main 函数。

2. 数据段

数据段内存包含了程序中明确被初始化的全局变量、静态变量(包括全局静态变量和局部静态变量)。

新建示例,代码如下:

```
//3.6.2/test_1.2.c
int b = 99;
static int x = 100;            //全局静态变量(其他文件不能引用)
void test(void)
{
    static int a = 100;        //局部静态变量
}
…
```

在以上代码中定义了全局静态变量 x 和局部静态变量 a。对于全局变量而言,其生命周期持续于整个程序运行期间,static 修改的是其(链接)作用域,即全局静态变量的作用域仅限于当前文件;对于局部变量而言,其作用域仅限于函数内部,static 修改的是其生命周期,即局部静态变量的生命周期持续于整个程序运行期间,类似于全局变量。实际上,局部静态变量会被编译器和全局变量统一存放在 Data 段。

3. 未初始化数据段

未初始化数据段又称为符号起始区块/段(Block started by symbol,Bss),简称 Bss 段。Bss 段的数据在程序开始执行之前大多被初始化为 0,在 C 程序中未被初始化的变量都存放在 Bss 段。

16.2.2 栈和堆

栈内存和堆内存都是在程序运行时用于存储临时数据的内存结构。

1. 栈

栈是一种先进后出的内存结构,局部变量(又称自动变量)和函数形参都存储在此,这个存储过程由编译器自动完成,写程序时不需要考虑。栈区在程序运行期间是可以随时修改的,当一个自动变量超出其作用域时,自动从栈中弹出。

栈内存有以下特点:每个线程都有自己专属的栈;栈的最大尺寸是固定的,如果超出了最大尺寸,则会引起栈溢出;变量离开作用域后,栈上的内存会被自动释放。

举例说明栈内存地址分配规律,代码如下:

```c
//3.6.2/test_2.1.c
#include <stdio.h>

int n = 0;
void test(int a, int b);

int main() {
    static int m = 0;
    int a = 0;
    int b = 0;
    printf("自动变量 a 的地址是:%u\n 自动变量 b 的地址是:%u\n", &a, &b);
    printf("全局变量 n 的地址是:%u\n 静态变量 m 的地址是:%u\n", &n, &m);
    test(a, b);
    printf("main 函数的地址是:%d\n", &main);
}

void test(int x, int y)
{
    printf("形式参数 x 的地址是:%u\n 形式参数 y 的地址是:%u\n",&x, &y);
}
```

命令如下(每次结果不尽相同):

```
root@Ubuntu:~/C_prog_lessons/lesson_3.6.2#./test_2.1
自动变量 a 的地址是:3739989472
自动变量 b 的地址是:3739989476
全局变量 n 的地址是:1661669396
静态变量 m 的地址是:1661669400
形式参数 x 的地址是:3739989452
形式参数 y 的地址是:3739989448
main 函数的地址是:1659569834
```

可以看出,a 和 b 都是局部变量,地址相连(在栈区);n 是全局变量,m 是局部静态变量,地址相连(在静态段);x 和 y 作为形参,地址相连(在栈区)。

栈内存大多不会很大,一般以 KB 或 MB 为单位,如果在程序中直接将比较大的数组保存在函数的局部变量(栈区),则很可能会由于栈内存溢出而导致程序崩溃,比较大的内存需求就要用到堆(heap)内存了。

2. 堆

在一些技术资料中,经常把栈和堆合称为堆栈,但堆内存和栈内存的性质不同,首先堆内存的申请和释放都要手动进行,再者堆内存的容量一般远大于栈内存,比较复杂的数据类型常常放在堆内存中。

在 C 语言中,堆的申请和释放需要手动通过代码来完成。malloc 函数用来在堆中分配指定大小的内存,单位为字节,返回值为 void 类型指针,free 函数负责在堆中释放 malloc 分配的内存,malloc 和 free 要成对使用。

新建示例,代码如下:

```c
//3.6.2/test_2.2.c
#include<stdio.h>
#include<stdlib.h>                    //包含 stdlib.h 头文件

int main(int argc, char **argv)
{
    char *p = (char *)malloc(10);     //申请 10 字节堆内存
    for(int i = 0; i < 10; i++)
    {
        p[i] = i;                     //对堆内存进行初始化
        printf("%d", p[i]);
    }
    printf("\n");
    free(p);                          //释放堆内存
    return 0;
}
```

命令如下:

```
root@Ubuntu:~/C_prog_lessons/lesson_3.6.2#./test_2.2
0 1 2 3 4 5 6 7 8 9
```

以上代码使用了堆内存并初始化为 0~9 的数字,只要没有使用 free 函数释放,申请到的堆内存就可以一直使用,使用完毕后要使用 free 函数释放已申请的堆内存。

16.2.3 各个段的内存分布

C 程序运行时在内存中的分布情况如图 16-5 所示。

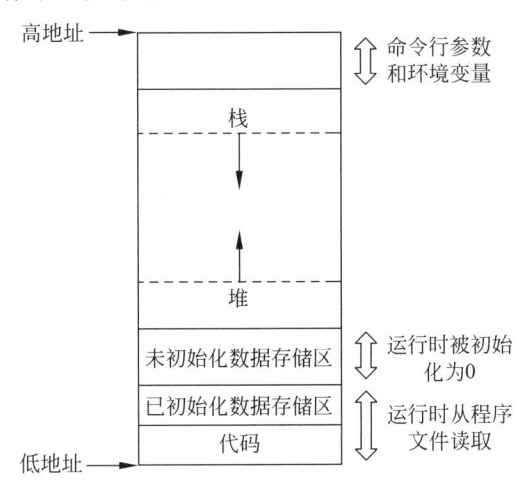

```
高地址 ─→ ┌─────────────┐
          │             │ ↕ 命令行参数
          │             │   和环境变量
          ├─────────────┤
          │     栈      │
          │      ↓      │
          ├─ ─ ─ ─ ─ ─ ─┤
          │             │
          │      ↑      │
          │     堆      │
          ├─────────────┤
          │未初始化数据存储区│ ↕ 运行时被初始
          │             │   化为0
          ├─────────────┤
          │已初始化数据存储区│ ↕ 运行时从程序
          ├─────────────┤   文件读取
低地址 ─→ │    代码     │
          └─────────────┘
```

图 16-5 C 程序运行时的内存分布

1. 这些段由什么来保证

对于代码段和数据段,这些段是在程序被加载到内存中时才会体现的。可以想象一下,一个编译好的 C 可执行程序一开始是在磁盘中存储的,此时有没有段的概念?

在磁盘存储时,只是把这个程序所占用的字节存放在磁盘的存储单元中,这时是没有 Data 段、Text 段、Bss 段等概念的,只有把程序载入内存,在运行的过程中才存在段的概念。CPU 要去取数据,就去 Data 段,要去取指令,就去 Text 段,甚至还有栈区和堆区。这些段是不同的内存地址区域,和存储时的硬盘空间有着本质区别,而这些区域的划分是编译阶段就制定好了的,实现这些划分的参数,在编译时就已经存储在程序文件中。

举一个简单的例子,例如一名嵌入式工程师就是一个可执行 C 语言程序,一个格子间就可以放得下,这是未运行之前的程序状态,但是嵌入式工程师工作时,需要很多部门和资源,例如需要硬件部门,需要材料部门,需要软件设计部门,甚至还需要吃饭、喝水等资源,这是运行时的状态。这些资源的使用是公司规划的,这些规定和工程师的属性有关,公司就类似于编译器,它规划好了程序运行时各个段的属性,所以存储的概念和运行时的概念完全不同。

段是在编译阶段就决定了的,和程序的属性有关,编译只是落实这些属性并把段划分的参数封装在可执行程序里面,也就是程序本身就自带了段的划分方法,只是在执行时体现出来。

很明显,C 程序在运行时所需要的空间一般大于存储时的空间,而有的读者会有疑虑,单片机的程序存储时有好几 KB,运行 SRAM 时 1KB 不到,与结论不符。这是因为单片机程序存储元器件用的都是 NOR Flash，而 NOR Flash 属于总线型访问元器件，是可以直接寻址的，类似于 SRAM（程序运行态一般只能读取），既是程序存储元器件，也是运行时内存，它承担了内存中 Text 只读段的功能，而单片机的 SRAM 则承担了 Data 段的功能，所以单片机运行时使用的广义上的内存大小，等于程序占用的 NOR Flash 大小加上使用的 SRAM 大小，才是运行时需要的内存大小，结论还是成立的。

2. 只读段的本质

C 程序的段划分，是由程序本身划分的，也是由编译器划分的，把划分的参数封装在可执行程序中，这就保证了程序运行时会按照事先的划分来使用各个段。

可以把 C 编译器理解为一个设计师，它会根据 C 代码自行设计各个段的大小和起始地址，然后把这些设计好的蓝图封装在可执行程序中，程序在运行时按照这个蓝图来使用各个内存段即可。

一切都是设计出来的，只读段是不是真的只读呢？本质上都是内存而已，对当前运行的程序是只读，对于其他程序可能不是，所以在没有内存隔离机制的情况下，多个程序的运行很容易出现问题，这里就引出了虚拟内存的概念。使用内存管理单元（Memory Management Unit，MMU）实现程序（进程）的运行地址隔离，这才是 OS 对应用层程序标准的做法。

16.3　动态链接和静态链接

C 语言代码经过编译可生成二进制库文件，库文件可以被其他程序链接使用，因此应用很广。库可分为动态库和静态库，对应的链接方式为动态链接和静态链接。

16.3.1　库文件的意义

库文件的主要意义在于可以创建公共代码，以便多个程序复用，从而提高开发效率。库在提供公共代码所具有的功能时，并不公开源代码，也常用于一些需要保密的场合。

1. 什么是库

在 Windows 和 Linux 系统中都有大量的库，库是一种可执行代码的二进制形式，可以被操作系统载入内存运行。由于 Windows 和 Linux 本质上是不同的，因此二者的库也是不同的。

2. 库存在的意义

库是别人写好的、现有的、成熟的、可以复用的代码的二进制形式。

现实中每个程序都需要依赖很多基础的底层库，不可能每个人的代码都从零开始编写，因此库的存在意义非同寻常。共享库的好处是，不同的应用程序如果调用相同的库，则只需在内存中有一份共享库的实例。

16.3.2 静态库文件的制作和使用

静态库在被调用者链接时,是将库文件的内容加入生成的目标文件中,目标文件运行时不依赖于库文件,这种库被称为静态库。

1. Linux系统下静态库的制作

静态库的后缀是.a,它的产生分两步:

(1) 由源文件生成.o文件,每个.o文件里面都包含这个编译单元的符号表。

(2) ar命令将很多.o文件转换成.a文件,使其成为静态库。

新建示例add.h和add.c,代码如下:

```c
//3.6.3/test_2.1/add.h
#ifndef ADD_H__
#define ADD_H__

int add(int a, int b);

#endif

//3.6.3/test_2.1/add.c
#include <stdio.h>
#include "add.h"

int add(int a, int b)
{
    int res = a + b;
    printf("In static library, %d + %d = %d\n", a, b, res);
    return res;
}
```

新建main.c文件,代码如下:

```c
//3.6.3/test_2.1/main.c
#include <stdio.h>
#include "add.h"

int main(int argc, char ** argv)
{
    printf("%d\n", add(1, 2));
    return 0;
}
```

先使用一般的方法编译运行,命令如下:

```
root@Ubuntu:~/C_prog_lessons/lesson_3.6.3/test_2.1#gcc main.c add.c -o main.out
root@Ubuntu:~/C_prog_lessons/lesson_3.6.3/test_2.1#./main.out
In static library, 1 + 2 = 3
3
```

现在开始制作静态库,先只编译,不链接,输出 add.o 文件,命令如下:

```
root@Ubuntu:~/C_prog_lessons/lesson_3.6.3/test_2.1# gcc add.c -c
```

制作静态库,使用未链接前的目标文件 add.o,操作命令示例 ar -rcs libadd.a add.o,命令如下:

```
root@Ubuntu:~/C_prog_lessons/lesson_3.6.3/test_2.1# ar -rcs libadd.a add.o
```

库文件名都是以 lib 开头的,静态库以.a 为后缀,表示存档(Archive),动态库的后缀是.so。ar 命令类似于 tar 命令,起打包的作用,r 表示将后面的文件列表添加到文件包,如果文件包不存在就创建,如果存在就更新。s 是专用于生成静态库的,表示为静态库创建索引,这个索引会被链接器使用。

2. 静态库的使用

使用静态库比较简单,最简单的用法就是把它当成普通的 *.o 文件参与链接,命令如下:

```
root@Ubuntu:~/C_prog_lessons/lesson_3.6.3/test_2.1# gcc main.c libadd.a -o main.out
```

还有一种就是使用 gcc -L 参数,这是比较正规的方式,命令如下:

```
root@Ubuntu:~/C_prog_lessons/lesson_3.6.3/test_2.1# gcc main.c -o main.out -L./ -ladd
```

-L 表示指定库的路径,-ladd 表示链接 libadd.a,库名为 add,去掉 lib 和扩展名就是库名。有人认为需要加上-static 参数,当只存在静态库时,可加也可不加,都是静态链接。若库有重名,需要明确指定链接静态库,则需要加-static 参数。

查看运行结果,命令如下:

```
root@Ubuntu:~/C_prog_lessons/lesson_3.6.3/test_2.1# ./main.out
In static library, 1 + 2 = 3
3
```

使用库的效果和使用 add.c 文件的效果是完全一致的。

16.3.3 程序运行中加载动态库

动态库在被调用者链接时,其内容没有加入生成的目标文件中,而是在执行时将库文件加载到进程的空间中查找运行,其使用方式是动态的,程序运行时依赖库的存在。

1. Linux 系统下动态库的制作

先修改 add.c 文件,代码如下:

```
//3.6.3/test_2.1/add.c
#include <stdio.h>
#include "add.h"

int add(int a, int b)
```

```
{
int res = a + b;
printf("In shared library, %d + %d = %d\n", a, b, res);      //输出动态库信息
    return res;
}
```

例如使用指令 gcc -shared -fPIC -o libadd.so add.c,命令如下：

```
root@Ubuntu:~/C_prog_lessons/lesson_3.6.3/test_2.1# gcc - shared - fPIC - o libadd.so add.c
```

-fPIC 表示生成位置无关码(详见 20.5 节),动态库因为各个进程共享的缘故,只能是位置无关码,因为一旦与位置有关,其他进程将不能共享,-shared 表示生成动态库。

2. Linux 系统下动态库的使用

和静态库类似,命令如下：

```
root@Ubuntu:~/C_prog_lessons/lesson_3.6.3/test_2.1# gcc main.c - o main.out - L./ - ladd
```

注意：这里存在 libadd.a 和 libadd.so 两个库文件,其链接库名都为 ladd。在这种情况下,编译器默认链接的是动态库,若要链接静态库,则需要加-static 参数。

库的指定参数要加在参与链接的文件的最后面,否则会出错,命令如下：

```
root@Ubuntu:~/C_prog_lessons/lesson_3.6.3/test_2.1# gcc - o main.out - L./ - ladd main.c
/tmp/cca7BU2x.o: In function 'main':
main.c:(.text + 0x1a): undefined reference to 'add'
collect2: error: ld returned 1 exit status
```

这是因为-L./ -ladd 放在 main.c 的前面,把-L./ -ladd 放在后面就不会有问题了,但在运行时出现了问题,原因是找不到对应的动态库,命令如下：

```
root@Ubuntu:~/C_prog_lessons/lesson_3.6.3/test_2.1# ./main.out
./main.out: error while loading shared libraries: libadd.so: cannot open shared object file: No such file or directory
```

因为动态库和静态库的区别在于,静态库链接时只能是静态链接,直接把库文件用到的部分二进制文件链接到可执行程序里,属于"自带干粮",可以直接运行,不依赖环境。

动态库链接时,分为"编译时的链接"和"执行时的链接"。

(1) 编译时的链接：查找动态库是否有所需要的(编译阶段函数和全局变量生成的)符号,如果能找到,则链接允许通过,生成可执行文件。同时在可执行文件中写入了符号和其他必要数据(例如符号的地址),供可执行文件运行时查找。

(2) 执行时的链接：这个过程由 ld-linux.so 程序执行,这个过程才是真正的链接。所做的工作是将动态库的代码映射到进程(所属内存的虚拟地址)空间,供进程来调用。

之所以执行时出错了,就是因为 ld-linux.so 搜索不到 libadd.so 库文件,因为其不在默

认的库文件搜索路径里面。将其复制到/usr/lib 文件夹中，就可以正常执行了，命令如下：

```
root@Ubuntu:~/C_prog_lessons/lesson_3.6.3/test_2.1# cp libadd.so /usr/lib
root@Ubuntu:~/C_prog_lessons/lesson_3.6.3/test_2.1# ./main.out
In shared library, 1 + 2 = 3
3
```

程序运行正常，打印输出为动态库链接输出的信息。

编译时，指定的库路径如果既有.a 类型的静态库，也有.so 类型的动态库，因为-ladd 只能说明要链接的库名，所以这时就可以使用-static 参数，指定链接静态库，否则编译器会默认链接动态库。如果没有加-static 参数，则默认链接的是动态库，动态库有运行时的环境要求。

16.3.4 静态库和动态库对程序运行的意义

很明显，在不加-static 时会默认链接动态库，这说明系统推荐使用动态库。动态库最明显的优点是执行时才"链接"，即执行时动态库中的代码才会被映射进进程，节省程序空间。

编译链接出两个目标文件，一个是 main.out.shared；另一个是 main.out.static，命令如下：

```
root@Ubuntu:~/C_prog_lessons/lesson_3.6.3/test_2.1# gcc -o main.out.static main.c -L. -ladd -static
root@Ubuntu:~/C_prog_lessons/lesson_3.6.3/test_2.1# gcc -o main.out.shared main.c -L. -ladd
```

使用 file 命令，可以看出文件属性，命令如下：

```
root@Ubuntu:~/C_prog_lessons/lesson_3.6.3/test_2.1# file main.out.shared
main.out.shared: ELF 64-bit LSB shared object, x86-64, version 1 (SYSV), dynamically linked, interpreter /lib64/ld-linux-x86-64.so.2, for GNU/Linux 3.2.0, BuildID[sha1]=d444099218ea837ac18d90c11eefcae75333aeeb, not stripped
```

其中，dynamically linked 表示动态链接。main.out.static 文件同样可以使用 file 命令查看，会输出 statically linked，读者可自行操作。

查看两者的占用空间，命令如下：

```
root@Ubuntu:~/C_prog_lessons/lesson_3.6.3/test_2.1# du main.out.* -sh
8.5K    main.out.shared
826K    main.out.static
```

可见静态链接和动态链接所占用的存储空间的大小有很大差别。静态库链接的程序执行效率更高，因为没有从动态库中将代码加载到进程中的这个阶段(但差别并不大)。

但是动态库很明显可以节省 C 程序的存储态空间，甚至还能提高 C 程序运行态内存空间的使用效率。虽然 C 程序运行态的内存结构不取决于库的类型，但是动态库可以让同一个库多次调用而内存不被重用,在多进程共享库运行时能够节省内存空间,是系统推荐的方式。

16.4 编译调试方法

常用的编译调试方法有两种,即反汇编和手动链接,它们多用于底层开发。除此之外,在嵌入式底层软件开发工作中还可能需要对目标文件的格式进行转换,以便进行烧写测试。

16.4.1 反汇编

objdump 是 GCC 中的反汇编工具指令。反汇编就是在没有程序源代码的情况下,把目标文件转换成汇编文件的操作,一般用于底层调试。反汇编不是编译调试的重点,只需知道有这种用法,便于进行底层调试使用。

新建示例,代码如下:

```
//3.6.4/test_1.0.c
#include<stdio.h>

int main(int argc, char ** argv)
{
    printf("hello\n");
    return 0;
}
```

编译成可执行文件 test_1.0 之后,可以使用 objdump 指令反汇编,命令如下:

```
root@Ubuntu:~/C_prog_lessons/lesson_3.6.4#gcc test_1.0.c -o test_1.0
root@Ubuntu:~/C_prog_lessons/lesson_3.6.4#objdump -dS test_1.0 > test_1.0.S
```

得到 test_1.0.S 文件,这就是反汇编之后的汇编文件,可以使用 vim 编辑器查看其内容,代码如下:

```
//3.6.4/test_1.0.S
test_1.0:     file format elf64-x86-64

Disassembly of section .init:

00000000000004e8 <_init>:
 4e8:   48 83 ec 08             sub    $0x8,%rsp
 4ec:   48 8b 05 f5 0a 20 00    mov    0x200af5(%rip),%rax        #200fe8 <__gmon_start__>
 4f3:   48 85 c0                test   %rax,%rax
 …
```

左边是机器码,右边是反汇编后得到的汇编代码,这是因为使用 objdump -S 参数的结果,机器码和汇编代码会交替显示。

objdump 工具的常用参数如下。

(1) -d：将代码段反汇编，反汇编那些还有指令机器码的段。

(2) -D：与 -d 类似，但反汇编所有段。

(3) -S：对代码段进行反汇编的同时，将反汇编代码和源代码交替显示，源码编译时最好加 -g 参数，即需要调试信息。

(4) -C：将符号名逆向解析。

(5) -l：在反汇编代码中插入源代码的文件名和行号。

(6) -j section：仅反汇编所指定的段，可以有多个 -j 参数来选择多个段。

读者可以自行使用不同的参数进行反汇编操作，并查看得到的.S 文件，以熟练掌握 objdump 工具的用法。

16.4.2 格式转换

objcopy 是 GCC 中的格式转换工具指令。objcopy 工具主要用于实现目标文件的格式转换，在嵌入式软件开发中有时会用到。在往嵌入式设备中烧写固件时，一般使用以下两种格式文件——bin 和 hex 文件，它们所依赖的 elf 文件是 Linux 系统中的可执行文件格式，类似于 Windows 系统中的 exe 文件。

1. bin 文件

bin 文件就是二进制文件 binary 的缩写。bin 文件只是纯粹的二进制文件，没有地址信息，所以在下载或者烧写时，需要指定地址。

2. hex 文件

hex 文件同时包含数据和地址信息，在烧写或者下载 hex 文件时，一般不需要指定地址。

3. ELF 文件

可执行与可链接格式(Executable and Linkable Format，ELF)，常被称为 ELF 格式，是一种用于可执行文件、目标代码、共享库和核心转储(Core Dump)的标准文件格式。一般用于类 UNIX 系统，例如 Linux 和 macOS 系统等。

ELF 格式灵活性高，可扩展，并且跨平台，它支持不同的字节序和地址范围，并且它不会不兼容某一特别的 CPU 或者指令集架构，这也使 ELF 格式能够被运行于不同平台的操作系统所接纳。

ELF 文件一般有以下 3 种类型：

(1) 可重定向文件，文件保存着适当的代码和数据，用来和其他目标文件创建一个可执行文件或者一个共享目标文件，例如编译的中间产物.o 文件。

(2) 可执行文件。

(3) 共享目标文件、共享库。这些文件保存着代码和合适的数据，用来被编译器或者动态链接器链接，例如 Linux 系统下的.so 文件。

16.4.3 手动链接

手动链接调试软件多用于 Bootloader 的开发，读者大致了解即可。

1. 使用 GCC 手动连接

GCC 主要直接用它生成可执行文件，其实可以把编译和链接分开，分两步得到可执行文件。虽然此行为多此一举，但更方便看到其中的过程。

先编译出.o 文件，不链接，命令如下：

```
root@Ubuntu:~/C_prog_lessons/lesson_3.6.4# gcc test_1.0.c -c
```

目录下会出现 test_1.0.o 文件，可以继续使用 GCC 链接出目标文件，命令如下：

```
root@Ubuntu:~/C_prog_lessons/lesson_3.6.4# gcc test_1.0.o -o test_1.0.out
root@Ubuntu:~/C_prog_lessons/lesson_3.6.4# ./test_1.0.out
hellow
```

链接出的可执行文件运行正常。

2. 使用 ld 链接

其实链接器可以单独使用，指令为 ld，命令如下：

```
root@Ubuntu:~/C_prog_lessons/lesson_3.6.4# ld test_1.0.o -o main.out
ld: warning: cannot find entry symbol _start; defaulting to 00000000004000b0
test_1.0.o: In function 'main':
test_1.0.c:(.text+0xc): undefined reference to 'puts'
```

出现问题的原因在于在 main 函数中找不到 puts 函数。puts 函数是 printf 要调用的函数，这是因为没有指定动态链接库，加入-lc 参数，指定 libc.so 库名即可，命令如下：

```
root@Ubuntu:~/C_prog_lessons/lesson_3.6.4# ld test_1.0.o -o main.out -lc
ld: warning: cannot find entry symbol _start; defaulting to 00000000004002c0
```

出现了新问题，找不到_start 入口。这是因为 GCC 链接使用的是 main 作为入口，可以把 test_1.0.c 输出汇编文件进行查看，命令如下：

```
root@Ubuntu:~/C_prog_lessons/lesson_3.6.4# gcc test_1.0.c -S
root@Ubuntu:~/C_prog_lessons/lesson_3.6.4# vi test_1.0.s
```

汇编代码节选，代码如下：

```
//3.6.4/test_1.0.s
    .file "test_1.0.c"              //文件名
    .text
    .section .rodata                //只读段
.LC0:
    .string "hellow "               //字符数据
    .text
```

```
            .global main                    //* 全局符号
            .type main, @function           //*
main:                                       //* 程序入口
.LFB0:
        .cfi_startproc
        …                                   //省略
        .cfi_endproc
.LFE0:
        .size main, .-main                  //*
        …                                   //省略
```

这个汇编代码的程序入口是 main 而不是_start，所以只需把 main 修改为_start，共有 4 处需要修改（注释中 * 号标记语句）。修改完成后，把 test_1.0.s 编译为 test_1.0.o，再次使用 ld 链接一下，命令如下：

```
root@Ubuntu:~/C_prog_lessons/lesson_3.6.4# gcc test_1.0.s -c
root@Ubuntu:~/C_prog_lessons/lesson_3.6.4# ld test_1.0.o -o main.out -lc
root@Ubuntu:~/C_prog_lessons/lesson_3.6.4# ./main.out
bash: ./main.out: No such file or directory
```

这一次链接成功，无警告无错误，但执行不成功，提示找不到文件（因为链接参数不对）。在实际的链接过程中，ld 链接器需要很多参数才能正确地链接出一个可执行文件，而这些参数往往相对复杂。因为本书的 C 程序都是在 OS 之上运行的程序，也就是应用层程序，还没有真正地涉及对硬件编程，系统给出的链接参数是制式化的。若不是为了学习，应用程序的链接过程大多是不会单独执行的，都是由 GCC 一并执行的。

重新使用 C 文件编译出 .o 文件，再使用 gcc test_1.0.o -o test_1.0_manual_ld -v 命令查看要生成 test_1.0_manual_ld 可执行文件所需要的链接参数，命令如下：

```
root@Ubuntu:~/C_prog_lessons/lesson_3.6.4# gcc test_1.0.c -c
root@Ubuntu:~/C_prog_lessons/lesson_3.6.4# gcc test_1.0.o -o test_1.0_manual_ld -v
…
 -plugin /usr/lib/gcc/x86_64-linux-gnu/7/liblto_plugin.so -plugin-opt=/usr/lib/gcc/
x86_64-linux-gnu/7/lto-wrapper -plugin-opt=-fresolution=/tmp/ccDyj57W.res -
plugin-opt=-pass-through=-lgcc -plugin-opt=-pass-through=-lgcc_s -plugin-
opt=-pass-through=-lc -plugin-opt=-pass-through=-lgcc -plugin-opt=-pass-
through=-lgcc_s --build-id --eh-frame-hdr -m elf_x86_64 --hash-style=gnu --as-
needed -dynamic-linker /lib64/ld-linux-x86-64.so.2 -pie -z now -z relro -o test_1.0_
manual_ld /usr/lib/gcc/x86_64-linux-gnu/7/../../../x86_64-linux-gnu/Scrt1.o /usr/lib/
gcc/x86_64-linux-gnu/7/../../../x86_64-linux-gnu/crti.o /usr/lib/gcc/x86_64-linux-
gnu/7/crtbeginS.o -L/usr/lib/gcc/x86_64-linux-gnu/7 -L/usr/lib/gcc/x86_64-linux-
gnu/7/../../../x86_64-linux-gnu -L/usr/lib/gcc/x86_64-linux-gnu/7/../../../../
lib -L/lib/x86_64-linux-gnu -L/lib/../lib -L/usr/lib/x86_64-linux-gnu -L/usr/
lib/../lib -L/usr/lib/gcc/x86_64-linux-gnu/7/../../.. test_1.0.o -lgcc --push-state
--as-needed -lgcc_s --pop-state -lc -lgcc --push-state --as-needed -lgcc_s --pop
-state /usr/lib/gcc/x86_64-linux-gnu/7/crtendS.o /usr/lib/gcc/x86_64-linux-gnu/
7/../../../x86_64-linux-gnu/crtn.o
…
```

输出了很多信息。以上信息仅显示从 /usr/lib/gcc/x86_64-linux-gnu/7/collect2 尾部开始到 crtn.o 为结束的部分,这部分便是 ld 的链接参数(不同机器可能不同)。

使用 ld 命令加上以上参数,并查看是否可以生成 test_1.0_manual_ld 文件,命令如下:

```
root@Ubuntu:~/C_prog_lessons/lesson_3.6.4# ld -plugin /usr/lib/gcc/x86_64-linux-gnu/7/liblto_plugin.so
…
root@Ubuntu:~/C_prog_lessons/lesson_3.6.4# ls
test_1.0 test_1.0.c test_1.0_manual_ld test_1.0.o test_1.0.S test_3.1
root@Ubuntu:~/C_prog_lessons/lesson_3.6.4# ./test_1.0_manual_ld
hellow
```

运行后成功地生成了 test_1.0_manual_ld 可执行文件,并且运行正常。

以上表示手动使用 ld 链接器和 GCC 直接编译链接生成的结果并无二致,而 GCC 隐藏了这些细节。在嵌入式底层开发面对硬件编程时(例如 Bootloader 开发),链接器的参数可能需要自行指定,因此对此过程有所了解也是很必要的。

第 17 章
CHAPTER 17

状态机和多线程

状态机和多线程设计属于软件架构设计。在之前的代码中，业务处理使用的是 main 函数中的单次流程或者循环处理的架构，适用于单个事件的处理。状态机和多线程方式可用于多个事件的处理，区别在于前者不能并行处理，而后者支持并行处理。

17.1 有限状态

状态机使用不同的状态对不同的事件进行处理，而这样的状态是有限的。

17.1.1 什么是有限状态机

有限状态机(Finite State Machine，FSM)是一种数学模型，用于描述系统中可能存在的有限种状态及其间的转换和动作执行，其在任意时刻都处于有限状态集合中的某一状态。当其获得一个输入字符时，将从当前状态转换到另一种状态，或者仍然保持在当前状态。任何一个 FSM 都可以用状态转换图表示，如图 17-1 所示。

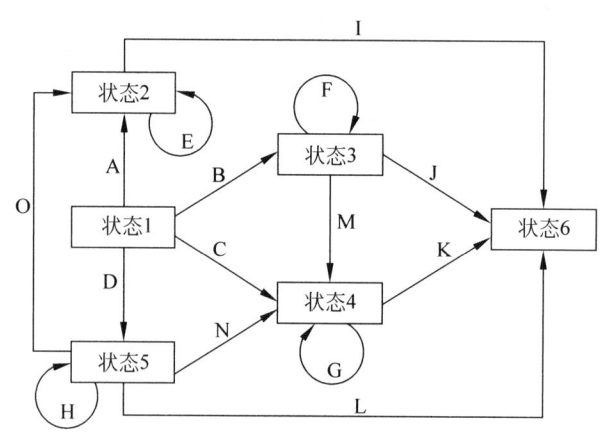

图 17-1 状态转换图示例

图 17-1 中的每个节点表示 FSM 中的一种状态，每条路径表示在不同的状态获得输入

字符时状态的变化。如果图中不存在与当前状态和输入字符对应的路径，则 FSM 将进入消亡状态(Doom State)，此后 FSM 将一直保持消亡状态。状态转换图中还有两个特殊状态：状态 1 称为起始状态，表示 FSM 的初始状态；状态 6 称为结束状态，表示成功识别了所输入的字符序列。

在启动一个 FSM 时，首先必须将 FSM 置于起始状态，然后输入一系列字符，最终，FSM 会到达结束状态或者消亡状态。

17.1.2 使用 C 语言编写一个简单状态机

状态机包含以下 4 个重要元素：状态(State)、事件(Event)、动作(Action)和变化(Transition)。在实现状态机时，其实就是通过代码实现状态机的这 4 个重要元素的过程。

一个标准的状态机至少包含两种状态：起始状态和结束状态。起始状态是状态机初始化后所处的状态，结束状态是状态机结束时所处的状态。标准的状态机还涉及一些中间态，存在中间态的状态机流程就会比较复杂。

事件指的是要执行某个操作的触发器或者口令；动作指的是状态变更所要执行的具体操作。当状态机处于某种状态时，只有接收到外界输入的指令，状态机才会执行一些操作，以此来完成指令。外界输入的指令即为事件，状态机执行的具体操作即为动作。

变化指的是一种状态接收一个事件后执行了某些行为到达另一种状态的过程。

例如 LED 有发光和不发光两种状态，LED 接收到"点亮"指令就是事件，执行将开关从 0 置为 1 的过程就是动作，开关打开后 LED 灯从不发光变为发光的过程就是变化。

可以使用 C 语言实现一个具有 5 种状态的简单状态机。新建示例，代码如下：

```c
//3.7.1/test_2.0.c
# include <stdio.h>
# include <unistd.h>

typedef enum{                                    //定义状态枚举类型
    STATE1,
    STATE2,
    STATE3,
    STATE4,
    STATE5
} Fms_sta_typedef;
                                                 //以下为执行的动作
void state1_do(void){printf("%s \n", __func__);}
void state2_do(void){printf("%s \n", __func__);}
void state3_do(void){printf("%s \n", __func__);}
void state4_do(void){printf("%s \n", __func__);}
void state5_do(void){printf("%s \n", __func__);}

void finite_state_matchine(Fms_sta_typedef status)   //状态机检测事件函数
{
```

```c
            switch(status)                          //根据事件执行动作
            {
                case STATE1:state1_do();break;      //状态变换 STATE1
                case STATE2:state2_do();break;
                case STATE3:state3_do();break;
                case STATE4:state4_do();break;
                case STATE5:state5_do();break;
            }
        }

        Fms_sta_typedef status_temp;                //状态变量
int main(int argc, char ** argv)
{
        while(1)
        {
                usleep(500000);
                finite_state_matchine(status_temp); //状态机函数
                status_temp++;                      //这里是事件发生源
                if(status_temp > STATE5)            //事件是循环的
                        status_temp = STATE1;
        }
        return 0;
}
```

运行结果,命令如下:

```
root@Ubuntu:~/C_prog_lessons/lesson_3.7.1#./test_2.0
state1_do
state2_do
state3_do
state4_do
state5_do
…
```

这就很形象地实现了 5 种状态的 FSM,在 STATE1 状态时输出 state1_do,在 STATE2 状态时输出 state2_do,状态机的输出仅取决于当前状态,此类状态机称为摩尔(Moore)型状态机。除此之外,还有米勒(Mealy)型状态机,下一状态不仅和当前状态有关,还与输入信号有关。后者应用更多,但原理基本一致。

17.1.3 状态机解决了什么问题

通常情况下 C 代码都是顺序执行的,程序的大体流程是固定的,在复杂一些的场合此类程序结构就不适用了。状态机在一些相对复杂的系统里能实现灵活的程序流程状态切换,以应对不同的工作,提高系统的生存能力。状态机在自动化系统中应用很广泛。

17.2 多线程简介

状态机能根据不同场合切换不同状态，用以实现不同的功能，但是不能同时运行这些状态。在实际情况中很多时候需要"多状态"同时运行，这就有了多线程的概念。

17.2.1 进程和线程

进程和线程是包含关系，进程是指一个完整的程序，而线程是进程中功能的拆分，例如QQ是一个进程，而QQ中的摄像头、磁盘运行、语音等功能都由具体的线程实现，多个线程的集合组成了一个完整的QQ程序进程。

很明显，一个进程至少包含一个线程，当然大部分进程包含多个线程。

17.2.2 线程安全

线程安全性主要由全局属性变量的安全性和函数的可重入性决定，前者可使用锁机制进行线程同步，以保证安全性能，而后者则要求必须为可重入函数。

1. 全局/静态变量的访问

线程安全问题大多是由全局变量和静态变量引起的，局部变量逃逸也可能导致线程安全问题。若每个线程都对全局、静态变量只有读操作而没有写操作，则一般来讲这个全局变量线程是安全的；若有多个线程对同一个全局变量或者静态变量执行写操作，则一般要考虑线程同步，否则可能影响线程安全。

2. 线程安全和可重入

如果一个函数能够安全地同时被多个线程调用而得出正确的结果，则可以说这个函数是线程安全的，线程安全是针对多线程而言的，在多线程里面需要考虑函数的可重入性。

可重入(Reentrant)函数可由多个任务并发使用，而不必担心数据错误，与此相反，不可重入(Non-Reentrant)函数不能由超过一个任务所共享，除非能保证任务间的互斥。可重入函数可以在任意时刻中断，稍后再继续运行不会丢失数据。可重入函数要么使用局部变量，要么在使用全局变量时保护自己的数据。

17.2.3 函数的可重入性

为了保证线程安全，为多个线程所调用的函数必须为可重入函数。可重入函数和不可重入函数主要有以下区别。

1. 可重入函数

可重入函数一般有以下特征：
（1）不使用静态数据（包括全局变量和static类型局部变量）。

(2) 不返回指向静态数据的指针,所有数据都由函数的调用者提供。
(3) 利用互斥信号量来保护要访问的全局变量。
(4) 绝不调用任何不可重入函数。

2. 不可重入函数

不可重入函数一般具有以下特征:
(1) 函数中使用了静态变量,无论是全局静态变量还是局部静态变量。
(2) 函数返回静态变量。
(3) 函数中调用了不可重入函数。
(4) 函数体内使用了静态的数据结构。
(5) 函数体内调用了 malloc 或者 free 函数。
(6) 函数体内调用了其他标准 I/O 函数。
总体来讲,如果一个函数使用了未受保护的共享资源,则它是不可重入的。

17.3 多线程编程入门

Linux 系统中具有多线程库,使用这些库中的函数可方便地开发出多线程程序。

17.3.1 Linux 常用多线程库

在 Linux 系统中编写多线程程序,可以借助<pthread.h>头文件提供的一些函数。

1. pthread_create 函数

pthread_create 函数专门用来创建线程,其完整声明为 int pthread_create(pthread_t * thread, const pthread_attr_t * attr, void * (* start_routine)(void *), void * arg),其中各个参数的含义如下。

(1) thread:接收一个 pthread_t * 类型变量的地址,每个 pthread_t * 类型的变量都可以表示一个线程。
(2) attr:手动指定新线程的属性,可以将其置为 NULL,表示新建线程遵循默认属性。
(3) start_routine:以函数指针的方式指明新建线程需要执行哪个函数。
(4) arg:向 start_routine 函数的形参传递数据,将 arg 置为 NULL,表示不传递任何数据。

如果成功地创建了线程,则 pthread_create()返回数字 0,否则返回一个非零值,各个非零值都对应着不同的宏,指明创建失败的原因,常见的宏有以下几种。
(1) EAGAIN:系统资源不足,无法提供创建线程需要的资源。
(2) EINVAL:传递给 pthread_create()函数的 attr 参数无效。
(3) EPERM:在传递给 pthread_create 函数的 attr 参数中,某些属性的设置为非法操作,程序没有相关的设置权限。

以上这些宏定义都在<Errno.h>头文件中,使用以上宏需要引入此头文件。

2. pthread_exit 函数

pthread_exit 函数的完整声明为 pthread_exit(void * retval),用于终止线程的执行,用法如下:

retval 参数指向的数据作为线程执行结束时的返回值,如果不需要返回任何数据,则可以将其置为 NULL。注意 retval 不能指向局部变量,否则会导致程序运行出错,甚至系统崩溃。

return 也可以终止线程的运行,但是 return 终止线程运行时,也会终止在此线程中创建的其他线程的运行,而 pthread_exit 只会终止调用它的线程的运行,不会影响此线程创建的子线程运行,这一点在 main 函数中使用时最为直观。

pthread_exit 函数可以自动调用线程清理程序,而 return 不具备这个功能。在实际场景中若想终止某个线程,则建议使用 pthread_exit,终止主线程时 return 和 pthread_exit 发挥的功能不同。

3. pthread_cancel 函数

pthread_cancel 函数的完整声明为 int pthread_cancel(pthread_t thread),可以向目标线程发送终止信号。

thread 参数用于指定接收信号的目标线程。当成功地发送了"终止执行"信号时,函数的返回值为 0,否则返回非零整数。

pthread_cancel 函数只是向目标线程发送"终止执行"信息,至于目标线程是否接收到此信号,以及何时终止执行,由目标线程说了算。

4. pthread_join 函数

pthread_join 函数的完整声明为 int pthread_join(pthread_t thread, void ** retval),函数的功能主要有两个,一个是接收目标线程执行结束时的返回值,另一个是释放目标线程占用的资源。

thread 参数用于指定目标线程,retval 参数用于存储接收的返回值。在实际场景中使用 pthread_join 函数可能只是为了释放目标线程所占用的资源,不用接收返回,这时可以将 retval 置为 NULL。

pthread_join 会一直阻塞当前线程,直到目标线程执行结束阻塞状态才会消除。如果成功等到了目标线程执行结束(成功地获取了目标线程的返回值),则 pthread_join 返回 0,否则返回非 0。

17.3.2 多线程编程实战

线程的创建、退出、阻塞和返回等操作是学习多线程编程必须掌握的知识。

1. 线程创建和退出

新建示例,代码如下:

```c
//3.7.3/test_2.0.c
#include <stdio.h>
// #include <errno.h>
#include <pthread.h>
#include <unistd.h>

void *Thread1(void *arg)                              //线程1
{
    for(int i = 0; i < 10; i++)
    {
        printf("Thread1 run cnt is %d \n", i);
        usleep(500000);
    }
    return "Thread1 finished \n";
}

void *Thread2(void *arg)                              //线程2
{
    for(int i = 0; i < 10; i++)
    {
        printf("Thread2 run cnt is %d \n", i);
        usleep(100000);
    }
    return "Thread2 finished \n";
}

int main(int argc, char **argv)
{
    int res;
    pthread_t thread1, thread2;
    void *thread_res;
    res = pthread_create(&thread1, NULL, Thread1, NULL);
    if(res != 0)
    {
        printf("Thread1 create failed!\n");
        return 0;
    }
    res = pthread_create(&thread2, NULL, Thread2, NULL);
    if(res != 0)
    {
        printf("Thread2 create failed!\n");
        return 0;
    }
                                                      //这一段程序先屏蔽
/*  res = pthread_join(thread1, &thread_res);
    printf("%s", (char *)thread_res);
    res = pthread_join(thread2, &thread_res);
    printf("%s", (char *)thread_res);
*/                                                    //这一段程序先屏蔽
```

```
        //pthread_exit(NULL);       //先屏蔽
        return 0;                   //打开 return 0
}
```

以上代码使用 GCC 编译，命令如下：

```
root@Ubuntu:~/C_prog_lessons/lesson_3.7.3# gcc test_2.0.c -o test_2.0
/tmp/cc0MuDO8.o: In function 'main':
test_2.0.c:(.text+0xc7): undefined reference to 'pthread_create'
test_2.0.c:(.text+0x100): undefined reference to 'pthread_create'
collect2: error: ld returned 1 exit status
```

在编译过程中出现错误，表示找不到 pthread_create 函数的实现，这是因为 pthread 库不是 Linux 系统默认的库。在编译带有 pthread 库中函数的程序时，要加上 -lpthread 参数，命令如下：

```
root@Ubuntu:~/C_prog_lessons/lesson_3.7.3# gcc test_2.0.c -o test_2.0 -lpthread
root@Ubuntu:~/C_prog_lessons/lesson_3.7.3# ./test_2.0
root@Ubuntu:~/C_prog_lessons/lesson_3.7.3#
```

编译成功，但是运行后没有打印输出，这是因为在 main 函数中使用了 return 0。main 函数这个主线程退出会导致它创建的子线程也被终止，Thread1 和 Thread2 中的 printf 函数还没有来得及运行就被终止了。

屏蔽 return 0，打开 pthread_exit(NULL) 的屏蔽，重新编译运行一下，命令如下：

```
root@Ubuntu:~/C_prog_lessons/lesson_3.7.3# ./test_2.0
Thread1 run cnt is 0
Thread2 run cnt is 0
…
Thread1 run cnt is 9
```

由于输出结果较长，所以省略。实际运行后会发现，Thread1 和 Thread2 的输出速度不一样，一个是 100ms，另一个是 500ms，是同时输出的，表示多线程已正常运行。pthread_exit(NULL) 虽然也是让调用它的 main 函数（主线程）退出，但是不会影响它创建的线程 Thread1 和 Thread2 的正常运行，也是推荐的退出方式。

2. 线程阻塞和返回

继续使用以上代码并修改示例，代码如下：

```
//3.7.3/test_2.0.c
…
                                    //这一段程序先屏蔽
    res = pthread_join(thread1, &thread_res);
    printf("%s", (char *)thread_res);
    res = pthread_join(thread2, &thread_res);
    printf("%s", (char *)thread_res);
                                    //这一段程序先屏蔽
…
```

把以上代码段打开屏蔽,编译运行,命令如下:

```
root@Ubuntu:~/C_prog_lessons/lesson_3.7.3#./test_2.0
Thread1 run cnt is 0
Thread2 run cnt is 0
…
Thread1 run cnt is 9
Thread1 finished
Thread2 finished
```

在最后打印出了 finished 线程终止信息,而在之前没有此信息,这是因为 pthread_join 函数接收到了线程结束后的返回。同样地,可以把 pthread_exit(NULL)屏蔽掉,把 return 0 打开,编译运行后会发现这次 Thread1 和 Thread2 仍会正常运行到终止,这是因为 pthread_join 函数会阻塞 main 函数直到线程退出。

pthread_join 函数用于接收线程的返回,在 main 函数中子线程没有结束之前是无法运行到 return 0 这里的。这个和 pthread_exit 的机制不太一样,pthread_exit 会结束主线程,而不是阻塞它,但是不会影响主线程创建的子线程的运行。使用了 pthread_join 函数会造成主线程的阻塞,虽然运行效果类似 pthread_exit,但机制完全不同。

17.4 线程同步简介

线程同步是为了解决多个线程对同一资源的访问冲突问题,在线程不同步的程序中,这样的冲突往往会造成程序运行出错,甚至影响线程安全。

17.4.1 线程不同步问题

先给出以下示例,代码如下:

```c
//3.7.4/test_1.0.c
#include <stdio.h>
#include <stdlib.h>
#include <pthread.h>

int s = 0;
void *Thread(void *args)                //Thread 函数中将全局变量 s 自加 100 万次
{
    for(int i = 0; i < 1000000; i++)
        s++;
    return NULL;
}

int main(int argc, char **argv)
{
    pthread_t thread1;
    pthread_t thread2;
```

```
                                            //创建两个线程,并且都调用 Thread 函数
        pthread_create(&thread1, NULL, Thread, NULL);
        pthread_create(&thread2, NULL, Thread, NULL);

        pthread_join(thread1,NULL);            //等待线程 1 退出,不接收线程返回
        pthread_join(thread2,NULL);            //等待线程 2 退出,不接收线程返回

        printf("s = % d\n",s);                 //打印变量 s 的值
        return 0;
}
```

以上代码创建了两个线程,并且都调用同一个 Thread 函数,在 Thread 函数中将全局变量 s 自加了 100 万次,可推知两个线程应让 s 一共自加 200 万次。可以编译运行以上代码,验证以上推断是否正确,命令如下:

```
root@Ubuntu:~/C_prog_lessons/lesson_3.7.4# gcc test_1.0.c -o test_1.0 -lpthread
root@Ubuntu:~/C_prog_lessons/lesson_3.7.4# ./test_1.0
s = 1358586
root@Ubuntu:~/C_prog_lessons/lesson_3.7.4# ./test_1.0
s = 1141289
root@Ubuntu:~/C_prog_lessons/lesson_3.7.4# ./test_1.0
s = 1347390
```

从运行结果可知,s 并未自加到 200 万次,并且每次运行的结果都不尽相同,这就造成了一个和推断不符的结果,而这样的结果究竟是如何造成的呢?

线程在未竞争的情况下,s 的自加流程如图 17-2 所示。

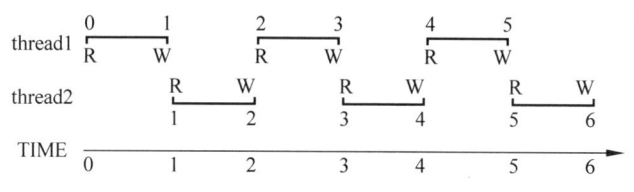

图 17-2　线程未竞争自加流程

thread1 和 thread2 两个线程对 s 的自加过程应如图 17-2 所示。不论哪一个线程先自加,后一个线程都能对之前自加的结果再次自加,并且一方写(图中为 W)操作完成后另一方才能进行读(图中为 R)操作,双方操作应该是互相错开、互相继承的。也就是一方的操作必须等待另一方完成之后再进行操作,这样才会得到正确的运行结果。

图 17-2 所示的步骤是非常简单的,其目的是让读者了解运行出正确结果的条件。首先两者的线程要错开对 s 的使用,并且一方在使用之前,另一方要完成对 s 的更新,而在以上程序中是做不到的。在多线程程序中线程调度是非常密集的,经常会有线程 A 还未完成对共享数据的修改,线程 B 就对获得的修改前的数据进行操作,如果线程 B 的数据依赖于线程 A 的结果,就会出现问题。同样地,以上程序的问题也出在以下的步骤中。

(1) thread1 先运行,并让全局变量 s 自加,随后线程 thread2 运行,也取到了 s 的值并令其自加,但是后者取到的值可能是在 s 自加之前或者 s 自加之后,如果是在 s 自加之前取

值并自加,就会漏掉自加之后的 s 值,从而导致当前操作成了重复操作,即漏掉了一次自加。

以上情形可以用图例表示,如图 17-3 所示。

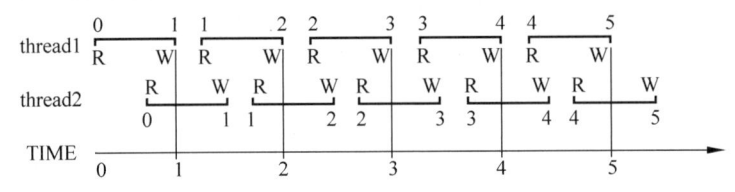

图 17-3　线程竞争自加流程

如图 17-3 所示,thread2 线程完全是 thread1 线程的并行重复操作,漏掉了自加后的数据。

(2) 因为线程调度时间不定,有时没有(1)的情况,导致在整个程序运行期间就会丢掉部分自加数据。

以上情况称为竞争条件(Race Condition),它表示多个线程(或进程)在竞争访问共享资源时,由于时序上的差异,导致程序运行结果出现不确定的情况。当一个线程或进程正在更新共享资源时,另一个线程或进程可能会读取到这个资源的旧版本,从而导致程序出现不可预料的行为。竞争条件会对程序的正确性产生严重影响,它可能会导致程序出现意外行为,甚至崩溃。

此外,竞争条件还会影响程序的性能,因为多个线程或进程需要不断地竞争访问共享资源,而这会大大增加系统的负担。竞争条件的解决,常用的方法是使用锁(Lock)机制,即在访问共享资源之前先获取锁,等访问完成之后再释放锁,以确保其他线程或进程无法访问该资源。此外,还可以使用更复杂的同步机制,例如信号量(Semaphore)、消息队列(Messagequeue)等,以此来解决竞争条件的问题。

竞争条件使多线程程序中,一方线程运行结果依赖于另一方线程结果的程序会出现问题,此类程序要求一个线程读到的数据必须是最新版本,不能发生"读了之后数据会变"的情况,其要求线程对共享资源的访问必须是有时序要求的,这就是线程同步的概念。

由于篇幅所限,本书仅讲解线程同步中常用的互斥锁和自旋锁机制。

17.4.2　互斥锁

互斥锁(Mutex)实现了对共享资源的排他机制,顾名思义为"互斥"。线程在对共享资源访问前先实现"加锁",然后进行访问,其他线程访问时因为互斥锁的排他作用,导致获取上锁状态后会休眠,CPU 被释放,直到访问完共享资源的线程释放互斥锁之后,被休眠的线程才会被唤醒,而后得到访问共享资源的权限,这样就实现了线程通过先后顺序排队,对共享资源的独占式访问。

1. 互斥锁的使用

对本节 test_1.0.c 的代码进行修改,代码如下:

```c
//3.7.4/test_2.1.c
#include <stdio.h>
#include <stdlib.h>
#include <pthread.h>

pthread_mutex_t lock;                       //定义一个互斥锁
int s = 0;
void *Thread(void *args)
{
    pthread_mutex_lock(&lock);              //在此处放置互斥锁(上锁)
    for(int i = 0;i < 1000000;i++)
        s++;
    pthread_mutex_unlock(&lock);            //在此处解除互斥锁(解锁)
    return NULL;
}

int main(int argc, char **argv)
{
    pthread_t thread1;
    pthread_t thread2;
    pthread_mutex_init(&lock,NULL);         //初始化互斥锁
    pthread_create(&thread1, NULL, Thread, NULL);
    pthread_create(&thread2, NULL, Thread, NULL);

    pthread_join(thread1,NULL);
    pthread_join(thread2,NULL);

    printf("s = %d\n",s);
    return 0;
}
```

对以上代码进行编译运行,命令如下:

```
root@Ubuntu:~/C_prog_lessons/lesson_3.7.4#gcc test_2.1.c -o test_2.1 -lpthread
root@Ubuntu:~/C_prog_lessons/lesson_3.7.4#./test_2.1
s = 2000000
```

这次经过了互斥锁的保护之后,s 自加达到了预期的 200 万次。互斥锁对共享资源的保护流程也比较简单,如图 17-4 所示。

如图 17-4 所示,如果线程 A 先获取互斥锁(先运行到上锁部分代码),线程 A 就会得到互斥锁,在线程 A 没有释放锁之前,若线程 B 运行到了获取锁的代码,则会获取失败并被系统调度为休眠态。线程 A 将锁释放后,线程 B 会被唤醒并获得互斥锁,之后才可以运行加锁的代码。

互斥锁的使用符合"先来先得"的规则。当锁无法获得时,尝试获取锁的线程都会被休眠;当锁被释放时,这些被休眠的线程唤醒顺序符合"先休眠先唤醒"的规则。

当使用互斥锁时,应注意加锁的程序区间应越小越好,区间程序运行后应立即释放锁,以提高系统的运行效率。

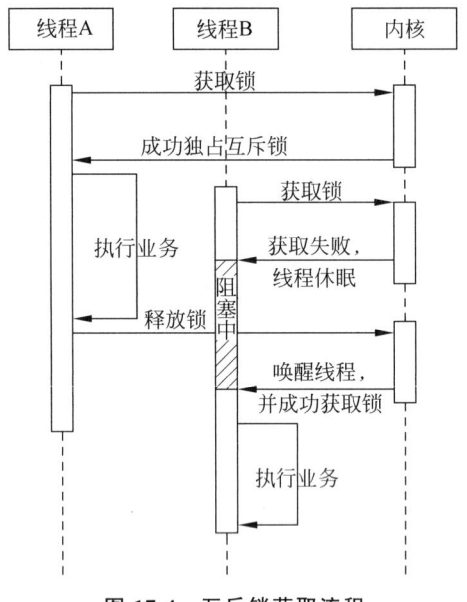

图 17-4　互斥锁获取流程

2. 死锁问题

假设线程 A 获取了互斥锁 1，在持有锁 1 的期间尝试获取锁 2，而线程 B 获取了互斥锁 2，在持有锁 2 的期间尝试获取锁 1，这样两个线程就进入了死锁状态，先后进入休眠而无法唤醒。

例如以下程序，代码如下：

```
//3.7.4/test_2.2.c
# include <stdio.h>
# include <stdlib.h>
# include <pthread.h>

pthread_mutex_t lock1, lock2;                   //定义两个互斥锁
void * Thread_A(void * args)
{
    printf("thread_A is running \n");
    pthread_mutex_lock(&lock1);                 //获取互斥锁1
    pthread_mutex_lock(&lock2);                 //持有锁1期间尝试获取锁2
    pthread_mutex_unlock(&lock1);               //释放互斥锁1
    return NULL;
}

void * Thread_B(void * args)
{
    printf("thread_B is running \n");
    pthread_mutex_lock(&lock2);                 //获取互斥锁2
    pthread_mutex_lock(&lock1);                 //持有锁2期间尝试获取锁1
    pthread_mutex_unlock(&lock2);               //释放互斥锁2
```

```
        return NULL;
}

int main(int argc, char ** argv)
{
        pthread_t thread1;
        pthread_t thread2;
        pthread_mutex_init(&lock1,NULL);                    //初始化互斥锁1
        pthread_mutex_init(&lock2,NULL);                    //初始化互斥锁2
        pthread_create(&thread1, NULL, Thread_A, NULL);
        pthread_create(&thread2, NULL, Thread_B, NULL);

        pthread_join(thread1,NULL);
        pthread_join(thread2,NULL);

        printf("exit!\n");                                   //线程退出后打印此信息
        return 0;
}
```

编译程序并查看运行结果，命令如下：

```
root@Ubuntu:~/C_prog_lessons/lesson_3.7.4# gcc test_2.2.c -o test_2.2 -lpthread
root@Ubuntu:~/C_prog_lessons/lesson_3.7.4# ./test_2.2
thread_A is running
thread_B is running
^C
```

可见两个线程都被休眠而无法唤醒，因为没有打印出 exit 字样，可通过快捷键 Ctrl+C 强行终止程序运行。以上现象说明出现了互斥锁的死锁现象，这是编程中要注意避免的事项。

17.4.3 自旋锁

自旋锁（Spinlock）也是一种锁机制，和互斥锁类似，同样用于在多线程环境中对共享资源进行保护。相比互斥锁获取失败后会令尝试获取锁的线程进入休眠状态，一个线程在获取自旋锁失败之后会循环判断锁是否能获取而不进入休眠态，直到获取了锁才会退出循环，顾名思义为自旋锁。

自旋锁和互斥锁都是为了解决对某项资源的互斥使用问题，它们中的任一种，在任何时刻都只能有一个持有者。互斥锁获取失败会令线程进入休眠状态，自旋锁获取失败会令线程进入循环查询锁的状态（也称自旋）。如果某个线程持有锁的时间过长，就会让其他等待获取锁的线程进入自旋状态消耗 CPU 资源，可能会造成 CPU 占用率过高的问题。

自旋锁的优点在于不会使线程状态发生切换，线程一直都处于运行态而不会进入休眠态，减少了系统调度的开销，所以实时性较高。互斥锁会导致线程状态在休眠和运行态之间切换，增加了调度开销并消耗了一定时间，其优势在于线程休眠后，可以降低 CPU 的占用率。

将本节 test_2.1.c 代码中的互斥锁修改为自旋锁,代码如下:

```c
//3.7.4/test_3.0.c
#include <stdio.h>
#include <stdlib.h>
#include <pthread.h>

pthread_spinlock_t slock;                              //定义自旋锁
int s = 0;
void *Thread(void *args)
{
    pthread_spin_lock(&slock);                         //放置自旋锁
    for(int i = 0;i<1000000;i++)
        s++;
    pthread_spin_unlock(&slock);                       //解除自旋锁
    return NULL;
}

int main(int argc, char **argv)
{
    pthread_t thread1;
    pthread_t thread2;                                 //PTHREAD_PROCESS_SHARED 和
                                                       //PTHREAD_PROCESS_PRIVATE
                                                       //以上两个宏意义为进程共享和进程私有
                                                       //以下代码将自旋锁初始化为进程私有属性
    pthread_spin_init(&slock,PTHREAD_PROCESS_PRIVATE);
    pthread_create(&thread1, NULL, Thread, NULL);
    pthread_create(&thread2, NULL, Thread, NULL);

    pthread_join(thread1,NULL);
    pthread_join(thread2,NULL);

    printf("s = %d\n",s);
    return 0;
}
```

编译以上代码并查看运行结果,命令如下:

```
root@Ubuntu:~/C_prog_lessons/lesson_3.7.4# gcc test_3.0.c -o test_3.0 -lpthread
root@Ubuntu:~/C_prog_lessons/lesson_3.7.4# ./test_3.0
s = 2000000
```

可见自旋锁和互斥锁对共享资源的保护效果是一样的。在自旋锁初始化函数中使用了 PTHREAD_PROCESS_PRIVATE 这个宏,表示将自旋锁属性设置为进程私有属性,也就是当前程序的自旋锁仅对当前程序(进程)中的线程使用,不提供给其他进程,PTHREAD_PROCESS_SHARED 则表示当前程序的自旋锁可以开放给其他进程使用。

高级篇　C代码在操作系统层

本篇会呈现出 C 语言在系统层和底层的一些高级用法，这些用法一方面显示出嵌入式软件开发的特点，即面对底层和系统层编程，另一方面也体现出 C 语言作为支持硬件操作的高级语言在嵌入式底层开发中不可替代的作用。在底层编程中，C 语言提供了很多特殊用法和技巧，这些用法和技巧对于提高系统效率和可靠性有着显著效果；若使用不当，则会造成硬件操作无效、地址非法访问、系统运行不稳定和实时性低等问题，这些问题往往会引发灾难性的后果。在非底层编程的数据应用中，C 语言也可以简练地实现各种线性或者非线性数据结构，本篇的实例就是链表和二叉树的实现，这些数据结构在 Linux 内核源码中常见，因此有必要熟练掌握。

第 18 章 C 语言指针高级部分

CHAPTER 18

本章对 C 语言指针进行较深入研究，并会给出一些指针的高级用法，这些高级用法在 Linux 内核代码中有所体现。

18.1 结构体指针

结构体指针和之前的基本数据类型指针有一个很大的不同，由于结构体指针是指向构造类型数据的指针，所以关于它的编程实践有所不同。

18.1.1 结构体指针的定义和使用

新建示例，代码如下：

```c
//4.1.1/test_1.0.c
#include <stdio.h>

typedef struct{
    char a;
    int b;
    float c;

} test_struct_t;
                                            //这里定义了结构体指针并初始化
test_struct_t test_stru, * test_stru_P = &test_stru;

int main(int argc, char ** argv)
{
    test_stru_P->a = 10;                    //使用结构体指针给成员赋值
    test_stru_P->b = 300;
    test_stru_P->c = 3.14;

    printf("test_stru.a = %d test_stru.b = %d test_stru.c = %f \n",
            test_stru.a, test_stru.b, test_stru.c);
```

```
        return 0;
}
```

编译并运行,命令如下:

```
root@Ubuntu:~/C_prog_lessons/lesson_4.1.1# gcc test_1.0.c -o test_1.0
root@Ubuntu:~/C_prog_lessons/lesson_4.1.1# ./test_1.0
test_stru.a = 10 test_stru.b = 300 test_stru.c = 3.140000
```

这里可以看出,使用结构体指针对结构体成员进行操作,和使用"."取成员操作的效果是一样的。大多数场合往往使用结构体指针对结构体成员进行操作,而不是使用"."来取结构体成员,可见使用结构体指针具有一定的优势。

18.1.2 使用结构体指针作为函数参数

新建示例,代码如下:

```
//4.1.1/test_2.0.c
#include <stdio.h>
#include <errno.h>                    //错误码宏定义头文件
#include <string.h>

typedef struct{
    char a;
    float b;
    float res;
} test_str_t;
                                      //这里函数的参数是结构体指针
int func_struct(test_str_t * stru)
{
    if(!stru->a && !stru->b)  //两个成员都不能为 0
        return -EINVAL;       //否则返回参数错误,定义于 errno.h 文件中
    stru->res = stru->a * stru->b;
    return 0;
}

int main(int argc, char ** argv)
{
    test_str_t test_str_temp;
                                      //先对结构体变量进行清零操作
    memset(&test_str_temp, 0, sizeof(test_str_t));
                                      //对结构体成员赋值
    test_str_temp.a = 10.0;
    test_str_temp.b = 3.14;
                                      //通过函数返回值判断函数运行正常与否,并输出结果
    if(func_struct(&test_str_temp) == 0)
        printf("result is %f \n", test_str_temp.res);
    else
```

```
            printf("func_struct inval is error! \n");

        return 0;
}
```

编译后运行,命令如下:

```
root@Ubuntu:~/C_prog_lessons/lesson_4.1.1#./test_2.0
result is 31.400002
```

这段代码使用了结构体指针作为函数参数,很明显结构体指针传参具有很强大的功能,使用这个结构体指针得到了函数输入数据,并可以将运行的结果输出到结构体成员中,而这一切只需一个结构体指针就可以完成。可以说通过结构体指针传参,把函数参数的能力提升到了一个新的高度。

细心的读者肯定注意到了,运行结果有一点不对,也就是 3.14×10 的结果变成了 31.400002,只需把结构体成员 b 的类型改成 double 就可以解决此问题了,至于原因,在 12.4 节有详细解释。

18.2 二重指针

二重指针,书面语言指二重指针类型,是指向指针数据所在内存单元的指针数据类型,有二重指针自然就有更高维度的指针。在嵌入式系统/应用编程中,二重以上的指针类型用得非常少,所以只需研究二重指针的问题即可,掌握二重指针对将要从事的开发工作有很大帮助。

在 15.1 节中,已经使用过二重指针,本节将深入学习此内容。

18.2.1 char ** argv 或 char * argv[ ]

在 9.1 节中使用过 main 函数的 argv 参数,但并未深究过其含义,在此详细研究一下其究竟代表着什么。

新建示例,代码如下:

```
//4.1.2/test_1.0.c
#include <stdio.h>

int main(int argc, char ** argv)
{
    char * temp[argc];                  //这里定义了指针数组
    for(int i = 0; i < argc; i++)
        temp[i] = argv[i];              //注意 argv[]和 ** argv 的区别

    for(int i = 0; i < argc; i++)       //打印 temp 中的元素
```

```
            printf("temp[ % d] is % s \n", i, temp[i]);

    return 0;
}
```

编译后需要加入参数运行,命令如下:

```
root@Ubuntu:~/C_prog_lessons/lesson_4.1.2#./test_1.0 abcdefg 123 456
temp[0] is ./test_1.0
temp[1] is abcdefg
temp[2] is 123
temp[3] is 456
```

这个结果和 9.1 节中直接打印 argv 参数,所表现出的意义似乎是一致的,char ** argv 和 char * temp[] 的类型其实是一样的。temp 数组的元素都是指针类型数据,并且数组名在编译器看来是指代数组首地址的(常量)数据,即指代指针数据所在内存单元的数据,这就是二重指针类型的数据了。二重指针类型数据解引用或用下标访问的结果,就是指针数据,也就是打印出来的字符串首地址,在 printf 中被 %s 输出。

这里重复一下,字符串在 C 程序中作为右值传出的是一个 char * 类型的指针数据。

注意:指针数据和指针类型常被模糊化表达,带来一些误导,例如"指针的指针",应为"指向指针数据所在内存单元的数据"。指针数据不论是几重指针类型都是指向某一内存的数据,而指针类型则指定了其所指向的内存单元中存放数据的类型。

18.2.2 定义二重指针并使用

指针数组的数组名可以指代一个内存地址,而这个地址数据的类型为二重指针类型,这是 C 语言中比较常见的二重指针实例。

1. 定义二重指针

新建示例,代码如下:

```
//4.1.2/test_2.1.c
# include < stdio.h >

char * str_1g = "hellow embeded tech ! \n";    //定义一重指针变量
char ** str_2g = &str_1g;                       //对一重指针变量取地址,从而得到二重
                                                //指针类型的数据

int main(int argc, char ** argv)
{
    printf(" % s", * str_2g);                   //二重指针数据解引用
    return 0;                                    //得到一重指针数据
}
```

查看运行结果,命令如下:

```
root@Ubuntu:~/C_prog_lessons/lesson_4.1.2#./test_2.1
hellow embeded tech !
```

以上代码言简意赅地表明了对一重指针类型的数据取地址,就会得到二重指针类型的数据,例如在以上代码中 &str_1g 就是二重指针数据,可以作为右值赋给二重指针类型的变量 str_2g,其解引用后可被%s 格式化输出字符串,也就是二重指针数据解引用之后会变成一重指针数据。

2. 二重指针和指针数组初探

新建示例,代码如下:

```
//4.1.2/test_2.2.c
#include<stdio.h>
                                            //定义指针数组
char * str_2g[] = {"hellow1\n","hellow2\n", "hellow3\n"};
char ** p = str_2g;                         //定义二重指针变量,并获取指针数组名

int main(int argc, char ** argv)
{                                           //使用二重指针变量+下标打印出字符串
    printf("%s%s%s", p[0], p[1], p[2]);
    return 0;
}
```

查看运行结果,命令如下:

```
root@Ubuntu:~/C_prog_lessons/lesson_4.1.2#./test_2.2
hellow1
hellow2
hellow3
```

定义了二重指针类型的变量以后,可以把指针数组的数组名作为右值赋给它。不难理解指针数组的数组名,在 C 语言中是一个二重指针类型的(常量)数据,其代表首元素(是一个指针类型数据)所在内存单元的地址,也就是其指代指针类型数据所在内存地址,其数据类型必然为二重指针类型。

18.3 指针数组和数组指针,函数指针和指针函数

指针数组在 18.2 节已经有所接触,指针数组的数组名在 C 语言中被解析为一个二重指针类型的数据,至于数组指针类型,表示其类型的数据指向一个数组的首地址。由此可知 C 语言中所有的数组名都是数组指针类型的数据,再依据数组内元素的类型,细分为具体类型的指针。

函数指针是一种指针类型,其类型的数据指向函数首地址,指针函数则是返回值为指针类型数据的函数。

18.3.1 指针数组和数组指针

指针数组是一种数组,内部元素为指针类型;数组指针是一种指针类型,其类型的数据指向数组。

1. 指针数组

指针数组是成员为指针类型数据的数组,定义时使用形如 *p[]的表达式来表示,根据优先级 p 会先和[]结合,表示其是一个数组,再和 * 结合,表示其成员为指针类型。

新建示例,代码如下:

```
//4.1.3/test_1.1.c
#include <stdio.h>

char * p[] = {"abc1\n", "abc2\n", "abc3\n"};              //定义指针数组
int main(int argc, char ** argv)
{
    printf("%s%s%s", p[0],p[1], p[2]);
    return 0;
}
```

查看运行结果,命令如下:

```
root@Ubuntu:~/C_prog_lessons/lesson_4.1.3#./test_1.1
abc1
abc2
abc3
```

指针数组是成员都是指针类型数据的数组,如上数组 p 中存放的都是字符串指针,取出其成员并打印出来,就是成员指针指向的字符串内容。

2. 数组指针

所谓数组指针就是指向数组的指针,这种用法在之前内容中已经多次间接地使用过。数组指针的定义和使用和普通指针类似,使用形如(* p)[]的表达式来表示, * p 先结合表示其是一个指针,(* p)[]表示其是一个指向数组的指针。

新建示例,代码如下:

```
//4.1.3/test_1.2.c
#include <stdio.h>

char dat[10] = {0,1,2,3,4,5,6,7,8,9};
char ( * p)[10];                                          //定义了数组指针
int main(int argc, char ** argv)
{
    p = dat;
    //p = (char ( * )[10])dat;                            //先屏蔽此句
    return 0;
}
```

先编译，命令如下：

```
root@Ubuntu:~/C_prog_lessons/lesson_4.1.3# gcc test_1.2.c -o test_1.2
test_1.2.c: In function 'main':
test_1.2.c:7:4: warning: assignment from incompatible pointer type [-Wincompatible-pointer-types]
  p = dat;
    ^
```

编译结果显示 p = dat 这一句出现了指针类型不兼容问题，表示 dat 和 p 指针的类型不匹配。

打开代码中被屏蔽的赋值语句，并屏蔽之前的 p = dat 这一句。使用强制类型转换语句(char(*)[10])dat 之后，再赋给 p 就消除了警告。结合之前对数组名的使用经验，一般的指针也能用来指向数组，这是因为数组名在编译器中指代数组首地址，但数组名做右值时，其为一个普通常量。

但在使用 char(*p)[10]语句定义数组指针变量 p 之后，编译器就会要求 p 所赋值的数据必须是形如 dat[10]数组的地址数据，否则会报警告。使用强制类型转换把 dat 转换为char(*)[10]类型的数据就消除了这个警告，可见数组指针指向的数据类型，编译器会要求是定义时的数组地址数据，否则会告警处理。

18.3.2 函数指针和指针函数

函数指针是一种指针类型，其类型的数据指向函数首地址，指针函数是一种返回值为指针类型数据的函数。

1. 函数指针

函数指针也就是指向函数的指针类型，在 13.4 节和 15.1 节中已经使用过函数地址间接调用函数，并使用 typedef 重定义了函数指针类型，实例化函数指针变量并使用。这里重温如何定义和使用函数指针类型，并和指针函数并列讨论，防止读者出现概念上的混淆。

新建示例，代码如下：

```
//4.1.3/test_2.1.c
#include <stdio.h>

typedef void (*p_func_t)(void);              //重定义函数指针类型
void func(void)
{
    printf("hellow \n");
}

int main(int argc, char **argv)
{
    p_func_t p_func = func;                  //定义函数指针变量并初始化
    p_func();                                //使用函数指针调用函数
```

```
        return 0;
}
```

在这里先使用 typedef 重定义了函数指针类型 p_func_t,并使用 p_func_t 类型实例化了 p_func 这个函数指针变量,然后把 func 的函数地址赋予了它,最后使用 p_func 函数指针调用了 func。

2. 指针函数

指针函数返回的是指针类型数据。在函数内部定义的变量大部分位于栈区,在函数运行结束后会释放,将其地址数据作为返回意义往往不大,而堆内存不受函数退出的影响,所以指针函数一般和堆内存操作有关。

新建示例,代码如下:

```
//4.1.3/test_2.2.c
#include <stdio.h>
#include <stdlib.h>

char * func_malloc(char size)                    //这里定义了指针函数
{
    char * p = malloc(size);                     //申请堆内存
    return p;                                    //将申请到的堆内存地址作为返回
}

int main(int argc, char ** argv)
{
    char * temp = func_malloc(5);                //获得返回堆内存地址,赋给 temp
    for(int i = 0; i < 5; i++)                   //使用 temp 操作堆内存
        temp[i] = i;

    for(int i = 0; i < 5; i++)
        printf("temp[%d] = %d\n", i, temp[i]);
    free(temp);                                  //使用完成后要释放堆内存
    return 0;
}
```

查看运行结果,命令如下:

```
root@Ubuntu:~/C_prog_lessons/lesson_4.1.3#./test_2.2
temp[0] = 0
…
temp[4] = 4
```

使用以上程序中的 func_malloc 指针函数,在 main 函数中获得了返回指针,当然这个指针是指向堆内存的。如果是函数内部局部(非静态)变量的指针,则在函数运行退出后,指针指向的地址将被释放给其他使用栈区的函数,这会导致其内容被覆写。堆内存的使用和释放是纯手动的,不会因函数的退出而丢失,所以指针函数多和堆内存的使用有关联。

18.4 offsetof 和 container_of 宏

offsetof 宏和 container_of 宏是 Linux 内核代码中非常常见的两个宏，其中 offsetof 宏的作用是计算出在某一结构体类型中，其成员地址相对母结构体首地址的偏移量，在本书 12.2 节中已经使用过，但未作深入分析；container_of 宏则用于根据某一结构体成员的地址，计算出其所在母结构体的首地址。

18.4.1 offsetof 宏

offsetof 宏是通过编译器来计算，因为其并不需要定义结构体变量，只需结构体类型和其中的成员名就可以计算结果，其定义如下：

```
#define offsetof(TYPE, MEMBER) ((int) &((TYPE *)0)->MEMBER)
```

其中，TYPE 是结构体类型，MEMBER 是结构体成员名称。offsetof 宏所传递出的值（注意宏的传递值和函数返回值不是一个概念）是 MEMBER 元素相对于其所在结构体首地址的偏移量，其数据类型是 int 类型。

在 offsetof 宏定义中，((TYPE *)0)-> MEMBER 是关键，其中((TYPE *)0)是一个强制类型转换，把常量 0 强制类型转换为一个结构体指针类型数据，这意味着 0 作为数据指代一个 TYPE 类型结构体所在内存地址，也就是 0 地址被认为存放着一个 TYPE 类型的结构体。到这里编译器已经对 0 地址完成了一次"重构"，且对 0 地址并没有任何读写操作，因为这些"重构"都是在编译器中建立起来的，而不是真实的内存中的数据排布。

((TYPE *)0)-> MEMBER 是通过结构体指针取成员的用法，读者应该很清楚，因为结构体的首地址已经被认为是 0，所以成员地址就等于所要求的偏移量。可以用 & 号取成员地址，得到 &((TYPE *)0)-> MEMBER，这时就已经完成了 offsetof 宏的工作。把求出的偏移量强制类型转换为 int 类型，并把整个表达式用括号收纳，就得到了 offsetof 宏的完整定义。

新建示例，代码如下：

```
//4.1.4/test_1.0.c
#include <stdio.h>
#include <stddef.h>                          //使用 offsetof 宏要包含此头文件

typedef struct{
    int a;
    float b;
    char c;
} test_t;

int main(int argc, char ** argv)
```

```
                {                       //使用结构体类型和成员两条信息
                                        //即可得出偏移量
                    printf("b offset is %ld \n", offsetof(test_t, b));
                    return 0;
                }
```

查看运行结果，命令如下：

```
root@Ubuntu:~/C_prog_lessons/lesson_4.1.4#./test_1.0
b offset is 4
```

得到了 b 元素相对于 test_t 结构体首地址偏移量为 4 字节。可看出 offsetof 宏的计算过程不需要结构体变量的实体，只需结构体类型，是编译器在编译过程中计算出的值，而不是程序运行后得出的结果。

18.4.2 container_of 宏

container_of 宏定义在不同平台上稍有不同，但基本原型相同，代码如下：

```
#define container_of(ptr, type, member) ({                          \
    const typeof( ((type *)0)->member ) *__mptr = (ptr);            \
    (type *)( (char *)__mptr - offsetof(type,member) );})
```

其中，ptr 是成员的地址，type 是成员所在母结构体的类型，member 是成员名称，container_of 宏传递出来的值是成员所在结构体的首地址。

新建示例，代码如下：

```
//4.1.4/test_2.0.c
#include <stdio.h>
#include <stddef.h>

#define container_of(ptr, type, member) ({                          \
    const typeof( ((type *)0)->member ) *__mptr = (ptr);            \
    (type *)( (char *)__mptr - offsetof(type,member) );})

typedef struct{
    int a;
    float b;
    char c;
} test_t;

test_t test_par;
int main(int argc, char **argv)
{                           //以下代码用于打印 container_of 计算出的结构体首地址
    printf("container_of addr is %p test_par.b addr is %p \n",
            container_of(&test_par.b, test_t, b), &test_par.b);
                            //参数为成员地址,母结构体类型,成员名
    printf("test_par addr is %p \n", &test_par);
```

```
        return 0;                          //打印出结构体地址,以便对比
}
```

查看运行结果,命令如下:

```
root@Ubuntu:~/C_prog_lessons/lesson_4.1.4#./test_2.0
container_of addr is 0x5574dc37e018 test_par.b addr is 0x5574dc37e01c
test_par addr is 0x5574dc37e018
```

使用 container_of 宏得到的地址和直接取结构体地址的结果是完全一致的,而成员 b 地址相对首地址增加 4 字节,(因为小端格式存储)也很符合逻辑。

container_of 宏的设计思路其实很简单,只需通过传入的成员地址减去此成员在母结构体中的偏移量,就可以得到母结构体的首地址,这是很容易理解的,其中成员在结构体中的偏移量是通过 offsetof 宏计算得出的,而传入的成员地址减去这个偏移量,就可以得到结构体的首地址。

其中有未接触过的 typeof 关键字,typeof(a)由变量 a 可以得到 a 的类型,而 typeof 并不是宏定义或者函数,它是 GCC 的关键字,是 GCC 特有的特性。如果只知道一个变量的名字要得到其类型,并不是宏定义能够完成的,这需要编译时的信息,所以 typeof 操作是 GCC 内置的功能,在 GCC 的头文件中无法找到 typeof 的宏定义。

container_of 宏定义中最关键的语句,代码如下:

```
(type *)( (char *)__mptr - offsetof(type,member) )
```

其中,__mptr - offsetof(type,member)表达式的意义就是成员地址减去成员偏移量,其中__mptr 的值等于 ptr,而 ptr 是传入的 member 成员地址。__mptr 被(char *)转换为 char 类型的指针,这样__mptr 的加减操作就会以字节为单位(见 13.3 节指针类型和偏移量部分),再减去 member 在结构体中的地址偏移量,就会得出结构体的首地址,而这个首地址再被(type *)转换为结构体类型指针,就可以被方便地作为右值传递,以保证类型匹配。

除此之外,在 container_of 宏中还有以下语句,代码如下:

```
…
const typeof( ((type *)0)->member ) *__mptr = (ptr);
…
```

其本意是获取了 member 成员的类型,用此类型定义了 *__mptr 指针,并获取了 member 成员的地址 ptr,这里比较费解的地方主要有以下两点。

(1) 为何不直接使用 ptr?

(2) ((type *)0)->member 是何意义?

直接使用 ptr 可能会导致 ptr 被修改,因此将 ptr 作为一个右值传递给一个中间变量是稳妥的做法。__mptr 就是中间变量(m 是 middle 的意思,双下画线表示是内部使用),它获取了 ptr 的值,之后的操作都是对__mptr 进行的,从而保证了宏参数不被修改(类似函数的输入型参数,见 19.1 节)。

((type *)0)->member 是使用结构体指针取成员的表示,此类用法在 offsetof 宏中已经有体现。表示常量数据 0 作为一个结构体指针指向一个结构体,也就是在编译器中构造了一个 0 地址开头的结构体,并使用结构体指针的方式取出了成员 member。在 offsetof 宏中,只需对其取地址,也就是 &((type *)0)->member 直接可以得到成员 member 相对结构体首地址的偏移量(因为首地址为 0),而在这里则有所不同。

在这里则使用了 typeof() 对以上表达式取类型,最终得到了 member 的类型,和 offsetof 的思路是完全不同的。offsetof 宏强调 0 地址处有一个结构体,取其成员地址就得到成员偏移量,所以地址为 0 很重要;container_of 宏在此处强调取类型,它仅强调某个地址处有一个结构体,使用这个地址作为指针取出成员即可,最终需要的是使用 typeof 获得它的类型。使用此类型定义出中间指针变量 __mptr 便达到目的,至于此地址是否为 0 则不是很重要,使用 0 是出于惯例。

可以对示例中的 container_of 宏定义部分进行修改,代码如下:

```
//4.1.4/test_2.0.c
…                                        //注意将此处的 0 地址修改为 0X1234
#define container_of(ptr, type, member) ({                        \
    const typeof( ((type *)0X1234)->member ) * __mptr = (ptr);    \
    (type *)( (char *)__mptr - offsetof(type,member) );})
…
```

查看运行结果,命令如下:

```
root@Ubuntu:~/C_prog_lessons/lesson_4.1.4#./test_2.0
container_of addr is 0x55bc8013b018 test_par.b addr is 0x55bc8013b01c
test_par addr is 0x55bc8013b018
```

同样地,使用修改后的 container_of 宏得出的结构体首地址和直接获取的结构体首地址的数值是完全一致的。将((type *)0)->member 修改为((type *)0X1234)->member 之后,并不会影响 container_of 宏的计算结果,因为这里的数值仅强调此地址有一个结构体,关键在于获取结构体成员类型,所以此基地址的数值并不很重要。这里和 offsetof 宏中的逻辑是不一样的,offsetof 宏中的基地址必须为 0,只有这样获取的结构体成员地址才能正好为偏移量,这是要特别注意的地方。

第 19 章　C 语言函数高级部分

CHAPTER 19

本章的主要内容为函数的输入/输出型参数、函数类型和函数指针类型的匹配、回调函数等知识点。在 19.4 节中讲解了函数的调用策略，这部分内容和函数的实时性能有关，在底层开发中比较重要。在本章的最后提及了可重入函数，以及其设计方法。

19.1　函数的输入型参数和输出型参数

函数的形式参数可以用来输入数据，如果要通过形参输出数据，则需要传入地址。在 15.2 节中已经实现过"传址调用"，这就是输出型参数的雏形。这一节将详细讨论函数输入型参数和输出型参数的编程意义和常用编程方法。

19.1.1　形参中的 const 关键字

const 关键字用于修饰不可更改的变量，也可以修饰函数形参。

1. const 修饰变量

2.5 节介绍了 C 语言关键字，其中有存储级别关键字 const，之前也经常在代码中见到 const 对变量的修饰语句。const 关键字表示其修饰的变量是不可写的，在程序中若尝试对 const 修饰的变量进行写入，在编译阶段就会报错。

新建示例，代码如下：

```
//4.2.1/test_1.1.c
# include < stdio.h >

int a;
const int b = 1;                    //使用 const 修饰全局变量
int main(int argc, char ** argv)
{
    const char c = 1;               //使用 const 修饰局部变量
    a = 10; b = 10; c = 10;
    return 0;
}
```

编译代码，命令如下：

```
root@Ubuntu:~/C_prog_lessons/lesson_4.2.1#gcc test_1.1.c -o test_1.1
test_1.1.c: In function 'main':
test_1.1.c:8:12: error: assignment of read-only variable 'b'
  a = 10; b = 10; c = 10;
            ^
test_1.1.c:8:20: error: assignment of read-only variable 'c'
  a = 10; b = 10; c = 10;
                    ^
```

编译器提示错误，变量 b 和 c 都是 read-only 类型变量，不允许被修改。这就是 const 关键字的作用，在程序中修饰一些运行中需要保持不变的数据，并防止被意外篡改。

2. const 修饰指针

在 15.2 节中已经测试过，函数的实际参数在函数内部不会被修改。这是因为实参会被复制到栈内存中，函数使用的是其副本，所以函数的运行不会对实参造成影响。

即使传入的实参是一个指针变量，函数的运行也不会对指针变量进行任何改写，但指针的值是一个内存地址，函数内部一旦获取了某个内存地址，虽然它不会改写指针变量本身，但却可能改写指针所指向的内存地址单元的值，这就带来了一定的风险。

新建示例，代码如下：

```
//4.2.1/test_1.2.c
#include<stdio.h>

void func(char *p1, const char *p2)          //使用 const 修饰形参指针 p2
{
    *p1 = 10; *p2 = 10;                      //对 p2 指向的内容进行改写
}

char a = 0, b = 0;
int main(int argc, char **argv)
{
    func(&a, &b);
    printf("a = %d. b = %d\n", a, b);
    return 0;
}
```

编译代码，命令如下：

```
root@Ubuntu:~/C_prog_lessons/lesson_4.2.1#gcc test_1.2.c -o test_1.2
test_1.2.c: In function 'func':
test_1.2.c:5:16: error: assignment of read-only location '*p2'
  *p1 = 10; *p2 = 10;
                ^
```

编译器报错，对 func 中被 const 修饰的 p2 指针进行解引用改写是非法的，这表示 p2 所指向的地址单元是只读性质的，这就保护了 p2 所指向的地址单元不被改写。可以称 func

函数的 p2 参数为一个输入型参数,其仅作为数据输入接口使用。

此类用法在 C 语言函数中很常见,示例如下:

(1) int pthread_create(pthread_t * thread, const pthread_attr_t * attr, void * (* start_routine)(void *), void * arg)。

(2) int scanf(const char * format,...)。

(3) int strcmp(const char * s1,const char * s2)。

(4) char * strcpy(char * dest, const char * src)。

以上都是在本书中出现过的含有输入型参数的函数。之前并未仔细研究过其指针参数前 const 关键字的含义,这里可以看出,此类函数的设计已经包含对输入参数的保护,防止函数运行中对输入数据进行改写,这是要弄清楚的地方。

19.1.2　形参的输入/输出接口形式

函数的指针类型参数前加 const 表示其指向内容为输入型,不允许被改写,而输出型参数接口允许改写,其指针形参前不需加 const,表示函数(可能)会向此指针参数指向的地址输出数据。

新建示例,代码如下:

```
//4.2.1/test_2.0.c
#include <stdio.h>

void func(char * p1, const char * p2)
{
    * p1 = * p2;                    //输入型参数 p2 作为右值,p1 作为左值被修改
}

int main(int argc, char ** argv)
{
    char a = 0, b = 10;
    func(&a, &b);
    printf("a = %d. b = %d\n", a, b);
    return 0;
}
```

查看运行结果,命令如下:

```
root@Ubuntu:~/C_prog_lessons/lesson_4.2.1#./test_2.0
a = 10. b = 10
```

变量 a 被修改成了输入型参数 b 的值,也就是 func 参数中的 p1 提供了数据输出接口,p2 提供了数据输入接口,在 func 中对 p2 指向的内容进行读取,并对 p1 指向的内容进行输出,这样的一个函数就具备了通过参数进行数据吞吐的功能,并且实现了读和写的参数接口的权限管理,这就是输入型参数和输出型参数对于函数的编程意义。

在实际编程中即使存在没有被 const 修饰的指针类型形参,也不见得一定就是输出数

据的接口,即函数可能会对此参数指向的地址进行改写,但并不一定。为了方便理解代码,按惯例输入型指针参数应加 const 修饰,无 const 修饰的指针参数会被默认为输出型指针参数。

19.2 函数类型和函数指针类型

严格来讲函数类型是一种自定类型,因为不同函数除了函数内部的实现部分,其主要区别就是函数返回值、函数参数不同,而这些区别恰恰是区分不同函数类型的关键。

在 C 语言中,指针变量的类型需要和其所被赋予的数据类型相匹配。对于函数指针变量而言,因其指向函数所在内存首地址,两者的数据类型也需要匹配。

19.2.1 函数指针和函数类型匹配

定义和使用函数指针变量,要注意函数指针变量类型和被指向的函数要同类型,前者类型一般使用 typedef 重定义。在 13.4 节中已经使用过函数指针,但并未讨论其类型问题,在这里,则需要注意使用 typedef 重定义函数指针类型时,其函数类型是如何体现的。

新建示例,代码如下:

```c
//4.2.2/test_1.0.c
#include <stdio.h>
                                            //注意重定义函数指针类型时,函数类型的体现
typedef int (*Func_t)(char *, const char *);
int func(char *p1, const char *p2)          //这里是实际的函数原型
{
    *p1 = *p2;
    return 0;
}

int main(int argc, char **argv)
{
    Func_t pfunc = func;            //实例化函数指针变量,并指向 func
    char a = 0, b = 10;
    int ret = pfunc(&a, &b);        //使用函数指针调用 func 函数
    printf("a=%d,b=%d,func=%d\n", a, b, ret);
    return 0;
}
```

查看运行结果,命令如下:

```
root@Ubuntu:~/C_prog_lessons/lesson_4.2.2#./test_1.0
a=10,b=10,func=0
```

使用函数指针变量 pfunc 调用 func 函数的结果完全正常,此类调用方法已经多次使用,不再赘述。在这里需要注意的是当使用 typedef 重定义函数指针类型时,如何体现函数

类型,主要有以下几点需要注意:

(1) 函数返回值类型的体现。

(2) 函数参数类型的体现。

(3) 函数参数输入/输出型的体现。

在 typedef 重定义函数指针类型语句中(解析逻辑详见 11.5 节),同样需要留意函数返回值类型、参数类型及参数的输入/输出型的体现,代码如下:

```
typedef int (*Func_t)(char *, const char *);
```

int 表示此函数指针指向的函数返回值为 int 类型,参数为两个 char * 类型指针,第 1 个是输出型指针参数,第 2 个为输入型指针参数,这些信息在 typedef 重定义类型时都需要有所体现。

19.2.2　函数指针和函数类型不匹配

在嵌入式底层软件开发中,常常会遇到已定位到一个函数所在的内存首地址,却因缺乏函数原型,不得已只好使用不匹配的函数指针类型,定义函数指针并调用该函数的情况,有时也能获取想要的调试结果,对此 C 语言也是部分允许的。

新建示例,代码如下:

```
//4.2.2/test_2.0.c
#include <stdio.h>

typedef int (*Func_t)(void);            //重定义一个猜想的函数指针类型,参数为空
int func(char * p1, const char * p2)    //函数原型具有参数
{
    // *p1 = *p2;                       //这里暂不要打开屏蔽
    return 0;
}
int main(int argc, char ** argv)        //假设已得到 func 的地址,却没有函数原型
{                                       //以下使用猜想类型的函数指针变量获取函数地址
    Func_t pfunc = (int (*)(void))func; //注意对函数地址要进行强制类型转换
    printf("func = %d\n", pfunc());
    return 0;                           //使用以上假设类型的函数指针运行函数
}
```

查看运行结果,命令如下:

```
root@Ubuntu:~/C_prog_lessons/lesson_4.2.2# ./test_2.0
func = 0
```

func 函数即使被不正确类型的函数指针调用,也可以成功运行并得到返回值,这说明在函数指针类型和函数类型不匹配的情况下,函数指针调用函数原型也可能运行成功,但在更多情况下并不能成功。

在以上代码中,表达式(int (*)(void))是一个强制类型转换,表示将数据转换为函数

指针类型,其指代的函数其返回值为 int 类型且没有参数。int(*)(void)也可以写成 int(*)(),是一种函数指针类型的原始匿名形式,也可以用于定义函数指针变量,代码如下:

```
int (*p)(void) = NULL;                    //将 p 定义为函数指针变量
```

注意:函数指针类型的原始形式多用于强制类型转换,而不用于定义变量。定义函数指针变量,惯例使用 typedef 重定义的函数指针类型名来定义。

打开以上代码中的 *p1 = *p2 这一句代码的屏蔽,重新编译代码并运行,命令如下:

```
root@Ubuntu:~/C_prog_lessons/lesson_4.2.2#./test_2.0
Segmentation fault (core dumped)
```

出现了熟悉的段错误,表示访问了不该访问的内存,这是因为 func 函数接收两个 char * 类型的参数,并对第 1 个参数指向的地址进行了写操作。在以上代码中因为使用了假设类型的函数指针,其指针对应的函数类型并没有参数,使用此指针调用 func 时也没有任何参数传入,这导致 func 运行时会按照原有带参数的函数运行模式,在栈区获取参数,而此参数并未传入,即此参数不存在,func 获取的是一个不确定的栈区内存值,而对此值所指向的内存地址进行写操作必然是非法的。

注意:函数参数类似于函数运行时的附加设施,有的函数不需要此类附加设施也能运行。需要参数才能运行的函数,当使用函数指针不带参数调用它时,函数运行时依旧会去栈区获取参数值,但获取的是无意义的内存数据,运行往往会出错。

19.3 回调函数

在熟练使用函数指针之后,就可以很容易地理解回调函数。回调函数的实现就是把它的函数指针数据作为参数,传给另一个函数使用,后者在运行中使用指针数据实现对其指向函数的访问,而避免直接使用函数调用。这样有利于降低程序之间的耦合性并实现程序间的分层,在稍复杂的代码工程中是非常必要的。

19.3.1 使用回调函数进行方法绑定

新建示例,代码如下:

```
//4.2.3/test_1.0.c
#include <stdio.h>

typedef int (*Func_t)(char, char);           //重定义函数指针类型
int add(char a, char b)                      //回调函数 add
```

```c
{
    return a + b;
}
int sub(char a, char b)                        //回调函数 sub
{
    return a - b;
}
int calculate(Func_t func, char a, char b)     //传入函数指针作为参数
{
    return func(a, b);
}
int main(int argc, char ** argv)
{                                              //传入回调函数运行 calculate
    printf("cal = %d \n", calculate(add, 1, 2));
    return 0;
}
```

在以上代码中，calculate 函数的运行需要 func 参数的支持，这个参数可以是函数指针变量或者函数地址，实际上使用了函数地址（函数名）作为参数传入，传入的函数是 add 函数，则 add 函数是一个回调函数，它和 calculate 函数完成了一种"绑定"机制。calculate 函数运行时，其内部并没有任何直接的函数调用，却仍然使用了 add 的功能，也就是回调函数可以和其调用函数之间实现"绑定"，实现了模块之间的松耦合。

同样地，calculate 函数也可以使用 sub 函数，只需把参数更换为 sub，而 calculate 函数内部无须任何改动，这样就把不同的功能实现做到了分离而互不影响。calculate 函数专注于自身的实现而无须关心回调函数的细节；回调函数只需保证函数类型一致，而无须关心被调用时的细节。这样对于代码的架构、分层而言是非常有利的。

查看运行结果，命令如下：

```
root@Ubuntu:~/C_prog_lessons/lesson_4.2.3# ./test_1.0
cal = 3
```

读者可以把 calculate 绑定的回调函数更换为 sub 进行尝试，运行逻辑是一致的。

19.3.2 回调函数注册

回调函数机制还经常用于实现通知，其逻辑为某一事件发生时，触发运行绑定好的函数。此类编程方法很常见，例如定时器计数到指定值时触发某事件函数的机制，其中回调事件函数和定时器函数间是松耦合的，甚至可以注册多个回调事件函数以应对不同的情况。

新建示例，代码如下：

```
//4.2.3/test_2.0.c
#include <stdio.h>
#include <unistd.h>
```

```c
typedef void ( * Func_t)(void);                    //重定义函数指针类型
void event1(void)                                  //回调函数1
{
    printf("event1 \n");
}
void event2(void)                                  //回调函数2
{
    printf("event2 \n");
}
void timer(Func_t func[2], _Bool swt)              //时钟函数,可接受注册
{                                                  //注册接口是函数指针数组
    if(swt)
        func[0]();
    else
        func[1]();
}
int main(int argc, char ** argv)
{
    Func_t arr_func[2] = {event1, event2};         //定义函数指针数组
    _Bool temp = 0;                                //指针数组中含有两个回调函数
    while(1)
    {
        temp = !temp;
        sleep(1);
        timer(arr_func, temp);                     //在时钟函数中注册了指针数组
    }                                              //等于注册了两个回调函数
    return 0;
}
```

以上代码和之前的代码稍有不同,timer 函数并不直接绑定回调函数,而是提供了一个函数指针数组参数接口,通过此函数指针数组在 timer 函数内实现了间接调用回调函数,并可以注册多个回调函数,在 timer 函数内根据 swt 参数选择调用不同的回调函数。也就是 timer 函数内部仅实现何种情况下调用何种回调函数,而对回调函数们的细节并不关心,回调函数的修改或者重构也不影响 timer 的功能,从而实现了不同业务间的松耦合。

查看运行结果,命令如下:

```
root@Ubuntu:~/C_prog_lessons/lesson_4.2.3#./test_2.0
event1
event2
…
```

timer 函数通过判断 swt 参数来运行不同的回调函数,实现了回调函数1、2交错运行。

19.4 函数的调用策略

在 C 程序运行时会调用各种各样的函数,函数对于程序来讲是各个功能的实现模块,而对于 main 函数而言,它们的存在更类似于各种各样的"支线"。大多数函数需要返回(少

数函数会陷入死循环或者长跳转到别的内存区域运行,底层开发多见),也意味着函数返回后,主程序需要继续运行。这就对函数的进入和退出提出了一些环境要求,为了满足这些要求,计算机系统也部署了相应的软硬件环境以便于函数调用时使用。

19.4.1　C语言函数调用的流程

C程序使用栈区来支持函数调用操作,栈被用来传递函数的参数、存储返回信息、临时保存CPU寄存器的值以备恢复,以及存储局部变量。

> **注意**:在15.3节中讲述函数返回值存储于CPU返回值寄存器,其实也可能保存在栈区。当返回值长度小于或等于机器字长时,返回值存储于CPU返回值寄存器,否则存储在栈区。当返回值存储于栈区时,CPU返回值寄存器仅存储返回值所在栈区地址。

函数调用时使用的栈内存被实现为栈帧结构,每个函数被调用时都有自己的栈帧结构。栈帧结构由两个指针指定,帧指针指向帧区起始,栈指针指向栈顶,函数对于大多数栈区数据的访问是基于帧指针,如图19-1所示。

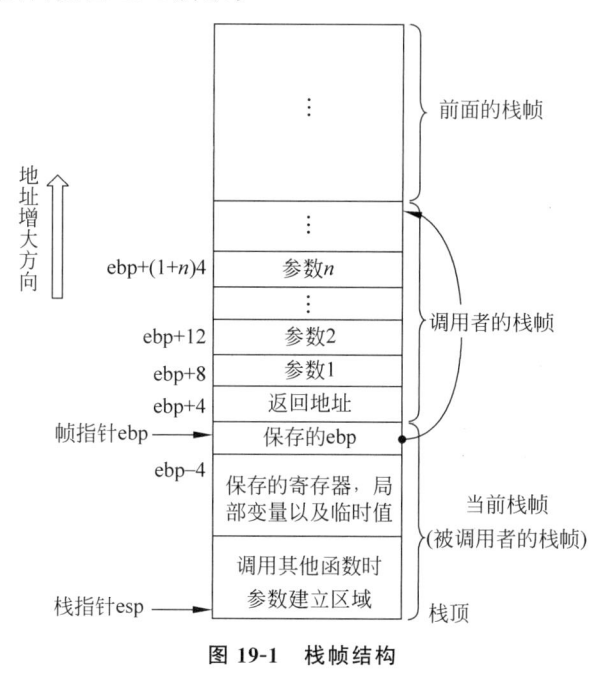

图 19-1　栈帧结构

图19-1中的栈属于满减栈(栈指针指向最后入栈数据,并且栈向地址减小方向增长),使用ebp寄存器作为帧指针,使用esp寄存器作为栈指针。帧指针指向帧结构的头,存放着上一个栈帧的头部地址,栈指针指向栈顶数据。

新建示例,代码如下:

```
//4.2.4/test_1.0.c
void swap(int * a, int * b)
{
    int c;
    c = *a; *a = *b; *b = c;
}
int main(int argc, char ** argv)
{
    int a, b;
    a = 16; b = 32;
    swap(&a, &b);
    return a - b;
}
```

以上代码在运行的过程中对栈区的使用过程如图 19-2 所示。

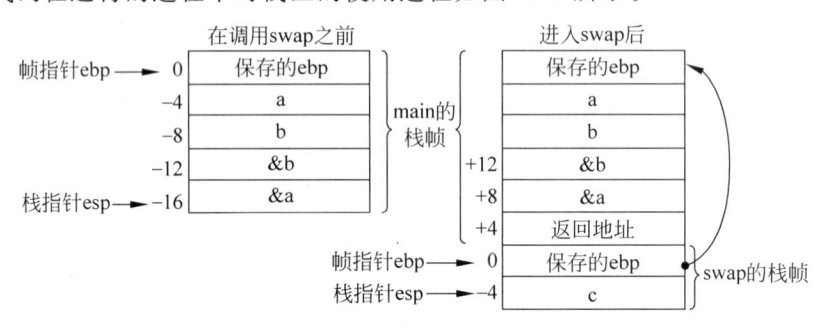

图 19-2　函数调用栈区前后变化

在进入 main 函数之后未调用 swap 函数之前，栈区的内存排布如图 19-2 左侧所示。除了保存帧指针 ebp 外，对局部变量 a、b 有入栈操作，值得注意的是 &a 和 &b 也都作为局部变量被入栈处理，虽然 main 函数中并没有显式定义它们（类似 12.4 节临时变量现象，但机制完全不同）。因为只要 &a 和 &b 被作为实参传入 swap 函数，编译器就会实际分配栈区内存用于存储它们的值，虽然未定义，但实际作为 main 中的局部变量来处理，也只能如此处理（毕竟实参的值需要空间存储）。

跳转 swap 函数之前要先将返回地址入栈，因为 swap 函数相对于 main 函数来讲类似于支线，要保存被调用时的指令地址，以便返回时从主程序的断点继续运行。除此之外还会将栈帧指针入栈，随后移动帧指针和栈指针，为 swap 函数开辟一个栈帧数据区，而 swap 函数的局部变量和形参就会放入这个栈帧之中。

swap 函数中除了变量 c 外，还有 * a 和 * p 两个形参，但由于形参是实参的复制，并且实参 &a 和 &b 已经在栈区，所以在 swap 函数的栈帧中就不会再有 * a 和 * b 的存在了，编译器会将帧指针 ebp+8 和 ebp+12 指定为 &a 和 &b，从而提高栈内存的复用率以避免数据冗余。swap 函数运行完毕后会恢复帧指针和栈指针，栈区数据结构也会恢复到函数调用前的状态，从而恢复调用 swap 函数前的环境，并从断点处继续运行 main 函数。

由以上得知，由于栈帧指针的存在，在多层函数调用时栈区会维护多个函数的帧结构，这些帧结构类似于栈区的一个个"子单元"，在函数返回时依次释放，从而保证了多级函数调用时栈区数据结构的有序存放和使用。每进入下一级子函数，当前帧指针指向地址就会入栈，随后帧指针前移至入栈地址，为下一级函数的运行开辟新的栈内存段，而栈指针则在帧指针的基础之上将子函数的临时数据依次（形参为从右到左）入栈，在运行完毕时，释放栈指针和栈帧指针，回到上一级函数的栈帧数据区继续运行。

19.4.2　C语言函数效率

由以上可知，C函数在调用时存在入栈和出栈等准备环节，在嵌入式系统中大多对实时性要求较高，准备环节的时间消耗往往是不能忽略的，对此主要有以下应对措施。

1. 使用宏定义代替函数

重复代码应尽量提炼成函数，以减少重复代码，从而提高内存空间利用率，但有些使用率很高且对实时性要求较高的代码却需反其道而行之，要用宏定义代替函数。

宏定义就是简单的代码替换，而宏定义也能实现一些简单函数能实现的功能，除非替换结果为函数，宏定义不需要对栈区进行操作，故而实时性较高。使用宏定义替代函数的本质就是代码段替换，如果此宏定义被多处调用，则会造成代码重复率高，存储空间效率低的问题，而使用函数不会有这个问题。这是一个牺牲空间效率换取时间效率的策略，在嵌入式软件开发中经常被使用。

2. 减少参数量或使用结构体指针传参

如果函数的参数过多（不建议超过 5 个），则会导致栈区入栈和出栈的等待时间相应增加，并且会增加对栈区的空间占用，所以在 C 语言函数中不建议定义过多的形参。多个数据的输入输出接口一般会定义为结构体指针，实参则是结构体的地址，这样函数的参数在函数栈帧区所入栈的仅为一个指针数据，部分地提高了函数的时效性能。

3. 函数内尽量避免多层调用

在函数内部对子函数应尽量使用一级调用，多级或嵌套调用会导致栈帧级数过多。每次调用完毕都涉及帧指针和栈指针的出栈操作，这会累积调用时间消耗，最终造成内部多级调用后的效率变低。

4. 使用内联函数

支持 C99 标准的 C 编译器（包括 GCC）增加了内联函数特性，关键字为 inline。内联特性会使函数在被调用处直接展开，这一点类似于宏定义。内联函数没有入栈和出栈操作，从而为函数的调用切换节约了时间开支，并且内联函数不同于宏定义的代码替换，具有参数检查能力，不像宏定义那样在代码中难于定位错误。

内联函数中不能包含复杂结构控制语句，例如 while、switch 等，并且不能是递归函数。inline 内联属性只能用于函数定义语句，对函数声明语句使用 inline 是无效的，并且为了便于其他 C 文件引用，常常把内联函数定义在头文件中（需要加 static 关键字以限定链接范围,否则会出现重复定义错误)。内联函数一般很短,甚至只有一句,由于内联函数会被直接展开到调用处,所以也会增加代码编译后的体积,从而使空间效率变低,所以内联函数仅适用于对时效要求较高且长度较短的函数。

如果程序中某个函数比较长,则会被反复调用且没有时效要求,这种函数是不适合被定义为内联函数的。内联函数采用的是空间换时间的策略,用冗余代码换取调用切换的时间,以提高实时性。

新建示例,代码如下:

```
//4.2.4/test_2.4/test_2.4.h
#ifndef _TEST_2_4_H_
#define _TEST_2_4_H_

static inline void Debug(char * str)           //定义内联函数,需加上static关键字
{
    printf("%s", str);
}

#endif

//4.2.4/test_2.4/test_2.4.c
#include <stdio.h>
#include "test_2.4.h"

int main(int argc, char ** argv)
{
    Debug("this is a Debug test \n");
    return 0;
}
```

在以上代码中需要注意的是,内联函数按惯例会被定义在 H 文件中,不像普通函数那样被定义在 C 文件中,H 文件仅放置声明,而 inline 对函数声明是无效的。定义 inline 函数时建议加入 static 关键字以限定链接范围,可避免每个包含此 H 文件的多个 C 文件在链接阶段,因为 inline 函数定义语句多处展开并参与链接而出现的函数重复定义错误。

static 还有另外一个作用,它可将内联函数指定为本地函数,否则编译器会认为还存在一个外部函数,而外部函数需要外部声明。不加 static 使用 GCC 编译,链接器会提示找不到(外部)函数定义,这是定义内联函数时很诡异的一点,读者可以自行测试。

注意:单独的 inline 仅表示允许 GCC 使用此函数的内联版本,同时为了在别处使用此函数,GCC 会另外生成一个非内联版本,便于导出使用。但非内联的函数因为没有声明的缘故在符号表中并不存在,导致链接时上报未定义错误。可使用 extern 将内联前的函数声明一次,或者使用 extern inline 声明并定义内联函数,可协助生成函数符号消除此错误。使用 static 可指定内联函数为本地函数(当前文件有效)不生成供导出的版本,是建议的方式。

还有 inline 关键字仅为建议，最终是否实现为内联，编译器会根据情况而定，如果不适宜，则编译器可能会将其实现为普通函数。如果需要强制指定为内联函数，则可以加 __attribute__((always_inline))语句，以指定编译器强制为函数实现内联特性。

代码如下：

```
static inline __attribute__((always_inline)) int func()          //强制 func 为内联
…
```

19.5　再论可重入函数

在 17.2 节中简单地介绍过可重入函数，可重入函数不会修改运行环境（全局属性数据），在多线程环境中可被多个线程调用而无须担心其调用结果不一致的问题。可重入函数在被多个线程调用后会在栈内存中产生多个副本，但它们之间是独立的且互不影响。

可重入函数在多线程环境被视为安全的，可以被中断或被多个线程同时调用。

19.5.1　设计可重入函数

设计一个简单的可重入函数并不难，仅使用局部变量的函数就是可重入的，代码如下：

```
void func(void)
{
    int a = 0;
    a++;
}
```

以上函数是可重入的，对其稍加修改，在局部变量定义前加入 static 关键字，代码如下：

```
…
static int a = 0;
…
```

以上函数就会变为不可重入函数，或者将局部变量改为全局变量，代码如下：

```
int a = 0;
void func(void)
{
    a++;
}
```

这样的函数因为使用了 data 段，所以不是可重入函数。同样地，如果函数内部使用了 malloc 或者 free 等堆内存操作函数，也会导致其成为不可重入函数。

19.5.2　可重入函数的设计规范

函数之所以存在可重入和不可重入的区别，在于函数被中断或者被操作系统调度后，返回时其依赖的运行环境是否会发生改变。不可重入的函数由于使用了一些系统资源,例如全局变量、中断向量表等,所以它被中断后可能会出现问题,并且不能运行在多线程环境下。

在中断发生时,CPU 的寄存器数据和函数的返回地址会被保存,用于恢复程序的运行断点,但中断现场保存的信息仅限于此,不能保存全局变量、静态变量和堆内存等全局属性的资源。如果以上区域的数据在函数调用前后发生了变化,则函数返回断点继续运行时,其结果便不能预料,这就是不可重入函数面临的问题。

在设计可重入函数时,应牢记以下几条原则:

(1) 非必要情况下,坚持仅使用局部变量。

(2) 若必须使用全局变量,则在使用前需要记得关中断,在多线程环境中需要记得使用互斥锁/自旋锁进行保护。

(3) 使用 I/O 或者进行硬件操作前,需要关闭中断,完成后再打开中断。

(4) 不调用任何不可重入函数。

可重入函数的概念并不难理解,虽然不是所有的函数都能实现为可重入函数,但对函数的可重入性能做到可控、可分析,甚至可替换、可重构,对于开发者而言是必需的。嵌入式系统对于稳定性和安全性有着严格要求,很多难以名状的系统问题都是由不可重入函数引起的,对此应引起重视,并在实践中汲取经验。

第 20 章

C 语言底层特性

本章涉及指针在嵌入式底层开发中的用法,以及这些使用方法是在何种条件下适用的。软硬件在这些条件下的竞争和妥协,对程序能否正常运行提出了一些条件。

20.1　const 和 volatile 修饰指针

const 关键字本书已经讨论并使用了很多次,其修饰的变量属性会被指定为只读,volatile 关键字所修饰的变量(或地址单元)对其读写操作不被编译器优化。后者在驱动程序开发中,对设备驱动器(见 1.4 节)中的设备寄存器进行读写时会用到,可确保每次操作都会被切实执行。

20.1.1　const *p 和 *const p

const *p 表示 p 指针指向的内存单元是只读属性的,而 *const p 表示 p 指针变量的值是只读属性的,其指向的数据可写。

新建示例,代码如下:

```
//4.3.1/test_1.0.c
#include <stdio.h>

char a = 123;
char b = 234;
char c = 213;
char const *p1 = &a;        //注意这里 const 对指针变量的 3 种修饰方法
const char *p2 = &b;
char *const p3 = &c;

int main(int argc, char **argv)
{
    *p1 = 111; p1 = NULL;   //这里测试指针指向的内容被修改
    *p2 = 222; p2 = NULL;   //还有指针变量本身被修改后的效果
    *p3 = 212; p3 = NULL;
```

```
        return 0;
}
```

编译代码,命令如下:

```
root@Ubuntu:~/C_prog_lessons/lesson_4.3.1# gcc test_1.0.c -o test_1.0
test_1.0.c: In function 'main':
test_1.0.c:12:6: error: assignment of read-only location '*p1'
  *p1 = 111; p1 = NULL;
      ^
test_1.0.c:13:6: error: assignment of read-only location '*p2'
  *p2 = 222; p2 = NULL;
      ^
test_1.0.c:14:16: error: assignment of read-only variable 'p3'
  *p3 = 212; p3 = NULL;
                ^
```

可以看出,p1 和 p2 出现的错误都是一样的,编译器禁止对其指向的内容进行修改,但把 p1 和 p2 的值都改成 NULL 则是允许的。也就是说 char const * p 和 const char * p 这两种表达式的意义是一样的,const 在此处修饰的都是 * p,也就是指针所指向的内容会被指定为只读属性。

而 p3 则不同,它所指向的内容被修改时没有报错,报错出在其值被改为 NULL 时,所以形如 char * const p 这样的表达式,const 所修饰的是指针而不是指针所指向的内容,所以 p3 指向的值可以被修改,而当 p3 = NULL 时会报错。

20.1.2　volatile 修饰

volatile 关键字用于在超出编译器掌握的情况下,让编程者自行掌握对内存的读写而不进行优化,这也是 C 语言的一种妥协设计。

1. volatile 修饰变量

在讨论 volatile 之前,先研究以下程序,代码如下:

```
//4.3.1/test_2.1.c
#include <stdio.h>
char a = 0;
int main(int argc, char ** argv)
{
    a = 10;                    //对 a 进行传值
    a = 20;                    //再对 a 进行传值
    printf("a = %d\n", a);

    return 0;
}
```

其中,a 的值最终被修改为 20,也就是对于仅重视结果的程序而言,a = 10 这一操作是多余的,编译器往往会优化这一步操作,并且对程序的运行往往没有影响。

用不指定优化和-O2 优化等级分别编译,仅生成汇编代码,命令如下:

```
root@Ubuntu:~/C_prog_lessons/lesson_4.3.1# gcc test_2.1.c -o test_2.1.S -S
root@Ubuntu:~/C_prog_lessons/lesson_4.3.1# gcc test_2.1.c -o test_2.1-O2.S -S -O2
```

其中,test_2.1.S 是无优化的汇编文件,test_2.1-O2.S 是使用-O2 优化等级生成的汇编文件。分别打开它们,仅查看 main 函数中对变量 a 的操作部分,代码如下:

```
//4.3.1/test_2.1.S
main:
.LFB0:
    …
    movb    $10, a(%rip)        //对变量a的传值指令,传入1字节数值10
    movb    $20, a(%rip)        //对变量a的传值指令,传入1字节数值20
    …
    call    printf@PLT          //调用printf函数
    …
    ret
```

在以上汇编代码中,movb $10,a(%rip)这条指令的意图是将立即数 10 存储到当前 rip 寄存器加偏移量 a 所指向的内存地址中,其中 rip 是指令指针寄存器,它指向当前正在执行的指令的地址,通常不能直接对 rip 进行操作,因为 rip 寄存器是由 CPU 自动管理的。

对 movb $10,a(%rip)汇编指令的分解如下:

(1) (%rip)是基于 rip 寄存器的相对寻址,常用于位置无关代码(详见 20.5 节)。

(2) a(%rip)表示当前 rip 的值加上偏移量 a,因为 a 在汇编上下文中已被解析为偏移量,a(%rip)汇编语句指代变量 a 对应内存单元。

(3) movb 是汇编指令,表示对一字节的值进行传递操作。

所以 movb $10,a(%rip)是寄存器相对寻址指令,表示将数字 10 传入了 C 代码中变量 a 对应的内存单元,指代 a = 10 语句;同理可知 movb $20,a(%rip)指令,指代 C 代码中的 a = 20 语句。汇编语言不是本书的重点,读者酌情理解即可。

注意:此处汇编语法和本书之前引用的汇编语言语法稍有区别,这是因为在 2.3 节中使用的是 x86 类型汇编,此处汇编为 AT&T 类型汇编,在 Linux 系统中汇编语法使用的是后者。汇编语言不是本书的重点,读者自行斟酌即可,两者语法本质上差别不大。

查看经过-O2 优化编译命令生成的汇编程序片段,代码如下:

```
//4.3.1/test_2.1-O2.S
main:
.LFB23:
    …
    movb    $20, a(%rip)                //这里只有一句对a的操作
    call    __printf_chk@PLT
    …
```

```
        ret
        .cfi_endproc
```

很明显,经过-O2 优化后的汇编代码直接省略了 movb $10,a(%rip)这一语句,也就是把 C 代码中 a = 10 这步操作直接去掉了,只给出最终操作。也就是说在启用优化的情况下,对某变量进行的多次写操作,往往只有最后一次有效,但一般并不影响程序的正确运行。

定义 a 时使用 volatile 修饰,代码如下:

```
…
volatile char a = 0;
…
```

并重新使用-O2 参数编译生成汇编代码,命令如下:

```
root@Ubuntu:~/C_prog_lessons/lesson_4.3.1# gcc test_2.1.c -o test_2.1-volatile.S -S -O2
```

生成汇编文件,查看 main 函数中的片段,代码如下:

```
//4.3.1/test_2.1-volatile.S
main:
.LFB23:
        …
        movb    $10, a(%rip)                    //使用 volatile 之后,每次都传值
        movb    $20, a(%rip)
        …
        call    __printf_chk@PLT
        …
        ret
        .cfi_endproc
```

可见使用 volatile 修饰的变量,对它的每次操作(本部分只测试了写操作,读操作也是一样的),编译器都会严格执行而不会仅保留最终操作,这是要特别注意的地方。

2. volatile 修饰指针

以上内容研究了 volatile 对变量的修饰作用,其对指针的修饰也有类似的效果。这里研究 volatile *p 和 *volatile p 两种表达式所造成的不同效果。

新建示例,代码如下:

```
//4.3.1/test_2.2.c
#include <stdio.h>

char a = 1, b = 2, c = 3;                       //定义3个变量并初始化
char volatile * p1 = &a;                        //定义3种 volatile 指针并初始化
volatile char * p2 = &b;
char * volatile p3 = &c;

int main(int argc, char ** argv)
{                                               //先打开第1行的屏蔽
```

```
            *p1 = 1; *p1 = 2; p1 = (char *)1; p1 = (char *)2;
         // *p2 = 1; *p2 = 2; p2 = (char *)1; p2 = (char *)2;
         // *p3 = 1; *p3 = 2; p3 = (char *)1; p3 = (char *)2;
            return 0;
        }
```

在以上代码的 main 函数中,除第 1 行代码外其余两行暂时屏蔽。第 1 行代码的目的是执行形如 volatile *类型的指针解引用 *p1 的多次赋值,和指针变量 p1 本身的多次赋值,并通过-O2 优化编译生成汇编代码,研究其解引用前后哪一种多次赋值会被 volatile 修饰。

执行 GCC 优化等级-O2 生成汇编文件,并查看汇编代码,命令如下:

```
root@Ubuntu:~/C_prog_lessons/lesson_4.3.1# gcc test_2.2.c -o test_2.2.S -S -O2
root@Ubuntu:~/C_prog_lessons/lesson_4.3.1# vi test_2.2.S
```

查看汇编文件中的 main 函数片段,代码如下:

```
//4.3.1/test_2.2.S
main:
.LFB23:
        .cfi_startproc
        movq p1(%rip), %rax        //1:把 p1 指针的值送到 rax 寄存器
        movb $1, (%rax)            //2:把立即数 1 送到 rax 寄存器值指向的地址
        movq p1(%rip), %rax        //3:把 p1 指针的值送到 rax 寄存器
        movb $2, (%rax)            //4:把立即数 2 送到 rax 寄存器值指向的地址
        movq $2, p1(%rip)          //5:把立即数 2 赋予 p1 指针
        xorl %eax, %eax
        ret
        .cfi_endproc
```

以上汇编代码在注释中标注了 5 句指令,对 p1 指针的操作通过 movq 和 movb 指令来进行,其中 movq 指令用于移动 64 位(8 字节)数据,movb 指令用于移动 8 位(1 字节)数据,为何这里需要使用 movq 指令呢? 因为使用了指针类型数据。

对以上代码中的 1、2 两句汇编指令的分解如下:

(1) p1(%rip)语句指代 p1 对应的内存单元,之前已分析过。

(2) movq p1(%rip),%rax 表示将 p1(对应内存单元)的值传入 rax 寄存器。

(3) movb $1,(%rax)表示将数字 1 送入 rax 指向的内存。

以上汇编操作对应 C 代码中的 *p1 = 1 语句,至于汇编之所以不能直接完成操作,是因为这和机器的特性有关。首先需要获取 p1 的值并传入 rax 寄存器,然后把数字 1 送到 rax 寄存器指向的内存,最终实现 *p1 = 1 操作。读者可以看出,C 语言一条语句的功能实现往往是通过多句汇编指令间接实现的。

以上分析同样适用于 3、4 句汇编指令,把数字 2 送到了 p1 指向的内存,实现了 *p1=2 功能。第 5 句汇编指令 movq $2, p1(%rip)只是用于把数字 2 放入 p1 对应的内存中,修改了 p1 的值而不是 *p1 的值,并且没有生成 p1 = 1 对应的汇编语句。

对比汇编代码的执行语句和 C 语言预定执行的语句,差异如下:

(1) *p1 = 1 已生成汇编指令。
(2) *p1 = 2 已生成汇编指令。
(3) p1 = (char *)1 未生成汇编指令。
(4) p1 = (char *)2 已生成汇编指令。

对此可以总结为：形如 char volatile *p 这样的语句，volatile 修饰的是 *p 而不是 p。

对 4.3.1/test_2.2.c 代码进行修改，打开 main 函数中的第二句屏蔽，关闭其他，代码如下：

```
    …
    // *p1 = 1; *p1 = 2; p1 = (char *)1; p1 = (char *)2;
    *p2 = 1; *p2 = 2; p2 = (char *)1; p2 = (char *)2;
    // *p3 = 1; *p3 = 2; p3 = (char *)1; p3 = (char *)2;
    …
```

使用 GCC 加入-O2 优化参数生成汇编代码并查看，命令如下：

```
root@Ubuntu:~/C_prog_lessons/lesson_4.3.1# gcc test_2.2.c -o test_2.2.1.S -S -O2
root@Ubuntu:~/C_prog_lessons/lesson_4.3.1# vi test_2.2.1.S
```

查看生成的汇编代码中的 main 函数片段，代码如下：

```
//4.3.1/test_2.2.1.S
main:
.LFB23:
    .cfi_startproc
    movq    p2(%rip), %rax
    movb    $1, (%rax)              //向 *p2 写 1
    movq    p2(%rip), %rax
    movb    $2, (%rax)              //向 *p2 写 2
    movq    $2, p2(%rip)            //向 p2 写 2
    xorl    %eax, %eax
    ret
    .cfi_endproc
```

可以看出以上代码对 p2 执行的操作是和之前分析过的对 p1 执行的操作相同，所以可以得出结论：char volatile * 和 volatile char * 语句的作用是一样的。

再对 volatile 修饰 p3 指针进行验证，修改 4.3.1/test_2.2.c，打开 main 函数中的第三句屏蔽，关闭其他，代码如下：

```
    …
    // *p1 = 1; *p1 = 2; p1 = (char *)1; p1 = (char *)2;
    // *p2 = 1; *p2 = 2; p2 = (char *)1; p2 = (char *)2;
    *p3 = 1; *p3 = 2; p3 = (char *)1; p3 = (char *)2;
    …
```

使用 GCC 加入-O2 优化生成汇编代码并查看，命令如下：

```
root@Ubuntu:~/C_prog_lessons/lesson_4.3.1# gcc test_2.2.c -o test_2.2.2.S -S -O2
root@Ubuntu:~/C_prog_lessons/lesson_4.3.1# vi test_2.2.2.S
```

查看生成的汇编代码中的 main 函数片段,代码如下:

```
//4.3.1/test_2.2.2.S
main:
.LFB23:
        .cfi_startproc
        movq    p3(%rip), %rax
        movb    $1, (%rax)                      //*p3 = 1
        movq    p3(%rip), %rax
        movb    $2, (%rax)                      //*p3 = 2
        movq    $1, p3(%rip)                    //p3 = 1
        xorl    %eax, %eax
        movq    $2, p3(%rip)                    //p3 = 2
        ret
        .cfi_endproc
```

从以上代码可以看出,形如 char * volatile p3 的指针变量定义,汇编代码中保留了对 *p3 和 p3 的每步操作,即形如 char * volatile p 的定义语句,volatile 同时修饰 *p 和 p。

在 GCC(版本 7.5.0)中 volatile 修饰指针的效果总结如下:
(1) 形如 char volatile * p 和 volatile char * p 的语句效果相同,volatile 仅修饰 *p。
(2) 形如 char * volatile p 的语句,volatile 同时修饰 *p 和 p。

注意:在其他编译器中测试的结果可能存在以下情况:在形如 char * volatile p 的语句中,volatile 修饰的仅是 p,但 GCC 对形如 char * volatile p 的定义语句,不论是 *p 还是 p,开启(O2 等级)优化的情况下,编译器仍会对它们的每步操作都生成汇编指令。

3. volatile 实践

之前研究了 volatile 属性的指针变量对其多次写操作的优化问题,这里研究 volatile 对读操作的修饰作用,代码如下:

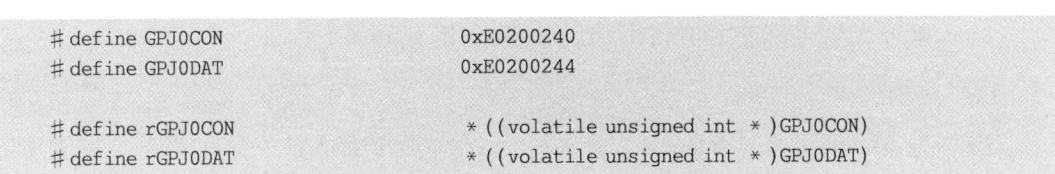

```
#define GPJ0CON         0xE0200240
#define GPJ0DAT         0xE0200244

#define rGPJ0CON        *((volatile unsigned int *)GPJ0CON)
#define rGPJ0DAT        *((volatile unsigned int *)GPJ0DAT)
```

由于篇幅所限,以上代码不做汇编分析了。形如 volatile unsigned int * 的定义语句,volatile 修饰的是指针解引用。使用此语句强制类型转换 GPJ0CON 这个宏定义(出自 S5PV210 数据手册 GPIO 控制寄存器),就把常量数据强制类型转换为指针类型数据,并且其指向的内容是 volatile 性质的。对此地址解引用后的读写操作,编译器必须每次都执行而不可以优化。

有时某些 I/O 地址上的数据会发生变动,这种变动不是由程序造成的。对于编译器而言,所有的内存访问都尽在掌握,它可以视情况优化一些代码的冗余操作,这是合乎情理的,但在嵌入式系统中因为有硬件的介入,某些 I/O 地址上数据的变动不是程序更新的,是硬件在工作中更新的。这就要求对这些地址的读操作每次都要执行,否则就无法刷新到硬件运行时的实时数据,从而造成程序运行失效。

注意:程序运行失效,是指程序虽正常工作但没有发挥其应有的作用;程序运行失败,是指程序不能正常运行。前者属于业务流程设计有误,后者属于程序代码存在缺陷。

在以下示例中,对 rGPJ0DAT 的读取是不可以优化的,代码如下:

```
int a;
a = rGPJ0DAT;              //变量 a 获取 GPJ0DAT 地址指向的数据
…                          //经过一段时间
a = rGPJ0DAT;              //变量 a 再次获取 GPJ0DAT 地址指向的数据
…
```

在编译器看来,程序中并没有对 GPJ0DAT 指代的内存单元有过写入操作,因此认为对其读取两次的操作是冗余的,第 2 次读是无意义的,应该被优化,而实际情况是 GPJ0DAT 指代的内存单元确实不会被程序所更改,但它是一个(I/O)设备驱动器的寄存器地址,设备寄存器的值会因为硬件状态的不同而发生改变,此类情况超乎编译器所掌握,因此对它的访问必须是 volatile 性质的。这就是 rGPJ0DAT 为何要被定义为 volatile * 属性指针解引用的原因,用以确保对它指代的内存地址的数据读写不会被优化。

同样地,对某一内存单元的多次写操作,在编译器看来是无意义的,因为此内存单元只会更新为最终写入的数值,但对设备寄存器的多次写入是操作硬件的体现。

注意:编译器只能掌握程序的静态信息,例如哪些变量从未被使用过,哪些操作是重复的,至于程序运行的动态过程,编译器是不清楚的。程序的静止态和运行态,对内存操作的策略往往互相矛盾,需要平衡,volatile 关键字就是为此而存在的。

const 和 volatile 也可以复合使用,例如以下示例,代码如下:

```
const volatile int a;
```

这样定义的变量 a 是只读的,而且每次对 a 的读取操作都会被执行,以防止 a 在程序运行过程中被偶发因素修改。同样地,也可以定义复合型的指针,代码如下:

```
const volatile int * p
```

以上定义表示 * p 是只读性质的,并且对 * p 的每次读取都会被执行。只读属性的设备寄存器可定义为 * ((const volatile int *)XXX),其中 XXX 是设备寄存器地址。因为地址单元是只读的,所以编译器会阻止对它的写操作,又因为硬件随时会更新设备寄存器的值,所以对它的每次读取操作都会被执行。

20.2 指针和作为指针的数据

指针类型和指针类型数据在嵌入式底层开发中有很多灵活的用法,以下是详细介绍。

20.2.1 再论指针

在C语言中,指针是一种数据类型,而在日常编程中口语化的"指针"却往往指的是数据,而此类数据可能指的是变量或常量,从而会造成一些误解和概念性理解错误。作为一名嵌入式底层软件开发人员,此类不严谨的表述是应该避免的。

1. 指针类型数据和指针变量

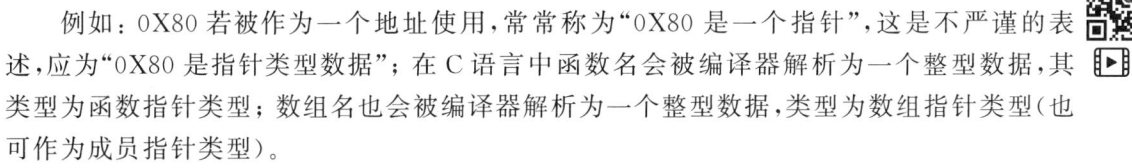

例如:0X80若被作为一个地址使用,常常称为"0X80是一个指针",这是不严谨的表述,应为"0X80是指针类型数据";在C语言中函数名会被编译器解析为一个整型数据,其类型为函数指针类型;数组名也会被编译器解析为一个整型数据,类型为数组指针类型(也可作为成员指针类型)。

新建示例,代码如下:

```
//4.3.2/test_1.1.c
#include <stdio.h>

char buf[10] = {0};                    //定义数组
char * p = buf;                        //定义指针,并获取数组首地址
int main(int argc, char ** argv)
{                                      //用 sizeof 分别传递两者的值
    printf("%ld, %ld \n", sizeof(buf), sizeof(p));
    return 0;
}
```

查看运行结果,命令如下:

```
root@Ubuntu:~/C_prog_lessons#./test_1.1
10, 8
```

前者传递的是数组长度,后者传递的是指针变量的长度。可见指针类型的数据和值等于这个数据的指针变量,意义是不同的。

注意:sizeof 获得数组名之后会把数组名作为一个数据,传递其指代地址上数组的数据长度,而 size 获得指针变量后,只会传递变量占用的数据长度。

---

2. 指针的描述困境

指针一词在C语言口语中常常指代不清,对指针的高阶概念描述造成了一些困难,这些困难并不是因为C语言本身的复杂性,而是由于概念的不严谨导致的。口语中的"指针"

语境，对其主语归纳如下：

（1）主语是内存。口语中"数据的指针"或者"函数的指针"，应为"数据所在内存的地址数据"或者"函数所在内存的地址数据"，"指针"此处指代数据。

（2）主语是数据。口语中"数组名是个指针"或"函数名是个指针"，应为"数组名指代的数据为指针类型"或"函数名指代的数据为指针类型"，"指针"此处指代类型。

"指针的指针"可描述为"指针变量 p 所在内存的地址数据是 &p"，语境主语是内存，&p 是数据；"&p 的指针是 &&p"同样符合"指针的指针"语境，但后者是错误的，因为 &p 为数据，不能使用"&"符号对数据取地址。

数据可分为可取地址型和不可取地址型。一般而言，代码段的常量数据 C 语言不支持获取其存储地址，而数据段、Bss 段和堆栈区的数据却支持获取地址。本书之后提及的可取地址型数据，不局限于 C 语言语法支持的获取地址方式，可以是计算出、手册给出、推测出的非常规获取方式，只要能获取地址的数据都称为可取地址型数据。

注意：N 阶指针数据仍旧描述的是内存，在其 N－1 阶前的指针数据都必须是可取地址型，终阶指针数据则可以是不可取地址型数据。

20.2.2 设备寄存器的读写

设备寄存器就是设备驱动器在总线上的内存单元，在内存和 I/O 设备统一编址的计算机中，设备寄存器和普通内存的访问方式并没有区别，仅在于对设备寄存器的读写能够获取硬件信息或令硬件执行动作。

当对设备寄存器进行操作时，开发者需要知道此设备寄存器的地址，此地址是一个数据，但它即将被作为指针数据使用，其支持的操作一般由硬件厂家提供的数据手册描述，开发者需要做的就是根据此类描述实现对此内存地址的读写操作。

例如在 C51 单片机中，P0 口的地址为 0X80。可定义出此设备的操作宏，代码如下：

```
#define RW_P0_REG *((unsigned char volatile *)0X80)
```

0X80 是 1 字节数据，先被强制转换为 unsigned char volatile * 类型的数据，再对其解引用便可实现对 0X80 地址的读写操作，volatile 关键字可保证每次操作都被切实执行，在之后的编程中只需对 RW_P0_REG 这个宏符号进行读写就可以了。

很明显 0X80 作为指针数据，是不可取地址型数据。

20.2.3 指定地址跳转

在 C 语言中并不直接支持对某一地址的跳转，类似 goto 这样的跳转指令，仅支持对某标号的程序段跳转，并且不支持跨函数操作（函数调用和退出需要开销，goto 不能提供），但是 C 语言提供了函数指针类型，可以通过函数指针类型的数据实现指定地址的跳转运行。

1. 指定地址数据可取地址

指定地址跳转分为两种情况，一种是要跳转的地址作为一个数据，它存放的地址可以被获取，另一种则不能。先讨论第 1 种情况，代码如下：

```
((Func_t *)( *((int *)0X12345678)))();
```

此类编程在嵌入式底层开发中常见，类似在 SoC 的 ROM 中固化好了一个 Func 函数，此函数的地址保存在 0X12345678 这个地址的内存单元。如果 Bootloader 需要使用这个函数，则需要将此数据强转为指针类型并解引用，如 *((int *)0X12345678)语句，这样就得到了 Func 函数地址，而后需要将此数据强转为函数指针类型，如(Func_t *)(*((int *)0X12345678))语句，这样就得到函数指针数据，考虑到运算符优先级，应写成((Func_t *)(*((int *)0X12345678)))，在其后加括号（若有形式参数，则需要加上对应实参）就会跳转执行此函数，这样就间接地完成了指定地址跳转运行。

可以把函数地址存放在指定地址上的内存单元中（一般为 ROM 或者代码段），编程者可以通过这些地址得到函数地址，并跳转运行函数。

相比直接告诉编程者函数地址，其好处在于，这种方式在程序功能升级后（代码更改往往会造成函数运行地址变化），而存放函数地址的内存地址却没有变化，调用者的程序不需修改也可以正常使用。可取地址型数据作为跳转地址，功能可扩充性较高。

2. 指定地址数据不可取地址

由于此类跳转地址是直接给出的，所以可扩展性较差，一般用于固定用法，例如程序复位。固定地址跳转的实现比较简单，代码如下：

```
((void (*)())(0X0000))();              //51 单片机的起始地址为 0X0000
((void (*)())(0X08000000))();          //STM32 单片机的起始地址为 0X08000000
```

以上两行代码分别表示让 51 单片机和 STM32 单片机跳转到起始地址运行，也就是复位重新运行。其中"void (*)()"表达式是函数指针类型的原始形式，(void (*)())(0X0000)表示 0X0000 指代一个无返回值无参数的函数首地址，考虑到运算符优先级，应对强制类型转换结果加括号，再增加函数符号跳转运行。对于以上两款单片机而言，起始地址是固定不变的，所以直接使用不可取地址型数据进行跳转是很合理的，但此类跳转实现的功能是固定的。

20.3 二重指针在底层

指针类型数据同样分为可取地址型和不可取地址型，可取地址型数据在嵌入式底层软件开发中更常用，因为可取地址的缘故，指针数据地址可被作为集合使用。此类集合常用数组或者结构体实现，多用于多字符串传参，或者系统异常处理。

20.3.1 字符串指针集合

字符串指针集合多实现为指针数组形式,数组内元素为各个字符串的首地址。

1. main 函数中的 argv

字符串在 C 语言中被作为数组处理,其中存储着 char 类型数据。和普通的数组稍有区别,字符串在定义时一般不指定长度,也不使用下标访问,多使用指针访问。在 C 语言中可使用 char 类型的指针变量存储字符串的首地址,此类型数据的集合便成为一个指针数组。

在 main 函数的 argv 参数中,就应用了字符串指针集合:*argv[]是一个指针数组,argv 作为数组名是一个二重指针类型数据,指代程序运行时输入的字符串参数集合的首地址。

新建示例,代码如下:

```c
//4.3.3/test_1.1.c
#include <stdio.h>

int main(int argc, char *argv[])                    //可以将*argv[]修改为**argv
{
    for(int i = 0; i < argc; i++)
        printf("%s\n", argv[i]);
    return 0;
}
```

查看运行结果,可以给程序传入字符串参数,命令如下:

```
root@Ubuntu:~/C_prog_lessons/lesson_4.3.3#./test_1.1 hello world nihao
./test_1.1
hellow
world
nihao
```

系统会把"hellow"、"world"、"nihao"字符串的首地址存入 argv[1]、argv[2]和 argv[3]中,而 argv[0]为运行命令字符串首地址,argc 是所有字符串的总个数。

2. argv 在内存中的排布

修改以上示例,代码如下:

```c
//4.3.3/test_1.2.c
#include <stdio.h>

int main(int argc, char *argv[])
{
    for(int i = 0; i < argc; i++)
        printf("%s\n", argv[i]);
    printf("%p %p \r\n", &argv[0], argv[0]);
    printf("%p %p \r\n", &argv[1], argv[1]);
    printf("%p %p \r\n", &argv[2], argv[2]);
```

```
        printf("%p %p \r\n", &argv[3], argv[3]);
        return 0;
}
```

程序运行时加入参数,命令如下:

```
root@Ubuntu:~/C_prog_lessons/lesson_4.3.3#./test_1.2 hello world nihao
./test_1.2
hellow
world
nihao
0x7fff3f673db8    0x7fff3f6743e0
0x7fff3f673dc0    0x7fff3f6743eb
0x7fff3f673dc8    0x7fff3f6743f2
0x7fff3f673dd0    0x7fff3f6743f8
```

由 14.1 节中的示例可知,程序打印出的地址都位于栈内存(笔者计算机栈内存都以 0x7ff 开头),其中 &argv[0] 表示指针数组 argv 中元素 argv[0] 的地址,而这个元素是一个指针,所以第 1 列的地址之间的差值都是 8 字节,因为在 64 位系统中指针的字长就是 8 字节。

第 2 列地址表示指针数组 argv 中元素的值,这个值是字符串指针的值,也就是字符串的首地址。可以看出 0x7fff3f6743eb 和 0x7fff3f6743e0 的差为 0xb,而 ./test_1.2 这个字符串的长度是 11(需要包含结束符),可见这其中的栈内存被用来存放此字符串,而 0x7fff3f6743f2 和 0x7fff3f6743eb 之间的差为 7,这正好为"hellow"字符串的长度。

可见 argv[] 这个指针数组被保存在栈区,其成员指向的地址仍旧在栈区(但不在同一地址段)。也就是字符串的内容保存在栈区一段内存处,其字符串首地址被保存在栈区另一地址段的指针数组中。而字符串首地址数据不是直接给出的,但是是可取地址型的,它的地址可以使用 argv 加偏移量获得,也可以使用 &argv[n] 获得第 n 个字符串首地址数据所在的地址内存,也可以使用 argv[n] 直接得到第 n 个字符串的首地址,并用来获取字符串的内容。

但此类指针数据的地址不是一个固定值,即 argv 这个二重指针数据不是固定的,每次运行时都不一样,此类用法在和硬件无关的代码中经常会见到。

20.3.2 异常/中断向量表

在和硬件有关的代码中,同样会将指针数组作为指针集合使用,若用于异常处理,则称为异常向量表,异常向量表是异常处理程序用到的函数集合。所谓异常处理,是指 CPU 出现运行异常时(如指令未定义、预取指异常等),硬件会运行固定地址处的异常处理程序的一种硬件机制,与此机制类似的还有中断。

异常处理程序一般是跳转执行某个预先设置好的函数的操作,此函数即为异常向量表的成员;中断机制则是直接在固定地址处获取函数指针数据并运行该函数,此函数为中断向量表的成员。

两者的区别在于异常发生时,先运行的是异常处理程序,通过程序跳转到异常处理函数；中断发生时,是直接通过硬件跳转获取固定地址处存放的函数指针数据执行该函数的,没有通过指令再次跳转的操作。

之前讲过 argv 这个指针数组的首地址不是固定的,是随机分配到栈内存中的,也就是其中成员指针数据的内存地址也都不是固定的(但成员偏移量固定为 8 字节)。在应用程序中这往往是无关紧要的,因为可以通过 argv 获得成员的地址,甚至可以直接获得成员的值,但在和硬件有关的底层软件开发中,存在以下困境:

(1) 在硬件刚上电时,C 代码运行环境尚未建立,不存在使用指针数组的可能。
(2) 异常/中断向量表位置不固定,会导致硬件跳转位置不定,软硬件设计困难。
(3) 异常/中断向量表位置不固定,会导致使用时需要检索位置,实时性变差。

基于以上几点理由,在嵌入式系统中,硬件异常/中断处理方法的集合被固定存放在一个地址,其中依次存放处理函数的地址,以便于硬件在固定位置获取处理函数。

以下是 ARM 处理器异常处理程序和异常向量表的一部分,摘自三星公司 S5PV210 型号 SOC 的 U-Boot 源代码中的 start.S 反汇编后的文件(为方便查看链接地址)。其中异常处理程序首地址被放进了 0X10 地址处,代码如下:

```
//4.3.3/start-obidump.S
...
00000010 <_start>:
  10:   ea000013        b       64 <reset>
  14:   e59ff014        ldr     pc, [pc, #20]   ; 30 <_undefined_instruction>
  18:   e59ff014        ldr     pc, [pc, #20]   ; 34 <_software_interrupt>
  1c:   e59ff014        ldr     pc, [pc, #20]   ; 38 <_prefetch_abort>
  20:   e59ff014        ldr     pc, [pc, #20]   ; 3c <_data_abort>
  24:   e59ff014        ldr     pc, [pc, #20]   ; 40 <_not_used>
  28:   e59ff014        ldr     pc, [pc, #20]   ; 44 <_irq>
  2c:   e59ff014        ldr     pc, [pc, #20]   ; 48 <_fiq>

00000030 <_undefined_instruction>:
  30:   000002a0        .word 0x000002a0

00000034 <_software_interrupt>:
  34:   00000300        .word 0x00000300

00000038 <_prefetch_abort>:
  38:   00000360        .word 0x00000360

0000003c <_data_abort>:
  3c:   000003c0        .word 0x000003c0

00000040 <_not_used>:
  40:   00000420        .word 0x00000420
...
```

以上代码中,从 0X10 地址开始,每 4 字节(S5PV210 为 32 位 SoC)放置了一条异常处理指令。虽然程序的链接地址为 0X10,但读者需要明白,此段指令是位置无关码,实际运行地址位于 0XD0020010(S5PV210 的 SRAM 运行地址为 0XD0020000，前 16 字节为校验位)。从 0X10(实际为 0XD0020010，后面仅说明偏移量)开始，硬件上电时会进入复位异常入口，同样，0X14 地址为 undefined_instruction(未定义指令)异常程序入口，后面以此类推。一旦 CPU 发生异常，例如发生了未定义指令异常，表示 CPU 获取了未在指令集中定义的指令，硬件会自动跳转到 0X14 地址处执行 ldrpc, [pc, ♯20]指令，此条指令的意义为读取当前位置加 20 处内存的数据，并以此数据为目标地址跳转执行，因为在汇编代码中此内存单元的地址是异常处理函数的二阶指针数据。

从汇编代码中可以看到，undefined_instruction 异常函数位于 0X30，但指令却只增加了 20 个偏移量，这是因为严格来说 pc 寄存器存放的指令地址并不是当前执行指令的地址(本书为了简便起见认为 pc 寄存器内容指向当前指令)。CPU 存在取指和译码两个操作，所以 pc 寄存器指向的指令会超前两个系统字长，在 32 位处理器中就是 8 字节，8+20=28(♯20 在汇编中表示十进制 20 立即数)意味着 0X1C 才是真正的偏移量，真正的跳转地址为 0X14(执行指令地址)+0X1C=0X30，在以上代码中 0X30 地址处放的是 undefined_instruction 异常处理函数的指针数据。

这样做带来了以下好处：
(1) 出现异常时，硬件会获取固定地址处存放的指令跳转执行，不完全依靠软件。
(2) 异常处理指令对异常向量表的访问偏移量固定，意味着异常处理函数地址不论怎么变化(函数编译后地址会改变)，其二阶指针数据却是固定的，不会影响跳转处理。
(3) 在系统上电初期就可以使用汇编语言建立异常向量表，而向量表中的函数指针指向的处理函数却可以使用 C 语言实现，从而实现了功能的分层和程序间的松耦合。

相对于异常处理机制，中断机制下硬件会直接获取固定地址处的函数指针并运行中断函数，并不需要经过中间指令再跳转。以下摘自兆易科技 GD32 单片机的启动文件，代码如下：

```
//4.3.3/startup_gd32e23x.sS
    ...
    /* external interrupts handler */
    DCD     WWDGT_IRQHandler          ; 16:Window Watchdog Timer
    DCD     LVD_IRQHandler            ; 17:LVD through EXTI Line detect
    DCD     RTC_IRQHandler            ; 18:RTC through EXTI Line
    DCD     FMC_IRQHandler            ; 19:FMC
    DCD     RCU_IRQHandler            ; 20:RCU
    DCD     EXTI0_1_IRQHandler        ; 21:EXTI Line 0 and EXTI Line 1
    DCD     EXTI2_3_IRQHandler        ; 22:EXTI Line 2 and EXTI Line 3
    DCD     EXTI4_15_IRQHandler       ; 23:EXTI Line 4 to EXTI Line 15
    ...
```

以上是 GD32 单片机中断向量表中的一部分。形如 DCD+函数名的指令表示开辟一字长内存并存储对应函数指针(指针长度等于系统字长)，指令后对应的函数名即为函数指针数据，中断向量表的首地址位于 0X08000000，单片机会以此地址为基地址获取中断函数指针运行中断处理。

这些中断函数的函数名,在链接重定位阶段会生成地址数据放入中断向量表中。所以C代码实现的中断处理函数名称,必须和中断向量表中的函数名一致,以便于链接器识别。有单片机编程经验的读者肯定会明白,单片机的中断函数名都是固定写法。

20.4 函数指针在底层

在和硬件有关的代码中,除异常向量表外,函数指针还多见于驱动程序,广义上的驱动程序指可以操作硬件的程序。在单片机中的驱动程序多数没有严格分层,硬件操作和业务操作混合编程,优点是比较灵活,缺点是程序间耦合性强,扩展性不好。在 Linux 这种大型操作系统中,对从事硬件操作的程序进行了专门划分,有一套标准的操作机制,此类程序才是较为严格意义上的驱动程序。

20.4.1 函数指针数组在底层

异常向量表类似于数组,这因为其地址连续,但异常向量表是由硬件定义的数据结构,不是软件系统定义的数据结构。在驱动程序中有时需要人为地定义出对硬件的操作方法集合,这样的集合也常常被实现为函数指针数组的形式。

新建示例,代码如下:

```
//4.3.4/test_1.0/test_1.0.c
# include <stdio.h>
# include "test_1.0.h"                          //头文件中有 inline 函数定义

Func_t func_buf[3] = {func1, func2, func3};     //实例化函数指针数组
int main(int argc, char ** argv)
{
    for(int i = 0; i < 3; i++)
        func_buf[i]();                          //依次运行函数
    return 0;
}
```

在头文件中定义内联函数,代码如下:

```
//4.3.4/test_1.0/test_1.0.h
# ifndef _TEST_1_0_H_
# define _TEST_1_0_H_
typedef void (* Func_t)(void);                  //重定义函数指针类型

static inline void func1(void)                  //定义内联函数
{
    printf("%s \n", __func__);                  //__func__可以表示函数名
}
static inline void func2(void)
{
    printf("%s \n", __func__);
```

```c
}
static inline void func3(void)
{
    printf("%s\n", __func__);
}
#endif
```

查看运行结果,命令如下:

```
root@Ubuntu:~/C_prog_lessons/lesson_4.3.4/test_1.0#./test_1.0
func1
func2
func3
```

在以上代码中读者需要注意 inline 函数的定义方式:inline 函数一般定义在头文件中,并且需要加上 static 关键字。在 C 文件中实现了函数指针数组 func_buf[3]并在主函数依次调用其成员,func_buf[3]数组是一个函数(也称方法)集合,存储了函数地址,但是 func_buf[3]数组的地址是不固定的,而异常向量表的地址是固定的,这个要注意。

注意:函数指针数组地址固定和不固定,是对应不同的情况而设计的。异常向量表是针对 CPU 异常的情况(中断、reset 等常见处理也被定义为异常),硬件被设计为固定地址寻找函数指针,并跳转处理。特点是可靠,响应快,对软件的依赖性低,缺点是不灵活,在非 CPU 异常的情况下,函数指针数组实现的方法集合在内存中灵活分配,是合理的方式。

在以上代码中 func1、func2、func3 内无操作硬件的代码实现,但是调用流程并无区别。以下是 U-Boot 中真实的硬件操作集合的实现,代码如下:

```c
//4.3.4/test_1.0/board.c
init_fnc_t * init_sequence[] = {
    cpu_init,                   /* basic cpu dependent setup */
#if defined(CONFIG_SKIP_RELOCATE_UBOOT)
    reloc_init,                 /* Set the relocation done flag, must
                                   do this AFTER cpu_init(), but as soon
                                   as possible */
#endif
    board_init,                 /* basic board dependent setup */
    interrupt_init,             /* set up exceptions */
    env_init,                   /* initialize environment */
    init_baudrate,              /* initialize baudrate settings */
    serial_init,                /* serial communications setup */
    console_init_f,             /* stage 1 init of console */
    display_banner,             /* say that we are here */
#if defined(CONFIG_DISPLAY_CPUINFO)
    print_cpuinfo,              /* display cpu info (and speed) */
#endif
#if defined(CONFIG_DISPLAY_BOARDINFO)
    checkboard,                 /* display board info */
```

```
#endif
#if defined(CONFIG_HARD_I2C) || defined(CONFIG_SOFT_I2C)
    init_func_i2c,
#endif
    dram_init,                          /* configure available RAM banks */
    display_dram_config,
    NULL,
};
```

以上只是部分代码,位于 416 行,init_sequence 这个函数指针数组中收录了 U-Boot 启动过程中需要操作的函数,其调用实现形式和本节的示例并无二致,代码如下:

```
//4.3.4/test_1.1/board.c
...
    for (init_fnc_ptr = init_sequence; * init_fnc_ptr; ++init_fnc_ptr) {
            if ((* init_fnc_ptr)() != 0) {
                    hang ();
            }
    ...
```

以上代码位于 483 行,使用 for 循环依次调用了 init_sequence 中的函数。init_fnc_ptr 获取了 init_sequence 函数指针数组的地址,它为二重指针类型数据,对其解引用便可得到函数指针。if ((* init_fnc_ptr)()!=0)表示如果函数的运行返回值不为 0,则意味着硬件操作失败,进入 hang()函数使程序终止,否则在 for 循环内++init_fnc_ptr 的作用下,集合内的函数会被依次调用,直至 init_fnc_ptr 指向 init_sequence 尾部的 NULL 数据。当 *init_fnc_ptr 为 NULL(NULL 为 0)时,for 循环退出,至此 init_sequence 中的硬件操作函数都被运行完成。

20.4.2 结构体包含函数指针

使用函数指针数组实现的方法集使用方便,但因为是数组,所以其中的函数必须是同类型的。在实际工作中硬件操作方法往往差异很大,驱动工程师会将它们实现为不同的函数类型。此类方法集合便不能使用数组的方式,需要实现为结构体。

新建示例,代码如下:

```
//4.3.4/test_2.0/test_2.0.h
#ifndef _TEST_2_0_H_
#define _TEST_2_0_H_

typedef void (* Func1_t)(void);                    //重定义 3 种函数指针类型
typedef int (* Func2_t)(char *);
typedef void (* Func3_t)(int);

typedef struct{                                    //定义结构体类型
    Func1_t func1_p;
    Func2_t func2_p;
```

```c
        Func3_t func3_p;
} Func_str_t;
static inline void func1(void)                    //定义3种函数体,这里使用了内联
{
        printf("%s \n", __func__);
}
static inline int func2(char *str)
{
        printf("%s", str);
        return 0;
}
static inline void func3(int dat)
{
        printf("%d \n", dat);
}
#endif

#include <stdio.h>
#include "test_2.0.h"

Func_str_t Func_str = {                           //定义结构体并初始化
        .func1_p = func1,                         //注意此结构体内嵌函数指针
        .func2_p = func2,
        .func3_p = func3,
};

Func_str_t *pFunc_str = &Func_str;                //定义结构体指针指向结构体变量
int main(int argc, char **argv)
{
        pFunc_str->func1_p();                     //使用结构体指针取函数指针并调用
        pFunc_str->func2_p("hellow \n");
        pFunc_str->func3_p(123);
        return 0;
}
```

查看运行结果,命令如下:

```
root@Ubuntu:~/C_prog_lessons/lesson_4.3.4/test_2.0#./test_2.0
func1
hellow
123
```

以上代码简单地演示了结构体内嵌函数指针实现的方法集。相对于函数指针数组,结构体内嵌的函数指针类型可以不一致,这一特点在不同类型的方法组成集合的实现中经常被使用,在Linux驱动代码中也极为常见。

在Linux内核驱动程序中,有一个file_operations结构体,封装了对设备文件的常用操作,代码如下:

```
//4.3.4/test_2.0/fs.h
…
struct file_operations {
    struct module * owner;
    loff_t ( * llseek) (struct file *, loff_t, int);
    ssize_t ( * read) (struct file *, char __user *, size_t, loff_t *);
    ssize_t ( * write) (struct file *, const char __user *, size_t, loff_t *);
    ssize_t ( * aio_read) (struct kiocb *, const struct iovec *, unsigned long, loff_t);
    ssize_t ( * aio_write) (struct kiocb *, const struct iovec *, unsigned long, loff_t);
    int ( * readdir) (struct file *, void *, filldir_t);
    unsigned int ( * poll) (struct file *, struct poll_table_struct *);
    int ( * ioctl) (struct inode *, struct file *, unsigned int, unsigned long);
    long ( * unlocked_ioctl) (struct file *, unsigned int, unsigned long);
    long ( * compat_ioctl) (struct file *, unsigned int, unsigned long);
    int ( * mmap) (struct file *, struct vm_area_struct *);
    int ( * open) (struct inode *, struct file *);
    int ( * flush) (struct file *, fl_owner_t id);
    int ( * release) (struct inode *, struct file *);
    int ( * fsync) (struct file *, int datasync);
    int ( * aio_fsync) (struct kiocb *, int datasync);
    int ( * fasync) (int, struct file *, int);
    int ( * lock) (struct file *, int, struct file_lock *);
    ssize_t ( * sendpage) (struct file *, struct page *, int, size_t, loff_t *, int);
    unsigned long ( * get_unmapped_area)(struct file *, unsigned long, unsigned long,
unsigned long, unsigned long);
    int ( * check_flags)(int);
    int ( * flock) (struct file *, int, struct file_lock *);
    ssize_t ( * splice_write)(struct pipe_inode_info *, struct file *, loff_t *, size_t,
unsigned int);
    ssize_t ( * splice_read)(struct file *, loff_t *, struct pipe_inode_info *, size_t,
unsigned int);
    int ( * setlease)(struct file *, long, struct file_lock **);
};
…
```

以上代码位于 1487 行，此结构体在定义时未使用 typedef 重定义风格，而是直接定义了函数指针成员。本节 test_2.0.h 的 Func_str_t 结构体内容也可以仿照其风格，代码如下：

```
//4.3.4/test_2.0/test_2.0.h
…
typedef struct{
    void ( * func1_p)(void);
    int ( * func2_p)(char *);
    void ( * func3_p)(int);
} Func_str_t;
…
```

其效果是完全一样的。

注意：在 Linux 系统中，硬件设备会被抽象为文件，对硬件设备的操作会被抽象为对文件的操作，这是 Linux 的一大特点，因此将硬件设备的操作方法集定义为 file_operations 是很合理的。驱动程序除了要实现硬件操作，还需把硬件抽象为设备文件(被 Linux 认为是文件，其实是硬件)，这个抽象过程是通过对内核的一系列注册来完成的。

可以看出，在以上结构体内嵌函数指针的代码实现中，函数指针可以有多种形式。此类方法集合在 Linux 内核中被大量使用，已具有面向对象思维的雏形。

20.5 论函数地址

在 C 语言程序中，函数名符号在链接器重定位之后会被替换为函数地址数据，但在之前的编程实践中并未研究，此地址确定后，运行阶段如何保证函数被载入指定的内存地址？若两者存在不一致的情况，对程序的运行又存在什么影响？以上问题在嵌入式底层软件开发中经常遇到，也是本节需要研究的。

20.5.1 链接地址和运行地址

之前使用函数指针变量获取函数地址时，经常使用以下方式，代码如下：

```
Func_t pFunc = func;                //Func_t是函数指针类型,func 为函数名
```

在 13.4 节中将函数名作为参数用 printf 打印会发现每次运行的结果都不一样。这便出现疑问：函数名会被链接器替换为函数地址数据，但为何每次都打印出不一样的值？

暂时搁置以上问题，根据实践结果可大致推知：函数在内存中的实际位置并不由链接器保证，而且这个位置发生了变化，貌似也不影响函数的正确运行(仅限位置无关码)。

程序在物理内存中的实际地址称为运行地址；在链接阶段由链接器指定的运行地址称为链接地址。一般而言，这两者应该是相同的。

注意：运行地址和链接地址可类比坐火车时乘客入座座位号和车票规定座位号。程序运行类似于使用车票信息寻找乘客，如果寻找成功，则运行，否则会错误，所以两者应该一致。

在 Linux 系统中，更改应用层程序(本书中代码都位于应用层)的链接地址和运行地址并非易事，程序的运行地址系统默认为变动的，也就是程序每次运行的地址都不一致。此类设计对于系统安全性有极大好处，可以防止恶意程序对程序功能的劫持，但可以使用其他手段大致演示出链接地址和运行地址的概念，以便读者加深理解。

先将 Linux 地址空间随机化功能关闭，命令如下：

```
echo 0 > /proc/sys/kernel/randomize_va_space
```

以上命令中的 0 表示关闭地址空间随机化,为 1 表示打开。新建示例,代码如下:

```c
//4.3.5/test_1.0/test_1.0.c
#include <stdio.h>

void func(void)
{
    printf("%s\n", __func__);
}

int main(int argc, char ** argv)
{
    printf("%p\n", func);                    //打印 func 运行地址
    //((void(*)())(0x55555555464a))();       //跳转到地址运行
    return 0;
}
```

查看运行结果,命令如下:

```
root@Ubuntu:~/C_prog_lessons/lesson_4.3.5/test_1.0#./test_1.0
0x55555555464a
root@Ubuntu:~/C_prog_lessons/lesson_4.3.5/test_1.0#./test_1.0
0x55555555464a
```

读者可以看到,func 的运行地址每次运行时都是一致的。读者也可以尝试把地址空间随机化功能打开,这样便会发现 func 的运行地址每次运行时都会变化,此处就不演示了。

确保地址空间随机化已关闭后,将打印出的 func 运行地址填入对应的程序段,并打开屏蔽,代码如下:

```c
//4.3.5/test_1.0/test_1.0.c
...
((void(*)())(0x55555555464a))();             //跳转到地址运行
...
```

重新编译后运行,命令如下:

```
root@Ubuntu:~/C_prog_lessons/lesson_4.3.5/test_1.0#./test_1.0
0x55555555464a
func
```

发现跳转到 0x55555555464a(不同计算机地址可能不同)地址后,成功运行了 func 函数。本书在 13.4 节中,将打印出的函数地址回填到程序代码,编译后运行的结果是失败的,因为每次函数的运行地址都会变化,而在 15.1 节中使用 scanf 获取函数运行地址(此时程序在运行中)传到程序内部并跳转,成功实现了使用函数的(临时)运行地址运行函数,但这里关闭了地址空间随机化,直接将函数地址复制到代码中跳转是可以运行成功的。

因为对应用程序指定链接地址存在不便,所以可使用程序跳转地址模拟函数的链接地

址：关闭系统的地址空间随机化功能后，程序打印出的便是函数的实际运行地址，在程序中要跳转的地址，可理解为链接器指定的地址。

修改以上代码中的地址，当向高位偏移 2 字节以内时，func 函数依旧被调用成功，更高位数的偏移调用则会显示段错误；向低位偏移 1 字节，也会显示段错误，1 字节以上的偏移则会显示非法指令错误。

测试显示出程序"链接"地址和程序运行地址不一致时会出现的问题。当程序中函数在内存中的地址（运行地址）和程序认为函数存在的地址（链接地址）不一致时会导致程序运行失败，跳转时会出现段错误或非法指令错误，这样的程序代码称为位置有关码。另一种程序代码在链接时虽指定了运行地址，但在实际运行时却不依赖于指定的链接地址，可以在整个内存段中随意加载运行，这样的程序代码被称为位置无关码。

20.5.2 位置有关码和位置无关码

回到之前的问题："函数名会被链接器替换为函数地址数据，但为何每次都打印出不一样的值？"。此问题已经部分回答了：因为 Linux 的地址空间随机化功能会让程序每次的运行地址都不一致，但又引出新的问题：既然每次运行地址都不一致，程序为何还能成功运行？

1. 相对地址和绝对地址

指令和变量的地址是由链接器重定位阶段确定的，而链接器确定地址分为两种情况：一种是根据当前程序的运行地址（PC 寄存器的值）加偏移地址确定需要取指令和数据的地址，另一种方式是将指令和数据的地址指定为绝对地址。

使用相对地址取指令和数据的程序，载入内存的任一地址都可以运行，因其仅依靠 PC 寄存器值和偏移量对指令和数据进行定位，而使用绝对地址则不同，程序会去固定地址取指令和数据。后者的运行地址和链接地址若不相符，则会导致段错误或者指令异常。

以上两者在内存中的排布对比如图 20-1 所示。

Stack	Bss	Data	Text
offset240	offset210	offset90	offset30 start

Stack	Bss	Data	Text
250	220	100	40 10

图 20-1　相对地址和绝对地址

在图 20-1 中，上半部分表示使用相对地址链接生成的程序在内存中的排布。start 表示程序在内存中的起始地址，这一地址可以是 CPU 可寻址范围内的任意地址（但要注意给程序留出空间，程序结束地址不能超出可寻址范围）。在此范围内程序都可被成功运行，指令和数据的地址仅依靠 offset 的值确定（图中仅粗略表示出代码段、数据段和栈区）此类程序代码被称为位置无关码。

在图 20-1 中,下半部分表示使用绝对地址链接生成的程序在内存中的排布,其中各个段的首地址是被链接器指定的,其中指令或数据的地址是固定的。此程序只能被载入 10 地址(仅为示例)处运行,若被载入其他内存地址,则其运行时依旧会去 40~100 地址区间的 Data 段获取静态数据,以及去 220~250 地址区间的 Stack 区获取栈数据等,但此时各个段在内存中的排布已与链接器指定不符,因此会出现错误,此类程序代码被称为位置有关码。

2. 位置有关码和位置无关码

很明显,位置有关码的使用被严格限制在某一地址,似乎这是一大劣势,但在嵌入式底层软件开发中,特别是在 Bootloader 的开发中,位置有关码被大量使用,主要有以下几点原因:

(1) 位置有关码可以实现指定地址跳转,使用位置无关码则无法实现。

笔者在对三星公司的 S5PV210 型号 SoC 进行 U-Boot 的移植过程中,首先让 U-Boot 在 SRAM 中运行,硬件自检完毕后,U-Boot 会将自身复制到 DRAM 中。在此系统中 SRAM 和 DRAM 的地址是不连续的,并且存在于不同的硬件元器件。在 U-Boot 中会使用位置有关码长跳转到 DRAM 中运行,并引导 Linux 系统运行成功。

(2) 位置有关码可配合硬件实现复杂功能。

因为位置有关码使用绝对地址跳转获取指令和数据,在一些硬件中可以借助这一特性实现一些特殊功能,甚至可以简化程序设计的复杂度,例如中断向量表的存储位置便是一个绝对地址,在位置有关码中可以方便地实现对它的初始化;在一些 SoC 的 ROM 中往往固化好了一些功能函数(例如常用的 EMMC 操作函数),此类函数的地址也是固定不变的,在位置有关码中可使用绝对地址跳转访问,以实现在系统启动初期对基本硬件外设进行操作。此类设计可以简化程序,提高系统的稳定性。

而位置无关码在生成动态共享库时,有其不可替代的优势,例如动态库在运行时被加载到内存时,其加载地址是未知的,这时就只能使用位置无关码(详见 16.3 节)。

20.6 attribute 关键字

在 GCC 中存在 __attribute__ 关键字,用来声明函数、变量或类型的特殊属性,这些声明可用于编译器进行特殊属性的优化或者代码检查。__attribute__ 的用法非常简单,当定义函数、变量或类型时,直接在旁边添加如下属性即可,代码如下:

```
__attribute__ ((ATTRIBUTE))
```

需要注意的是 __attribute__ 后面有两对圆括号,不能只写一对,否则编译时会报错。ATTRIBUTE 表示要声明的属性,目前支持十几种属性声明,限于篇幅,本书中仅介绍常用的几种声明。

20.6.1 段声明

段声明的主要作用是让函数或者变量放入指定的段中,段声明使用 section 属性。新建

示例,代码如下:

```
//4.3.6/test_1.0.c
#include<stdio.h>

int global_val = 10;                                  //全局变量初始化
int uninit_val;                                       //全局变量未初始化
//int uninit_val __attribute__((section(".data"))); //使用段声明,先屏蔽

int main(int argc, char **argv)
{
    return 0;
}
```

编译生成目标文件,并使用 readelf -s 命令查看符号表,命令如下:

```
root@Ubuntu:~/C_prog_lessons/lesson_4.3.6#readelf -s test_1.0
…
43: 0000000000201018     4 OBJECT  GLOBAL DEFAULT   23 uninit_val
…
48: 0000000000201010     4 OBJECT  GLOBAL DEFAULT   22 global_val
…
```

可以看到,uninit_val 作为未初始化的全局变量,地址为 0X201018,global_val 是被初始化过的全局变量,地址为 0X201010。可以使用 readelf -S 查看各个段的地址,命令如下:

```
root@Ubuntu:~/C_prog_lessons/lesson_4.3.6#readelf -S test_1.0
…
 [22] .data            PROGBITS         0000000000201000 00001000
      0000000000000014 0000000000000000  WA       0     0     8
 [23] .bss             NOBITS           0000000000201014 00001014
      000000000000000c 0000000000000000  WA       0     0     4
 [24] .comment         PROGBITS         0000000000000000 00001014
…
```

可以看到,Data 段的地址区间为 0X201000~0X201014,uninit_val 的地址 0X201018 在此区间之外,显然不属于 Data 段(其属于 Bss 段,应处于 Data 段之后),而 global_val 所在的地址 0X201010 属于 Data 段。

修改代码,打开 __attribute__ 段声明,并屏蔽之前的变量定义语句,代码如下:

```
//int uninit_val;                                       //全局变量未初始化
int uninit_val __attribute__((section(".data")));       //使用段声明
```

编译出目标文件,使用 readelf 命令查看符号表,命令如下:

```
root@Ubuntu:~/C_prog_lessons/lesson_4.3.6#gcc test_1.0.c -o test_1.0
root@Ubuntu:~/C_prog_lessons/lesson_4.3.6#readelf -s test_1.0
…
   43: 0000000000201014     4 OBJECT  GLOBAL  DEFAULT    23 uninit_val
```

```
       ...
          48: 0000000000201010     4 OBJECT  GLOBAL  DEFAULT   22 global_val
       ...
```

得到 uninit_val 的地址为 0X201014，global_val 的地址为 0X201010。这时再使用 readelf 命令查看段地址，命令如下：

```
root@Ubuntu:~/C_prog_lessons/lesson_4.3.6# readelf -S test_1.0
   ...
  [22] .data             PROGBITS         0000000000201000  00001000
       0000000000000018  0000000000000000  WA       0     0     8
  [23] .bss              NOBITS           0000000000201018  00001018
       0000000000000008  0000000000000000 WA       0     0     1
  [24] .comment          PROGBITS         0000000000000000  00001018
   ...
```

此时 Data 段的地址区间已经变为 0X201000～0X201018，如此一来 uninit_val 和 global_val 都处于 Data 段，表示 __attribute__ 的段声明对于 uninit_val 已经生效，其作为未初始化的全局变量，在未使用 __attribute__((section(".data"))) 声明之前，被编译器分配到 Bss 段，声明之后，被放入 Data 段。

对于其他段属性的声明（例如 Text 段等），读者可以自行尝试。

20.6.2 对齐声明

GCC 通过 __attribute__ 关键字可以声明变量或者类型的对齐方式，对齐声明使用了 aligned 和 packed 属性，其中 aligned 属性用来指定对齐方式，packed 属性用于取消对齐。

新建示例，代码如下：

```c
//4.3.6/test_2.0.c
#include <stdio.h>

int a = 1, b = 2;
char c = 3, d = 4;
int main(int argc, char ** argv)
{
    printf("%p %p %p %p \n", &a, &b, &c, &d);
    return 0;
}
```

查看运行结果，命令如下：

```
root@Ubuntu:~/C_prog_lessons/lesson_4.3.6# ./test_2.0
0x562e766fc010 0x562e766fc014 0x562e766fc018 0x562e766fc019
```

可以看到，变量 c 和 d 的地址只相差 1 字节，这里可以使用 aligned 属性指定对齐数，代码如下：

```
…                       //对变量d指定4字节对齐,并赋值为4
char c = 3, d __attribute__((aligned(4))) = 4;
…
```

编译运行,命令如下:

```
root@Ubuntu:~/C_prog_lessons/lesson_4.3.6# ./test_2.0
0x564cdeebc010 0x564cdeebc014 0x564cdeebc018 0x564cdeebc01c
```

这样一来,变量c和d的地址就相差4字节了,因为对变量d指定了4字节对齐,所以d的地址会放在4的整数倍地址处。注意对齐数aligned(N)中N的值必须是2的整数次方,否则编译会报错。

关于结构体数据对齐,在12.2节中有详细解释,并已使用过__attribute__((aligned(n)))指定对齐数,使用过__attribute__((packed))取消对齐数,此处不再赘述。

> **注意**:编译器一定会按照aligned指定的方式对齐吗?此属性声明只是建议编译器按照指定大小对齐,并且不能超过编译器允许的最大值(系统字长)。编译器对每个基本数据类型都有默认的最大对齐字节数,如果超过了,则编译器会按默认最大对齐字节数向变量分配地址。

20.6.3 弱符号声明

在C语言代码中不论函数名还是变量名,在编译器看来仅是一个符号而已,而符号可以分为强符号和弱符号,弱符号声明使用weak属性。

强弱符号分类的标准如下。

(1) 强符号:函数名、初始化过的全局变量名。
(2) 弱符号:未初始化的全局变量名。

在C代码中对于重名的全局变量名、函数名,依据强弱符号的分类,有以下3种情况:

(1) 强符号和强符号重名。
(2) 强符号和弱符号重名。
(3) 弱符号和弱符号重名。

强弱符号主要用于解决链接过程中出现的多个同名全局变量、同名函数的冲突问题,而链接器对于解决重名符号的冲突问题,使用如下策略:

(1) 重名符号都是强符号,上报重定义错误。
(2) 重名符号都是弱符号,使用占用存储空间大者。
(3) 重名符号一强一弱,使用强符号。

1. 变量的强弱符号

当两个全局变量重名时,若一个已初始化而另一个未初始化,前者会被编译器当作强符号,后者会被编译器当作弱符号,而最终链接生效的是强符号指代的全局变量。

新建示例，代码如下：

```
//4.3.6/test_3.1.c
#include <stdio.h>

int a, b = 1;                              //以下定义了同名变量,注意同名变量必须是同类型
int a = 1, b;                              //同类型的同名变量,强弱符号可以共存
int main(int argc, char **argv)
{
    printf("a = %d, b = %d \n", a, b);
    return 0;
}
```

查看运行结果，命令如下：

```
root@Ubuntu:~/C_prog_lessons/lesson_4.3.6#./test_3.1
a = 1, b = 1
```

可见程序输出的都是强符号的值。注意这里的同名变量 a、b 都同为 int 类型，仅存在初始化和未初始化的区别，此情况下编译器会识别出强弱符号，如果强弱符号为不同的类型，则编译时会报错，例如对以上程序稍微修改，代码如下：

```
…
int a, b = 1;                              //以下定义了同名变量
char a = 1, b;                             //将同名变量修改为 char 类型
…
```

编译报错，命令如下：

```
root@Ubuntu:~/C_prog_lessons/lesson_4.3.6#gcc test_3.1.c -o test_3.1
test_3.1.c:5:6: error: conflicting types for 'a'
char a = 1, b;
     ^
test_3.1.c:3:5: note: previous declaration of 'a' was here
int a, b = 1;
    ^
test_3.1.c:5:10: error: conflicting types for 'b'
char a = 1, b;
            ^
test_3.1.c:3:8: note: previous definition of 'b' was here
int a, b = 1;
       ^
…
```

由于编译器提示 a、b 的类型和之前声明的类型有冲突，所以表明重名变量的强弱符号共存的条件是它们必须为同一类型。如果它们都是弱符号呢？弱符号是可以共存的，但如果是不同类型的弱符号，则是否可以共存呢？可以再次修改部分程序，代码如下：

```
…
int a, b = 1;                    //将 a 修改为 int 类型弱符号
char a;                          //将 a 修改为 char 类型弱符号
//int a;                         //将 a 修改为 int 类型弱符号
…
```

经过编译之后发现同样会报错,也就是不同类型的弱符号不可以共存。将 a 修改为 int 类型后,两个 a 都为弱符号,在这种情况下编译可以通过,这验证了弱符号和弱符号是可以共存的,前提是要为同一类型。

虽然在同类型前提下多个弱符号可以共存,但不建议定义多个同名弱符号,程序运行可能会出现问题,也不能定义多个同名强符号,编译时会报重定义错误。一般而言,一强一弱的符号是合理的,可以尝试使用 weak 属性将强符号转换为弱符号。

对程序进行修改,新增 temp 变量的强符号定义,并使用 weak 属性声明为弱符号,再增加同名强符号定义,代码如下:

```
//4.3.6/test_3.1.c
…
int temp __attribute__((weak)) = 1;
int temp = 2;
…
printf("temp = %d \n", temp);
…
```

第 1 行的 temp 强符号被 weak 属性转换为弱符号。将以上代码添加到示例中,执行编译操作,命令如下:

```
root@Ubuntu:~/C_prog_lessons/lesson_4.3.6# gcc test_3.1.c -o test_3.1
test_3.1.c:9:5: error: redefinition of 'temp'
 int temp = 2;
     ^~~~
test_3.1.c:8:5: note: previous definition of 'temp' was here
 int temp __attribute__((weak)) = 1;
```

出乎意料的是,weak 声明并没有起作用,编译器提示 temp 重定义错误,所以在 GCC 环境下的实践结果是:对于重名变量而言,仅使用未初始化的方法定义弱符号是可行的。

2. 函数的弱声明

以上测试将同名强符号变量使用 weak 属性修改为弱符号失败了,编译器仍然报出了重定义错误,这里将尝试对函数使用 weak 声明。函数被声明为一个弱符号后会具有和之前不同的特点:在之前的编程实践中当函数仅有声明而无实体时,在链接阶段会报函数未定义错误,而函数被声明为弱符号后即使没有定义,链接阶段也不会报错,编译器会将这个弱符号函数重定位到 0 或者一个特殊的地址,只有在程序运行时才会出现错误。

新建示例,代码如下:

```
//4.3.6/test_3.2.c
#include <stdio.h>
```

```c
__attribute__((weak)) void func(void);              //对func进行弱声明
//void func(void);                                  //func强声明,打开后编译不过

int main(int argc, char **argv)
{
    printf("%d \n", func);                          //打印func地址
    func();
    return 0;
}
```

编译以上代码是可以通过的,但运行时会报错,命令如下:

```
root@Ubuntu:~/C_prog_lessons/lesson_4.3.6#./test_3.2
0
Segmentation fault (core dumped)
```

说明没有实体的 func 函数被弱声明之后,被链接器重定位到了 0 地址处,从而导致运行时出现段错误,所以在程序中可以通过检查函数链接地址是否为 0 来判断弱声明函数是否具有实体,以避免运行时出现段错误。

弱声明函数在软件开发中应用十分广泛,例如当函数库中的某些功能未实现时,可以先对未实现的函数进行弱声明,以保证函数库在编译时不会报错,但在使用前应先对弱声明函数进行链接地址检查,然后进行调用。

3. 函数弱声明和别名

GCC 扩展有 alias 属性,这个属性可用来给函数起别名,常常和 weak 属性一起使用。在实际的代码工程中,时常会在升级软件时导致函数接口变化,使用 alias 声明可以对旧的函数重新起一个名字,在和 weak 属性复合使用之后,既能保证旧的函数接口没有被弃用,也能确保升级之后的新函数接口被优先使用。

新建示例,代码如下:

```c
//4.3.6/test_3.3.c
#include <stdio.h>

void __func(void)
{
    printf("%s \n", __func__);                      //打印出函数名,"__func__"指代函数名
}
                                                    //对func函数进行弱声明,并起别名为__func
__attribute__((weak, alias("__func"))) void func(void);

int main(int argc, char **argv)
{
    func();                                         //这里调用func函数
    return 0;
}
```

查看运行结果，命令如下：

```
root@Ubuntu:~/C_prog_lessons/lesson_4.3.6#./test_3.3
__func
```

很明显调用的是起别名之后的__func函数。这时可以新增1个C文件，在里面实现func的函数实现，代码如下：

```
//4.3.6/test_3.3.1.c
#include <stdio.h>
void func(void)
{
    printf("%s\n", __func__);
}
```

将两个C文件一起编译链接生成目标文件并运行，命令如下：

```
root@Ubuntu:~/C_prog_lessons/lesson_4.3.6#gcc test_3.3.1.c test_3.3.c -o test_3.3
root@Ubuntu:~/C_prog_lessons/lesson_4.3.6#./test_3.3
func
```

运行结果显示调用的是func函数。因为在新增的C文件中实现了func的实体，而对func起别名之后的__func函数又被弱声明，所以链接器会优先使用func这个强声明的函数。

在以上测试中，笔者发现强声明的func函数实现不能和其weak+alias属性复合声明后的别名函数__func实现写在同一个C文件中。严格来讲，func使用了alias属性取别名之后，其别名__func函数实现就代替了func函数实现，若文件中还存有func的实现，则编译时会报重定义错误，而将func函数实现写在其他C文件中则可以编译通过，并且func函数会替代弱声明的别名函数__func。在实际编程中，建议读者也这样做，函数弱声明的别名函数和强声明的函数，其实现应分别写在不同的C文件中。

20.6.4 inline 内联声明

在19.4节中介绍了内联函数，可以使用inline关键字指定函数内联，但inline仅为一种建议，编译器会依据情况自行决定是否内联。在GCC中可以使用always_inline属性强制指定函数内联，也可使用noinline属性强制指定函数不内联。对于后者，值得注意的是，即使使用了inline关键字指定函数内联，noinline属性也会阻止其实现为内联函数。

以下为简单示例，注意inline关键字后为函数实现，示例中省略，代码如下：

```
static inline int func(void)                                    //建议内联
static inline __attribute__((always_inline)) int func(void)     //强制内联
static inline __attribute__((noinline)) int func(void)          //指定不内联
```

在19.4节C语言函数效率部分，有关于内联函数的详细介绍，此处不再赘述。

第 21 章 C 语言链表

CHAPTER 21

链表是一种常用的数据结构,用 C 语言实现对链表的操作是本章的主要内容。在 Linux 内核驱动代码中大量使用了链表,因此必须掌握。

21.1 单链表数据结构

链表是一种常见的基础数据结构,结构体指针在这里得到了充分利用。链表可以动态地对存储空间进行分配,这一点和数组完全不同,其可以根据需要增添、删除、插入节点,并可以在节点中定义多种数据类型。

21.1.1 单链表的构成

单链表的构成可以用图表示,如图 21-1 所示。

Header ⇨ 数据域 指针域 ⇨ 数据域 指针域 ⇨ 数据域 指针域 ⇨ NULL

图 21-1 单链表的构成

单链表有头指针(Header)和若干节点(节点包含数据域和指针域),并且最后一个节点要指向空(NULL),其中头指针指向链表的第 1 个节点,第 1 个节点中的指针指向下一个节点,然后依次指到最后一个节点,这样就构成了一条链表。

其中头指针是为了方便对链表进行操作而设置的指针,其指向的节点称为头节点,一般不对头节点进行操作,所以可以认为头节点不是有效的节点。除头节点外的节点,常被称为有效节点,而链表末端指向 NULL 的节点被称为尾节点。

单链表节点的数据结构可以用结构体表示,代码如下:

```
struct list_node
{
    int data;                      //数据域,用于存储数据
    struct list_node * next;       //指针,指向下一个节点
}
```

链表中的节点就是由多个这样的结构体数据组成的,链表的头部是头指针,尾部指向 NULL。

21.1.2 单链表节点创建

以下是单链表节点的创建过程。

1. 创建节点

创建单链表中的一个节点,代码如下:

```c
//4.4.1/test_2.1.c
#include <stdio.h>
#include <stdlib.h>              //当使用malloc时需要包含
#include <string.h>              //当使用memset时需要包含

typedef struct list_node{
    int data;
    struct list_node * next;
} list_single;

int main(int argc, char ** argv)
{
    list_single * node = NULL;              //1.首先定义一个头指针
    node = (list_single *)malloc(sizeof(list_single));
                                            //2.然后分配内存空间
    if(node == NULL){
        printf("malloc failed!\n");
        return -1;
    }
    memset(node,0,sizeof(list_single));     //3.清理申请到的堆内存
    node->data = 100;                       //4.给链表节点的数据赋值
    node->next = NULL;                      //5.将链表的指针域指向空
    printf("%d\n",node->data);
    free(node);                             //使用完要释放节点
    return 0;
}
```

以上程序仅仅创建了链表中的一个节点,可以把创建节点的操作封装成函数,这样当需要创建多个节点时便可以重复调用该函数。以上程序可以继续完善,代码如下:

```c
//4.4.1/test_2.1.1.c
#include <stdio.h>
#include <stdlib.h>
#include "create_list_node.h"

int main(int argc, char ** argv)
{
    int data = 100;
```

```
    list_single * node_ptr = create_list_node(data);    //创建一个节点
    printf("node_ptr->data = %d\n",node_ptr->data);     //打印节点里的数据
    printf("node_ptr->next = %d\n",node_ptr->next);     //打印节点指针
    free(node_ptr);
    return 0;
}
```

以下是创建链表用到的函数所在的 C 文件和 H 文件,代码如下:

```
//4.4.1/create_list_node.h
#ifndef _CREATE_LIST_NODE_H_
#define _CREATE_LIST_NODE_H_

typedef struct list_node{
    int data;
    struct list_node * next;
} list_single;                                          //节点的结构体类型

list_single * create_list_node(int data);               //创建节点的函数
#endif

//4.4.1/create_list_node.c
#include <stdio.h>
#include <stdlib.h>                                     //使用堆内存函数
#include <string.h>                                     //使用 memset 函数
#include "create_list_node.h"

list_single * create_list_node(int data)                //创建节点的函数
{
    list_single * node = NULL;
    node = (list_single *)malloc(sizeof(list_single));
    if(node == NULL){
        printf("malloc failed!\n");
        return NULL;
    }
    memset(node,0,sizeof(list_single));
    node->data = data;                                  //加载数据
    node->next = NULL;                                  //指针为 NULL
    return node;                                        //返回申请到的堆内存
}
```

对有关文件进行编译并执行,命令如下:

```
root@Ubuntu:~/C_prog_lessons/lesson_4.4.1# gcc test_2.1.1.c create_list_node.c -o test_2.1.1
test_2.1.1.c: In function 'main':
test_2.1.1.c:9:26: warning: format '%d' expects argument of type 'int', but argument 2 has type 'struct list_node *' [-Wformat=]
    printf("node_ptr->next = %d\n",node_ptr->next);
                             ~^    ~~~~~~~~~~~~~~~
```

```
root@Ubuntu:~/C_prog_lessons/lesson_4.4.1#./test_2.1.1
node_ptr->data = 100
node_ptr->next = 0
```

出现了一个警告,表示%d应该打印int类型,却给出了一个list_node * 类型的数据,此警告可以忽略。这样就完成了一个链表节点的创建,链表数据如图21-2所示。

图 21-2　单链表节点数据

2. 过程归纳

以上仅建立了一个单链表节点的基本雏形,如果要创建一个自定义的单链表节点,应如何实现? 一般需要以下步骤:

（1）首先定义一个单链表的数据结构。
（2）给当前的节点数据结构申请堆内存。
（3）清理节点数据(因为堆内存未初始化时,数据是不确定的)。
（4）给节点初始化数据。
（5）将该节点的指针设置为NULL。

21.2　单链表的操作

尾插、头插、遍历、逆序和删除是单链表的常用操作。

21.2.1　单链表的尾插

如何将新的节点连接到当前链表的尾部? 只需将链表尾节点指针指向新节点,此操作称为链表的尾插。

链表尾插流程如下:
（1）在链表中获取当前节点的位置。
（2）判断其是否为尾节点,如果不是,则移动到下一个节点。
（3）到达尾节点后,将新节点插入尾部。
以上流程可实现为函数,代码如下:

```c
//4.4.2/create_list_node.c
…
void tail_insert(list_single * const pH, list_single * const new)
{                              //注意函数形参的输入型指针参数,指针值不可修改
    list_single * p = pH;      //获取当前节点的位置
    while(NULL != p->next)     //如果节点的指针不为NULL
        p = p->next;           //一直后移直到获取NULL后退出循环
```

```
            p->next = new;              //只要获取了NULL就表示到了尾部,插入新节点
    }
    …
```

尾插函数应在对应的头文件中声明,代码如下:

```
//4.4.2/create_list_node.h
…
void tail_insert(list_single * const pH, list_single * const new);
…
```

可以使用尾插方式建立新链表,代码如下:

```
//4.4.2/test_1.0.c
#include <stdio.h>
#include "create_list_node.h"

list_single * Header = NULL;              //定义头指针
int main(int argc, char ** argv)
{
    int a = 10;                           //以下代码用于创建节点,使用自减变量初始化数据
    Header = create_list_node(a--);
    for(; a > 0; a--)                     //使用大于0的数据创建节点并尾插创建链表
        tail_insert(Header, create_list_node(a));
    while(NULL != Header->next)
    {
        printf("%d ", Header->data);
        Header = Header->next;
    }                                     //以上代码使用while循环打印出链表的data
    printf("%d \n", Header->data);
    return 0;                             //以上代码打印末节点的值
}
```

编译有关文件并查看运行结果,命令如下:

```
root@Ubuntu:~/C_prog_lessons/lesson_4.4.2# gcc test_1.0.c create_list_node.c -o test_1.0
root@Ubuntu:~/C_prog_lessons/lesson_4.4.2#./test_1.0
10 9 8 7 6 5 4 3 2 1
```

以上程序使用尾插函数 tail_insert 建立单链表,新创建的节点会加入链表的尾部。因为使用了从 10 开始自减且大于 0 的数据依次创建节点并尾插链表,所以 while 循环对链表进行遍历(正规遍历不处理头节点),打印得出的是 10~1 的值,说明链表创建正常。

21.2.2 单链表的头插

单链表的头插是把新的节点插在头节点和第 1 个有效节点之间,如图 21-3 所示。
可以得出单链表节点头插的流程如下:

```
header ➩ 头节点 ➩ 节点1 ➩ NULL
              ⇧
            新节点
```

图 21-3 单链表的头插

(1) 获取头节点的位置。
(2) 将新的节点的下一个节点设置为原来头节点的下一个节点。
(3) 将原来头节点的下一个位置设置为新节点。
以上流程可实现为函数，代码如下：

```
//4.4.2/create_list_node.c
…
void top_insert(list_single * const pH , list_single * const new)
{
    list_single * p = pH;              //获取头指针
    new->next = p->next;               //新节点指向头节点的下一个节点(新节点尾部交接)
    p->next = new;                     //头节点指向新节点(头节点和新节点交接)
}
…
```

头插的操作就是以上函数中最后两行语句。使用头插法可以建立链表，但需要注意用此方法建立的链表，其数据建立的顺序和其排列在链表中的顺序是相反的。

新建示例，代码如下：

```
//4.4.2/test_2.0.c
…                              //只需把尾插函数修改为头插函数
        top_insert(Header, create_list_node(a));
…
```

以上示例代码和 test_1.0.c 的代码几乎一致，只需把其中的 tail_insert 函数修改为 top_insert 函数。在 create_list_node.c 文件中新增的头插函数应在头文件中声明，代码如下：

```
//4.4.2/create_list_node.h
…
void top_insert(list_single * const pH , list_single * const new);
…
```

编译相关文件并查看运行结果，命令如下：

```
root@Ubuntu:~/C_prog_lessons/lesson_4.4.2# gcc test_2.0.c create_list_node.c -o test_2.0
root@Ubuntu:~/C_prog_lessons/lesson_4.4.2#./test_2.0
10 1 2 3 4 5 6 7 8 9
```

可以看到，除了头节点未变化，其他节点的顺序都和数据建立的顺序相反。头插后的链表，其头节点是不会变化的，若是从头节点之前插入新节点，则必然会引起头指针的变化，而头指针是维护链表的关键所在，它的变化会使使用中的链表被丢失。在大型程序中链表往往被多个地方所使用,并且都依赖头指针作为索引,任何对头指针的改动都是被禁止的。

21.2.3 单链表的遍历

单链表由头指针和若干节点组成,尾节点指向 NULL。如果要打印出各个节点的数据,则需要判断链表有多少个节点,这可以通过判断链表是否到达了尾节点来实现。

那么单链表的遍历需要实现以下流程:

(1) 获取当前节点位置,也就是头指针。

(2) 从第 1 个有效节点开始打印。

(3) 判断是否为尾节点,如果不是,则打印此节点并移动到下一个节点;如果是尾节点,则直接打印数据即可。

以上流程可实现为函数,代码如下:

```
//4.4.2/create_list_node.c
…
void Print_node(list_single * const pH)
{
    list_single * p = pH;                   //获取头节点
    p = p->next;                            //获取下一个节点(有效节点)
    while(NULL != p->next)                  //下一个节点不是 NULL(当前不是尾节点)
    {
        printf("data:%d ", p->data);        //打印当前节点的数据
        p = p->next;                        //继续移动到下一级节点
    }
    printf("data:%d \n", p->data);          //如果是尾节点,则打印出数据
}
…
```

从以上程序可以看出,链表的遍历是不处理头节点的,在本节使用尾插创建链表的 test_1.0.c 文件中,在对创立的链表进行遍历时打印了头节点的数据,这不是常规的遍历方式。

注意:头节点的数据域可为空,也可存放表长度等附加信息,其作用是对链表进行操作时可以对空、非空链表等情况不进行检测,可直接读信息并进行判断处理,且头节点的存在可以维持头指针不变动,以保持链表索引的稳定。

新建示例,代码如下:

```
//4.4.2/test_3.0.c
#include <stdio.h>
#include "create_list_node.h"

list_single * Header = NULL;                //定义头指针
int main(int argc, char ** argv)
{
    int a = 10;                             //创建节点,使用自减变量初始化数据
```

```
        Header = create_list_node(a--);
        for(; a>0; a--)                   //使用大于0的数据创建节点并尾插创建链表
            tail_insert(Header, create_list_node(a));
        Print_node(Header);               //遍历链表
        return 0;
}
```

在create_list_node.c文件中新增的遍历函数应在对应的头文件中声明，代码如下：

```
//4.4.2/create_list_node.h
…
void Print_node(list_single * const pH);
…
```

编译相关文件并查看运行结果，命令如下：

```
root@Ubuntu:~/C_prog_lessons/lesson_4.4.2# gcc test_3.0.c create_list_node.c -o test_3.0
root@Ubuntu:~/C_prog_lessons/lesson_4.4.2# ./test_3.0
9 8 7 6 5 4 3 2 1
```

默认不打印头节点，成功遍历了使用尾插创建的链表，并顺序地打印出了所有数据。

21.2.4 单链表节点的删除

单链表节点的删除要考虑两种情况：一种是普通节点（不包含头节点）的删除，另一种是指向NULL的尾节点的删除。注意，从链表删除节点后还需要释放节点的内存。

单链表删除节点的流程包括以下几步。

（1）先定义两个指针，一个表示当前的节点，另一个表示当前节点的上一个节点。

（2）遍历整个链表，同时保存当前节点的上一个节点。

（3）在遍历的过程中查找要删除的数据。

（4）查到数据后，分两种情况删除。

以上流程可实现为函数，代码如下：

```
//4.4.2/create_list_node.c
…
int delete_list_node(list_single * const pH, int data)
{
        list_single * p = pH;                    //获取头指针
        list_single * prev = NULL;               //定义暂存指针
        while(NULL != p->next)                   //若当前节点不是尾节点，则进入循环
        {
                prev = p;                        //暂存当前节点位置
                p = p->next;                     //移动到下一节点
                if(p->data == data)              //如果数据匹配，则分两种情况
                {
                        if(p->next != NULL)      //匹配到的节点不是尾节点
```

```c
                    {                            //上一节点跨越它指向下一节点
                        prev->next = p->next;
                        free(p);                 //释放匹配到的节点,节点被删除
                    }
                    else                         //如果匹配到了尾节点
                    {                            //上一节点代替它指向NULL
                        prev->next = NULL;
                        free(p);                 //匹配到的节点被释放,节点被删除
                    }
                    return 0;                    //匹配到数据,如果节点删除成功,则返回0
            }
        }
        return -1;                               //否则返回-1,表示删除失败
}
...
```

以上函数体现了对链表节点的删除过程:用数据域作为匹配目标,并暂存当前节点,随后节点后移且在 while 循环中遍历,匹配到数据域之后分两种情况进行处理,如果当前匹配到的不是尾节点,就让暂存的上一节点跨越当前节点指向下一节点,并删除匹配到的节点,否则就让上一节点指向 NULL,并删除匹配到的尾节点。

新建示例,代码如下:

```c
//4.4.2/test_4.0.c
#include <stdio.h>
#include "create_list_node.h"

list_single * Header = NULL;                     //定义头指针
int main(int argc, char ** argv)
{
    int a = 10;                                  //创建节点,使用自减变量初始化数据
    Header = create_list_node(a--);
    for(; a>0; a--)                              //使用大于0的数据创建节点并尾插创建链表
        tail_insert(Header, create_list_node(a));
    Print_node(Header);                          //遍历打印链表
    if(delete_list_node(Header, 5) == 0)
        Print_node(Header);                      //删除数据5,如果返回值为0,则遍历打印
    else                                         //如果返回值不为0,则说明删除失败
        printf("Print_node failed \n");
    return 0;
}
```

在 create_list_node.c 文件中新增的删除节点函数应在对应的头文件中声明,代码如下:

```c
//4.4.2/create_list_node.h
...
int delete_list_node(list_single * const pH, int data);
...
```

编译相关文件并查看运行结果,命令如下:

```
root@Ubuntu:~/C_prog_lessons/lesson_4.4.2# gcc test_4.0.c create_list_node.c -o test_
4.0
root@Ubuntu:~/C_prog_lessons/lesson_4.4.2#./test_4.0
9 8 7 6 5 4 3 2 1
9 8 7 6 4 3 2 1
```

由运行结果可知,数据域为 5 的节点已经被删除了。

21.2.5　单链表的逆序

给定一个单链表,其中节点具有数据域 data 和指针域 next,尝试写出程序,通过遍历链表,对其中的所有节点进行逆序排列。

以上是经典的单链表逆序问题。比较简单的思路是：可以在遍历原有链表的同时,使用头插法建立一个新的链表,新的链表就是原有链表的逆序,然后让原链表的头节点指向新链表的第 1 个有效节点,然后删除新链表头节点和之前原链表的所有有效节点。

但这样做会增加额外的内存开销,并且操作烦琐,但是依照此思路并简化流程,舍弃不必要的操作程序,单链表逆序实际上有更简洁的方法可用：把原链表的有效节点依次拆散,并使用头插操作建立起新的节点秩序即可。无须建立新链表,也就舍弃了对原有链表有效节点和新链表头节点的销毁操作,节省内存且步骤简洁,其步骤大致如下：

(1) 建立两个指针,一个保存当前有效节点的位置,另一个保存此节点指向的位置,因为此节点即将被拆出链表,所以其指向的下一个节点位置如果不保存,则会丢失。

(2) 当链表没有有效节点或者只有一个有效节点时,退出操作。

(3) 把第 1 个有效节点从链表拆出,并使其变成尾节点,之后让头节点指向它(此时头指针和头节点未改变,但链表数据结构已经被打碎,目前是一个新的数据结构链表)。

(4) 移动到下一个原有效节点,保存其指向节点位置后,将其拆出,随后头插新链表。

(5) 完成后继续移动,并重复(4)操作,直到当前节点成为原尾节点。

(6) 将原尾节点头插链表,至此所有节点数据重组完成。

以上单链表的逆序过程,如图 21-4 所示。

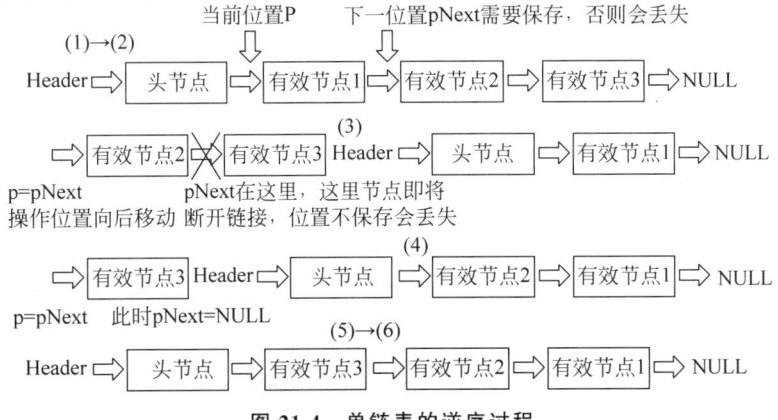

图 21-4　单链表的逆序过程

以上流程可实现为函数,代码如下:

```c
//4.4.2/create_list_node.c
…
void trave_list(list_single * const pH)
{
    list_single * p = pH->next;        //保存头节点后的第1个有效节点
    list_single * pBack;               //暂存指针
    if(p->next == NULL || p == NULL)   //没有有效节点或只有一个有效节点
        return;                        //直接返回
    while(NULL != p->next)             //如果多于1个有效节点,则进入循环
    {
        pBack = p->next;               //保存下一个节点位置,本节点即将断开
        if(p == pH->next)              //如果是第1个有效节点
            p->next = NULL;            //让它成为尾节点(尾部已交接)
        else
        {                              //否则进行头插,以下是头插操作
            p->next = pH->next;        //如果不是第1个有效节点,则进行头插,尾部交接
            pH->next = p;              //首节点尾部已交接,头插完成
        }
        p = pBack;                     //后移到下一个节点,周而复始
    }
    top_insert(pH,p);                  //对最后一个节点进行头插,完成逆序
}
…
```

以上代码言简意赅地体现出了对单链表进行逆序的主要操作,其中心思想是将节点依次从原有链表中拆出,使其成为孤立节点(注意拆出节点前,其指向的节点位置需要保存,否则会丢失原有数据链)并头插到新组织的链表中,直到依次处理完每个节点。这样就重新组织了和原有链表相反的数据秩序,完成了逆序过程。

新建示例,代码如下:

```c
//4.4.2/test_5.0.c
#include <stdio.h>
#include "create_list_node.h"

list_single * Header = NULL;
int main(int argc, char ** argv)
{
    int a = 10;
    Header = create_list_node(a--);                  //使用头指针创建头节点
    for(; a>0; a--)                                  //使用1~9的数据尾插创建链表
        tail_insert(Header, create_list_node(a));
    Print_node(Header);                              //遍历打印链表
    trave_list(Header);                              //逆序
    Print_node(Header);                              //遍历打印
    return 0;
}
```

在create_list_node.c文件中新增的逆序函数应在对应的头文件中声明,代码如下:

```
//4.4.2/create_list_node.h
…
void trave_list(list_single * const pH);
…
```

编译相关文件并查看运行结果,命令如下:

```
root@Ubuntu:~/C_prog_lessons/lesson_4.4.2# gcc test_5.0.c create_list_node.c - o test_5.0
root@Ubuntu:~/C_prog_lessons/lesson_4.4.2#./test_5.0
9 8 7 6 5 4 3 2 1
1 2 3 4 5 6 7 8 9
```

以上程序代码成功地实现了单链表的逆序。

21.3 双链表数据结构

单链表因为只有一个遍历方向,因此查找和删除数据比较麻烦。双链表的引入是为了解决单链表的不足,可以向前后两个方向进行遍历。

21.3.1 双链表的构成

双链表的构成如图21-5所示。

图 21-5 双链表的构成

双链表节点的指针域具有两个方向,分别指向前一个节点和后一个节点,而双链表的节点数据结构可用结构体表示,代码如下:

```
struct double_list{
    int data;                       //数据域
    struct double_list * prev;      //前指针
    struct double_list * next;      //后指针
};
```

其中,后指针和单链表节点指针的作用相同,前指针则指向前一个节点位置,双链表中头节点的前指针被定义为NULL(图中未标出)。

21.3.2 双链表节点创建

以下是双链表节点的创建过程。

1. 创建节点

创建双链表中的一个节点,代码如下:

```c
//4.4.3/test_2.0.c
#include <stdio.h>
#include <stdlib.h>
#include <string.h>

typedef struct double_list{                //双链表节点数据结构
    int data;
    struct double_list * prev;
    struct double_list * next;
} list_double;

int main(int argc, char ** argv)
{
    list_double * node = NULL;              //定义头指针
    node = (list_double * )malloc(sizeof(list_double));
    if(node == NULL){                       //申请堆内存
        printf("malloc failed!\n");
        return -1;
    }
    memset(node,0,sizeof(list_double));     //清理堆内存
    node->data = 100;                       //数据域赋值
    node->prev = NULL;                      //将前指针初始化为NULL
    node->next = NULL;                      //将后指针初始化为NULL
    printf("%d\n",node->data);              //打印数据
    free(node);
    return 0;
}
```

以上程序仅创建了双链表中的一个节点,可以将创建节点的操作封装为函数,这样当需要创建多个双链表节点时可以重复调用该函数。将创建节点的函数定义在单独的C文件中,代码如下:

```c
//4.4.3/create_dlist_node.c
#include <stdio.h>
#include <stdlib.h>
#include <string.h>
#include "create_dlist_node.h"

list_double * create_dlist_node(int data)
{
    list_double * node = NULL;
    node = (list_double * )malloc(sizeof(list_double));
    if(node == NULL){
        printf("malloc failed!\n");
        return NULL;
    }
```

```
        memset(node,0,sizeof(list_double));
        node->data = data;
        node->next = NULL;
        node->prev = NULL;
        return node;
}
```

在对应的头文件中定义数据类型和函数声明,代码如下:

```
//4.4.3/create_dlist_node.h
#ifndef _CREATE_DLIST_NODE_H_
#define _CREATE_DLIST_NODE_H_

typedef struct double_list{                //双链表节点数据结构
    int data;
    struct double_list * prev;
    struct double_list * next;
} list_double;

list_double * create_dlist_node(int data);    //创建节点的函数
#endif
```

使用以上创建节点的函数,之前的代码可以简化,代码如下:

```
//4.4.3/test_2.0.c
#include <stdio.h>
#include <stdlib.h>
#include <string.h>
#include "create_dlist_node.h"

int main(int argc, char ** argv)
{
    int data = 100;
    list_double * node_ptr = create_dlist_node(data);       //创建一个节点
    printf("node_ptr->data = %d\n",node_ptr->data);         //打印节点里的数据
    printf("node_ptr->next = %d\n",node_ptr->next);
    printf("node_ptr->prev = %d\n",node_ptr->prev);
    free(node_ptr);
    return 0;
}
```

编译有关文件并查看运行结果,命令如下:

```
root@Ubuntu:~/C_prog_lessons/lesson_4.4.3# gcc test_2.0.c create_dlist_node.c -o test_2.0
test_2.0.c: In function 'main':
…
root@Ubuntu:~/C_prog_lessons/lesson_4.4.3# ./test_2.0
node_ptr->data = 100
node_ptr->next = 0
node_ptr->prev = 0
```

出现了 printf 打印格式不对的警告,忽略并运行,可以看到成功地创建了节点,前指针 prev 和后指针 next 都被初始化为 NULL,此时节点的数据结构如图 21-6 所示。

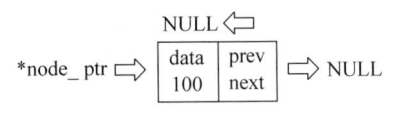

图 21-6 双链表节点数据

创建的双链表新节点前后指针都被初始化为 NULL,这是和单链表节点不同的地方。

2. 过程归纳

和创建单链表节点类似,双链表节点创建一般需要以下步骤:
(1) 定义一个双链表的数据结构。
(2) 给当前的节点数据结构申请堆内存。
(3) 清理节点数据(因为节点数据未初始化时,数据是不确定的)。
(4) 给节点初始化数据。
(5) 将该节点的前后指针设置为 NULL。

可以看出,双链表节点的初始化需要将前后指针都设置为 NULL,除此之外两者的创建流程是一致的。

21.4 双链表的操作

和单链表的操作类似,尾插、头插、遍历、逆序和删除也是双链表的常用操作。

21.4.1 双链表的尾插

对双链表的尾插操作需要将尾节点的后指针指向新的节点,同时新节点的前指针要指向原尾节点。因为新节点的尾指针默认为 NULL,所以新节点就自然成为尾节点了。

双链表的尾插流程如下:
(1) 获取当前节点的位置。
(2) 判断是否为最后一个节点,如果不是,则移动到下一个节点,否则将新节点插入尾部。

以上流程可实现为函数,代码如下:

```c
//4.4.4/create_dlist_node.c
…
void double_list_tail_insert(list_double * const header, list_double * const new)
                             //这里 const 修饰指针,指针值不可修改
{
    list_double * p = header;      //获取双链表头指针
    while(NULL != p->next)         //如果当前节点不是尾节点
        p = p->next;               //移动到下一节点,直到当前为尾节点
    p->next = new;                 //原尾节点的后指针指向新节点
    new->prev = p;                 //新节点的前指针指向原尾节点
```

```
    }
    …
```

可以看出,双链表节点的尾插操作和单链表节点的尾插操作流程基本相同,不同之处在于最后要将插入的新节点前指针指向原尾节点。新建节点后指针默认为 NULL,尾插完成。

尾插函数要在对应的头文件中声明,代码如下:

```
//4.4.4/create_dlist_node.h
…
void double_list_tail_insert(list_double * const header, list_double * const new);
…
```

可以使用尾插方式建立新的双链表,代码如下:

```
//4.4.4/test_1.0.c
# include <stdio.h>
# include "create_dlist_node.h"

list_double * Header = NULL;              //定义头指针
int main(int argc, char ** argv)
{
    int a = 10;
    Header = create_dlist_node(a--);      //创建头节点,使用自减变量初始化数据
    for(; a > 0; a--)                     //使用9~1的数据创建新节点,并尾插创建链表
        double_list_tail_insert(Header, create_dlist_node(a));
    while(NULL != Header->next)
    {
        printf(" % d ", Header->data);
        Header = Header->next;
    }                                     //以上代码使用while循环打印出链表的data
    printf(" % d \n", Header->data);
    return 0;                             //打印末节点的值
}
```

编译相关文件并查看运行结果,命令如下:

```
root@Ubuntu:~/C_prog_lessons/lesson_4.4.4# gcc test_1.0.c create_dlist_node.c -o test_1.0
root@Ubuntu:~/C_prog_lessons/lesson_4.4.4# ./test_1.0
10 9 8 7 6 5 4 3 2 1
```

程序运行结果显示建立双链表成功,并循环打印出了每个节点的值(包含头节点)。使用尾插方法建立的链表,其节点数据顺序和尾插顺序是相同的,在建立节点时使用了10~1的数据,其中头节点为10且依次递减,和向后遍历双链表打印出来的顺序是一致的。

21.4.2 双链表的头插

链表的头插是将新节点插入头节点和第1个有效节点之间的操作,和单链表的头插是

一样的。双链表节点因为包含前指针,所以其头插流程相对稍烦琐一点,如图 21-7 所示。

```
Header ⇒ NULL   ⇐ 节点1 ⇒ NULL
         头节点
              ⇧
            新节点
```

图 21-7 双链表的头插

双链表节点头插的流程如下:
(1) 获取头节点的位置。
(2) 新节点的下一个节点,设置为原来头节点的下一个节点。
(3) 原来头节点的下一个节点,其前指针指向新节点。
(4) 原来头节点的下一个节点,设置为新节点。
(5) 新节点的前指针指向头节点。

以上流程可实现为函数,代码如下:

```c
//4.4.4/create_dlist_node.c
…
void double_list_top_insert(list_double * const header, list_double * const new)
{
    new->next = header->next;              //新节点的后指针指向(有效)节点1的地址
    if(NULL != header->next)               //判断是否存在有效节点,如果存在
        header->next->prev = new;          //节点1的前指针指向新节点的地址
    header->next = new;                    //头节点的后指针指向新节点
    new->prev = header;                    //新节点的前指针指向头节点位置,即头指针
}
…
```

双链表节点的头插操作,使用以上函数中的 4 行语句即可完成。因存在前后指针的缘故,节点之间的交接要进行 3 次或 4 次: 头插前的链表若存在有效节点,则新节点的尾指针指向有效节点后,有效节点的前指针还要指向新节点,即新节点和原有效节点之间要交接两次,否则新节点的尾指针只交接一次; 尾部交接完成之后,新节点和头节点也要进行两次交接,头节点的尾指针要指向新节点,新节点的前指针指向头节点。

使用头插法同样可以建立双链表,但需要注意用此方法建立的双链表,其数据建立的顺序和其在双链表中的排列顺序是相反的。

新建示例,代码如下:

```c
//4.4.4/test_2.0.c
…
            double_list_top_insert(Header, create_dlist_node(a));
…
```

以上测试代码和之前 test_1.0.c 示例的代码几乎一致,仅仅将 double_list_tail_insert 尾插函数修改为 double_list_top_insert 头插函数即可,此函数应在对应的头文件中声明,代码如下:

```
//4.4.4/create_dlist_node.h
…
void double_list_top_insert(list_double * const header, list_double * const new);
…
```

编译相关文件并运行,查看结果,命令如下:

```
root@Ubuntu:~/C_prog_lessons/lesson_4.4.4# gcc test_2.0.c create_dlist_node.c -o test_2.0
root@Ubuntu:~/C_prog_lessons/lesson_4.4.4# ./test_2.0
10 1 2 3 4 5 6 7 8 9
```

除头节点,其他节点的数据的建立顺序和其在链表中的排列顺序是相反的,这是使用头插法建立链表时要注意的地方。

21.4.3 双链表的遍历

因为双链表存在前指针的缘故,除了类似于单链表的向后遍历,还可以向前遍历(又称反向遍历)。双链表的向后遍历和单链表的操作是完全一样的,这里仅介绍向前遍历。

双链表向前遍历的操作步骤如下:
(1) 先定位到尾节点。
(2) 使用前指针向前遍历数据。
(3) 遍历到头节点时结束。

以上向前遍历的流程可实现为函数,代码如下:

```
//4.4.4/create_dlist_node.c
…
void double_list_for_each_nx(list_double * const header)
{
    list_double * p = header;
    while(NULL != p->next)            //一直向后移动直到找到尾节点
        p = p->next;
    while(NULL != p->prev)            //如果前指针不为空,则表示不是头节点
    {
        printf("%d ",p->data);
        p = p->prev;                  //向前遍历
    }                                 //找到头节点后退出循环
}
…
```

其中,prev 是前指针,而链表头节点初始化时其前指针为 NULL,可以通过判断 prev 是否为 NULL 来确定是否定位到了头节点。头节点在遍历时是不进行处理的,这是需要注意的地方。

实现双链表的向后遍历,代码如下:

```c
//4.4.4/create_dlist_node.c
…
void double_list_for_each(list_double * const header)
{
    list_double * p = header;
    while(NULL != p->next)                  //如果存在有效节点
    {
        p = p->next;                        //一直向后移动并打印数据
        printf("%d ",p->data);              //注意是先移动后打印,不用单独处理尾节点
    }
}
…
```

将以上遍历函数在对应的头文件中声明,代码如下:

```c
//4.4.4/create_dlist_node.h
…
void double_list_for_each(list_double * const header);
void double_list_for_each_nx(list_double * const header);
…
```

使用正向遍历和反向遍历打印双链表中的数据,代码如下:

```c
//4.4.4//test_3.0.c
#include <stdio.h>
#include "create_dlist_node.h"

list_double * Header = NULL;                 //定义头指针
int main(int argc, char ** argv)
{
    int a = 10;                              //创建节点,使用自减变量初始化数据
    Header = create_dlist_node(a--);
    for(; a>0; a--)                          //使用9~1的数据创建节点并创建链表
        double_list_tail_insert(Header, create_dlist_node(a));
    double_list_for_each(Header);
    printf("\n");                            //正向遍历链表
    double_list_for_each_nx(Header);
    printf("\n");                            //反向遍历链表
    return 0;
}
```

编译有关文件并查看运行结果,命令如下:

```
root@Ubuntu:~/C_prog_lessons/lesson_4.4.4# gcc test_3.0.c create_dlist_node.c -o test_3.0
root@Ubuntu:~/C_prog_lessons/lesson_4.4.4#./test_3.0
9 8 7 6 5 4 3 2 1
1 2 3 4 5 6 7 8 9
```

正向遍历和反向遍历双链表,打印出来的数据顺序是相反的,这是需要注意的地方。

21.4.4 双链表节点的删除

双链表节点的删除同样也要考虑两种情况,一种是有效节点的删除,另一种是尾节点的删除。因为双链表存在两个方向的指针,操作起来相对方便一些,不需要定义暂存指针以保存上一节点的位置。

双链表删除节点的流程包括以下两步。

(1) 在遍历的过程中查找要删除的数据。

(2) 查到数据后,分两种情况删除即可。

以上流程可实现为函数,代码如下:

```c
//4.4.4/create_dlist_node.c
…
int double_list_delete_node(list_double * const header, int data)
{
    list_double *p = header;              //获取头指针
    while(NULL != p->next)                //若存在有效节点,则进行遍历
    {
        p = p->next;                      //向后移动
        if(p->data == data)               //如果匹配到数据,则分两种情况
        {
            if(p->next != NULL)           //如果匹配节点为非尾节点
            {                             //下一节点的前指针架空当前节点,指向前节点
                p->next->prev = p->prev;
                p->prev->next = p->next;
                free(p);                  //前节点的后指针跨越当前节点,指向下一节点
            }                             //删除节点
            else
            {                             //如果匹配到尾节点
                p->prev->next = NULL;
                free(p);                  //前节点的后指针指向 NULL
            }                             //删除节点
            return 0;                     //如果返回 0,则表示删除成功
        }
    }
    printf("del failed! \n");
    return -1;                            //否则返回-1,并打印失败信息
}
…
```

双链表删除节点的操作逻辑和单链表类似,单链表删除节点时需暂存前一节点的位置,等待当前节点删除后,前一节点要和后一节点相连,或者指向 NULL。双链表删除节点时,若要删除的节点不是尾节点,则其后一节点的前指针要跨越当前节点指向前一节点,并且前一节点的后指针也要跨越当前节点指向后一节点,这样才能将当前节点彻底架空,然后才能释放删除;若要删除的是尾节点,则直接让前一节点的后指针为 NULL,再释放删除当前节点。

将新增的删除双链表节点函数的声明添加到对应的头文件,代码如下:

```
//4.4.4/create_dlist_node.h
…
int double_list_delete_node(list_double * const header, int data);
…
```

新建示例,代码如下:

```
//4.4.4/test_4.0.c
# include <stdio.h>
# include "create_dlist_node.h"

list_double * Header = NULL;                        //定义头指针
int main(int argc, char ** argv)
{
    int a = 10;
    Header = create_dlist_node(a--);                //创建节点,使用自减变量初始化数据
    for(; a > 0; a--)                               //使用9~1的数据创建节点并创建链表
        double_list_tail_insert(Header, create_dlist_node(a));
    double_list_for_each(Header);                   //删除节点前正向遍历打印链表
    printf("\n");
    double_list_delete_node(Header, 4);             //删除数据为4的节点
    double_list_for_each(Header);                   //删除节点后正向遍历打印链表
    printf("\n");
    return 0;
}
```

编译相关文件并查看运行结果,命令如下:

```
root@Ubuntu:~/C_prog_lessons/lesson_4.4.4# gcc test_4.0.c create_dlist_node.c -o test_4.0
root@Ubuntu:~/C_prog_lessons/lesson_4.4.4# ./test_4.0
9 8 7 6 5 4 3 2 1
9 8 7 6 5 3 2 1
```

可以看到数值为4的节点已经被成功地删除了。

21.4.5 双链表的逆序

双链表的逆序问题的解决思路和单链表的逆序是一样的,因为双链表包含前后指针,所以会导致其数据重组过程相对烦琐一点,其基本思路都是将原有链表节点拆散,并依次使用头插操作,插入新组织的数据链条中,从而建立起和原有链表相反的数据秩序。

双链表的逆序过程和单链表相同,此处不再赘述,可参见21.2.5节"单链表的逆序"。同样,双链表的逆序过程也可以实现为函数,代码如下:

```
//4.4.4/create_dlist_node.c
…
void trave_double_list(list_double * const pH)
```

```c
{
    list_double * p = pH->next;              //获取第1个有效节点
    list_double * pBack;                     //节点暂存变量
    if(p->next == NULL || p == NULL)         //若没有或仅有一个有效节点
        return;                              //不能逆序退出函数
    while(NULL != p->next)                   //如果有效节点大于1个,则可以逆序
    {
        pBack = p->next;                     //当前节点将断开,保存断开位置
        if(p == pH->next)                    //当前位置若是第1个有效节点
            p->next = NULL;                  //将其设为尾节点
        else
        {                                    //否则头插,以下都是头插操作
            p->next = pH->next;              //被拆解的节点,后指针交接
            p->next->prev = p;               //被插入的节点的前指针交接
            p->prev = pH;                    //被拆解节点的前指针交接
            pH->next = p;                    //头节点的后指针交接,头插完成
        }
        p = pBack;                           //获取残链表位置,即将拆散节点
    }
    double_list_top_insert(pH,p);            //对尾节点进行头插,逆序完成
}
...
```

从以上代码可以看出双链表节点的逆序和单链表节点的逆序过程是一样的,区别仅在于节点头插时,前后指针的交接比单链表节点烦琐一点,本质上是一样的。

新建示例,代码如下:

```c
//4.4.4/test_5.0.c
#include <stdio.h>
#include "create_dlist_node.h"

list_double * Header = NULL;                 //定义头指针
int main(int argc, char ** argv)
{
    int a = 10;                              //创建节点,使用自减变量初始化数据
    Header = create_dlist_node(a--);
    for(; a>0; a--)                          //使用9~1的数据创建节点并创建链表
        double_list_tail_insert(Header, create_dlist_node(a));
    double_list_for_each(Header);            //正向遍历打印链表
    printf("\n");
    trave_double_list(Header);               //对链表进行逆序操作
    double_list_for_each(Header);            //正向遍历打印链表
    printf("\n");
    return 0;
}
```

编译有关文件并查看运行结果,命令如下:

```
root@Ubuntu:~/C_prog_lessons/lesson_4.4.4# gcc test_5.0.c create_dlist_node.c -o test_5.0
root@Ubuntu:~/C_prog_lessons/lesson_4.4.4# ./test_5.0
9 8 7 6 5 4 3 2 1
1 2 3 4 5 6 7 8 9
```

可见成功地实现了对双链表的逆序操作。

21.5 循环链表浅析

之前介绍的单双链表都属于"端到端"类型的链表,而本节要研究的循环链表属于"首尾相连"类型的链表,其特点是链表的尾节点指向链表的头节点。循环链表和非循环链表创建的过程及思路几乎完全一样,唯一不同的是非循环链表的尾节点指向 NULL,而循环链表的尾指针指向的是链表的头节点,此外循环链表也分为循环单链表和循环双链表。

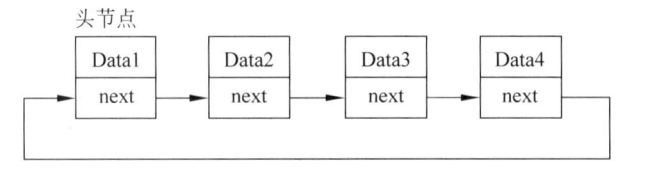

21.5.1 循环单链表的数据结构

循环单链表的数据结构如图 21-8 所示。

如图 21-8 所示,循环单链表节点和普通单链表节点并无二致,都由数据域和指针域组成,并且尾节点指针指向头节点,让整个链表呈现出首尾相连的环形数据结构,所以称为循环链表。普通单链表节点在创建时,其指针域会被初始化为 NULL,而循环单链表节点创建时,其指针域指向其自身,如图 21-9 所示。

图 21-8 循环单链表的数据结构 　　　　图 21-9 循环单链表节点

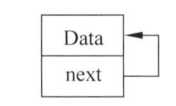

可以使用函数来创建循环单链表节点,和创建普通单链表节点的过程一致,创建完成后指针域指向自身即可,代码如下:

```c
//4.4.5/create_circ_list_node.c
...
list_single * create_circ_list_node(int data)
{
    list_single * node = NULL;                    //申请节点内存
    node = (list_single *)malloc(sizeof(list_single));
    if(node == NULL){
        printf("malloc failed!\n");
        return NULL;
    }
    memset(node,0,sizeof(list_single));            //清理申请到的内存
```

```c
        node->data = data;              //初始化数据
        node->next = node;              //指针域指向自身
        return node;                    //返回节点位置
}
...
```

其对应的头文件中有节点的数据结构体类型定义,应加入以上函数的声明,代码如下:

```c
//4.4.5/create_circ_list_node.h
#ifndef _CREATE_LIST_NODE_H_
#define _CREATE_LIST_NODE_H_

typedef struct list_node{               //节点数据结构
    int data;
    struct list_node * next;
} list_single;

list_single * create_circ_list_node(int data);  //创建循环单链表节点函数声明
#endif
```

21.5.2 循环单链表的建立和遍历

以下是循环单链表的建立、遍历操作的详细描述。

1. 循环单链表的建立

限于篇幅,这里仅介绍使用尾插方式建立循环单链表。使用尾插方式建立循环单链表,需要将原有链表尾节点指针指向新节点,新节点指针则指向头节点,然后逐步进行这样的尾插操作,最终完成整个循环单链表的创建。

循环单链表的尾插过程如下:

(1) 原循环单链表尾节点指向新节点。

(2) 新节点指向头节点。

以上过程可实现为函数,代码如下:

```c
//4.4.5/create_circ_list_node.c
...
void circ_list_tail_insert(list_single * const pH, list_single * const new)
{
    list_single * p = pH;               //获取头节点位置
    while(pH != p->next)                //如果当前位置不是尾节点
        p = p->next;                    //一直移动,直到尾节点
    p->next = new;                      //尾节点指针指向新节点
    new->next = pH;                     //新节点指针指向头节点
}
...
```

在对应的头文件中进行声明,代码如下:

```c
//4.4.5/create_circ_list_node.h
…
void circ_list_tail_insert(list_single * const pH, list_single * const new);
…
```

这里使用尾插方法建立循环单链表,并依次打印出包含头节点在内的所有节点的数据,代码如下:

```c
//4.4.5/test_2.1.c
#include <stdio.h>
#include "create_circ_list_node.h"

list_single * Header = NULL;                    //头指针变量
list_single * p = NULL;                         //当前指针变量
int main(int argc, char ** argv)
{
    int a = 10;                                 //使用a创建头节点,并赋予头指针
    Header = create_circ_list_node(a--);
    p = Header;                                 //当前指针指向头指针
    for(; a>0; a--)                             //使用9～1的数据尾插创建循环单链表
        circ_list_tail_insert(Header, create_circ_list_node(a));
    while(Header != p->next)                    //如果当前不是尾节点
    {
        printf("%d ", p->data);                 //打印数据
        p = p->next;                            //当前节点后移
    }
    printf("%d \n", p->data);                   //打印尾节点数据
    return 0;
}
```

从以上代码可以看出,不论是尾插操作还是遍历操作都需要判断当前是否为尾节点。在普通单链表中,通过判断节点是否指向 NULL 来确定是否为尾节点,而在循环单链表中,是通过节点是否指向头节点来确定的。在循环链表中没有指向 NULL 的节点,使用节点指针为 NULL 作为退出循环的条件会让程序陷入死循环,这是在编写代码时需要特别注意的地方。

编译相关代码并查看运行结果,命令如下:

```
root@Ubuntu:~/C_prog_lessons/lesson_4.4.5# gcc test_2.1.c create_circ_list_node.c -o test_2.1
root@Ubuntu:~/C_prog_lessons/lesson_4.4.5#./test_2.1
10 9 8 7 6 5 4 3 2 1
```

至此,成功地使用尾插方法建立了循环单链表,并打印出了每个节点的数据(含头节点)。

2. 循环单链表的遍历

一般而言,链表遍历时不处理头节点数据,仅遍历有效节点即可。循环链表也是如此,区别仅在于普通链表遍历时,通过查询当前节点是否指向 NULL,作为判断是否为尾节点

的依据,而循环链表是通过判断当前节点是否指向头节点(值为头指针)来判断此节点是否为尾节点。

可以将循环单链表的遍历操作实现为函数,代码如下:

```c
//4.4.5/create_circ_list_node.c
…
void circ_single_list_for_each(list_single * const header)
{
    list_single *p = header;              //获取头指针
    while(header != p->next)              //如果不是尾节点(尾节点指向头节点)
    {
        p = p->next;                      //先移动到下一个节点,这样无须单独处理尾节点
        printf("%d",p->data);             //取得数据
    }
}
…
```

以上应在函数对应的头文件中声明,代码如下:

```c
//4.4.5/create_circ_list_node.h
…
void circ_single_list_for_each(list_single * const header);
…
```

新建示例,代码如下:

```c
//4.4.5/test_2.2.c
#include <stdio.h>
#include "create_circ_list_node.h"

list_single * Header = NULL;
list_single * p = NULL;
int main(int argc, char **argv)
{
    int a = 10;
    Header = create_circ_list_node(a--);                        //使用 a=10 创建头节点
    for(; a>0; a--)                                             //使用 9~1 数据尾插创建链表
        circ_list_tail_insert(Header, create_circ_list_node(a));
    circ_single_list_for_each(Header);                          //遍历循环链表
    printf("\n");
    return 0;
}
```

编译相关文件并查看运行结果,命令如下:

```
root@Ubuntu:~/C_prog_lessons/lesson_4.4.5# gcc test_2.2.c create_circ_list_node.c -o test_2.2
root@Ubuntu:~/C_prog_lessons/lesson_4.4.5#./test_2.2
9 8 7 6 5 4 3 2 1
```

成功地完成了循环单链表的遍历。

21.5.3 循环双链表的数据结构

循环双链表的数据结构如图 21-10 所示。

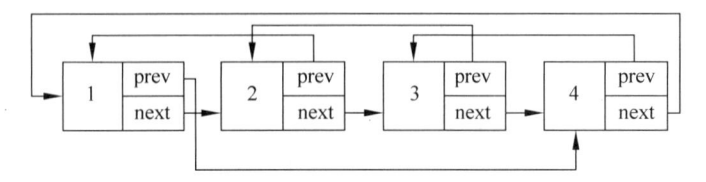

图 21-10 循环双链表的数据结构

如图 21-10 所示，循环双链表节点和普通双链表节点并无二致，同样是由数据域和指针域组成的，但在循环双链表中，尾节点的后指针指向头节点，头节点的前指针指向尾节点。普通双链表节点在创建时，其指针域会被初始化为 NULL，而循环双链表节点在创建时，其前后指针均指向其自身，如图 21-11 所示。

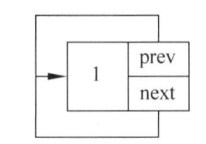

图 21-11 循环双链表节点

可以使用函数来创建循环双链表节点。这和创建普通双链表节点的过程一致，创建完成后，将前指针、后指针均指向自身即可，代码如下：

```c
//4.4.5/create_circ_list_node.c
…
list_double * create_circ_dlist_node(int data)
{
    list_double * node = NULL;
    node = (list_double *)malloc(sizeof(list_double));
    if(node == NULL){
        printf("malloc failed!\n");
        return NULL;
    }
    memset(node,0,sizeof(list_double));
    node->data = data;              //初始化数据域
    node->next = node;              //后指针指向自身
    node->prev = node;              //前指针指向自身
    return node;
}
```

在对应的头文件中声明以上函数，并加入其使用的节点数据结构体的类型定义。因为节点数据结构体类型定义和链表是否为循环链表并无关系，所以这里沿用了之前普通双链表节点数据结构体类型定义，代码如下：

```c
//4.4.5/create_circ_list_node.h
…
```

```c
typedef struct double_list{              //加入双链表数据结构体类型
    int data;
    struct double_list * prev;
    struct double_list * next;
} list_double;
…
list_double * create_circ_dlist_node(int data);
…
```

21.5.4 循环双链表的建立和遍历

以下是循环双链表的建立、遍历操作的详细描述。

1. 循环双链表的建立

由于篇幅所限,这里仅介绍使用尾插方式建立循环双链表,其他方式读者可自行推导实现,原理之前已经研究过。使用尾插方式建立循环双链表,需要将原链表尾节点的后指针指向新节点、将新节点的前指针指向尾节点、将新节点的后指针指向头节点、将头节点的前指针指向新节点(普通双链表中头节点的前指针为 NULL)。其中最后两步是和普通双链表不同的,这是要注意的地方,然后逐步进行这样的尾插操作,最终完成整个循环双链表的创建。

循环双链表的尾插过程如下:
(1) 原循环双链表尾节点的后指针指向新节点。
(2) 新节点的前指针指向尾节点。
(3) 新节点的尾指针指向头节点。
(4) 头节点的前指针指向新节点。

以上过程可以实现为函数,代码如下:

```c
//4.4.5/create_circ_list_node.c
void circ_dlist_tail_insert(list_double * const pH, list_double * const new)
{
    list_double * p = pH;                  //获取头指针
    while(pH != p->next)                   //当前如果不是尾节点
        p = p->next;                       //一直后移,直到定位到尾节点
    p->next = new;                         //尾节点的后指针指向新节点
    new->prev = p;                         //新节点的前指针指向尾节点
    new->next = pH;                        //新节点的后指针指向头节点
    pH->prev = new;                        //头节点的前指针指向新节点
}
…
```

在对应的头文件中对以上尾插函数进行声明,代码如下:

```c
//4.4.5/create_circ_list_node.h
…
void circ_dlist_tail_insert(list_double * const pH, list_double * const new);
…
```

同样使用尾插方法建立循环双链表,并依次打印出包含头节点在内的所有节点的数据,代码如下:

```c
//4.4.5/test_4.1.c
#include <stdio.h>
#include "create_circ_list_node.h"

list_double * Header = NULL;              //定义双链表节点指针变量
list_double * p = NULL;
int main(int argc, char ** argv)
{
    int a = 10;
    Header = create_circ_dlist_node(a--);  //使用数据a创建循环双链表头节点
    p = Header;                            //获取头指针
    for(; a>0; a--)                        //使用9~1数据尾插创建循环双链表
        circ_dlist_tail_insert(Header, create_circ_dlist_node(a));
    while(Header != p->next)               //如果不是尾节点
    {
        printf("%d", p->data);             //打印当前节点的数据,含头节点
        p = p->next;                       //当前位置后移
    }
    printf("%d\n", p->data);               //单独打印尾节点
    return 0;
}
```

从以上代码可以看出,不论是尾插操作还是遍历操作都需要判断当前是否为尾节点,在普通双链表中,是通过判断节点的后指针是否指向 NULL 来确定是否为尾节点,而在循环双链表中,是通过节点的后指针是否指向头节点来确定的。在循环双链表中没有指向 NULL 的节点(前后指针都没有,头节点的前指针指向尾节点,普通双链表头节点的前指针为 NULL),使用节点(前后)指针为 NULL 作为退出循环的条件会让程序陷入死循环,这是在编写代码中需要特别注意的地方。

编译相关代码并查看运行结果,命令如下:

```
root@Ubuntu:~/C_prog_lessons/lesson_4.4.5# gcc test_4.1.c create_circ_list_node.c -o test_4.1
root@Ubuntu:~/C_prog_lessons/lesson_4.4.5# ./test_4.1
10 9 8 7 6 5 4 3 2 1
```

成功地使用尾插建立了循环双链表并打印出了每个节点的数据,包含头节点。

2. 循环双链表的遍历

和普通双链表一样,循环双链表的遍历也分为向前(反向)遍历和向后(正向)遍历两个方向。向后遍历,通过判断节点的后指针是否指向头节点来确定是否遍历到了尾节点;向前遍历,则通过判断节点的前指针是否指向尾节点来确定是否遍历到了头节点。不论哪种遍历方式,头节点的数据都不进行处理。

循环双链表向后遍历的步骤如下：
(1) 定位到头节点，并使用后指针判断。
(2) 从第1个有效节点开始遍历，并后移。
(3) 如果当前节点的后指针指向头节点，则节点数据处理完成后结束遍历。
以上过程可以实现为函数，代码如下：

```c
//4.4.5/create_circ_list_node.c
…
void circ_double_list_for_each(list_double * const header)
{
    list_double * p = header;              //获取头指针
    while(header != p->next)               //存在有效节点
    {
        p = p->next;                       //先后移,再处理数据
        printf("%d",p->data);              //因为先后移,所以尾节点不用单独处理
    }
}
…
```

循环双链表向前(反向)遍历的步骤如下：
(1) 定位到尾节点，并使用前指针判断。
(2) 从尾节点开始遍历，并前移。
(3) 如果当前节点的前指针指向尾节点，则结束遍历(不处理当前节点)。
以上过程可以实现为函数，代码如下：

```c
//4.4.5/create_circ_list_node.c
…
void circ_double_list_for_each_nx(list_double * const header)
{
    list_double * p = header;              //获取头指针
    list_double * p_tail = NULL;           //定义尾指针暂存指针变量
    while(header != p->next)               //如果不是尾节点
        p = p->next;                       //一直后移直到获取尾节点
    p_tail = p;                            //将尾节点保存
    while(p_tail != p->prev)               //从尾节点遍历,使用前指针
    {
        printf("%d",p->data);
        p = p->prev;                       //当前位置向前移动
    }                                      //定位到头节点时退出循环,头节点不处理
}
…
```

在对应的头文件中增加以上函数的声明，代码如下：

```c
//4.4.5/create_circ_list_node.h
…
void circ_double_list_for_each(list_double * const header);
```

```c
void circ_double_list_for_each_nx(list_double * const header);
...
```

新建示例,代码如下:

```c
//4.4.5/test_4.2.c
#include <stdio.h>
#include "create_circ_list_node.h"

list_double * Header = NULL;
list_double * p = NULL;
int main(int argc, char ** argv)
{
    int a = 10;
    Header = create_circ_dlist_node(a--);           //使用数据a创建头节点
    p = Header;
    for(; a>0; a--)                                  //使用9~1尾插创建循环双链表
        circ_dlist_tail_insert(Header, create_circ_dlist_node(a));
    circ_double_list_for_each(Header);               //向后(正向)遍历
    printf("\n");
    circ_double_list_for_each_nx(Header);            //向前(反向)遍历
    printf("\n");
    return 0;
}
```

编译相关文件并查看运行结果,命令如下:

```
root@Ubuntu:~/C_prog_lessons/lesson_4.4.5# gcc test_4.2.c create_circ_list_node.c -o test_4.2
root@Ubuntu:~/C_prog_lessons/lesson_4.4.5# ./test_4.2
9 8 7 6 5 4 3 2 1
1 2 3 4 5 6 7 8 9
```

以上代码成功地实现了循环双链表的两种遍历方式。

第 22 章

CHAPTER 22

二叉树和哈希表

二叉树和哈希表也是比较常用的数据结构，常用于数据查找算法中，在 Linux 内核代码中用到了这两种数据结构，对它们的原理和特性有一定的了解也是很必要的。

22.1 二叉树简介

数据结构分为线性数据结构和非线性数据结构。线性数据结构有一维数组、链表、队列和堆栈，非线性数据结构包含多维数组、树结构和图结构（图结构相对复杂，在嵌入式软件开发中很少用到），本节要介绍的就是树形数据结构中的二叉树。

> **注意**：线性数据结构是数据元素按顺序排列的数据结构。在线性数据结构中，相邻成员彼此连接，而非线性数据结构以非顺序方式存储数据，子元素和父元素间存在层次关系。线性数据结构不能很好地利用内存空间，而后者的内存空间利用率更高。

22.1.1 树的概念及结构

树形数据结构具有一些典型特点，以下是对它的详细描述。

1. 树的概念

树是一种非线性的数据结构，它是由 $N(N \geqslant 0)$ 个有效节点组成的一个具有层次关系的集合。称其为树是因为它看起来像是一棵倒挂的树，根在上叶在下，如图 22-1 所示。

树结构中有一个特殊的节点，称为根节点，在根节点之上没有更上一级节点（前驱节点）。除根节点之外，其余节点被分为 $M(M>0)$ 个互不相交的集合，其中每个集合又是一个结构与树类似的子树。每棵子树的根节点有且只有一个前驱节点，但可以有大于或等于 0 个后继（集合）。

例如图 22-1 中，节点 B、E、F 为一个集合，称为一棵子树。子树根节点为 B，其父节点为根节点 A，其下一级节点为 E、F，而节点 F 已经是孤立的节点（叶节点），孤立节点也可以认为是子树。

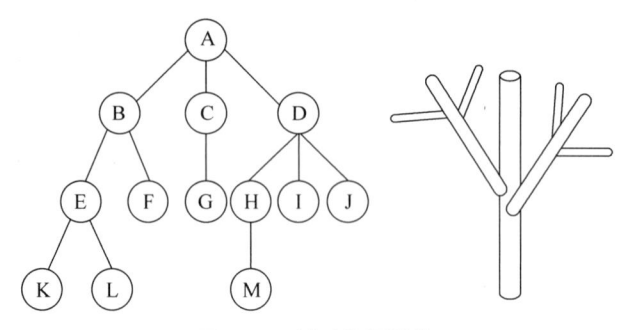

图 22-1 树形数据结构

图中根节点就是没有父节点的节点,叶节点就是没有子节点的节点。在树结构中任意子树都是不相交的,除了根节点外,每个节点有且仅有一个父节点。以下数据结构都不是树结构,如图 22-2 所示。

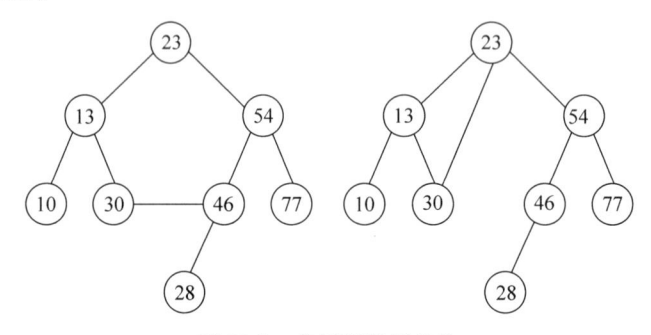

图 22-2 非树形数据结构

由于左图中 30 节点和 46 节点相交,造成根节点为 13 和 54 的两棵子树相交,所以不是树结构;由于右图中 30 节点有 13、23 两个父节点,所以不是树结构。

这里介绍一些与树有关的概念,如图 22-3 所示。

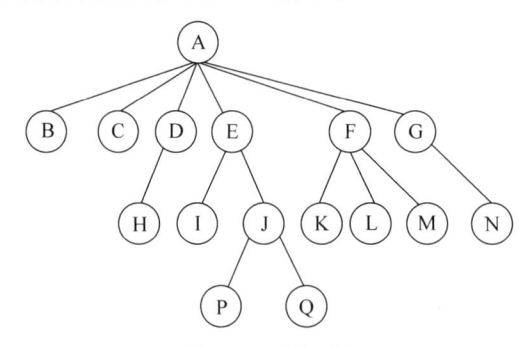

图 22-3 树示例

(1) 节点的度:一个节点含有的子节点的个数。如图 22-3 中节点 A 的度为 6,其子节点为 B、C、D、E、F、G。

(2) 叶节点:度为 0 的节点称为叶节点。如图 22-3 中的 B、C、H、I 等节点。

(3) 父节点(双亲节点)：若一个节点含有子节点，则将这个节点称为其子节点的父节点。如图22-3中A是B的父节点。

(4) 子节点(孩子节点)：节点的下一级节点为其子节点。如图22-3中B是A的子节点。

(5) 兄弟节点：具有相同父节点的节点，称为兄弟节点。如图22-3中B、C是兄弟节点。

(6) 树的度：在一树结构中，节点的度的最大值称为树的度。如图22-3中树的度为6。

(7) 节点的层次：从根节点开始为第1层，根节点的子节点为第2层，以此类推。

(8) 树的高度(深度)：树中节点的最大层次。如图22-3所示，树的高度是4。

(9) 节点的祖先：从根到某一节点所经分支的所有节点，称为其祖先。如图22-3中D和A是H的祖先，A是所有节点的公共祖先。

(10) 子孙：以某一节点为根的子树，任一节点都是其子孙。如图22-3所示，所有节点都是A的子孙。

(11) 森林：多棵互不相交的树的集合称为森林。

2. 树的表示方法

树由于不是线性结构，所以相对线性表，其存储表示都相对麻烦。在实际应用中树有多种表达方式，如双亲表示法、孩子表示法、孩子兄弟表示法等，这里介绍最常用的孩子兄弟表示法。

孩子兄弟表示法就是利用孩子节点找到下一层的节点，利用兄弟节点找到这一层其余的节点。此类树的数据结构可以使用C语言结构体表示，其代码如下：

```
struct Node {
    struct Node * child;         //指向孩子节点
    struct Node * brother;       //指向其兄弟节点
    int data;                    //节点中的数据域
};
```

节点中的孩子和兄弟关系可以用图表示，如图22-4所示。

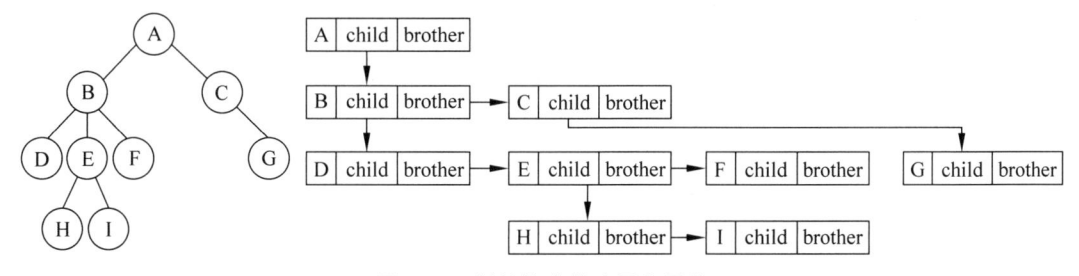

图22-4　树结构中的孩子和兄弟

由图可知，孩子指针指向的都是孩子节点，兄弟指针指向的都是兄弟节点。这类似于家族中的族谱关系图，孩子兄弟表示法也就因此而得名。

22.1.2 二叉树

二叉树是树结构中的一种。一棵二叉树是节点的一个有限集合,该集合可以为空,也可以由一个根节点加上两棵称为左子树和右子树的树形结构组成,如图 22-5 所示。

二叉树主要具有以下特点:
(1) 每个节点最多具有两棵子树,即二叉树不存在度大于 2 的节点。
(2) 二叉树的子树有左右之分,其子树的顺序不能颠倒。

二叉树存在两种特殊形态,称为完全二叉树和满二叉树。若二叉树的每层节点数都达到最大值,则这棵二叉树为满二叉树。当满二叉树的深度为 K(根节点为第 1 层)时,其节点总数为 2^K-1,图 22-5 所示的就是满二叉树。

完全二叉树是由满二叉树引出的概念。对于深度为 K,有 N 个节点的二叉树,当且仅当其每个节点都与深度为 K 的满二叉树中编号从 1 到 N 的节点一一对应时,此二叉树被称为完全二叉树,如图 22-6 所示。

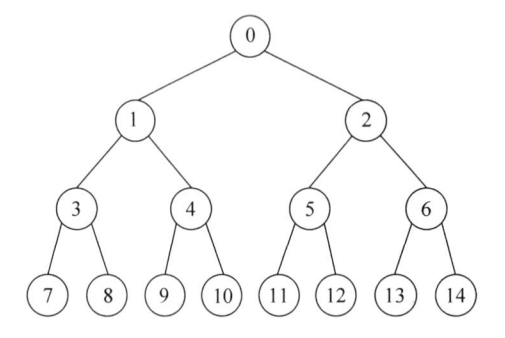

图 22-5 (满)二叉树示例

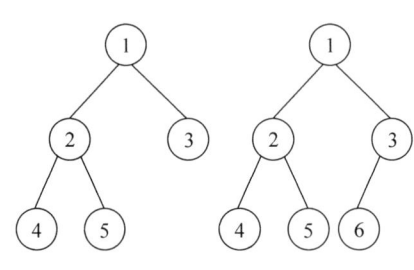

图 22-6 完全二叉树

很显然,完全二叉树的叶节点只能出现在最下层和次下层,并且最下层的叶节点从左到右的编号应该是连续的,并且其 $K-1$ 层二叉树是满二叉树。

以下二叉树都不是完全二叉树,如图 22-7 所示

图 22-7 左边的二叉树,其最底层叶节点从左到右不连续,右边二叉树 $K-1$ 层不是满二叉树,因此都不是完全二叉树。

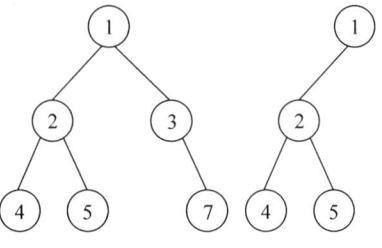

图 22-7 非完全二叉树

22.2 二叉树的实现

二叉树可以通过数组或链式结构实现。使用链式结构实现二叉树的情况更为普遍,本章讨论的二叉树都使用链式结构实现(参见第 21 章),二叉树中节点的数据结构也可以参考链表节点的数据类型来实现。

22.2.1 二叉树节点创建

类似链表节点,二叉树节点也可使用结构体类型实现,代码如下:

```
//4.5.2/create_binary_tree.h
…
typedef struct node{                //二叉树节点
    int data;                       //二叉树数据域
    struct node * pleft;            //二叉树左(孩子)指针
    struct node * pright;           //二叉树右(孩子)指针
} btree_node;
…
```

同样地,可以定义创建二叉树节点的函数,代码如下:

```
//4.5.2/create_binary_tree.c
#include <stdlib.h>
#include <string.h>
#include "create_binary_tree.h"

btree_node * create_btree_node(int value)
{                                   //申请堆内存
    btree_node * pnode = (btree_node *)malloc(sizeof(btree_node));
    if(pnode == NULL)               //如果申请失败,则返回NULL
        return NULL;
    pnode->data = value;            //初始化数据域
    pnode->pleft = pnode->pright = NULL;
    return pnode;                   //将左右(孩子)指针初始化为NULL,并返回节点位置
}
…
```

以上代码是创建二叉树节点的过程,和创建链表节点的过程基本一致。都是先定义出节点数据的结构体类型,然后使用此类型申请堆内存,并初始化数据域和指针域。

22.2.2 二叉树的创建

和链表类似,二叉树也是使用插入节点的方式创建的。因为二叉树具有左右(孩子)指针,所以在进行节点插入时需要事先定义好插入节点的规则,这一点和链表是不同的。当指定要插入的节点数据大于父节点时,插入成为其右孩子节点,否则插入成为其左孩子节点,如果要插入的节点和父节点数据相同,则不执行插入操作。

根据以上定义的规则,插入创建二叉树的步骤如下:

(1) 创建根节点,并初始化数据域。
(2) 在插入新节点之前,和当前父节点的数据进行比较,若相等,则返回当前父节点位置。
(3) 若预插入节点的数据大于当前父节点数据,则插入成为其右孩子节点,否则插入成

为其左孩子节点。

（4）返回插入完成后节点的位置。

依据以上原则创建的二叉树，可保证任意父节点的右孩子节点数据都大于其父节点，左孩子节点数据都小于其父节点，数据结构会呈现一定的逻辑性，这是和链表不同的地方，其数据查找效率也相对链表结构要高。

使用以上原则，并且节点数据使用 1～15 的自然数，经过合理规划后可以创建出满二叉树，如图 22-8 所示。

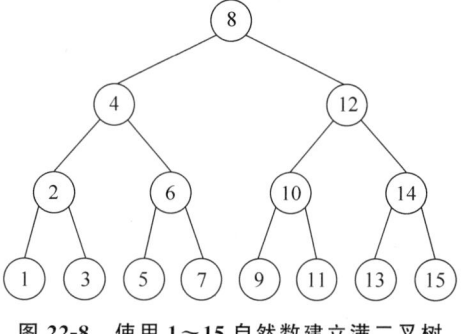

图 22-8　使用 1～15 自然数建立满二叉树

可以看出，相同层次节点的数据，从右到左是递减的，使用以上步骤创建的二叉树将实现以上类似效果。插入二叉树创建节点的过程可以实现为函数，代码如下：

```c
//4.5.2/create_binary_tree.c
...
btree_node * btree_addnode(int value, btree_node * pnode)
{
    if(pnode == NULL)              //若当前节点为 NULL,则创建新节点并返回其位置
        return create_btree_node(value);
    if(value == pnode->data)       //如果和当前节点数据相同,则返回当前位置,不插入节点
        return pnode;
    if(value < pnode->data)        //新节点数据值小于当前节点数据值(左孩子保存小值)
    {                              //若当前节点左孩子节点为 NULL
        if(pnode->pleft == NULL)
        {                          //以当前节点为父节点插入创建左孩子节点,并返回位置
            pnode->pleft = create_btree_node(value);
            return pnode->pleft;
        }
        else                       //若左孩子节点非空,则以其为父节点递归插入
            return btree_addnode(value, pnode->pleft);
    }
    else                           //若新节点数据值大于当前节点数据值(右孩子保存大值)
    {                              //若当前节点右孩子节点为 NULL
        if(pnode->pright == NULL)
        {                          //以当前节点为父节点插入创建右孩子节点,并返回位置
            pnode->pright = create_btree_node(value);
            return pnode->pright;
        }
        else                       //若右孩子节点非空,则以其为父节点递归插入
            return btree_addnode(value, pnode->pright);
    }
}
```

以上代码实现的二叉树节点插入逻辑,使用了单递归函数(详见 15.4 节),这是和之前的链表插入函数有区别的地方。因为要插入的子节点可能是非空的,所以递归函数可以让

子节点成为新的"父节点"并重复一遍插入节点的逻辑,减少了代码量。缺点就是若存在即将插入的目标位置非空,并且递归到子节点位置后仍然非空,仍需递归的情况,则递归的深度应有所控制,否则可能造成栈内存溢出错误。

将以上函数声明加入对应的头文件中,代码如下:

```
//4.5.2/create_binary_tree.h
…
btree_node * btree_addnode(int value, btree_node * pnode);
…
```

可以使用以上函数创建二叉树,代码如下:

```
//4.5.2/test_2.0.c
#include <stdio.h>
#include "create_binary_tree.h"
                                               //创建二叉树使用的节点数据
unsigned char buf[] = {8, 12, 4, 14, 10, 6, 2, 15, 13, 11, 9, 7, 5, 3, 1};
btree_node * Head_btree = NULL;       //二叉树节点指针
int main(int argc, char ** argv)
{
    int i = 0;                        //使用数组首元素创建根节点,i为下标
    Head_btree = create_btree_node(buf[i++]);
    if(Head_btree == NULL)            //创建根节点,若创建失败,则返回
    {
        printf("creat_head failed ! \n");
        return -1;
    }
    for(; i <= 14; i++)               //依次使用数组的其余元素插入创建二叉树
        btree_addnode(buf[i], Head_btree);
    return 0;
}
```

以上代码创建出的二叉树,其数据排布和图 22-8 是一致的,其节点数据的插入顺序是从根节点开始的,每层的数据和图中是一致的,因为插入算法会自动划分左右孩子节点,只需保证每层的数据和图中一致,顺序可以打乱。二叉树创建成功后,可以使用二叉树遍历算法打印出各个节点的值,以便验证以上方法创建的二叉树的数据结构是否正确。

22.3 二叉树的遍历

二叉树的遍历,不像链表只有从头到尾或者从尾到头的单维度遍历模式,因为二叉树具有左右孩子指针,所以会导致其数据结构具有二维特征,遍历方式相对复杂。常用的遍历方式有先序遍历、中序遍历、后序遍历和层序遍历。

22.3.1 先序遍历

二叉树先序遍历的操作顺序如下:

(1) 访问根节点。
(2) (递归)遍历左子树。
(3) (递归)遍历右子树。

在以上步骤中使用了递归的方法,其遍历步骤可实现为二次递归函数,代码如下:

```c
//4.5.3/create_binary_tree.c
…
void xianxu_list_btree_nodes(btree_node * root)
{
    if (root)                       //如果根节点非空
    {                               //输出根节点数据
        printf("%d", root->data);
        xianxu_list_btree_nodes(root->pleft);
        xianxu_list_btree_nodes(root->pright);
    }                               //先递归遍历左孩子节点,直到无法递归返回上一层
}                                   //返回上一层递归之后,父节点上移,并继续递归
…
```

以上函数言简意赅地实现了先序遍历算法。代码中最后两句表示其为典型的二次递归函数,而在 15.4 节中的最后部分,对二次递归函数的特点有以下总结:

(1) 二次递归函数在退出时会层层生成子递归节点,并呈现树状逻辑结构。

(2) 假设某一二次递归节点在主线递归上退出,其生成的树状节点结构,在结构上是它之前所有节点退出时生成的结构的复用。

(3) 此复用的树状结构,其节点的生成顺序也和复用前的节点的生成顺序相同。

二次递归函数天然地适用于生成树状逻辑结构,因此使用二次递归函数实现对二叉树节点的遍历算法是很自然的。二次递归函数的退出逻辑相对复杂,但也比较制式化,本节为了方便读者理解,将对二叉树的遍历算法较为详尽地进行分析,对二次递归函数不了解的读者,建议先阅读 15.4 节。

以上函数的流程如下:

(1) 先判断传入的节点是否为空,如果非空,则不断地递归左孩子节点(使用一次递归函数),直到叶节点。

(2) 递归到叶节点时,一次和二次递归相继得到返回,此时主线递归开始向上一级退出。注意,因为函数递归时传入的参数是父子节点的关系,所以返回上级递归现场时,使用的参数是之前的父节点。

(3) 返回上级递归之后,对当前节点右孩子节点重复(1)~(2)递归流程,直到所有递归完全退出,遍历完成。

以上逻辑可使用图例表示,如图 22-9 所示。

函数中实现二次递归的部分,代码如下:

```c
…
xianxu_list_btree_nodes(root->pleft);      //一次递归使用左孩子节点
xianxu_list_btree_nodes(root->pright);     //一次递归退出,二次递归使用右孩子节点
…
```

第22章 二叉树和哈希表

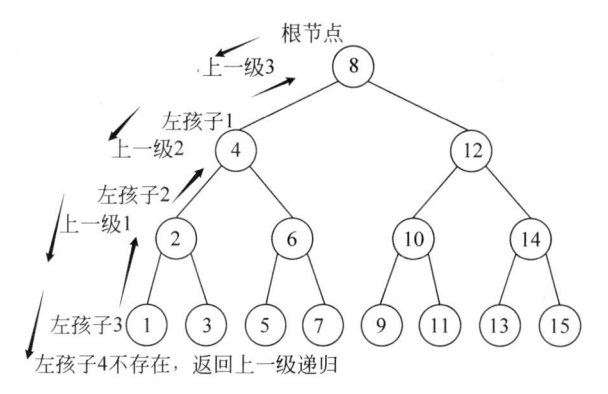

图 22-9 先序遍历（左孩子递归）

一次递归主线到达左孩子1时创建了一个子递归，到达左孩子2时又创建了子子递归，到达左孩子3时不再向下递归，此时一次递归已经完成，主线递归开始返回。当返回至子子递归时，此时子子递归函数接受的参数是左孩子2节点的位置，在以上代码中一次递归函数 root->pleft 中的 root 在栈内存中保存的是左孩子2节点的位置，这是要特别清楚的地方。

图22-9中对一次递归层层深入的主线递归过程，使用外层箭头表示。从根节点一直递归到左孩子3节点，每递归一次函数就创建一个递归子系统，因为左孩子3节点是叶节点，所以不能再递归，函数将自动返回上一级递归现场，此时主线递归开始返回并调用二次递归。

图22-9中对主线递归的层层返回退出过程，使用内层箭头表示。此时函数使用的根节点是左孩子2节点，这里函数又开始使用此节点的右孩子节点进行递归直到递归返回，此子递归系统地完成了对一个子树的扫描（先扫左边，后扫右边，参见15.4节 Func(1)二次递归返回分析）。

以上子子递归完成后，递归返回上一级到达左孩子节点1，在此更高一级的子递归函数中，左孩子主线递归已经返回，此时函数栈内存中保存的参数为左孩子1节点，主线递归返回时会使用此节点向右孩子子树进行二次递归，并创建出一个子递归系统，将这棵子树扫描完成后返回（参见15.4节 Func(2)二次递归返回分析）。

以上子递归系统完成后，递归返回上一级，也就是初次在调用函数时传入根节点的函数环境。在函数看来主线递归将根节点左孩子一侧已经全部扫描完成，主线递归退出后的二次递归函数会对根节点右孩子一侧重复以上递归扫描过程，每个节点都会被遍历一遍，直到函数所有的递归子系统都已经返回，函数执行完毕（参见15.4节 Func(3)二次递归返回分析）。

根据以上逻辑，使用先序遍历算法遍历以上二叉树，其值的遍历顺序如下。

(1) 根节点：8。
(2) 左孩子1、2、3节点：4、2、1。
(3) 左孩子2节点的右子树：3。
(4) 左孩子1节点的右子树：6、5、7。

(5) 根节点的右孩子节点：12。

(6) 以以上节点为子树的递归左子树扫描：10、9、11。

(7) 以(5)中节点为右子树的递归右子树扫描：14、13、15。

先序遍历函数打印值的顺序应为8、4、2、1、3、6、5、7、12、10、9、11、14、13、15。可以将以上先序遍历函数声明添加到对应头文件中，代码如下：

```
//4.5.3/create_binary_tree.h
…
void xianxu_list_btree_nodes(btree_node * root);
…
```

新建示例，代码如下：

```
//4.5.3/test_1.0.c
# include <stdio.h>
# include "create_binary_tree.h"

unsigned char buf[] = {8, 12, 4, 14, 10, 6, 2, 15, 13, 11, 9, 7, 5, 3, 1};
btree_node * Head_btree = NULL;
int main(int argc, char ** argv)
{
        int i = 0;
        Head_btree = create_btree_node(buf[i++]);
        if(Head_btree == NULL)
        {
                printf("creat_head failed ! \n");
                return -1;
        }
        for(; i <= 14; i++)
                btree_addnode(buf[i], Head_btree);      //以上都用于创建二叉树
        xianxu_list_btree_nodes(Head_btree);            //先序遍历打印
        printf("\n");
        return 0;
}
```

编译相关文件并查看运行结果，命令如下：

```
root@Ubuntu:~/C_prog_lessons/lesson_4.5.3# gcc test_1.0.c create_binary_tree.c -o test_1.0
root@Ubuntu:~/C_prog_lessons/lesson_4.5.3# ./test_1.0
8 4 2 1 3 6 5 7 12 10 9 11 14 13 15
```

可见程序执行和分析的结果是完全一致的。这里可以把中序遍历函数稍加改造一下，每次递归扫描退出时，增加标记，代码如下：

```
        …
        printf(" %d ", root->data);
        xianxu_list_btree_nodes(root->pleft);
        xianxu_list_btree_nodes(root->pright);
```

```
    printf("*");                    //返回部分增加标记
    …
```

重新编译并运行,命令如下:

```
root@Ubuntu:~/C_prog_lessons/lesson_4.5.3#./test_1.0
8 4 2 1 *3 **6 5 *7 ***12 10 9 *11 **14 13 *15 ****
```

数据后面的"*"表示一次函数完全返回,运行结果的返回次数如下:

(1) 值为 8、4、2、1 的节点遍历后返回 1 次。
(2) 值为 3 的节点遍历后返回 2 次。
(3) 值为 6、5 的节点遍历后返回 1 次。
(4) 值为 7 的节点遍历后返回 3 次,后面不再赘述。

这里分析一下递归返回的逻辑,有助于理解递归函数是如何完成扫描的逻辑的,如图 22-10 所示。

对应以上数据节点遍历后的返回次数的分析如下:

(1) 从值为 8 的节点左孩子递归到值为 1 的节点(后面简称节点 8、节点 1)递归返回是从节点 1 处返回,返回 1 次。

(2) 对节点 3 左右孩子递归无果后返回,此时子树 1 扫描完毕,返回上一级子树 3,又返回一次,共返回 2 次。

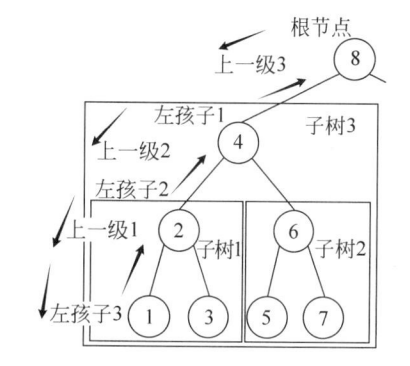

图 22-10 先序遍历二叉树返回逻辑

(3) 此时子树 1 扫描完毕,处于子树 3,开始对节点 4 右孩子子树开始扫描,一路递归到节点 5,返回 1 次。

(4) 对节点 5 所在子树 2 的右孩子节点 7 递归无果后返回一次,子树 2 扫描完毕返回子树 3,随后子树 3 也结束递归,返回根节点位置,共返回 3 次。

只要厘清以上逻辑,就会对此类递归实现的节点扫描逻辑有更深刻的认识。因递归函数的深度不同,返回次数也不同,不同深度下存储的参数值也是不同的,这是要注意的地方。

屏蔽掉返回标记打印语句后,可以把 test_1.0.c 文件中创建二叉树的数组数据排序打乱,但每层的数据应确保还是之前的那些数,可用于验证 22.2 节中的二叉树插入函数的实现是否正确,代码如下:

```
unsigned char buf[] = {8,           //根节点数据
12, 4,                              //第 2 层节点
14, 10, 6, 2,                       //第 3 层节点
15, 13, 11, 9, 7, 5, 3, 1};         //第 4 层节点
```

可以将每层节点的数据顺序打乱,代码如下:

```
unsigned char buf[] = {8,           //根节点数据
4, 12,                              //第 2 层节点
```

```
14, 2, 6, 10,                               //第3层节点
9, 1, 3, 15, 7, 5, 11, 13};                 //第4层节点
```

将以上修改过顺序的数组替换掉 test_1.0.c 文件中的用于创建二叉树的数组,编译后查看运行结果,命令如下:

```
root@Ubuntu:~/C_prog_lessons/lesson_4.5.3#gcc test_1.0.c create_binary_tree.c -o test_1.0
root@Ubuntu:~/C_prog_lessons/lesson_4.5.3#./test_1.0
8 4 2 1 3 6 5 7 12 10 9 11 14 13 15
```

每层节点的数据不变,并且顺序打乱后创建的满二叉树,经先序遍历后的结果都是一致的。可见不论是之前实现的二叉树的插入创建方法,还是本节实现的先序遍历方法都是正确的,读者可以自行测试。

22.3.2 中序遍历

中序遍历的操作顺序如下:

(1)(递归)遍历根节点左子树。

(2)访问根节点。

(3)(递归)遍历根节点右子树。

在以上步骤中使用了递归方法,其遍历顺序可以实现为二次递归函数,代码如下:

```
//4.5.3/create_binary_tree.c
…
void zhongxu_list_btree_nodes(btree_node * root)
{
    if (root)                    //如果节点非空
    {                            //递归左孩子节点,直到最下层叶节点
        zhongxu_list_btree_nodes(root->pleft);
        printf("%d ", root->data);
        zhongxu_list_btree_nodes(root->pright);
    }                            //打印当前节点数据,并尝试使用右兄弟节点递归,直到退出
}
…
```

类似先序遍历,中序遍历同样使用了二次递归逻辑,区别在于打印节点数据的操作位于一次递归退出后进入二次递归之前,以上函数的流程如下:

(1)先判断传入的节点是否为空,如果非空,则不断地递归左孩子节点,直到当前为叶节点。

(2)当递归到叶节点时,一次递归返回并打印出了所在节点的值,二次递归随后也得到返回,此时主线递归开始向上一级退出。注意,因为函数递归时传入的参数是父子节点的关系,所以返回上级递归现场时,使用的参数是之前的父节点。

(3)对当前节点的右孩子节点重复(1)~(2)流程,直到所有递归完全退出,遍历完成。

以上过程可使用图例表示,如图22-11所示。

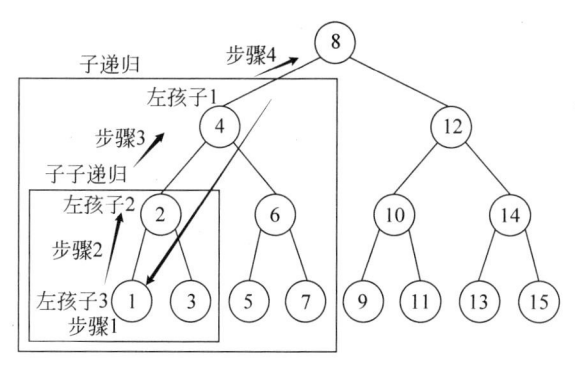

图 22-11 中序遍历(左孩子递归)

结合图和代码来看,着重理解递归函数的实现部分,代码如下:

```
…
zhongxu_list_btree_nodes(root->pleft);      //一次递归使用左孩子节点;         语句1
printf("%d", root->data);                    //打印当前所在节点值;             语句2
zhongxu_list_btree_nodes(root->pright);     //二次递归使用右孩子节点;         语句3
…
```

如图22-11所示,并结合以上代码来理解。中序遍历函数得到根节点之后会不断地使用左孩子一次递归直到左孩子3叶节点,此时递归不能持续,语句1退出,语句2执行,打印出了左孩子3节点值。随后会以左孩子3节点为父节点,对其右孩子进行二次递归,因其已经是叶节点,所以没有右孩子节点,此时语句3直接退出,并且二次递归返回,到达图22-11所示的步骤1。

主线递归返回至上一级子子递归函数环境。此时函数参数存储的节点值为左孩子2,语句1退出,语句2执行,打印出左孩子2节点值,语句3对左孩子2节点的右孩子进行递归,因为其为叶节点,所以递归后打印出其节点值之后,返回至图22-11所示的步骤2。

以上子子递归完成后,主线递归返回上一级子递归函数环境。此时函数参数存储的节点值为左孩子1,以上代码语句1退出,语句2执行,打印出左孩子1的值,并对左孩子1的右孩子树进行二次递归,扫描完此子树节点值之后返回上级递归,此时步骤3完成。

以上子递归完成后,主线递归即将完全退出,函数保存的参数为根节点。语句1退出,语句2执行,打印出根节点的值,并对根节点的右孩子树进行二次递归,扫描完此子树的所有节点之后返回上级递归,中序遍历函数彻底退出,此时步骤4完成。

根据以上逻辑,中序遍历以上二叉树,其值的遍历顺序如下。

(1)左孩子3节点:1。
(2)左孩子2节点、3节点:2、3。
(3)左孩子1节点:4。
(4)左孩子1节点的右子树:5、6、7。
(5)根节点:8。

(6) 使用根节点右孩子节点 12 递归到左孩子叶节点：9。

(7) 节点 12 所在的左子树剩余节点扫描：10、11。

(8) 节点 12：12。

(9) 节点 12 所在的右子树节点扫描：13、14、15。

根据以上分析，中序遍历以上二叉树的数据输出顺序为 1、2、3、4、5、6、7、8、9、10、11、12、13、14、15。可将实现好的中序遍历函数添加到对应的头文件中，代码如下：

```
//4.5.3/create_binary_tree.h
…
void zhongxu_list_btree_nodes(btree_node * root);
…
```

复制 test_1.0.c 文件并命名为 test_2.0.c，将 test_2.0.c 文件中的遍历函数修改为中序遍历函数，代码如下：

```
//4.5.3/test_2.0.c
…
    zhongxu_list_btree_nodes(Head_btree);
…
```

编译相关代码并查看运行结果，命令如下：

```
root@Ubuntu:~/C_prog_lessons/lesson_4.5.3# gcc test_2.0.c create_binary_tree.c -o test_2.0
root@Ubuntu:~/C_prog_lessons/lesson_4.5.3# ./test_2.0
1 2 3 4 5 6 7 8 9 10 11 12 13 14 15
```

运行结果和分析结果是完全一致的。

22.3.3 后序遍历

后序遍历的操作顺序如下：

(1) (递归)遍历根节点左子树。

(2) (递归)遍历根节点右子树。

(3) 访问根节点。

后序遍历同样使用了递归方法，其遍历顺序可以实现为二次递归函数，代码如下：

```
//4.5.3/create_binary_tree.c
…
void houxu_list_btree_nodes(btree_node * root)
{
    if (root)                       //如果节点非空
    {                               //使用左孩子一直递归到最下层叶节点
        houxu_list_btree_nodes(root->pleft);
        houxu_list_btree_nodes(root->pright);
        printf("%d ", root->data);
```

```
            }                  //递归退出后,使用右孩子节点递归,直到退出
        }
        …
```

有了分析先序遍历和中序遍历的经验之后,分析后序遍历会容易很多。容易看出,它们的递归逻辑并无差别,区别仅在于对当前子树节点数据的处理顺序上,后序遍历是最后处理当前子树根节点数据的。

以上函数的逻辑如下:

(1) 先判断传入的节点是否为空,如果非空,则不断地递归左孩子节点,直到当前为叶节点。

(2) 当递归到叶节点时,主线递归不再继续,打印出当前节点数据后,函数自动返回上一级递归。注意,因为函数递归时传入的参数是父子节点的关系,所以返回上级递归现场时,使用的参数是之前的父节点。

(3) 对当前节点的右孩子节点重复(1)~(2)流程,直到所有递归完全退出,遍历完成。

以上过程可使用图例表示,如图 22-12 所示。

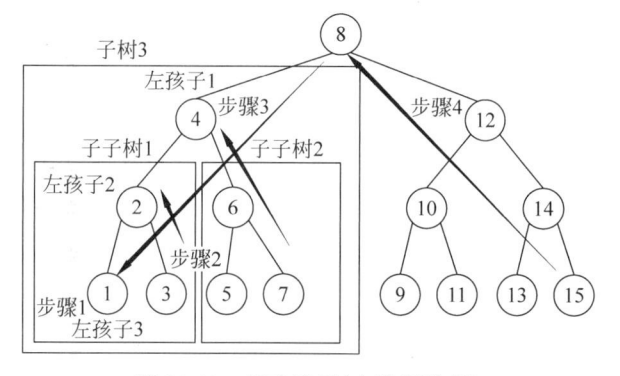

图 22-12　后序遍历(左孩子递归)

若理解了先序遍历和中序遍历算法,则看到后序遍历的实现代码后就会明白,这几种遍历算法的区别仅在于数据处理和左右孩子节点递归语句执行的顺序不同,而后序遍历的数据处理语句位于两句递归语句之后,代码如下:

```
…
houxu_list_btree_nodes(root->pleft);    //一次递归使用左孩子节点      语句 1
houxu_list_btree_nodes(root->pright);   //二次递归使用右孩子节点      语句 2
printf("%d", root->data);               //递归完成后打印当前节点      语句 3
…
```

以上代码应结合图例理解。语句 1 会一直递归直至左孩子 3 节点。因为左孩子 3 节点已经是叶节点,所以不能再递归,语句 1 和语句 2 随即退出,语句 3 打印出左孩子 3 节点值,步骤 1 完成。

以上步骤完成后,主线递归会返回上一级,root 存储的是左孩子 2 节点。此时一次递归退出,二次递归语句 2 被执行,会对左孩子 2 的右孩子节点进行递归,其递归退出时,语句 3

打印出此节点的值并返回上一级递归,同时上一级递归中语句2也得到退出,打印出根节点、左孩子2的值,步骤2完成。

以上步骤完成后,主线递归会返回上一级,root存储的是左孩子1节点。此时一次递归退出,二次递归语句被2执行,并循环递归以上过程,直到子子树2扫描完成,步骤3完成。

以上步骤完成后,主线递归会返回上一级,位置为根节点。此时一次递归退出,二次递归语句2被执行,并循环递归以上过程,直到根节点右侧子树扫描完成,退出时会打印根节点数据,步骤4完成,递归结束,后续遍历函数彻底退出。

根据以上逻辑,后序遍历以上二叉树,其值的遍历顺序如下。

(1) 左孩子3节点:1。
(2) 左孩子2节点的右孩子节点、左孩子2节点:3、2。
(3) 左孩子1节点的右孩子树(子子树2):5、7、6。
(4) 左孩子1节点:4。
(5) 使用根节点右孩子节点12递归到左孩子叶节点:9。
(6) 节点12所在的左子树剩余节点扫描:11、10。
(7) 节点12所在的右子树节点扫描:13、15、14。
(8) 节点12:12。
(9) 根节点:8。

根据以上分析,后序遍历以上二叉树的数据输出顺序应为1、3、2、5、7、6、4、9、11、10、13、15、14、12、8。可将实现好的后序遍历函数添加到对应的头文件中,代码如下:

```
//4.5.3/create_binary_tree.h
…
void houxu_list_btree_nodes(btree_node * root);
…
```

复制test_2.0.c文件并命名为test_3.0.c,将test_3.0.c文件中的遍历函数修改为后序遍历函数,代码如下:

```
//4.5.3/test_3.0.c
…
    houxu_list_btree_nodes(Head_btree);
…
```

编译相关文件并查看运行结果,命令如下:

```
root@Ubuntu:~/C_prog_lessons/lesson_4.5.3# gcc test_3.0.c create_binary_tree.c -o test_3.0
root@Ubuntu:~/C_prog_lessons/lesson_4.5.3#./test_3.0
1 3 2 5 7 6 4 9 11 10 13 15 14 12 8
```

其运行结果和分析是完全一致的。

22.3.4 层序遍历

在之前的二叉树遍历算法中,使用递归算法可以较容易地实现二叉树的前序、中序和后序遍历,而层序遍历仅仅利用递归是实现不了的,例如有以下二叉树,如图22-13所示。

若要实现 A—B—C—D—E—F—G 的遍历顺序,应如何操作呢？在访问某一节点之前,应让此节点的子节点提前排队等候,例如访问 A 时应将 B、C 放入队列,访问 B 时应让 D、E 入队列,访问 C 时应让 F、G 入队列,每访问一次,就将当前节点的子节点入队列,这样便可实现按 A—B—C—D—E—F—G 的顺序排队。随后在队列中按顺序访问,即可实现二叉树的层序遍历方法。

层序遍历的操作顺序如下：
(1) 根节点入队。
(2) 出队指针自加,让节点出队,其左右孩子(若存在则)入队,入队指针前移。
(3) 循环(2)过程,直到出队指针等于入队指针,遍历结束。

以上逻辑用语言可能较难理解,可使用图例表示,如图22-14所示。

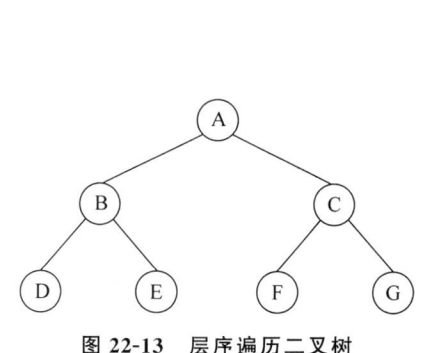

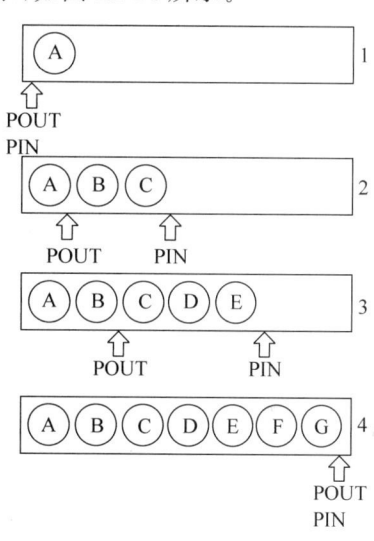

图 22-13　层序遍历二叉树

图 22-14　层序遍历步骤

如图22-14所示,层序遍历的步骤如下：

(1) 队列初始化后,入队指针和出队指针(POUT 和 PIN)都指向队列首地址,随后根节点入队,图中为节点 A。

(2) POUT 指针自加,节点 A 出队,同时其左右孩子(B、C)节点入队,PIN 指针前移两个位置。

(3) POUT 指针自加,节点 B 出队,同时其左右孩子(D、E)节点入队,PIN 指针前移两个位置。

(4) 以上过程不断循环直到 POUT 指针和 PIN 指针相等,遍历完成。

可以对以上过程用程序实现,代码如下：

```
//4.5.3/create_binary_tree.c
...
```

```c
static int front = 0, rear = 0;                    //入队下标和出队下标(队列指针)计数
static void EnQueue(btree_node ** queue, btree_node * pnode)
{                                                   //入队函数
    queue[rear++] = pnode;                         //节点位置入队后,入队下标自加
}

static btree_node * DeQueue(btree_node ** queue)
{                                                   //出队函数
    return queue[front++];                         //节点位置出队后,出队下标自加
}
                                                    //层序遍历函数
void level_list_btree_nodes(btree_node * root)
{
    btree_node * tempnode;                         //临时节点存储变量
    btree_node * queue[20];                        //定义队列
    EnQueue(queue, root);                          //将传入的(根)节点入队
    while(front < rear)                            //如果出队下标落后于入队下标
    {
        tempnode = DeQueue(queue);                 //出队一个节点,并获取其位置
        printf(" %d ", tempnode->data);            //打印节点数据
        if (tempnode->pleft != NULL)               //如果出队的节点存在左/右孩子,就入队
            EnQueue(queue, tempnode->pleft);
        if (tempnode->pright != NULL)
            EnQueue(queue, tempnode->pright);
    }                                               //以上过程不断循环,直到出入队下标相等
}
```

  层序遍历方法需要先实现出队和入队操作。在层序遍历函数中将(根)节点入队后,随即要出队并打印当前节点数据,同时将当前节点的左/右孩子(若存在则)入队。注意,每出队一个节点,就要将其左右孩子节点入队。

  以上过程导致出队下标(指针)每前进一步,入队下标(指针)就要前进两步,直到出队节点都是叶节点时,入队下标(指针)不再增加。出队下标(指针)继续步步前移,完成整个队列的遍历,而此队列的建立过程,正是层序遍历节点的顺序。

  对本节示例代码中所建立的二叉树进行层序遍历的顺序,如图22-15所示。

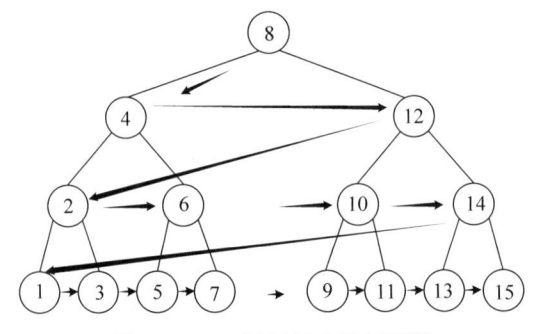

图22-15 二叉树层序遍历顺序

层序遍历以上二叉树，其顺序可谓一目了然：从根节点开始，从左到右逐层访问并下移，直至将每个节点都遍历一遍。以上二叉树的层序遍历的结果应是：8、4、12、2、6、10、14、1、3、5、7、9、11、13、15。

将以上代码中的层序遍历函数声明添加到对应的头文件中，代码如下：

```
//4.5.3/create_binary_tree.h
…
void level_list_btree_nodes(btree_node * root);
…
```

复制本节的 test_3.0.c 文件并命名为 test_4.0.c，将其中的遍历函数修改为层序遍历函数，代码如下：

```
//4.5.3/test_4.0.c
…
    level_list_btree_nodes(Head_btree);
…
```

编译相关文件并查看运行结果，代码如下：

```
root@Ubuntu:~/C_prog_lessons/lesson_4.5.3#gcc test_4.0.c create_binary_tree.c -o test_4.0
root@Ubuntu:~/C_prog_lessons/lesson_4.5.3#./test_4.0
8 4 12 2 6 10 14 1 3 5 7 9 11 13 15
```

遍历结果和分析结果是完全一致的。

22.4 哈希表简介

哈希表（Hash Table）是散列表的音译。哈希表提供了一种方法，可以通过数据的"关键字"计算出存放数据的地址。之前在链表或数组中查找数据时需要进行遍历，如果数据结构比较大，遍历花费的时间就比较多，而哈希表可以直接计算出数据的存放位置，因为其无须遍历，故而查找效率很高。

22.4.1 哈希表基本概念

哈希表的概念并不复杂，它是一种根据关键（key）码去寻找数值的映射结构，该结构实现了关键码和数值地址的映射。在日常生活中常见的例子类似字典，例如要寻找"王"字在字典中的页码，可以根据拼音"wáng"去查找页码，从而可以间接地得到"王"字在字典中的位置，其中"wáng"为关键码，查到的页码为哈希值，"王"字是要查找的数据，而这个数据存放在字典这个"数据结构"中。在哈希表的实际使用中也是根据 key 值计算出哈希值，随后根据哈希值在对应的数据结构中定位到所需要的数据的大致位置，从而完成数据查找。

注意：为什么说是大致位置？因为一个哈希值可能对应多个数据，也就是不同的 key 计算出的哈希值可能是相同的，而这些存在哈希值冲突的 key，其对应的数据先通过同一个哈希值大致定位，需要二次查找才能最终定位到所需数据。一个设计合理的哈希算法和数据结构会使二次查找的步骤很简洁，所以总的查找效率依然很高。

可以将 11、22、23、44、25、36、47、58、59、30 这些数字，取其个位数作为下标放到数组中，见表 22-1。

表 22-1 哈希值和数据的对应

个位数（哈希值）	0	1	2	3	4	5	6	7	8	9
数组	30	11	22	23	44	25	36	47	58	59

如表 22-1 所示，数据的个位数作为数组下标，将数据按照对应的下标存放到对应的数组位置中，这样数据的个位数就变成了查找数据所需的哈希值。要寻找 59 这个数据，因为其哈希值为 9，所以定位到下标为 9 的数组单元即可。

以上例子中数据的个位数就是哈希值，可以利用这个值定位到要查找的数据，这个哈希值是对数据取 10 的余数获得的，可以认为"取 10 的余数"就是哈希算法，而计算哈希值的 key 又是数据本身，也就是数据同时充当了 key 的职能，并且哈希值=数据%10。

1. 哈希函数

通过拼音查找文字可以建立起一种映射，此类映射便是哈希函数，其中拼音为 key，查找到的页码 $f(key)$ 为哈希值，其中 $f( )$ 就是哈希函数。通过数据的个位数查找数据，其哈希函数为 $f(dat)=dat\%10$，其中 dat 同时充当了 key 的职能。

一个哈希函数对于每个确定的 key 都会对应一个确定的哈希值，反之则不一定成立，这就是下面要讲解的哈希冲突。

2. 哈希冲突

现在有拼音"wáng"和"wǎng"查到的索引都是一个页码，类似 key1 ≠ key2，但是 $f(key1)=f(key2)$，这就存在冲突。因为查找第 1 个拼音得到的页码和查找第 2 个拼音得到的页码是一致的，本来查找"王"得到的却可能是"网"，这就给查找带来了一定的麻烦。同样对于 $f(dat)=dat\%10$ 这样的哈希函数，当 dat 为 29 和 19 时，其哈希值是相同的，这也存在冲突。

除了以上 key 值为有限集合的情况，哈希算法中的 key 值经常是无限集合，而计算后的结果却被指定为有限集合，因此总会出现 key 值不同而哈希结果值相同的情况，所以哈希冲突是普遍存在的。

但是哈希冲突往往是无法避免的，除非对每个 key 都安排一个单独的索引。对于字典的例子而言，如果对每个读音都单独安排一页，这样就可以避免冲突，但无疑会导致数据空

间增大且空间使用率降低,所以一个好的哈希函数应具有以下特点:

(1) key 对应的索引应尽量均匀分布。

(2) key 的小变化可以引起 $f(\text{key})$ 的较大变化。

对于第(1)项要求,可以举例理解:例如一个小区有 30 幢楼,要划分为 4 个片区管理,可认为哈希值只有 4 个,很明显这 4 个哈希值应该管理尽量相同的数据容量,这样每个 key 值定位到的片区大小基本是一致的,而定位到片区后,二次查找数据的工作量也应该基本相同,因此每个片区的最佳分配楼幢数应为 7~8。定位到某个片区之后,最多只需查找 7~8 次便可定位完成,这样虽然存在哈希冲突,但是冲突是均匀分布的。

对于第(2)项要求,也是希望 key 的变化能引起 $f(\text{key})$ 的大幅度变动,这样也可以降低哈希值出现重值的概率。总之算法层面应尽量做到避免哈希冲突,若不可避免,则应做到冲突的均匀分布。

22.4.2 哈希冲突的解决

哈希冲突的解决常用 4 种方法,分别是开放定址法、再哈希法、链地址法和建立公共溢出区,其各有优缺点,可以简单描述如下:

(1) 开放定址法:在哈希冲突之后,为数据再寻找一个成本较低且不冲突的位置。

(2) 再哈希法:哈希冲突后,使用另一个哈希函数重新计算数据位置。

(3) 链地址法:哈希冲突后,将发生冲突的数据放入此位置上的链表。

(4) 建立公共溢出区:将哈希表分为基本表和溢出表,将发生冲突的数据都放入溢出表。

其中比较常用的是开放定址法和链地址法,本书仅讲解这两种方法。

1. 开放定址法

开放定址法就是一旦发生哈希冲突,就定位到另一个未冲突的哈希值查找数据。因为存在二次定位的步骤,并且二次定位步骤常采用两种策略,即线性探测和二次探测策略,所以开放定址法也有两种实现路径。

线性探测法,顾名思义就是探测方法使用线性关系来进行二次定位。可使用之前"取 10 的余数"作为哈希算法,将一些示例数据依照哈希值散列在数组中,见表 22-2。

表 22-2 使用 $f(\text{dat}) = \text{dat}\%10$ 建立散列表

哈希值	0	1	2	3	4	5	6	7	8	9
数组数据	10	31	22							19

散列完成之后若还需要存储 29 这个数据,则依据哈希算法其应该存储在哈希值为 9 的地址/下标处,但此处已经有了 19 这个数据,这就存在哈希冲突,对此线性探测法是如此解决的:

由于哈希值为 9 的地址已经有数据,所以可以去寻找下一个地址(数组越界处要折返),来到 0 地址处,探测其是否还存在冲突,若存在冲突,则继续寻找下一个地址,直到遇见可用

地址,最终探测到 3 地址无冲突,可将 29 这个数据存储在此处,冲突得到解决。以上思路可用以下公式表示:

$$f(\text{key}) = (f(\text{key}) + \text{di}) \% m \ (\text{di} = 1, 2, 3, \cdots, m-1) \qquad (22\text{-}1)$$

其中,m 为数组长度,$f(\text{key})$ 为哈希函数初次输出值,其加上 di 线性探测的结果就是最终得到的无冲突的哈希值,被作为右值赋给 $f(\text{key})$ 作为最终的哈希值。

从线性探测法可以看出,最初是在哈希值为 9 处存在冲突,因为线性探测的步骤是依次递推的,其先后在哈希值为 0、1、2 处相继发生冲突,从而导致了多次哈希冲突。线性探测法就是从冲突点处遍历并探测是否再发生冲突,直到发现不冲突的位置才算解决了本次哈希冲突,其解决冲突的效率比较低,并且仅仅在冲突点的相邻侧(也可以向前)探测无冲突的地址,容易出现数据聚集的情况,也就是做不到冲突点的均匀分布,多次使用后会降低整体查找的效率。

为解决线性探测法带来的问题,对其进行改良后,出现了二次探测法。二次探测法可以用公式表示如下:

$$f(\text{key}) = (f(\text{key}) + \text{di}) \% m \ (\text{di} = 1^2, -1^2, 2^2, -2^2, \cdots, q^2, -q^2, q \leq m/2) \qquad (22\text{-}2)$$

二次探测法就是将之前的线性 di 因子变成了平方因子。接之前的示例,在哈希值为 9 的位置出现了冲突,二次探测的下一个位置为 $(9+1^2)\%10=0$,而 0 地址同样冲突,所以二次探测继续使用下一个因子,得到 $(9-1^2)\%10=8$,而 8 的位置没有冲突,至此冲突得到解决。

和线性探测法相比,二次探测法对冲突的解决效率较高。

2. 链地址法

开放定址法的思路是一个哈希值对应一个数据,如果存在哈希冲突就寻找不冲突的地址再次确定新的哈希值,以此间接地解决哈希冲突问题,而链地址法则提供了另一种思路,也就是在存在哈希冲突的地址建立链表,将发生冲突的数据存放在链表中,从而实现了哈希值的复用。

可将表 22-2 的数据使用链地址法表示,如图 22-16 所示。

0	1	2	3	4	5	6	7	8	9
↓	↓	↓							↓
10	31	22							19
									↓
									29

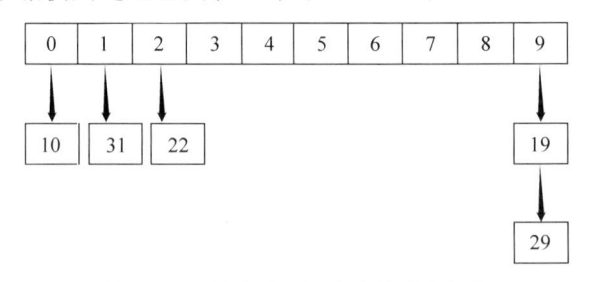

图 22-16 链地址法解决哈希冲突问题

如图 22-16 所示,数据存放在链表中,而链表的头指针放在哈希表中,这就是链地址法实现的数据结构。哈希值为 0、1、2、9 的位置都存放链表头指针,而本应存放在以上地址中的数据被放在了链表中,这是和之前不同的地方。链地址法对哈希冲突的解决也是很巧妙的,如图 22-16 所示,在哈希值为 9 的地址处,19 和 29 这两个数据哈希冲突,将它们放入一个链表中则可以复用一个哈希值,而后对链表进行遍历即可。

设计合理的哈希函数,其哈希冲突处的链表长度通常很短,所以总的查找效率依然很高。

22.5 实现简单的哈希表

一个使用哈希方式管理的数据结构(以下简称为哈希系统),主要由数据存储结构、哈希算法(函数)和哈希冲突解决方法组成。数据存储结构可以是数组、链表或者其他数据组织方式;哈希算法负责生成哈希值,用于在数据存储结构中查找所需数据;一旦发生哈希冲突,哈希冲突解决方法负责解决这些冲突问题。以上三方组成了一个高效的数据查找系统,对这些部分进行编程实现,就实现了一个哈希系统。

22.5.1 开放定址法

开放定址法包含线性探测法和二次探测法,其原理基本一致,其区别仅在于前者的 di 项为 $1,2,3,\cdots,m-1,m$ 为哈希表长,后者的 di 项为 $1^2,-1^2,2^2,-2^2,\cdots,q^2,-q^2(q\leqslant m/2)$。从编程角度来看,两者的实现基本相同,本节给出其具体的编程实现以加深理解。

(1) 哈希系统数据结构实现,代码如下:

```
//4.5.5/test_1.0.c
#include <stdio.h>
#include <stdlib.h>

#define HASHSIZE 7              //数据结构长度
#define NULLKEY -32768          //代表空值,用于初始化填充
…
int Init(int ** elem)           //参数为二重指针类型数据,其指向的指针变量可被修改
{
    int i;                      //下面的语句:参数指向的指针变量被赋予堆内存地址
    * elem = (int *)malloc(HASHSIZE * sizeof(int));
    if(NULL == * elem)          //NULL 常数用于判断左值,防止误输入成为赋值操作
        return -1;              //如果申请堆内存失败,则返回 -1
    for (i = 0; i < HASHSIZE; i++)
        (* elem)[i] = NULLKEY;
    return 1;                   //对申请到的堆内存进行填充,到这里表示成功
}
…
```

以上代码实现了 int Init(int ** elem)函数,其接受一个二重指针类型的参数,如果返回值为 1,则表示运行成功,反之则表示运行失败。这个函数内部申请了堆内存并需要将得到的堆内存地址赋给一个指针变量,在 15.2 节中已经得知,若要修改这个指针变量的值,则

需要传入指针变量的地址,所以其参数类型是二重指针类型。在 19.1 节已经研究过此类函数参数为一个输出型参数,传入的参数地址其解引用之后必须是可以写入的,这里应传入一个 int 类型指针变量的地址。

(2) 哈希算法实现,代码如下:

```
//4.5.5/test_1.0.c
…
int Hash(int data)
{
    return data % HASHSIZE;                    //取余数法
}
…
```

这里使用的哈希算法和 22.4 节中使用的"取 10 的余数"类似,只是修改为取 HASHSIZE 的余数。

(3) 哈希冲突解决方法不是被单独实现的,它被整合进了插入和查找函数。以下是插入函数,代码如下:

```
//4.5.5/test_1.0.c
…
#define DI_SQUARE 0           //值为 0 表示线性探测,值为 1 表示二次探测
#define DAT 28                //要检索的数据
                              //二次探测 Di(平方)因子表格
char Di_squ[6] = {1, -1, 4, -4, 9, -9};
…                             //Insert 函数使用哈希值插入数据.elem 指向数据域
                              //data 表示要插入的数据,di_squ 为是否开启二次探测
int Insert(int * elem, int data, _Bool di_squ)
{
    unsigned char temp = 0;   //二次探测 Di(平方)表格查询下标变量
                              //以下代码用于插入次数计数变量
    unsigned char insert_cnt = 0;
    int hashAddress = Hash(data);
                              //先获取哈希值作为索引地址,若已经存有数据,则表示冲突
    while(elem[hashAddress] != NULLKEY)
    {                         //确保线性探测次数小于数据域长度,不重复探测
        if(!di_squ && temp<(HASHSIZE - 1))
        {                     //哈希值依次线性增加
            hashAddress = ++hashAddress % HASHSIZE;
            temp++;
            insert_cnt++;
        }
                              //确保二次探测 Di(平方)因子查表没有越界
        else if(di_squ && temp < 6)
        {                     //哈希值依次加上 Di(平方)因子查表值
            hashAddress = (Hash(data) + Di_squ[temp % 6]) % HASHSIZE;
            temp++;           //查表下标自加
            insert_cnt++;
        }
```

```
            else                    //否则探测失败,返回-1
                return -1;
        }                           //如果退出循环,则表示探测成功,在探测到的地址写入数据
        elem[hashAddress] = data;
        printf("dat is %d insert_cnt is %d pos is %d\n", data, insert_cnt, hashAddress);
        return hashAddress;
    }
    …
```

以上代码言简意赅地体现出了线性探测法和二次探测法解决哈希冲突问题的不同思路:线性探测法在发现哈希冲突之后会将哈希值自加并检查其对应地址是否已存放数据,直到发现未使用的地址,探测成功后退出;二次探测法则是将 Di 平方因子(事先可实现为数组)依次相加到冲突的哈希值,并检测其对应地址是否未使用,直到探测成功退出。

对于探测失败的逻辑的处理方法如下。

if(! di_squ && temp<(HASHSIZE-1)):用于线性探测分支,确保 di_squ 为 0 且 temp 小于 HASHSIZE-1。前者表示为线性探测模式,后者控制探测次数不能大于 HASHSIZE-1,否则说明已经无法定址(如果等于 HASHSIZE-1 就表示对剩余地址都探测了一遍),插入失败。

else if(di_squ && temp<6):用于二次探测分支,确保 di_squ 为 1 且 temp 作为 Di 平方因子查表的下标不会越界。前者表示为二次探测模式,后者控制 temp 对 Di 平方因子数组的访问,此下标若访问 Di_squ 数组的尽头仍旧探测失败,则说明已经无法定址,插入失败。

(4) 以下是查找函数,同样整合了线性/二次探测方法,代码如下:

```
//4.5.5/test_1.0.c
…
int Search(int * elem, int data, _Bool di_squ)
{
    unsigned char temp = 0;              //二次探测 Di(平方)表格查询下标变量
    unsigned char search_cnt = 0;        //查找次数计数
    int hashAddress = Hash(data);        //先获取哈希值作为查找地址
    while(elem[hashAddress] != data)//如果地址处没有数据,则说明有哈希冲突
    {
        if(!di_squ)                      //如果是线性探测模式,则地址不断自加探测
            hashAddress = (++hashAddress) % HASHSIZE;
        else                             //如果是二次探测模式
        {                                //哈希值依次加上 Di(平方)因子查表值
            hashAddress = (Hash(data) + Di_squ[temp % 6]) % HASHSIZE;
            temp++;
        }                                //以下代码在线性探测模式下
                                         //或探测到空地址却没有填入数据,结果为失败
                                         //或探测到了初始地址(表示探测殆尽),结果为失败
        if((elem[hashAddress] == NULLKEY || hashAddress == Hash(data)) && !di_squ)
            return -1;                   //以下代码在二次探测模式下,Di 因子表格
                                         //被查阅到了尽头而未发现数据,结果为失败
```

```
                    else if(temp >= 6 && di_squ)
                        return -1;
                    search_cnt++;                    //查询次数自加
        }                                            //以下代码 search_cnt + 1 因为初次查询未计数
        printf("dat is %d search_cnt is %d pos is %d\n", data, search_cnt + 1, hashAddress);
        return hashAddress;                          //如果 while 循环退出,则表示匹配到了数据,成功
}
...
```

以上实现了一个完整的哈希系统,可以实现把数据放入哈希系统的数据域并进行查找操作。为了方便理解,可以加入打印数据域的函数,并在 main 函数中使用以上代码,完成对哈希系统的操作和测试其性能,代码如下:

```
//4.5.5/test_1.0.c
...
void Display(int * elem)              //打印数据域函数
{
    int i;
    printf("hash data : ");
    for(i = 0; i < HASHSIZE; i++)
        printf(" %d ", elem[i]);
    printf("\n");
}

int main(int argc, char ** argv)
{
    int i, result;
    int * hashTable;                  //哈希系统的数据域指针
                                      //以下是要存储进数据域的数据
    int arr[HASHSIZE] = {13, 29, 27, 28, 26, 30, 38};
    Init(&hashTable);                 //获取哈希系统数据域地址,注意传入的是二重指针类型
    for (i = 0; i < HASHSIZE; i++)
    {                                 //遍历 arr 数组并插入哈希系统数据域
        if(-1 == Insert(hashTable, arr[i], DI_SQUARE))
            printf("Insert %d err! \n", arr[i]);
    }
    Display(hashTable);               //打印哈希系统的数据域
                                      //以下代码用于查找数据并显示结果
    result = Search(hashTable, DAT, DI_SQUARE);
    if(result == -1)
        printf("not found in HashTable\n");
    return 0;
}
```

至此代码实现完毕,注意 test_1.0.c 的宏定义部分有两个宏,代码如下:

```
#define DI_SQUARE 0                   //值为 0 表示线性探测,值为 1 表示二次探测
#define DAT 28                        //要检索的数据
```

可以先将 DI_SQUARE 宏设为 0,表示此哈希系统为线性探测模式,DAT 为 28 表示要搜索的数据为 28。参数设置完毕后编译文件并查看运行结果,命令如下:

```
root@Ubuntu:~/C_prog_lessons/lesson_4.5.5#./test_1.0
dat is 13 insert_cnt is 0 pos is 6
dat is 29 insert_cnt is 0 pos is 1
dat is 27 insert_cnt is 1 pos is 0
dat is 28 insert_cnt is 2 pos is 2
dat is 26 insert_cnt is 0 pos is 5
dat is 30 insert_cnt is 1 pos is 3
dat is 38 insert_cnt is 1 pos is 4
hash data : 27 29 28 30 38 26 13
dat is 28 search_cnt is 3 pos is 2
```

可以看到在哈希数据域的 0、2、3、4 地址处解决了哈希冲突问题,因为 insert_cnt 大于 0 就表示已经发生了哈希冲突,insert_cnt 的值表示为解决冲突而进行探测的次数,发生哈希冲突的数据为 27、28、30 和 38。search_cnt 等于 3 表示为寻找数据 28 而进行查询的次数为 3,因为数据 28 在插入哈希数据域时,insert_cnt 等于 2,表示为解决哈希冲突问题探测了两次,所以在计算查询次数时需要加上到最初哈希冲突位置查找时的 1 次,即对于同一个数据 search_cnt(查找次数)总是比 insert_cnt(探测次数)多一次,冲突最终在地址 2 得到解决(地址从 0 开始计算)。

可以将 DI_SQUARE 宏设为 1,将哈希系统设置为二次探测模式,其他不变。重新编译程序并查看运行结果,命令如下:

```
dat is 13 insert_cnt is 0 pos is 6
dat is 29 insert_cnt is 0 pos is 1
dat is 27 insert_cnt is 1 pos is 0
dat is 28 insert_cnt is 3 pos is 4
dat is 26 insert_cnt is 0 pos is 5
dat is 30 insert_cnt is 0 pos is 2
dat is 38 insert_cnt is 0 pos is 3
hash data : 27 29 30 38 28 26 13
dat is 28 search_cnt is 4 pos is 4
```

更改为二次探测模式后,可以看到数据在哈希数据域的排布方式有所改变。和之前相比发生哈希冲突的数据仅有两个,分别为 27、28,并且在地址 0 和 4 处各自解决了哈希冲突问题。为了寻找数据 28 进行了 4 次搜索,数据 28 在插入哈希数据域时进行了 3 次探测,并最终在地址 4 处解决了哈希冲突问题。

通过以上实验可以看出,二次探测法能有效地减少哈希冲突的爆发位置(并不减少总的探测次数),缺点就是会造成某些数据查找次数的增加,应针对不同的情况合理地使用线性探测和二次探测。

注意:线性探测使哈希冲突集中在一段数据中,二次探测则避免了这种情况,使哈希冲突分散在少数数据中。前者虽然发生冲突的数据较多,但对每个数据进行探测的次数较少;后者发生冲突的数据较少,但发生冲突后探测的次数却较多。

可以把线性探测模式下的 insert_cnt 值全部加起来,总值为 $1+2+1+1=5$,这个值和二次探测模式下的 $1+3=4$ 的值是较多的。前者冲突多,但是探测次数少,后者冲突少,但是探测次数多。读者应根据不同的情况选用不同的探测方法,适应不同嵌入式/底层环境,甚至满足应用层的不同要求,以达到最合理的数据管理效果。

22.5.2 链地址法

和开放定址法不同,链地址法直接在哈希系统数据域创建链表(将表头放入数据结构),将发生冲突的数据依次存入链表当中,检索数据时往往需要对链表进行遍历。对于一个设计合理的哈希系统,二次查找的链表一般不长,即总的查找效率仍然很高。

实现一个哈希系统需要三大部分,这里先实现哈希系统的数据结构,而这里的数据结构包含两部分,即哈希系统的数据域和链表域。

(1) 这里先给出哈希数据域的实现,代码如下:

```
//4.5.5/test_2.0.c
#include <stdio.h>
#include <stdlib.h>
#include "create_list_node.h"

#define HASHSIZE 7          //哈希数据域长度
                            //以下代码用于填充数据,其类型为链表指针
#define NULLKEY ((list_single *) - 32768)
#define DAT 28              //要查找的数据宏定义
                            //以下代码表示传入的参数是链表三重指针类型
int Init(list_single *** elem)
{
    int i;                  //以下代码表示申请堆内存为链表指针类型,返回类型为其二重指针
                            //elem 参数解引用之后就是二重指针
    * elem = (list_single ** )malloc(HASHSIZE * sizeof(list_single * ));
    if(NULL == * elem)
            return - 1;
    for (i = 0; i < HASHSIZE; i++)
            ( * elem)[i] = NULLKEY;
    return 1;               //以上是失败处理和填充部分
}
...
```

以上初始化函数使用了三重指针。在 18.2 节研究过二重指针,也讲解过二重指针以上的高阶指针在嵌入式软件开发中使用得很少,这里是一个例外,在分析代码的过程中顺便加深对高阶指针的理解。

哈希系统的数据域这次用来存放链表地址,也就是在初始化数据域申请堆内存时,应该使用链表指针类型来申请,代码如下:

```
* elem = (list_single ** )malloc(HASHSIZE * sizeof(list_single * ));
```

sizeof(list_single *)表示使用链表指针类型长度申请堆内存,申请成功后 malloc 函数返回堆内存地址,这个地址数据是指向链表指针类型的,所以它是一个二重链表指针类型,使用 list_single ** 来表示,并作为右值赋予 * elem。

仔细思考一下,elem 作为一个输出型参数,它要输出什么数据呢? 当然是要输出 malloc 函数返回的堆内存地址,这个地址是一个二重链表指针类型的数据,在后续的操作中对这个二重指针使用下标访问就可以得到链表头地址(一重指针),这样才方便使用操作单链表的函数进行节点的尾插、遍历等操作,所以目标是让 Init 函数输出二重指针数据。但作为函数的输出型参数接口,函数对参数的写操作只能通过参数的指针进行,这里要传入参数的指针,也就是二重指针变量的地址,所以这里就需要参数为三重链表指针类型。

(2) 链表域的实现使用了 21.2 节单链表数据结构,代码如下:

```
//4.5.5/create_list_node.c
#include <stdio.h>
#include <stdlib.h>
#include <string.h>
#include "create_list_node.h"

list_single * create_list_node(int data)                //创建节点函数
{
    list_single * node = NULL;
    node = (list_single * )malloc(sizeof(list_single));
    if(node == NULL){
        printf("malloc failed!\n");
        return NULL;
    }
    memset(node,0,sizeof(list_single));
    node->data = data;
    node->next = NULL;
    return node;
}
                                                        //尾插函数
void tail_insert(list_single * const pH, list_single * const new)
{
    list_single * p = pH;
    while(NULL != p->next)
        p = p->next;
    p->next = new;
}

int Search_list(list_single * const pH, int dat)        //数据查找函数
{
    list_single * p = pH;
    p = p->next;                                        //略过头节点
    while(NULL != p->next)                              //若不是尾节点
```

```c
        {
            if(p->data == dat)              //判断数据是否匹配
                return 0;                    //如果数据匹配,则返回 0
            p = p->next;                     //否则移动到下一个节点
        }
        if(p->data == dat)                   //已到达尾节点,若数据匹配
            return 0;                        //返回 0
        else
            return -1;                       //否则返回 -1
}
void Print_node(list_single * const pH)      //打印链表数据
{
        list_single *p = pH;
        p = p->next;
        while(NULL != p->next)
        {
            printf(" % d ", p->data);
            p = p->next;
        }
        printf(" % d \n", p->data);
}
```

其配套的头文件,代码如下:

```c
//4.5.5/create_list_node.h
#ifndef _CREATE_LIST_NODE_H_
#define _CREATE_LIST_NODE_H_

typedef struct list_node{
        int data;
        struct list_node * next;
} list_single;

list_single * create_list_node(int data);
void tail_insert(list_single * const pH, list_single * const new);
void Print_node(list_single * const pH);
int Search_list(list_single * const pH, int dat);
#endif
```

(3) 哈希算法依旧使用取余法,代码如下:

```c
//4.5.5/test_2.0.c
...
int Hash(int data)
{
        return data % HASHSIZE;
}
...
```

(4) 哈希冲突解决方法同样被整合进入了插入和查找函数,代码如下:

```c
//4.5.5/test_2.0.c
…
void Insert(list_single ** elem, int data)
{
    int hashAddress = Hash(data);           //先获取哈希值作为地址
    if(elem[hashAddress] != NULLKEY)        //若地址已被使用,则表示此处已经建立链表
    {                                       //使用要插入的数据创建新单链表节点
        list_single * newnod = create_list_node(data);
                                            //以下代码表示当前哈希数据域即为链表头指针
                                            //使用头指针尾插新节点
        tail_insert(elem[hashAddress], newnod);
    }
    else                                    //若地址未被使用,则表示此处未建立链表
    {                                       //以下代码表示使用数据0创建链表(头)节点
        list_single * head = create_list_node(0);
                                            //以下代码表示使用要插入的数据建立链表有效节点
        list_single * nod = create_list_node(data);
        tail_insert(head, nod);             //使用头指针尾插有效节点
        elem[hashAddress] = head;           //将头指针写入当前哈希数据域
    }
}

int Search(list_single ** elem, int data)
{
    int hashAddress = Hash(data);           //先获取哈希值作为地址
    if(elem[hashAddress] == NULLKEY)        //若地址还未使用,则表示此处未建立链表
        return -1;                          //如果没有链表就没有数据,查询失败
    else                                    //否则将此处数据作为链表头指针,查找数据
        return Search_list(elem[hashAddress], data);
}
…
```

至此整个哈希系统构建完成,可以在主函数中编写代码测试其性能。为了方便查看,可以增加哈希数据域打印函数以便查看数据,代码如下:

```c
//4.5.5/test_2.0.c
…
void Display(list_single ** elem)
{
    int i;
    printf("hash data : \n");
    for(i = 0; i < HASHSIZE; i++)           //遍历哈希数据域
        if(elem[i] != NULLKEY)              //如果数据域有链表存在,就打印链表
            Print_node(elem[i]);
        else
            printf("XX \n");                //否则打印XX
}

int main(int argc, char ** argv)
```

```
{
    int i, result;
    list_single ** hashTable;              //定义二重指针变量
    int arr[HASHSIZE] = {13, 29, 27, 28, 26, 30, 38};
    Init(&hashTable);                      //初始化哈希数据域,传入的是三重指针类型
    for (i = 0; i < HASHSIZE; i++)         //遍历 arr 数组并插入哈希数据域
        Insert(hashTable, arr[i]);
    Display(hashTable);                    //打印哈希数据域
    result = Search(hashTable, DAT);
    if(result == -1)                       //以上代码用于查找 DAT 数据,如果失败就打印信息
        printf("not found in HashTable\n");
    return 0;
}
```

编译相关文件并查看运行结果,命令如下:

```
root@Ubuntu:~/C_prog_lessons/lesson_4.5.5# gcc test_2.0.c create_list_node.c -o test_2.0
root@Ubuntu:~/C_prog_lessons/lesson_4.5.5# ./test_2.0
hash data :
28
29
30
38
XX
26
13 27
```

打印出的数据共有 7 行,正是 HASHSIZE 的值。数据 28 的哈希值(对 HASHSIZE 取余)为 0,放在 0 地址处,数据 29 的哈希值为 1,放在 1 地址处,其余的哈希值读者可以自行推导。发生哈希冲突的数据为 13 和 27,它们的哈希值都是 6,所以它们被先后存放在地址 6 处的链表(链表头节点不计)中。地址 4 处打印出 XX,表示没有数据,而地址 6 处则存放了两个数据,所以链地址法对哈希冲突的解决,虽然不会像开放定址法受到哈希数据域容量的限制,但可能浪费一些地址空间,这是需要注意的地方。

实战篇 C语言在职场

　　随着扫盲篇、上手篇、提高篇和高级篇的结束，相信读者已经具备了较扎实的 C 语言能力。本篇不再研究 C 语言，而就职业方向、嵌入式软件在不同岗位的区别和代码工程的编译统筹工作等内容展开。希望本篇内容能对读者的职业规划有一定的帮助，从而在嵌入式世界中找到新天地。

第 23 章 嵌入式软件开发

CHAPTER 23

本章介绍嵌入式(软件)主要的开发方向,和 C 语言并无关系,属于职业方向简介。本部分内容较短,以工作方向划分为主,并穿插介绍一些常用的技术点,以便读者能在广袤的技术海洋中准确地把握自身的职业发展方向。

23.1 单片机和嵌入式软件开发

市场上常见的嵌入式软件开发职位,总体上可以分为单片机开发岗和载有大型 OS(主要是 Linux)内核的嵌入式软件开发岗。严格来讲两者都属于嵌入式领域,但它们的工作内容、开发方式,甚至入门要求都存在较大区别,在此做一下简要介绍。

为了方便描述,本书将前者简称为单片机岗,将后者简称为嵌入式岗;将对应的前者开发人员称为单片机工程师,将后者称为嵌入式工程师。这也是市场上常见的口语表述,但读者需要清楚,它们都属于嵌入式开发领域,仅是应用场合不同。

23.1.1 单片机开发岗

单片机(Micro Controller Unit,MCU)是市场上最常见的嵌入式核心设备,因其价格低廉,控制功能强大且体积和功耗都较低(相对于应用处理器),在各类电子设备上应用极多,市场极大,提供的职位是最多的。此类职位一般称为单片机开发工程师或单片机软件工程师,当然也有面向硬件的开发岗位,但不在本书讨论之列。

1. 入门岗位要求

此类岗位大多要求有 1~3 年及以上工作经验,有完整项目经验者优先,因此对初学者有一定的门槛。大多要求掌握市面上常用单片机型号,例如 C51、STM32 等型号,大多还要求有一定的硬件调试,甚至动手搭建硬件环境的能力。

2. 入门门槛

扎实的 C 语言能力是必需的,但单片机工程师岗对 C 语言的能力要求,相对没有嵌入式工程师高,达到本书提高篇的水平就足以胜任大部分工作。除了对语言功底的要求,大多数岗位还要求懂基本的硬件原理、能看懂硬件原理图纸，甚至有一定的硬件设计能力，但新手不必生畏，这些硬件知识和基本的调试、搭建硬件的能力要求一般不高，在业余时间购买开发板学习简单的硬件知识，使用入门型电子设计自动化（Electronic Design Automation，EDA）软件设计简单的电路板，即可达到入门岗位的要求。

要求 C 语言熟练（本书提高篇水平）、懂基本的硬件原理、有一定的动手能力就可以得到进入初级岗位的机会。

3. 入行路线

建议从 C51 单片机开始，能力较强者可直接从 STM32 单片机开始，使用 C 语言对单片机编程，从浅入深开始学习。具备 C 语言能力之后，可以在网络上寻找相关资料并实践，此类教程在网络上已经较多且颇为成熟。随着实践的深入和能力的提升，对自身的规划和岗位前景的具体判断都会愈加清晰。

23.1.2 嵌入式 Linux 开发岗

以下就入门岗位要求、入行门槛和入行路线 3 个方面进行详细介绍。

1. 入门岗位要求

此类岗位多要求拥有 3 年以上工作经验，但和单片机工程师不同，大多数不要求有从无到有的完整系统搭建经验。这是因为嵌入式的软硬件都相对复杂，不太可能像单片机工程师那样软硬件都需要掌握，但需要对操作系统内核的某个子模块的熟悉，基本的原理图纸需要能看懂，这要求从业者仍需拥有一定水平的硬件知识（所以此类岗位可能要求具有单片机工程师资历），能够根据硬件编写/调试相应驱动程序，并提供上层调用。

2. 入行门槛

要求精通 C 语言的使用和调试，达到本书高级篇能力即可胜任，同时要求对 Linux 环境、内核有一定的了解。为培养这部分能力，需要专门阅读内核代码并进行代码分析，以理解内核对驱动的实现机制，因此对从业者的综合能力有一定要求。

驱动开发同样离不开硬件知识，要求开发者对硬件的使用必须熟悉，但大多数岗位不要求有硬件环境搭建或者设计能力。

3. 入行路线

大多数从业人员遵循从单片机工程师到嵌入式工程师的职业路线，但基础良好者不必墨守成规，可以直接进军嵌入式 Linux 领域，在具备较好的 C 语言能力后，可以从资料较多、较容易上手的 Linux 开发板开始实践。因 Linux 开发板种类繁多、性能各异且资料完整程度天差地别，并且相当一部分专用于工业、消费电子领域，并不适合学习，读者应在网络上搜索教程完整、使用人数较多的开发板，或者跟随有教学经验的老师学习。

23.2 嵌入式操作系统简介

嵌入式操作系统可大体分为单片机操作系统和具有分层隔离机制的嵌入式操作系统。

23.2.1 单片机操作系统

在单片机中常常用到操作系统,单片机因为硬件上的限制(没有 MMU)不能运行具有虚拟地址隔离机制的操作系统(例如 Linux),因此此类系统不具备完整 OS 的能力。因为单片机系统多有实时性的要求,所以常常称为实时操作系统(Real Time Operating System, RTOS),简称实时内核。

单片机上常用的 RTOS 有以下几种。

(1) μC/OS-Ⅱ:这是一种小巧、可移植的 RTOS,专为嵌入式系统设计。它提供了任务管理、任务间通信、时间管理和内存管理等功能。

(2) μCLinux:这是一种基于 Linux 的嵌入式操作系统,专为实时应用设计。它继承了 Linux 的稳定性和丰富的 API,同时保持了较小的内核尺寸。

(3) FreeRTOS:这是一个开源的 RTOS,适用于各种嵌入式系统。它提供了实时任务调度、任务间通信、定时器管理等功能。

(4) VxWorks:这是一种高性能、可裁剪的 RTOS,被广泛地应用于航空航天、通信、医疗等领域。它提供了丰富的 API 和强大的开发工具,但价格较高。

(5) QNX:这是一种高可靠性的 RTOS,适用于关键任务应用。它具有良好的实时性和稳定性,被广泛地应用于军事、医疗、通信等领域。

此外,还有其他的一些 RTOS,如 Mbed OS、RTX、eCos、NuttX、RT-Thread 等。选择哪种 RTOS 取决于具体的应用需求、硬件平台、开发团队的技术背景等因素。

23.2.2 嵌入式操作系统

嵌入式操作系统是专用于嵌入式领域的操作系统,大多经过裁剪,但基本继承了完整 OS 的特性,具备 OS 的全部基本功能。不论在其之上开发应用程序还是在底层开发驱动程序都需要遵循 OS 的标准,并可以得到 OS 的支持,因此代码通用性较大,标准统一,方便移植,并且能实现更强大的性能。

和 RTOS 不同,嵌入式 OS 基本分为两个阵营,一方是主打免费的 Linux 阵营(使用最普遍),另一方是以桌面系统见长的 Windows 阵营(但要收费),其大致如下。

(1) 嵌入式 Linux:Linux 作为一种成熟的、开源的操作系统,经过裁剪和优化后,可以很好地适应嵌入式系统的需求。它提供了丰富的系统功能和强大的开发工具,同时保持了较小的内核尺寸和内存占用。

(2) Windows Embedded:微软开发的针对嵌入式系统的操作系统,包括 Windows

CE、Windows XP Embedded 等。这些系统提供了图形用户界面和丰富的应用程序支持,适合需要高性能和多媒体功能的嵌入式设备。

部分读者可能会说还有 Android 系统,Android 系统底层是 Linux,对于底层开发而言可以认为其和 Linux 是一类阵营。

23.3 职业方向

嵌入式软件开发职位很多,笔者将其归纳为应用层、驱动层和物联网 3 个方向。

23.3.1 应用层开发

在单片机开发中,因为没有 MMU 的原因,所以无法实现严格意义上的应用层和驱动层的分离,所有的物理地址都是暴露给开发者的,是比较简单粗暴的做法。

因为单片机中物理地址是暴露的,所以难以实现"多进程"的概念,因为进程之间的内存隔离机制难以建立,但是多线程可以通过 RTOS 简便地实现,因此出现了类似应用代码和驱动代码的分类。这种分类仅是功能上的分类,而不是应用层和驱动层的分离。

单片机中的代码都可以访问单片机的物理地址,这些访问物理地址的操作多用于操作外设(单片机中的设备驱动器多集成在片内,称为片内外设),例如 GPIO、模拟-数字转换器(Analog-to-Digital Converter,ADC)等,这些代码往往被视为"驱动代码",那些对业务流程处理的代码往往被视为"应用"代码。实际上应用层和驱动层是完整 OS 上才有的概念,这是需要注意的地方。

在载有完整 OS 的环境下进行应用开发,常常也是嵌入式软件工程师需要做的次要工作。虽然此类开发和纯粹的应用软件开发并无二致,非嵌入式软件工程师也可以胜任,例如 QT 图形界面编写,以及业务软件设计等。此类岗位需求很多,大多数不要求有嵌入式技术背景,市面上有较多相关的书籍(例如《Linux/UNIX 系统编程手册》)帮助开发者入门。

本书中的例程都属于应用层开发,部分例程为了说明底层原理代入了底层概念,但严格来讲,没有涉及 Linux 内核编程的软件都属于应用层开发。

23.3.2 驱动层开发

在完整的 OS 中才具有应用层和驱动层的概念,例如在 Linux 系统中应用代码不能访问物理地址,其运行空间和系统内核空间是隔离的,而驱动代码在一定的机制下可以访问物理地址,这就具备了类似单片机一样直接操作设备驱动器的能力。驱动程序运行在内核空间,而应用程序运行在用户空间,两者分工不同、层级不同、权限也不同,具有明确的分层设计特点,这和运行于单片机中的多线程系统是完全不同的。

例如在 Linux 这样的系统中,驱动开发属于内核开发的一部分,驱动代码是内核代码的一个分支,因此编写驱动程序时,对内核也要熟悉,这就提出了和单片机工程师完全不同的要求。单片机工程师不需要熟悉内核开发，只需熟悉硬件和RTOS，能熟练地使用C语言进行编程调试，实现硬件操作和业务功能。

驱动层工程师岗位要用到硬件和操作系统的技术栈，涉及的知识体系较多，对综合能力的要求较高。

23.3.3 物联网开发简介

嵌入式（含单片机）工程师除可从事对硬件产品、软件系统的开发工作外，也可从事物联网（Internet of Things，IoT）行业的技术开发工作。

物联网技术是一种通过信息传感设备将物体与互联网相连接，实现信息交换和通信的技术。这种技术利用射频识别、传感器、红外感应器、无线数据通信等技术，将物体的信息通过网络传输到信息处理中心，由信息处理中心完成物体信息的相关计算，以实现智能化识别、定位、跟踪、监控和管理等功能。

物联网技术将物理世界与数字世界紧密结合，使各种设备和系统都可以互联互通，实现智能化和自动化。它可以应用于多个领域，如智能交通、智慧物流、智能电网、智能家居、智慧医疗、智慧安防等，为人们提供更加便捷、高效、智能的生活和工作方式。

物联网技术的发展离不开传感器技术、组网技术、嵌入式系统技术、人工智能技术（Artificial Intelligence，AI）等多种技术的支持，其中，传感器技术是物联网的核心技术之一，它能够将各种物理量转换为电信号，为物联网提供基础数据。组网技术包含低功耗蓝牙（Bluetooth Low Energy，BLE）、Zigbee、WiFi（Wireless Fidelity）、窄带物联网（Narrow Band-Internet of Things，NB-IoT）、LoRa（Long Range）等适合物联设备使用的组网技术。

如上所述，IoT行业除了嵌入式技术，组网技术同样是非常重要的，其中BLE、WiFi、NB-IoT和LoRa（多已取代Zigbee）应用较多。

1. 热点技术

在低成本低功耗领域的短距离联网解决方案中，以低功耗蓝牙技术首屈一指。BLE技术在2015年前后开始普及应用，在共享单车、智能硬件等当时流行的物联设备中获得广泛应用。因其支持智能手机和IoT终端设备的短距离免费接入，可靠性高且成本低，因此迅速占领市场，经过多年的发展已经很成熟。

但是BLE技术也有缺点，主要就是传输速率较低（不超过1Mb/s），仅支持点对（多）点传输，不能直接连接互联网（需要蓝牙网关）。

相对于蓝牙技术，WiFi技术因普及率较高、技术成熟、支持高速通信且可以便捷地上网等特点，成为智能家居类物联设备的宠儿，但WiFi技术的最大缺点就是功耗较高。

市面上常见的BLE芯片有Nordic公司的nRF518XX和nRF528XX系列，WiFi芯片有乐鑫公司的ESP8266等成熟芯片。此类芯片的开发方式类似于单片机，要求开发者对通信协议要有一定的了解，若仅扩展使用，则可以选用成熟模块，以缩短产品上市时间。

除以上技术，还有LoRa、Zigbee和NB-IoT技术，限于篇幅本书不进行介绍，读者可查阅相关资料。

2. 协议栈开发

所谓通信协议,就是通信双方事先协商好的通信机制,例如一方发送 0101,另一方收到后要回复 1010,这就是一个最简单的通信协议。实际上符合行业规范的通信协议大多非常复杂,往往具有多种状态和分层设计,因此被称为协议栈。基于协议栈可以设计出符合某种规范的产品,例如遵守蓝牙 BLE 协议栈的产品,可以在任何支持 BLE 的设备上使用,因此协议栈非常重要。

在实际的开发工作中,协议栈往往集成在芯片固件中(例如 BLE 芯片),对协议栈的合理使用可以实现一些定制化功能,因此往往也是嵌入式工程师的工作内容。协议栈软件开发属于嵌入式软件分支方向,但就业发展前景较好,可以进行深入研究和学习。

第 24 章 编译管理方法

CHAPTER 24

代码的编译管理是嵌入式软件开发中常常要考虑的问题。在实际的软件工程中代码多采用分层设计，分工明确且模块的加入和取消需要可配置。在这样的情况下纯粹地使用 GCC 命令来进行文件的编译和链接就会非常低效，甚至不可能实现对复杂项目的编译，也不具备管理功能。为了解决以上问题提出了 Makefile 的概念，Makefile 是专用于编译管理的脚本文件，它具有强大的功能，本章只能对其略窥一二。

在讲解 Makefile 之前，笔者先使用 Shell 脚本实现了不太复杂的编译管理，顺便将讲解简单 Shell 文件的编写方法，但此类方法不太常用，仅限于小规模的软件项目编译管理场合，在正式场合仍应使用 Makefile 来实现代码工程的编译管理。

24.1 C 代码的头文件

以下内容主要讲解 C 语言头文件的意义和头文件的一般规则。

24.1.1 头文件的意义

头文件的主要作用是声明（也用于定义内联函数），在头文件中进行声明可以简化代码结构，提高开发效率。

1. C 语言中的函数隐式声明

新建示例，代码如下：

```c
//5.2.1/test_1.1.c
#include <stdio.h>
#include <unistd.h>

int main(int argc, char **argv)
{
    while(1)
    {
```

```
            sleep(1);
            static_test_func();              //本文件中未定义 static_test_func 函数
    }
    return 0;
}

//5.2.1/extern_1.1.c
#include <stdio.h>
static int test_par = 12;                    //作用域仅限于当前文件

void static_test_func(void)                  //函数在这里定义
{                                            //当前文件可以使用这个全局变量
    printf("test_par is %d\n", test_par);
}
```

对两个 C 代码文件一并进行编译,命令如下:

```
root@Ubuntu:~/C_prog_lessons/lesson_5.2.1# gcc test_1.1.c extern_1.1.c -o test_1.1
test_1.1.c: In function 'main':
test_1.1.c:10:17: warning: implicit declaration of function 'static_test_func'; did you mean
'__atomic_thread_fence'? [-Wimplicit-function-declaration]
            static_test_func();              //本文件此函数没有原型
            ^~~~~~~~~~~~~~~~
            __atomic_thread_fence
```

这里出现警告,这是因为 GCC 发现 main 函数里面的 static_test_func 函数没有声明,编译器自动对它进行了隐式函数声明,这样才出现了隐式函数声明警告。

隐式声明就是编译器在发现找不到函数的原型时会按函数在被调用时的形态隐晦地对函数进行声明(可能和定义时的形态不完全一致)。编译器会认为这个被调用的函数可能是存在的,先进行编译,等到链接时再在参与链接的目标文件中寻找这个函数,如果找到了就连接成功并生成目标文件,否则就返回链接错误。

因为在 extern_1.1.c 文件中定义了 static_test_func 这个函数,所以链接器能够找到这个函数,尽管编译阶段给出了警告,但是链接器还是生成了可执行程序,并且运行没有问题。

2. 函数隐式声明的弊端

函数隐式声明的弊端在于在编译阶段仅仅给出警告,在链接阶段才会真正报错。可以对以上 test_1.1.c 代码进行修改,把 static_test_func 修改为 tatic_test_func,然后只编译不链接,命令如下:

```
root@Ubuntu:~/C_prog_lessons/lesson_5.2.1# gcc test_1.1.c -c
…
```

出现了隐式声明警告,但是仍可以编译通过,然后把编译后的 test_1.1.o 文件和 extern_1.1.c 文件一起编译链接,命令如下:

```
root@Ubuntu:~/C_prog_lessons/lesson_5.2.1#gcc test_1.1.o extern_1.1.c -o test_1.1
test_1.1.o: In function 'main':
test_1.1.c:(.text+0x14): undefined reference to 'tatic_test_func'
collect2: error: ld returned 1 exit status
```

出现了 undefined reference to 'tatic_test_func',表示链接器找不到 tatic_test_func 符号,最后是 ld 链接器退出并报出错误。

不要轻易地放过隐式函数声明警告。因为之前的代码多是用 GCC 命令编译链接一体进行的,在实际的 C 代码工程中会有大量的只编译不链接的用法。在这种情况下,编译阶段没有报错的隐式函数声明,就会集中在链接阶段报错。

3. 使用头文件进行函数声明

为了避免出现这种情况,需要引入 C 语言的头文件的概念,并在头文件中对外部函数/变量进行声明。

新建 extern_1.1.h,代码如下:

```
//5.2.1/extern_1.1.h
void static_test_func(void);                    //只需这一行
```

然后在 test_1.1.c 文件中加入头文件包含 #include "extern_1.1.h",并将 static_test_func 函数名称复原为 static_test_func,再进行编译,命令如下:

```
root@Ubuntu:~/C_prog_lessons/lesson_5.2.1#gcc test_1.1.c extern_1.1.c -o test_1.1
root@Ubuntu:~/C_prog_lessons/lesson_5.2.1#
```

包含了具有函数声明的头文件之后,便不会再出现隐式函数声明警告。当然也可以直接在 test_1.1.c 文件中对 static_test_func 函数进行声明,但是如此一来,一旦函数原型改动,所有使用该函数的声明语句都需要改动,如果使用头文件,则只需修改头文件中的声明,凡是引用了该头文件的 C 文件,收到的函数声明后都会同步改动。

同样地,一些定义在其他文件的全局变量,也可以在头文件中声明。声明变量需要在最前面加 extern 关键字,例如 extern int a 表示声明一个 int 类型的变量 a。变量声明语句中严禁进行初始化,例如 extern int a = 10 是错误的写法,初始化应该在定义语句中实现,声明仅仅起到告知编译器此变量在别处已定义的作用。

24.1.2 头文件的一般规则

以下描述了使用头文件时需要注意的一些问题,以及使用时应遵守的一般规则。

1. 头文件的互相包含困境

之前编写的 extern_1.1.h 头文件中虽然只有一句,但是也可以使用。实际的情况要复杂一些,例如使用的头文件可能包含了别的头文件,被包含的头文件又包含了当前正使用的头文件,这会导致一个头文件的互相包含的问题。

新建 standard.h,代码如下:

```
//5.2.1/standard.h
# include "extern_1.1.h"
```

再让 extern_1.1.h 文件中增加此头文件的包含(让它们互相重复包含),代码如下:

```
//5.2.1/extern_1.1.h
# include "standard.h"
…
```

然后在 test_1.1.c 文件的开头使用 # include 语句,引入这个已经包含了 extern_1.1.h 头文件的 standard.h 头文件,编译后会出现问题,命令如下:

```
root@Ubuntu:~/C_prog_lessons/lesson_5.2.1# gcc test_1.1.c extern_1.1.c -o test_1.1
In file included from standard.h:1:0,
…
root@Ubuntu:~/C_prog_lessons/lesson_5.2.1# standard.h:1:24: error: # include nested too deeply
…
```

出现错误信息 # include nested too deeply,表示头文件包含嵌套程度太深,所以这样的头文件互相包含是不规范的写法,但是在 H 文件太多时,编程者很多时候并没有时间和精力仔细地检查是否存在头文件互相包含这种不规范的写法,于是引申出下面的写法。

2. 头文件中使用条件编译限制展开次数

修改一下 extern_1.1.h,代码如下:

```
# ifndef _EXTERN_1_1_H_          //如果没有定义_EXTERN_1_1_H_这个符号
# define _EXTERN_1_1_H_          //那就定义一次,当然定义之后就不能再进入了

# include "standard.h"
void static_test_func(void);     //只需这一行

# endif                          //使用这个条件编译,保证只展开一次
```

然后编译就没有头文件互相包含的不规范写法了,对 standard.h 做出如上修改的作用是一样的。一般而言,头文件为了防止被多次展开而造成错误,最好都加上此类条件编译限制,以确保每个头文件(使在被多次包含的情况下)仅被展开一次。

3. 使用头文件的一般规则

使用头文件的一般规则如下:

(1) 在实际的 C 代码工程中,每个 C 文件应对应一个同名 H 文件。

(2) 头文件中只做声明、类型的定义和宏定义,而不做实例化。

可以把函数的声明放在头文件中,可以把结构体类型的定义放在头文件中,也可以把宏定义放在头文件中,这些都没有问题,不建议在头文件中定义变量或函数(除内联函数)。

24.2 多个 C 代码文件编译

以下描述了存在多个 C 代码文件的情况下,如何简单地进行编译管理。

24.2.1 多个 C 文件编译体系

多个 C 文件可以使用编译链接一体的方式进行编译,但在复杂的代码工程中,应使用编译和链接分开的编译方式。

1. 编译和链接一体

本书中 C 代码文件的编译都是使用 GCC 命令直接得到可执行文件的,大多数使用形如 gcc a.c b.c c.c d.c -o a.out 这样的命令把单个或多个 C 文件用 GCC 编译链接生成 a.out 可执行文件。在文件比较少时,这样做问题不大。

2. 编译和链接分开

在 U-Boot 甚至 Linux Kernel 这种文件比较多的复杂项目中,使用编译器把每个 C 文件都列出来,统一编译链接的模式就显得低效,甚至是不可能的了。实际上在复杂工程中会先将 C 文件编译成仅编译未连接的 O(后缀为.o)文件,最后将其统一链接成目标文件。

这样做的好处是:一旦有文件要修改,就只需将修改过的文件编译为 O 文件,最后重新链接一次,而不需要把每个文件都编译一遍,效率得到极大提高。这样的方式要求对代码具有较高的管理能力,一般需要有专门的代码管理脚本,这就引出了 Makefile 的概念。

24.2.2 多文件编译的管理问题

在一个实际工程中,不同类型的代码是按功能模块分类存放的,往往并不在一个文件夹中。有的文件夹用来存放头文件,有的文件夹用来存放动态或者静态库文件。管理这些不同类型不同用途的代码,对编译统筹工作是个挑战,这种编译统筹工作一般使用 Makefile 来进行管理。

在实际中 Makefile 管理的代码工程多是树状目录,即在代码的最顶层目录有一个总的 Makefile,然后在各个子模块、子目录中有被上级目录 Makefile 所调用的子 Makefile。代码工程就这样被一层层组织起来,可顺利地被编译并生成目标文件。

在学习 Makefile 之前,先学习 Shell 脚本,以比较两者的不同。

24.2.3 使用脚本管理工程

有时代码工程比较简单,也可以使用 Shell 脚本来负责编译管理工作。在学习 Makefile 之前对此有所了解也是比较好的,下面简单地介绍如何使用 Shell 脚本编译 C 代码文件。

1. Shell 脚本简介和使用

Shell 是用户和 Linux 交互的渠道,用户输入命令交给 Shell 处理,Shell 将相应的操作传递给内核,内核把处理的结果输出给用户。用户平时使用 Shell 是一次只执行一个命令,如果想要批量执行命令,类似于 Windows 系统中的批处理文件,就需要使用 Shell 脚本。

新建 Shell 脚本,代码如下:

```sh
//5.2.2/shell_test.sh
#!/bin/sh

mkdiR Shell_test
cd shell_test
touch a.txt
echo "this is a shell_test file" > a.txt
cd ..
```

更改权限,并执行.sh 文件,命令如下:

```
root@Ubuntu:~/C_prog_lessons/lesson_5.2.2#chmod +x shell_test.sh
root@Ubuntu:~/C_prog_lessons/lesson_5.2.2#./shell_test.sh
root@Ubuntu:~/C_prog_lessons/lesson_5.2.2#cd shell_test
root@Ubuntu:~/C_prog_lessons/lesson_5.2.2/shell_test#cat a.txt
this is a shell_test file
```

在当前目录下发现 shell_test 文件夹,在其中有 a.txt 文件,使用 cat 命令查看,打印出了在 Shell 脚本中写入的字符串,可见这个 Shell 脚本文件已经完成了批量命令操作。

2. 使用 Shell 脚本编译多个 C 文件

新建 5 个文件,代码如下:

```c
//5.2.2/add_func.c
#include "standard.h"

int add_func(int a, int b)
{
    return a + b;
}

//5.2.2/sub_func.c
#include "standard.h"

int sub_func(int a, int b)
{
    return a - b;
}

//5.2.2/mul_func.c
#include "standard.h"
```

```c
int mul_func(int a, int b)
{
    return a * b;
}

//5.2.2/div_func.c
#include "standard.h"

float div_func(int a, int b)
{
    return (float)a/(float)b;
}

//5.2.2/main.c
#include <stdio.h>
#include "standard.h"

int main(int argc, char **argv)
{
    printf("add is %d\n",add_func(3,5));
    printf("sub is %d\n",sub_func(3,5));
    printf("mul is %d\n",mul_func(3,5));
    printf("div is %f\n",div_func(3,5));
    return 0;
}

//5.2.2/standard.h
#ifndef _STANDARD_H_
#define _STANDARD_H_

int add_func(int a, int b);
int sub_func(int a, int b);
int mul_func(int a, int b);
float div_func(int a, int b);

#endif
```

首先整体编译一下并运行，命令如下：

```
root@Ubuntu:~/C_prog_lessons/lesson_5.2.2# gcc *.c -o main.out
root@Ubuntu:~/C_prog_lessons/lesson_5.2.2# ./main.out
add is 8
sub is -2
mul is 15
div is 0.600000
```

这个运行结果没有什么问题，然后尝试使用 Shell 脚本完成这个先编译后链接的过程。新建 Shell 脚本，代码如下：

```sh
//5.2.2/build.sh
#!/bin/sh

if [ $1 = "all" ]; then
    gcc add_func.c -c -o add_func.o
    gcc sub_func.c -c -o sub_func.o
    gcc mul_func.c -c -o mul_func.o
    gcc div_func.c -c -o div_func.o
    gcc main.c -c -o main.o
elif [ $1 = "l" ]; then
    gcc *.o -o main.out
elif [ $1 = "clean" ]; then
    rm *.o *.out
fi
```

然后通过 chmod +x build.sh 命令增加可执行权限。

在这个 Shell 脚本中，$1 表示传入的参数，这个和 main 函数里的 argv[1] 很像，读者暂不用过分研究 Shell 脚本的编程细节，Shell 脚本编程本身比较复杂，但凭借 C 语言的编程经验也能看出，传入的参数分为 all、l 和 clean 共 3 种，传入 clean 参数就会把 .o 文件和 .out 文件删除，传入 all 参数就会把 C 文件编译成相应的 O 文件，传入 l 参数就会把 O 文件链接成 main.out 可执行文件。

查看运行结果，命令如下：

```
root@Ubuntu:~/C_prog_lessons/lesson_5.2.2#./build.sh clean
root@Ubuntu:~/C_prog_lessons/lesson_5.2.2#ls
add_func.c build.sh div_func.c main.c mul_func.c shell_test shell_test.sh standard.h sub_func.c
```

传入 clean 参数后，当前目录下没有生成 main.out 文件，也没有生成 O 文件。这时可以运行 build.sh 脚本并传入 all 参数，命令如下：

```
root@Ubuntu:~/C_prog_lessons/lesson_5.2.2#./build.sh all
root@Ubuntu:~/C_prog_lessons/lesson_5.2.2#ls
add_func.c build.sh div_func.o main.o mul_func.o shell_test.sh sub_func.c
add_func.o div_func.c main.c mul_func.c shell_test standard.h sub_func.o
```

目录下生成了 O 文件，但是没有 main.out 可执行文件。可以运行 build.sh 并传入 l 参数，命令如下：

```
root@Ubuntu:~/C_prog_lessons/lesson_5.2.2#./build.sh l
root@Ubuntu:~/C_prog_lessons/lesson_5.2.2#./main.out
add is 8
sub is -2
mul is 15
div is 0.600000
```

可见 build.sh 脚本实现了对代码的编译管理功能。

24.3 代码的层次管理

以下使用 Shell 脚本实现了 H 文件和 C 文件的分层管理,这是比较常规的做法。

24.3.1 H 文件和 C 文件的分离

把 H 文件和 C 文件放在一个文件夹是不规范的。在实际工程项目中,通常会把 H 文件和 C 文件分开存放。在规范管理代码之前,先了解以下内容。

1. Shell 脚本中的变量

之前的 Shell 脚本都是没有变量的,现在了解一下 Shell 脚本中变量的写法,后面会用到。新建 test_1.1.sh,代码如下:

```
//5.2.3/test_1.1.sh
#!/bin/sh
# 在 Shell 脚本中的注释使用"#"开头
# 定义一个 VAR 变量
VAR = 10
var = "this is a var"
pwd = 'pwd'
# 使用 $ 符号进行解析,echo 表示打印输出
echo $ VAR
echo $ var
echo $ pwd
```

增加运行权限并执行脚本,命令如下:

```
root@Ubuntu:~/C_prog_lessons/lesson_5.2.3#./test_1.1.sh
10
this is a var
/root/C_prog_lessons/lesson_5.2.3
```

可以看到,Shell 脚本里面是可以定义变量的,定义的变量区分大小写,可以是数字也可以是字符串,甚至可以取得命令的执行结果。在引用变量时,加上"$"符号即可引用变量的值。

2. GCC 指定头文件路径

新建两个文件夹,分别命名为 src 和 inc,其中 src 用来存放 C 文件,inc 用来存放 H 文件。存放的代码为 24.2 节中的 5 个 C 文件和一个 H 文件,然后进入 src 文件夹中执行编译操作,命令如下:

```
root@Ubuntu:~/C_prog_lessons/lesson_5.2.3/src# gcc *.c -o main.out -I../inc
root@Ubuntu:~/C_prog_lessons/lesson_5.2.3/src#
```

运行成功,既无警告,也无错误。这个命令的意思是把当前目录下的所有 C 文件编译

链接成 main.out 文件,命令后面加了-I../inc 参数,表示头文件的搜索路径是../inc,这样编译器就会去这个目录搜索头文件,如果不指定,则编译器只会在当前目录搜索。

24.3.2 代码的分层管理脚本

在 src 文件夹外新建编译脚本,代码如下:

```sh
//5.2.3/build_2.1.sh
#!/bin/sh
CFLAGS="-I../inc -v -O2"
cd src
if [ $1 = "all" ]; then
      gcc add_func.c -c -o add_func.o $CFLAGS
      gcc sub_func.c -c -o sub_func.o $CFLAGS
      gcc mul_func.c -c -o mul_func.o $CFLAGS
      gcc div_func.c -c -o div_func.o $CFLAGS
      gcc main.c -c -o main.o $CFLAGS
elif [ $1 = "l" ]; then
      gcc *.o -o main.out
elif [ $1 = "clean" ]; then
      rm *.o *.out
fi
cd ..
```

其中,CFLAGS 是在 Shell 脚本中定义的变量,其是一个字符串,包含了 GCC 的常用参数。参数中的"-v"表示打印编译过程,"-O2"表示编译优化等级为 2。

GCC 还有很多其他编译选项,在第 16 章有简要描述,更多的编译选项限于篇幅不再讨论。以上在 Shell 脚本中把 CFLAGS 参数定义成了一个变量,在编译时会展开,使其成为编译器的参数,这个参数包含了优化等级、头文件路径和打印信息。这样仅修改 CFLAGS 变量,就可以对整个编译工程实现全局性修改。

增加可执行权限并运行,命令如下:

```
root@Ubuntu:~/C_prog_lessons/lesson_5.2.3# chmod +x build_2.1.sh
root@Ubuntu:~/C_prog_lessons/lesson_5.2.3# ./build_2.1.sh all
...
root@Ubuntu:~/C_prog_lessons/lesson_5.2.3# ./build_2.1.sh l
root@Ubuntu:~/C_prog_lessons/lesson_5.2.3# cd src/
root@Ubuntu:~/C_prog_lessons/lesson_5.2.3/src# ./main.out
add is 8
sub is -2
mul is 15
div is 0.600000
```

使用脚本编译正常,编译过程打印出了大量信息,使用脚本进行链接也正常,并在 src 中生成了 main.out 可执行文件,其运行也是正常的。

24.4 开始写 Makefile

以下是开始上手编写 Makefile 的内容,重点理解其基本规范和管理逻辑。

24.4.1 写一个最简单的 Makefile

以下是编写一个最简单的 Makefile 所需要掌握的内容。

1. Makefile 基本规范

直接复制 24.3 节的 src 和 inc 文件夹,进入 src 目录,新建 Makefile,代码如下:

```
//5.2.4/test_1.1/src/Makefile
#这是一个最简单的 Makefile
#注意以下的缩进都是 Tab 退格,不是空格,否则会错误
#目标,第 1 个目标就是 Makefile 的总目标
all:
        gcc *c -o main.out -I../inc

clean:
        rm *.out
```

先不要管这个 Makefile 是什么意思,先运行 make 命令,尝试一下,命令如下:

```
root@Ubuntu:~/C_prog_lessons/lesson_5.2.4/test_1.1/src# make
Command 'make' not found, but can be installed with:
```

笔者的计算机出现以上提示,说明没有安装 make 命令,依据提示安装,命令如下:

```
root@Ubuntu:~/C_prog_lessons/lesson_5.2.4/test_1.1/src# apt install make
…
```

确保虚拟机可以上网,很快安装完成,继续运行 make,命令如下:

```
root@Ubuntu:~/C_prog_lessons/lesson_5.2.4/test_1.1/src# make
gcc *c -o main.out -I../inc
```

make 命令调用了当前目录下的 Makefile 文件,并且执行了 all:下一行的指令。再输入 make clean 尝试一下,命令如下:

```
root@Ubuntu:~/C_prog_lessons/lesson_5.2.4/test_1.1/src# make clean
rm *.out
```

make 命令调用了 Makefile 中的 clean:下一行的指令。

在 Makefile 中有"目标"的概念,像上面的"all:"和"clean:"都属于目标,目标后面的部分属于"依赖",在这个 Makefile 的目标后面是空的,表示执行目标不需要依赖。

使用 make 命令时,make 命令会自动在当前目录寻找 Makefile 中的第 1 个目标,如果此目标后面的依赖条件满足,就执行此目标下面的指令,否则就去寻找这个依赖,并检查是

否所有的依赖都已经被找寻,以此类推,直到第 1 个目标的依赖条件满足,然后执行目标下面的指令,make 过程完成。

目标后面的指令,一定要以 Tab 开头,不能以空格开头,这个是 Makefile 规定的写法。

2. Makefile 的管理逻辑

Makefile 设计的初衷,是为了管理参与编译的文件及其编译过程,这一点在 Makefile 的目标更新逻辑中非常有特点,相比较之前 Shell 脚本的管理方法,有了很大的进步。

Makefile 的目标和依赖,其管理逻辑,代码如下:

```
ALL: a.c b.c
    XXX XXX
```

ALL 就是目标,Makefile 文件在被 make 命令调用以后会检查总目标的依赖条件,在这里就是 a.c 和 b.c。如果其中的一个依赖的生成时间比目标的生成时间还要新,则后面的 XXX(Shell 命令)就会被执行。简而言之,Makefile 就是这样的一套简单的目标——依赖体系,它并不在乎在目标之下的 Shell 命令如何,以及对于生成目标是否有因果关系,这都是编程者需要考虑的问题。

进入 test_1.2/src 目录,编辑 Makefile,代码如下:

```
//5.2.4/test_1.2/src/Makefile
main.out: *.c
    gcc *.c -o main.out -I../inc

clean:
    rm *.out
```

目标是 main.out,依赖是 *.c(Makefile 支持通配符),也就是当前目录下要至少存在 1 个 C 文件,依赖满足后执行的是把 C 文件编译成 main.out 的命令。可运行 make 执行编译动作,命令如下:

```
root@Ubuntu:~/C_prog_lessons/lesson_5.2.4/test_1.2/src# make
gcc *.c -o main.out -I../inc
```

成功地生成了 main.out 文件,可再运行 make,命令如下:

```
root@Ubuntu:~/C_prog_lessons/lesson_5.2.4/test_1.2/src# make
make: 'main.out' is up to date.
```

表示 main.out 是最新的,不再执行任何动作。后面如果修改了任何一个 C 文件,再执行 make,就会发现 Makefile 会再执行一次编译指令,这是因为依赖更新的时间比目标更新的时间要新,目标下的命令会被触发。

运行 make clean 可以触发 clean 目标,当然也可以自定义其他目标,命令如下:

```
root@Ubuntu:~/C_prog_lessons/lesson_5.2.4/test_1.2/src# make clean
rm *.out
```

clean 目标一般用于清理编译环境，这里用于删除生成的.out 文件。同样地，如果目标后面没有依赖且目标没有生成，例如以上 Makefile 中 clean 这个目标，则每次执行 make clean 都会无条件地执行 clean 目标下相应的 Shell 命令（当前目录下不能存在 clean 名称的文件，否则会认为目标已生成而不再执行）；或者虽然依赖条件满足，但是其对应的 Shell 指令并没有生成/更新目标，导致目标的更新时间始终落后于依赖的更新时间，此情况下每次执行 make，都会执行目标下对应的 Shell 命令。

在编写 Makefile 时，后一种情况时有发生，代码如下：

```
main.out: *.c
    ls -a
```

在以上 Makefile 中，因为目标下执行的 Shell 命令是 ls -a 命令，这个命令无法生成或者更新 main.out 这个目标，这会导致 main.out 始终不存在，或者存在而无法更新，所以每次执行 make 命令时，因为依赖时间都新于目标时间，所以目标下的 Shell 命令会始终执行。此类情形一般是不允许的，要非常注意。

但某些时候需要刻意实现以上效果，需借助 Makefile 中的伪目标实现。

24.4.2 Makefile 最小系统

Makefile 中的目标依赖体系是整个 Makefile 的核心。

1. Makefile 的递归依赖

之前介绍了 Makefile 中最基本的目标——依赖逻辑，但实际上的 Makefile 很少出现一开始要生成的目标所需的依赖就被满足的情况，往往需要一些递归操作才能使总目标需要的依赖条件被满足，最终执行相应的命令。

新建示例 Makefile，代码如下：

```
//5.2.4/test_2.2/src/Makefile
main.out: add_func.o main.o sub_func.o div_func.o mul_func.o
    gcc *.o -o main.out
#这里牵扯规则自动推导
add_func.o: add_func.c
    gcc add_func.c -c -o add_func.o -I../inc
main.o: main.c
    gcc main.c -c -o main.o -I../inc
sub_func.o: sub_func.c
    gcc sub_func.c -c -o sub_func.o -I../inc
div_func.o: div_func.c
    gcc div_func.c -c -o div_func.o -I../inc
mul_func.o: mul_func.c
    gcc mul_func.c -c -o mul_func.o -I../inc
clean:
    rm *.out *.o -f
```

main.out 这个目标依赖于 5 个.o 文件，而这 5 个.o 文件一开始是不存在的，意味着

Makefile会往下搜索这些依赖,这些依赖同时又成为新的目标,导致这些目标下的命令会被执行。等到都被执行了一遍以后(不在乎是否真的生成了这些目标),然后Makefile会认为所有的依赖条件都已经满足,这样便会执行main.out目标下的命令。

运行make,命令如下:

```
root@Ubuntu:~/C_prog_lessons/lesson_5.2.4/test_2.2/src#make
gcc add_func.c -c -o add_func.o -I../inc
gcc main.c -c -o main.o -I../inc
gcc sub_func.c -c -o sub_func.o -I../inc
gcc div_func.c -c -o div_func.o -I../inc
gcc mul_func.c -c -o mul_func.o -I../inc
gcc *.o -o main.out
```

可以看到,总目标中每个被依赖的条件下的命令都被执行了一次,并生成了main.out这个总目标。可以再运行一次make,命令如下:

```
root@Ubuntu:~/C_prog_lessons/lesson_5.2.4/test_2.2/src#make
make: 'main.out' is up to date.
```

说明总目标中的依赖条件没有更新,总目标是最新的。可以在main.c文件中增加几个换行,然后保存,执行make,命令如下:

```
root@Ubuntu:~/C_prog_lessons/lesson_5.2.4/test_2.2/src#make
gcc main.c -c -o main.o -I../inc
gcc *.o -o main.out
```

Makefile会只执行总目标中依赖(同时又是另外的目标)所依赖的文件比它自身要新的那一行目标下的Shell命令,然后执行总目标。这就是Makefile在多文件编译管理上的优越性,不像之前的Shell脚本对多文件的编译管理那样,不会区分代码文件是否被更新。Makefile通过对依赖和目标的时间对比来决定哪些文件是需要更新的,编译管理效率得到极大提高。

2. 伪目标

在以上Makefile中都会在最末行放上clean目标,这样执行make clean时就会运行clean目标下的Shell命令,这个命令一般会把编译过程中的中间文件和目标文件删除,便于重新编译。

可在Makefile所在目录中,通过touch新建clean文件,然后运行make clean,命令如下:

```
root@Ubuntu:~/C_prog_lessons/lesson_5.2.4/test_2.2/src#touch clean
root@Ubuntu:~/C_prog_lessons/lesson_5.2.4/test_2.2/src#make clean
make: 'clean' is up to date.
```

这样就出现了上面的情况,显示clean已经是最新的,从而Makefile就不再执行clean目标下的Shell命令了。这时可以对Makefile中的clean目标进行更改,代码如下:

```
.PHONY:clean
clean:
        rm *.out *.o -f
```

这样每次运行 make clean，clean 下面的 Shell 命令都会被执行。未修改之前的 clean 在 Makefile 中是一个目标，如果在当前目录刚好有 clean 文件存在，Makefile 就会认为这个目标已经被更新（因为 clean 没有依赖，不存在依赖比目标新的问题），从此就不会再执行 clean 下面的 Shell 命令。

.PHONY:clean 语句会将 clean 声明为一个伪目标，Makefile 不会检查这个目标存在与否，在 make clean 时都会执行 clean 下面的 Shell 命令，从而解决了此类问题。

24.5 Makefile 进阶

在 Makefile 中可以定义变量，并且 Makefile 具有自动推导功能。使用以上功能可以简化 Makefile 的设计，并能实现对工作中大多数代码工程的编译管理。

24.5.1 Makefile 的变量和自动推导

以下是对 Makefile 中变量和自动推导功能的详细描述。

1. Makefile 中的变量

在 Makefile 中可以定义变量，这个和 Shell 脚本类似，定义好的变量可以使用 $ 符号解引用，代码如下：

```
//5.2.5/test_1.1/src/Makefile
#定义一个变量
obj = main.out
all:
        gcc *.c -o $(obj) -I../inc
clean:
        rm *.out
```

直接定义了一个变量 obj，然后在 all 这个总目标下的 Shell 命令中使用 $ 符号解引用了它。运行 make，命令如下：

```
root@Ubuntu:~/C_prog_lessons/lesson_5.2.5/test_1.1/src#make
gcc *.c -o main.out -I../inc
```

gcc *.c -o 后面跟的是 main.out，说明这个变量解引用成功。继续修改 Makefile，修改部分的代码如下：

```
c = m.out
obj = $c
c = n.out
...
```

在定义变量 obj 之前新定义一个变量 c = m.out,然后让 obj 变量解引用 c 变量的值,接着 c 变量再用"="号赋予新值 n.out。运行 make,命令如下:

```
root@Ubuntu:~/C_prog_lessons/lesson_5.2.5/test_1.1/src# make
gcc *.c -o n.out -I../inc
```

发现结果生成了 n.out 文件,而不是 m.out 文件,这就有点匪夷所思了。在 C 语言编程中,变量的值一旦被另一个变量获取以后,当前者的值再改变时对后者是无影响的,因为两个变量是不同的内存单元,一个内存单元获取另一个内存单元的值以后,当后者再改变时对前者不可能有影响。在 Makefile 中使用"="获取变量的值,似乎是把右值变量和左值变量的"地址"(Makefile 中变量没有地址的概念,仅做举例)做了单向映射,只要右值改变,就一定会影响左值。

先将变量 c 赋值为 m.out,然后解引用给 obj,但是 obj 最后的值是 n.out 而不是 m.out,这表示,使用"="赋值,其变量的值以右值的最终值为准。在 Makefile 中有另一种赋值符号":=",在此修改代码,修改部分的代码如下:

```
obj := $c
```

运行 make,命令如下:

```
root@Ubuntu:~/C_prog_lessons/lesson_5.2.5/test_1.1/src# make
gcc *.c -o m.out -I../inc
```

把给 obj 赋值的符号"="改成了":="就可以得到以上效果。":="和"="的作用不同,"="赋值得到的是右值最终值,而":="赋值得到的是当前右值而不是它的最终值,这个思维习惯和 C 语言是一致的。

Makefile 变量解引用使用的是"$"符号,这个用法和 Shell 脚本是一样的,但是 Shell 脚本中解引用不需要加"()",而在 Makefile 中最好加上。"()"表示 $ 解引用的范围,单个字符不需要加,而字符串则需要加上。

2. Makefile 自动推导

如果 Makefile 目标存在 O 文件,就会把其同名 C 文件加进此目标的依赖中,并且 gcc -c 这个命令也会被自动推导出来,例如目标是 main.o 文件,就会把 main.c 加入依赖,并会自动地推导出 gcc -c main.c 这个命令。于是之前的 Makefile 可以据此精简,代码如下:

```
//5.2.5/test_1.2/src/Makefile
main.out: add_func.o main.o sub_func.o div_func.o mul_func.o
    gcc *.o -o main.out
add_func.o:
main.o:
sub_func.o:
div_func.o:
mul_func.o:
```

```
.PHONY:clean
clean:
        rm *.out *.o -f
```

运行 make,命令如下：

```
root@Ubuntu:~/C_prog_lessons/lesson_5.2.5/test_1.2/src#make
cc      -c -o add_func.o add_func.c
cc      -c -o main.o main.c
cc      -c -o sub_func.o sub_func.c
cc      -c -o div_func.o div_func.c
cc      -c -o mul_func.o mul_func.c
gcc *.o -o main.out
```

输出的是 cc -c -o 的命令,其实 cc 就是 gcc 命令(GCC 的软连接),编译仍旧是成功的,程序实测可以运行。这里需要说明,自动推导依赖类似于 C 语言中的"隐式声明",编程者没有提供 O 文件依赖,Makefile 会自动地推导出同名的 C 文件作为依赖,并且会自动地推导出指令,用于对应地编译出目标文件,此类自动推导规则极大地方便了 Makefile 的编写。

24.5.2　Makefile 实践

本部分是 Makefile 的实践内容,最终会得到一个功能较为完备的 Makefile。

1. Makefile 多目标

新建示例,代码如下：

```
//5.2.5/test_2.1/src/Makefile
main.out: add_func.o main.o sub_func.o div_func.o mul_func.o
        gcc *.o -o main.out
%.o: %.c
        gcc $< -c -o $@ -I../inc
.PHONY:clean
clean:
        rm *.out *.o -f
```

运行 make,命令如下：

```
root@Ubuntu:~/C_prog_lessons/lesson_5.2.5/test_2.1/src#make
gcc add_func.c -c -o add_func.o -I../inc
gcc main.c -c -o main.o -I../inc
gcc sub_func.c -c -o sub_func.o -I../inc
gcc div_func.c -c -o div_func.o -I../inc
gcc mul_func.c -c -o mul_func.o -I../inc
gcc *.o -o main.out
```

以上输出信息显示编译成功。这一次在 Makefile 中添加了多目标支持,其中%.o 就是表示所有的 O 文件,%.c 表示所有的 C 文件,这个"%"是 Makefile 中的通配符,其意义是所有的 O 文件都依赖于其一一对应的 C 文件。注意这个"一一对应"的含义：%在取值时，它每通配一个 O 文件，%的取值就确定，就会把同文件名的 C 文件作为依赖。如果以上依赖满足，则运行之下的 Shell 命令，然后 Makefile 不断地通配总目标中所需要的 O 文件依赖，这是个一一对应循环往复的过程，每通配一次，依赖条件满足一次，其下的 Shell 命令就会被运行一次。直到所有的 O 文件都被遍历后，视为过程完成，编译结束。

通过上面的分析，"%"每次只能通配一个文件，而且它在一次通配时，取值都是固定的，就相当于用了一个类似循环遍历的逻辑，直到所有总目标的依赖都被检查一遍。满足依赖条件一次，其下的 Shell 命令被运行一次，从输出结果来看，确实是运行了多次 GCC 编译命令。

很明显，每次 GCC 编译的文件名都各不相同，在这个遍历过程中是如何得到被通配的文件名的？Makefile 中有"自动变量"这个概念，$@表示目标文件名，$<表示依赖文件名，用$解引用出每次遍历的目标和依赖的文件名，便于 GCC 编译时使用。

2. 完善 Makefile

代码如下：

```
//5.2.5/test_2.2/src/Makefile
obj = add_func.o main.o sub_func.o div_func.o mul_func.o
COMPILE = gcc
#下面是 ARM 平台的编译器
#COMPILE = arm-linux-gcc
CFLAGS = -I../inc -O2

main.out: $(obj)
        $(COMPILE) $(obj) -o main.out
%.o: %.c
        $(COMPILE) $< -c -o $@ $(CFLAGS)
.PHONY:clean
clean:
        rm *.out *.o -f
```

运行 make，命令如下：

```
root@Ubuntu:~/C_prog_lessons/lesson_5.2.5/test_2.2/src#make
gcc add_func.c -c -o add_func.o -I../inc -O2
gcc main.c -c -o main.o -I../inc -O2
gcc sub_func.c -c -o sub_func.o -I../inc -O2
gcc div_func.c -c -o div_func.o -I../inc -O2
gcc mul_func.c -c -o mul_func.o -I../inc -O2
gcc add_func.o main.o sub_func.o div_func.o mul_func.o -o main.out
```

同样编译成功。这一次使用了变量，把总目标的依赖全部写入变量里，这样以后增加了代码文件只需把对应的 O 文件添加到变量中，Makefile 就可对其进行编译管理。类似的还有 COMPILE、CFLAGS 等之前在 Shell 编译脚本中使用过的变量，在正规的 Makefile 中都有众多的变量对编译条件进行调节，这就成了一个相对完善的 Makefile。

细心的读者肯定会发现♯COMPILE = arm-linux-gcc 这个被注释的变量，arm-linux-gcc 是 ARM 平台的编译器，更换其他平台的编译器就可进行交叉编译。交叉编译在嵌入式软件开发中极为常用，其目的是编译出目标硬件平台适配的软件，但更换编译器对于 Makefile 而言仅需小幅度修改（对应的编译参数可能需要调整）即可使用。不同编译器对编译条件的要求可能不一，若需要调整，则需要阅读编译器使用手册，并对 Makefile 进行相应修改。

参 考 文 献

[1] 布莱恩·克尼汉,丹尼斯·里奇.C程序设计语言[M].徐宝文,李志,杨涛,译.北京:机械工业出版社,2019.

图 书 推 荐

书　名	作　者
HarmonyOS 移动应用开发（ArkTS 版）	刘安战、余雨萍、陈争艳 等
Vue＋Spring Boot 前后端分离开发实战（第 2 版・微课视频版）	贾志杰
仓颉语言网络编程	张磊
仓颉语言实战（微课视频版）	张磊
仓颉语言核心编程——入门、进阶与实战	徐礼文
仓颉语言程序设计	董昱
仓颉程序设计语言	刘安战
仓颉语言元编程	张磊
仓颉语言极速入门——UI 全场景实战	张云波
仓颉语言网络编程	张磊
公有云安全实践（AWS 版・微课视频版）	陈涛、陈庭暄
虚拟化 KVM 极速入门	陈涛
移动 GIS 开发与应用——基于 ArcGIS Maps SDK for Kotlin	董昱
Node.js 全栈开发项目实践——Egg.js＋Vue.js＋uni-app＋MongoDB（微课视频版）	葛天胜
前端工程化——体系架构与基础建设（微课视频版）	李恒谦
TypeScript 框架开发实践（微课视频版）	曾振中
Chrome 浏览器插件开发（微课视频版）	乔凯
精讲 MySQL 复杂查询	张方兴
精讲数据结构（Java 语言实现）	塔拉
Kubernetes API Server 源码分析与扩展开发（微课视频版）	张海龙
Spring Cloud Alibaba 微服务开发	李西明、陈立为
解密 SSM——从架构到实践	鲍源野、江宇奇、饶欢欢
编译器之旅——打造自己的编程语言（微课视频版）	于东亮
全栈接口自动化测试实践	胡胜强、单镜石、李睿
Spring Boot＋Vue.js＋uni-app 全栈开发	夏运虎、姚晓峰
Selenium 3 自动化测试——从 Python 基础到框架封装实战（微课视频版）	栗任龙
NDK 开发与实践（入门篇）	蒋超
跟我一起学 uni-app——从零基础到项目上线（微课视频版）	陈斯佳
Python Streamlit 从入门到实战——快速构建机器学习和数据科学 Web 应用（微课视频版）	王鑫
C++元编程与通用设计模式实现	宋炜
Java 项目实战——深入理解大型互联网企业通用技术（基础篇）	廖志伟
Java 项目实战——深入理解大型互联网企业通用技术（进阶篇）	廖志伟
恶意代码逆向分析基础详解	刘晓阳
网络攻防中的匿名链路设计与实现	杨昌家
零基础入门 CyberChef 分析恶意样本文件	黄雪丹、任嘉妍
Spring Boot 3.0 开发实战	李西明、陈立为
Go 语言零基础入门（微课视频版）	郭志勇
零基础入门 Rust-Rocket 框架	盛逸飞
SageMath 程序设计	于红博
NIO 高并发 WebSocket 框架开发（微课视频版）	刘宁萌
数据星河：构建现代化数据仓库之路	程志远、左岩、翟文麟

续表

书　名	作　者
全解深度学习——九大核心算法	于浩文
跟我一起学深度学习	王成、黄晓辉
大模型时代——智能体的崛起与应用实践（微课视频版）	王瑞平、张美航、王瑞芳 等
强化学习——从原理到实践	李福林
HuggingFace自然语言处理详解——基于BERT中文模型的任务实战	李福林
动手学推荐系统——基于PyTorch的算法实现（微课视频版）	於方仁
深度学习——从零基础快速入门到项目实践	文青山
LangChain与新时代生产力——AI应用开发之路	陆梦阳、朱剑、孙罗庚、韩中俊
玩转OpenCV——基于Python的原理详解与项目实践	刘爽
Transformer模型开发从0到1——原理深入与项目实践	李瑞涛
语音与音乐信号处理轻松入门（基于Python与PyTorch）	姚利民
图像识别——深度学习模型理论与实战	于浩文
GPT多模态大模型与AI Agent智能体	陈敬雷
非线性最优化算法与实践（微课视频版）	龙强、赵克全
Python量化交易实战——使用vn.py构建交易系统	欧阳鹏程
基金量化之道——系统搭建与实践精要	欧阳鹏程
编程改变生活——用Qt 6创建GUI程序（基础篇·微课视频版）	邢世通
编程改变生活——用Qt 6创建GUI程序（进阶篇·微课视频版）	邢世通
编程改变生活——用PySide6/PyQt6创建GUI程序（基础篇·微课视频版）	邢世通
编程改变生活——用PySide6/PyQt6创建GUI程序（进阶篇·微课视频版）	邢世通
编程改变生活——用Python提升你的能力（基础篇·微课视频版）	邢世通
编程改变生活——用Python提升你的能力（进阶篇·微课视频版）	邢世通
Python区块链量化交易	陈林仙
Unity编辑器开发与拓展	张寿昆
Unity游戏单位驱动设计	张寿昆
Unity3D插件开发之路	陈星睿
Python全栈开发——数据分析	夏正东
Python全栈开发——Web编程	夏正东
Linux x86汇编语言视角下的shellcode开发与分析	刘晓阳
从数据科学看懂数字化转型——数据如何改变世界	刘通
FFmpeg入门详解——音视频原理及应用	梅会东
FFmpeg入门详解——流媒体直播原理及应用	梅会东
FFmpeg入门详解——命令行与音视频特效原理及应用	梅会东
FFmpeg入门详解——音视频流媒体播放器原理及应用	梅会东
FFmpeg入门详解——视频监控与ONVIF+GB28181原理及应用	梅会东
深入浅出Power Query M语言	黄福星
深入浅出DAX——Excel Power Pivot和Power BI高效数据分析	黄福星
从Excel到Python数据分析：Pandas、xlwings、openpyxl、Matplotlib的交互与应用	黄福星
云计算管理配置与实战	杨昌家
AI芯片开发核心技术详解	吴建明、吴一昊
MLIR编译器原理与实践	吴建明、吴一昊